计 算 机 科 学 丛 书

原书第5版

嵌入式计算系统设计原理

[美] 玛里琳·沃尔夫（**Marilyn Wolf**）著

宫晓利 郭宇飞 张金 熊晓芸 译

Computers as Components
Principles of Embedded Computing System Design Fifth Edition

机械工业出版社
CHINA MACHINE PRESS

Computers as Components: Principles of Embedded Computing System Design, Fifth Edition

Marilyn Wolf

ISBN: 9780323851282

注意

本书涉及领域的知识和实践标准在不断变化。新的研究和经验拓展我们的理解，因此须对研究方法、专业实践或医疗方法作出调整。从业者和研究人员必须始终依靠自身经验和知识来评估和使用本书中提到的所有信息、方法、化合物或本书中描述的实验。在使用这些信息或方法时，他们应注意自身和他人的安全，包括注意他们负有专业责任的当事人的安全。在法律允许的最大范围内，爱思唯尔、译文的原文作者、原文编辑及原文内容提供者均不对因产品责任、疏忽或其他人身或财产伤害及／或损失承担责任，亦不对由于使用或操作文中提到的方法、产品、说明或思想而导致的人身或财产伤害及／或损失承担责任。

北京市版权局著作权合同登记　图字：01-2022-6369 号。

图书在版编目（CIP）数据

嵌入式计算系统设计原理：原书第 5 版 /（美）玛里琳·沃尔夫 (Marilyn Wolf) 著；宫晓利等译 . -- 北京：机械工业出版社，2024.10. --（计算机科学丛书）.

ISBN 978-7-111-76788-6

Ⅰ. TP36

中国国家版本馆 CIP 数据核字第 2024L8E282 号

机械工业出版社（北京市百万庄大街 22 号　邮政编码 100037）

策划编辑：曲　熠　　　　　　　　责任编辑：曲　熠
责任校对：孙明慧　王小童　景　飞　　责任印制：任维东

北京瑞禾彩色印刷有限公司印刷

2025 年 1 月第 1 版第 1 次印刷

185mm×260mm・24.25 印张・616 千字

标准书号：ISBN 978-7-111-76788-6

定价：99.00 元

电话服务　　　　　　　　　　网络服务

客服电话：010-88361066　　机　工　官　网：www.cmpbook.com

　　　　　010-88379833　　机　工　官　博：weibo.com/cmp1952

　　　　　010-68326294　　金　书　网：www.golden-book.com

封底无防伪标均为盗版　　　　机工教育服务网：www.cmpedu.com

随着与云伴生而来的人工智能时代的开启，对边缘算力承载和 AIoT 执行节点的需求，使得原本便无处不在的嵌入式系统焕发了新的活力。对嵌入式系统的研究、应用和学习的热潮如无边巨浪，再一次磅礴而起。

关于嵌入式系统的研究和应用是一个典型的复杂工程问题。从场景而言，航空、航天、国防、能源、消费电子、智能家居等领域中都有它的身影。从知识角度而言，硬件、指令、编程、操作系统、人机交互等诸多方面都与它息息相关。因此，如何开始和组织对于嵌入式系统的学习成为一个困扰初学者的问题。

本书经嵌入式系统领域的资深学者 Marilyn Wolf 精心打磨多年，以嵌入式系统的设计方法和过程为主线，讲解嵌入式系统中每个重要环节的知识，并辅以有针对性的示例分析以便读者加深理解。同时，穿插讲解嵌入式系统所关注的性能、能耗、可靠性等关键问题，将原本零散、晦涩的知识完整地构建成一个易于学习的体系。此外，本书还将范围扩展到了物联网、嵌入式多核等新兴知识领域，极大地丰富了嵌入式领域的内涵和外延。尤其是在此次的第 5 版中，作者去芜存菁，引入了 LoRa 协议、内存保护等被业界广泛认可的新技术，补充了大量关于安全问题的讨论——安全问题的重要性正在与日俱增，并根据相关技术的新发展修订了经典的应用案例。

在出版社的支持下，我们继续对第 5 版进行翻译，以期我国嵌入式系统的学习资源能够与国际热点保持同步。在第 4 版的基础上，翻译团队中增加了翻译专业的郭宇飞老师和长期以本书为教材的熊晓芸老师，希望译稿能够更加流畅、易懂。由于本书的论述过程时有跳跃，为便于读者阅读，我们在翻译过程中增加了一些译者注以使思路更加连贯。

本书的翻译工作能够顺利完成，要衷心感谢南开大学嵌入式系统与信息安全实验室的研究生付出的辛苦努力，以及机械工业出版社的编辑提供的指导和支持。囿于译者的水平和经验，译文中难免存在不当之处，译注中的续貂之笔也难免有添足之嫌，恳请方家与读者不吝赐正。

译者

2024 年 8 月于南开园

数字系统设计已经进入新的时代。当微处理器设计转向一种典型的优化工作时，只把微处理器作为其部件的嵌入式计算系统设计已经成为一个广阔的新领域。无线系统、可穿戴系统、网络系统、智能家电、工业过程系统、先进汽车系统以及生物接口系统与这个新领域均有交叉，是嵌入式系统设计的热门应用方向。

受传感器、转换器、微电子学、处理器性能、操作系统、通信技术、用户接口和封装技术进步的推动，以及对于用户需要和市场潜能的深入理解，涌现出大量新的系统和应用。现在系统设计师和嵌入式系统设计人员的职责就是把这些可能变成现实。

然而现在，嵌入式系统设计仍处于手工阶段。虽然有关硬件组件和软件子系统的知识是很清楚的，但是还没有通用的统筹整个设计过程的系统设计方法，在大多数情况下，仍然是为每个项目完成一个专门的设计。

嵌入式系统设计所面临的某些挑战源于基础技术的改变以及系统各部件全部正确地混合和集成在一起的奥妙，另一些挑战源于新的并且常常是不熟悉的系统需求。此外，通信和协作基础设施及技术的改善使得设计对市场需求的响应达到了前所未有的速度。但是，还没有有效的设计方法和相关的设计工具足以迅速应对这些挑战。

在 VLSI 时代的开始阶段，晶体管和导线是基本部件，快速设计单芯片计算机是一种梦想。今天，CPU 和各种专用处理器以及子系统仅是一些基本部件，但快速、高效地设计极复杂的嵌入式系统却仍是一个梦想。现在不但系统规格说明极其复杂，而且面临着实时期限、低功耗、有效地支持复杂实时用户界面、强劲的成本竞争以及设计的系统必须可升级等问题。

Wayne Wolf⊖教授编写了系统地处理大量新的系统设计需求和挑战的第一本教科书。Wolf 提出了嵌入式系统设计的形式体系和方法学，可以为嵌入式系统架构师提供帮助。这些架构师要真正理解各种组件的技术原理和系统设计基础，并运用书中的方法构造出新型的"超薄"系统。

从分析每一种技术的基础出发，Wolf 教授为规范和建造系统结构及行为提供了形式化方法，然后通过一系列示例解析这些思想，而且还仔细研究了所涉及的复杂性以及如何系统地处理这些复杂问题。你会提前清楚地理解这些设计问题的本质，并知道攻克这些难关的关键方法和工具。

作为关于嵌入式系统设计的第一本教科书，本书必将成为帮助读者在这个重要和最新出现的领域里获得知识的无价工具。本书亦可以作为实际设计工作的可靠指南。我向读者强烈推荐本书。

Lynn Conway

密歇根大学电气工程和计算机科学系荣休教授

⊖ Wayne Wolf 是本书作者 Marilyn Wolf 的曾用名。——编辑注

第 5 版的出版已是在本书出版 20 周年纪念之后了。我于 1999 年末完成了第 1 版的最终草稿。彼时，嵌入式计算已经成为计算的一个新领域并逐渐成熟，而如今，它已成为计算机系统的一个重要领域。嵌入式计算机围绕着我们，并在我们生活的几乎每个可以想到的方面为我们提供帮助。

回顾过去，我认为早期的一些重要内容仍然在使用，例如 ARM、UML 和实时计算，而低功耗计算则比第 1 版时更加重要。此外，物联网已经成为嵌入式计算的重要应用。

在这个版本中，我对全书做了修订：新增安全性和防危性方面的论述，包括物理安全和信息安全，这些内容贯穿全书。我还更新了其他部分讨论。

同之前的版本一样，在本书网站 https://www.marilynwolf.com 上可以找到相关材料，你还可以在我的 YouTube 嵌入式系统栏目上找到相关视频。

我要感谢编辑 Stephen Merken 对我的帮助和指导。还要感谢 Alice Grant、Michelle Fisher、Paul Janish、Chris Hockaday 以及他们的制作团队，感谢他们的关心和督促。非常感谢审稿人给出的经过深思熟虑的评论。当然，本书中依然存在的任何不足都是我的责任。

Marilyn Wolf

内布拉斯加州林肯市

2022 年 3 月

第 4 版前言

Computers as Components: Principles of Embedded Computing System Design, Fifth Edition

准备本书第 4 版的过程使我意识到自己已不再年轻。在 1999 年底，我完成了第 1 版的最终草稿。从那时起，嵌入式计算技术发展迅猛，但是核心原理依然基本保持不变。我对整本书进行了修改：整理问题，修改文稿，对某些章节重新排序以改进思路，并删除了一些不重要的内容。

本书在两方面做出了巨大改动。第一，新增了物联网（IoT）这一章；第二，将安全性贯穿全书。自第 3 版出版以来，IoT 就已作为一个重要主题出现，但是它的实现依赖于现存的技术和知识。在第 4 版中，新的 IoT 章节综述了几个用于 IoT 应用的无线网络，也给出了一些 IoT 系统的模型。安全性对于嵌入式系统一直都很重要，虽然本书第 1 版就已讨论过医疗设备的安全性，但是一系列事件又突出了这一主题的关键特性。

在前几版中，一些高级的知识点都放在第 8 章，包括多处理器片上系统和网络嵌入式系统等。第 4 版将这些内容扩展并分为三章：第 8 章涵盖 OSI 和网络协议，以及 IoT 特定主题的知识；第 9 章探讨汽车环境中的网络嵌入式系统，并涵盖安全性方面的几个例子；第 10 章介绍多处理器片上系统及其应用。

和前几版一样，在本书网站 http://www.marilynwolf.us 上可以找到所有相关内容，包括一些外部 Web 资源的链接。此外，我的新博客 http://embeddedcps.blogspot.com/ 提供了一些嵌入式计算人员感兴趣的话题。

我要感谢编辑 Nate McFadden 给予的帮助和指导。当然，本书中的任何问题都是我的责任。

Marilyn Wolf

本书第 3 版反映了我对嵌入式计算的深入思考以及对本书读者的若干建议，其中一个重要的目标是扩大嵌入式计算应用的范围。学习有关数码相机和汽车之类的主题需要付出很多努力。对于这些系统中直接影响嵌入式计算设计者决策的部分，希望本书可以提供一些有用的见解。我也扩大了示例处理器的范围，包括尖端的处理器，如 TI C64x 和高级 ARM 扩展（advanced ARM extension），同时还包括 PIC16F，并通过它描述小型 RISC 嵌入式处理器的特性。最后重新组织了关于网络和多处理器的章节，使这些紧密相关的主题看起来更统一。读者可以在课程网站 http://www.marilynwolf.us 上寻找附加的材料，这个网站包含了上面所说的所有内容，还有实验样例以及获取附加信息的提示。

我要感谢 Nate McFadden、Todd Green 和 Andre Cuello 的耐心编辑以及在本书修订过程中对我的关心。我还要感谢匿名评论者和科罗拉多大学的 Andrew Pleszkun 教授对本书草稿的中肯建议。特别感谢 David Anderson、Phil Koopman 和 Bruce Jacob 帮助我理解了一些内容。

最重要的是，这是我感谢父亲的最好时机。他教会我如何工作：不仅仅是教会我怎样做具体的事情，更重要的是教会我如何处理问题，开拓思路，然后把它们转化为成果。一直以来，他都在教我如何体贴和关心他人。感谢您，父亲。

Marilyn Wolf

第 2 版前言

Computers as Components: Principles of Embedded Computing System Design, Fifth Edition

相对 2000 年本书第 1 版出版之时，如今嵌入式计算变得更为重要。更多的产品中使用了嵌入式处理器，从玩具到飞机都有应用。片上系统现在使用几百个 CPU。手机朝着新的标准计算平台的方向发展。就像 2006 年 9 月 *IEEE Computer* 杂志上我的专栏中所指出的那样，当今世界上至少有 50 万名嵌入式系统程序员，可能接近 80 万。

在这一版中，我尽力做了更新和补充。本书的一个主要改变是使用 TI C55x DSP。我慎重地重写了关于实时调度的讨论，尝试将性能分析主题尽可能在更多的抽象层次上扩展，指出多处理器在甚至最平凡的嵌入式系统中的重要性。此外，这一版对软 / 硬件协同设计和多处理器也进行了更通用的介绍。

计算机教学领域的一个改变是，本教材成为越来越低年级的课本。过去用于研究生的教材现在用于高年级本科生；在可预见的未来，本书的部分内容将可作为大学二年级的教材。我认为可以选取本书的部分内容去覆盖更先进和更基础的课程。一些高年级学生可能不需要前面章节的背景知识，这样可以把更多时间花在软件性能分析、调度和多处理器上。当开设导论性课程时，软件性能分析可作为探索微处理器体系结构和软件体系结构的一个可选方案，这样的课程可以关注前几章的内容。

本书和我的其他书的新网站是 http://www.waynewolf.us。在这个网站里，可以找到本书相关材料的汇总、实验建议，还可找到关于嵌入式系统的更多信息的网站链接。

致谢

感谢许多帮助我完成第 2 版的人。德州仪器的 Cathy Wicks 和 Naser Salameh 在理解 C55x 上给了我非常有价值的帮助。FreeRTOS.org 的 Richard Barry 不仅慷慨地允许我引用其操作系统的源码，还帮我澄清代码的解释。本书的编辑是 Morgan Kaufmann 公司的 Chuck Glaser，他知道何时需要耐心，何时需要鼓励，何时需要引导。当然，还要感谢 Nancy 和 Alec 耐心为我录入。本书的任何问题，不管是大是小，自然都是我个人的责任。

Marilyn Wolf

　　微处理器早已成为我们生活的一部分，然而，微处理器强大到能执行真正复杂的功能还是近几年的事。在摩尔定律的驱动下，微处理器飞速发展，同时促使嵌入式计算成为一门学科。在微处理器的早期阶段，所有组件相对较小也较简单，需要且期望把一些单独的指令和逻辑门集中在一起。今天，当系统包含了几千万个晶体管和数万行高级语言代码时，我们必须使用有助于处理复杂性的设计技术。

　　本书试图捕捉嵌入式计算这一新学科的某些基本原理和技术。嵌入式计算所面临的一些挑战在台式机计算世界中是众所周知的。例如，为从带流水线的高速缓存体系结构中获得最高性能，经常需要仔细分析程序轨迹。类似地，随着嵌入式系统的复杂性不断增加，在软件工程中针对特定复杂系统开发的技术变得十分重要。另外一个例子是设计多进程系统。对于台式机上使用的通用操作系统和嵌入式系统使用的实时操作系统来说，二者的需求是截然不同的。过去 30 年针对大型实时系统开发的实时技术如今已普遍应用于基于微处理器的嵌入式系统中。

　　嵌入式计算还面临一些新的挑战，一个较好的例子是功耗问题。在传统计算机系统中，功耗已经不是一个主要考虑因素，但是对于用电池供电的嵌入式计算机，这是一个基本考虑因素，而且在功耗容量受重量、成本或噪声等限制的情况下是十分重要的。另外一个挑战是截止时限驱动的程序设计。嵌入式计算机常常对程序完成的期限做硬性限制，这种形式的限制在台式机世界里是罕见的。随着嵌入式处理器变得越来越快，高速缓存和其他 CPU 单元也使得执行时间变得越来越难以预测。然而，通过仔细分析和巧妙编程，即使面对高速缓存等不可预测的系统组件，我们也可以设计出可预测执行时间的嵌入式程序。

　　幸运的是，有许多工具可以用来处理复杂嵌入式系统所面临的挑战，例如高级语言、程序性能分析工具、进程和实时操作系统等。但是理解这些工具如何协调地一起工作是一项很复杂的任务。本书提供了一种自底向上的方法来理解嵌入式系统设计技术。通过先理解微处理器硬件和软件的基础知识，我们就能获得有助于创建复杂系统的强有力的抽象能力。

写给嵌入式系统专业人员

　　本书不是一本用来理解某种特定微处理器的手册。为什么你会对这里呈现的技术感兴趣呢？有两个理由。第一，诸如高级语言编程和实时操作系统这样的技术对于构造实际的大型复杂嵌入式系统是非常重要的。生产会因为不能工作的错误系统设计而变得杂乱无章，系统之所以不能工作是因为它们的设计者试图从出现的问题中寻求解决方法，而不是从问题中走出来并换个更大的视角来研究问题。第二，用于构造嵌入式系统的组件是经常变化的，但其原理不变。一旦你掌握了创建复杂嵌入式系统所涉及的基本原理，就可以迅速地学习一种新的微处理器（或编程语言），并且把同样的基本原理用于新的组件。

写给教师

　　传统的微处理器系统设计起源于 20 世纪 70 年代，当时微处理器的种类相对有限。传统课程强调定制硬件和软件来构建一个完整系统。因此，它只强调某一特定微处理器的特性，包括其指令系统、总线接口等。

本书采用更抽象的途径来研究嵌入式系统。书中利用一切机会来讨论实际组件和应用，但本质上不是一本微处理器数据手册，因此它的论述方法初看起来是新奇的。本书不专注于某种特定类型的微处理器，而是试图研究更通用的例子，以得出更普遍适用的原理。我认为这种方法更有利于教学，而从长远角度来看，对于学生也更有用。对于教学更有利是因为不必太过于依赖复杂的实验室装置，而只需花费一些时间在纸上练习，进行模拟和编程练习。对于学生更有用是因为，他们在这一领域最终工作时所使用的组件和设施与学校的肯定是不同的，一旦学生掌握了基础知识，他们学习新组件的细节就会容易得多。

对于获得有关嵌入式系统的物理直觉，实践经验特别重要。某些硬件设计经验是非常宝贵的，我认为每一个学生都应该知道燃烧塑封集成电路包装盒的气味。但我强烈建议你避免专注于硬件设计。如果花费太多的时间去构建硬件平台，你将没有足够的时间去编写有趣的程序。一个实际问题是，大多数课程没有时间让学生用高性能 I/O 设备和可能的多处理器来建造复杂的硬件平台。多数学生可以通过测量和评价一个现有的硬件平台来学习硬件知识。编制复杂嵌入式系统程序的实践也可以教给学生相当多的硬件知识，调试中断驱动代码是学生基本不会忘记的一种经验。

本书的主页（www.mkp.com/embed）中包括本书相关材料的汇总、教师手册、实验材料、相关 Web 站点的链接，以及包含习题解答的受密码保护的 FTP 站点的链接。

致谢

感谢许多帮助我准备这本书的人。一些人给了我关于本书各个方面的建议：关于规格说明的 Steve Johnson（印第安纳大学），关于程序跟踪的 Louise Trevillyan 和 Mark Charney（均在 IBM 研究院），关于高速缓存失效方程的 Margaret Martonosi（普林斯顿大学），关于低功耗的 Randy Harr（美国新思科技公司），关于分布式系统的 Phil Koopman（卡内基·梅隆大学），关于低功耗计算与累加器的 Joerg Henkel（NEC C&C 实验室），关于实时操作系统的 Lui Sha（伊利诺伊大学），关于 ARM 体系结构的 John Rayfield（ARM 公司），关于编译器和 SHARC 的 David Levine（美国模拟器件公司），以及关于 SHARC 的 Con Korikis（美国模拟器件公司）。许多人员在各阶段对本书进行了审阅：David Harris（哈维姆德学院），Jan Rabaey（加州大学伯克利分校），David Nagle（卡内基·梅隆大学），Randy Harr（美国新思科技公司），Rajesh Gupta、Nikil Dutt、Frederic Doucet 和 Vivek Sinha（加州大学欧文分校），Ronald D. Williams（弗吉尼亚大学），Steve Sapiro（SC 协会），Paul Chow（多伦多大学），Bernd G. Wenzel（Eurostep），Steve Johnson（印第安纳大学），H. Alan Mantooth（阿肯色大学），Margarida Jacome（得克萨斯大学奥斯汀分校），John Rayfield（ARM 公司），David Levine（美国模拟器件公司），Ardsher Ahmed（马萨诸塞大学 / 达特茅斯大学），Vijay Madisetti（佐治亚理工学院）。还要特别感谢编辑 Denise Penrose，Denise 费了很大精力寻找本书的潜在用户并和他们交流，帮助我们了解读者想要学什么。特别感谢她的洞察力和坚持。Cheri Palmer 和她的出版团队在令人难以置信的紧迫日程内出色地完成了工作。当然，所有的错误和失误都是我的。

Wayne Wolf

嵌入式计算

本章要点

- 为什么系统中需要嵌入微处理器。
- 嵌入式计算设计的特点与难点。
- 实时和低功耗计算。
- 作为物联网（IoT）系统和信息物理系统（CPS）的嵌入式计算。
- 设计方法。
- 统一建模语言（UML）。
- 本书导读。

1.1 引言

为了更好地理解如何设计嵌入式计算系统，我们首先要理解如何将微处理器用于过程控制、用户界面、信号处理和其他任务，以及为什么要这么做。如今**微处理器**已经很普遍，以至于我们很容易忘记没有它的时候完成任务有多困难。

本章中，我们首先回顾微处理器的多种用途，以及将微处理器用于系统设计的主要原因——实现复杂的动作控制，缩短产品的设计周期，提升产品设计的灵活性，等等。接下来的 1.2 节，我们将通过一个系统示例来了解设计系统的主要步骤。1.3 节深入分析了嵌入式系统的设计规范和设计过程中用到的技术——这些规范和技术将贯穿本书中的所有设计过程。在 1.4 节，我们用一个模型火车控制器作为例子来展示如何应用这些规范和技术。1.5 节对全书每一章的内容进行了简要介绍。

1.2 复杂系统与微处理器

一般我们认为一台笔记本计算机就是一台计算机，但它其实也是众多计算机系统中的一员。计算机是一个存储着程序的机器，它能够从内存中获取并执行指令。我们可以给计算机连接不同类型的设备，加载不同类型的软件，以构建不同类型的系统，简单如家用电器，复杂如机器人。

那么，什么是**嵌入式计算机系统**呢？简单地说，它是任何内部包含了一部编程计算机的设备，但它本身不是作为通用计算机设计的。例如，个人计算机（Personal Computer，PC）本身并不是嵌入式计算系统，但使用了微处理器的温度计则是嵌入式系统。

嵌入式计算系统设计在许多类型的产品设计中都有重要的作用，例如汽车、医疗设备、家用电器中都广泛使用了微处理器。在这些应用领域中，设计师必须判断在哪里使用微处理器，然后设计一个硬件平台，连接相应的 I/O（输入 / 输出）设备以支持目标任务，最后设计相应的软件以控制任务处理的过程，这非常类似计算机工程。与机械设计、热力学分析一样，计算机工程也可以应用于许多不同领域的基础学科。嵌入式计算系统的设计不是孤立的，在设计过程中遇到的许多挑战并不是计算机工程问题，也有可能是机械或模拟电路问题。本书主要对嵌入式计算机本身进行研究，所以我们将专注于那些与最终的产品功能直接相关的硬件和软件。

1.2.1 嵌入式计算机

微处理器可以按照字长宽度分为几个不同的等级。**微控制器**是集成在单芯片上的完整计算机系统，包括 CPU、内存和 I/O 设备。8 位微控制器通常是为低成本应用而设计的，包括板载内存和 I/O 设备；16 位微控制器通常用于比较复杂的应用，这些应用或是需要较宽的字长，或是需要片外的 I/O 设备与内存；32 位或 64 位**精简指令集计算机**（RISC）微处理器为计算密集型应用程序提供了非常高的性能。

既然微处理器种类繁多，那么它能应用于众多领域就没什么好奇怪的了。我们的日常生活中就有许多微处理器和微控制器：一般的微波炉至少内置一个微处理器来控制微波炉的工作，许多家庭都安装了先进的恒温系统来调节一天中不同时间的温度，这通常是借助微处理器实现的。数码相机也是一个很好的例子，它的很多强大的功能都是借助微处理器控制来实现的。

嵌入式处理器的另一大应用领域是数字电视，通常我们会为执行音频或视频算法设计专门的 CPU。

再如，目前许多汽车的控制系统中包含 1 亿行以上的代码 [Zax12, Owe15]，福特汽车 F-150 更是包含多达 1.5 亿行代码 [Sar16]。一台高端汽车通常包含约 100 个微处理器，即便是普通汽车也使用了大约 40 个微处理器。这些微处理器中一部分负责十分简单的工作，比如检测安全带是否系上；一部分负责控制汽车的关键功能，比如点火和刹车。基于微处理器的发动机控制的改进主要由两方面因素同时推动：一方面是 20 世纪 70 年代石油危机引发的消费者对燃油经济性要求的提高，另一方面是担忧环境污染引发的对燃油排放的限制。同时实现低油耗和低排放是很难的，尤其是在不影响发动机性能的情况下，因此汽车制造商转而向基于微处理器可以实现的复杂控制算法寻求解决之道。

制动是另一个重要的汽车子系统，它使用微处理器来提供先进的功能。设计示例 1.1 描述了 BMW 850i 中使用的一些微处理器。

设计示例 1.1　BMW 850i 制动和稳定控制系统

BMW 850i 带有一套非常精密的车轮控制系统，其中防抱死制动系统（Antilock Brake System，ABS）能够通过控制刹车片的跳动来减少打滑，而自动稳定和牵引力控制（Automatic Stability Control + Traction，ASC+T）系统能够在汽车运行过程中调节发动机以提高汽车的稳定性，这些系统主动控制着汽车的关键部分。作为控制系统，它们需要从汽车获取输入，同时向汽车输出控制信息。

首先让我们来看一下 ABS。ABS 的目的是当车轮转动很慢时暂时释放刹车，因为当车轮停止转动时，汽车就会打滑并变得难以控制。刹车系统如下图所示，ABS 部署在刹车片与液压泵之间，液压泵为刹车提供动力。这种连接方式使得 ABS 能够调整刹车以防止车轮抱死。ABS 使用车轮上的传感器来测量车轮的速度，又依据车轮的速度来决定如何改变液压泵的压力以防止车轮打滑。

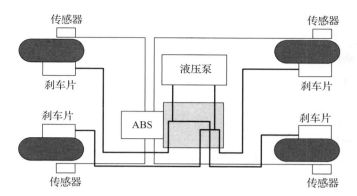

ASC+T 系统的作用是在汽车运行过程中通过控制发动机功率和刹车来提高汽车的稳定性，它控制四个不同的系统——油门、点火定时、差速刹车和（在自动挡汽车上）换挡，司机可以手动关闭 ASC+T 系统，这一设置在汽车使用轮胎防滑链的时候十分重要。

显然，ABS 与 ASC+T 之间必须通信，因为这两个系统都需要与刹车系统进行交互。由于 ABS 比 ASC+T 面世更早，因此对于 ASC+T 而言，如何与已有的 ABS 模块交互，以及如何与其他电子模块交互，就变得十分重要。发动机和控制管理单元中包括电控油门组件、数字发动机管理组件和电子传输控制组件。ASC+T 控制单元包含两个微处理器，分别位于两个印制电路板上，其中一个用于实现逻辑相关的功能组件，而另一个用于实现对性能有特定要求的组件。

1.2.2　嵌入式计算应用的特点

与为 PC 或者工作站编写的程序相比，嵌入式计算应用程序要满足更多的要求。实现设计的目标功能对于通用计算与嵌入式计算来说都很重要，但嵌入式应用程序必须满足更多的约束。

首先，嵌入式计算系统必须提供更加复杂的功能。

- 复杂算法。微处理器执行的操作可能会非常复杂。例如，控制汽车发动机的微处理器必须执行复杂的过滤函数以优化汽车的性能，同时最小化污染排放和燃料消耗。
- 用户界面。微处理器经常用于控制复杂的用户界面，这些界面可能包含多个菜单和选项。例如，GPS（全球定位系统）导航中的动态地图用户界面就非常复杂。

其次，嵌入式计算操作必须经常处理时限（deadline）问题，而这往往正是问题的难点所在。

- 实时。许多嵌入式计算系统必须能够实时执行，即如果数据在规定的时限内没有处理完，那么系统将会出故障。在某些情况下，未能满足时限是不安全的，甚至会危及生命；在另外一些情况下，超过时限不会引发安全问题，但会使用户不满意，例如，超过打印机的等待时限可能会引起打印页面混乱或者卡纸。
- 多速率。不仅要在时限内完成操作，许多嵌入式计算系统还要同时运行并控制多个实时操作。这些操作的速度可能存在差异，有的速度快，有的速度慢，多媒体应用就是多速率行为的典型例子。多媒体数据流的音频部分与视频部分的运行速率差异很大，但是它们必保持严格同步，如果音频或视频数据未能按时到达，将影响整体观看体验。

再次，以下各种约束也非常重要。

- 制造成本。构建系统的总成本在许多情况下非常重要。制造成本由很多因素决定，包括使用的微处理器类型、所需内存的容量以及 I/O 设备的类型。
- 功率和能耗。功率直接影响硬件成本，因为嵌入式系统可能需要消耗大量的电力能源。能耗影响电池寿命，这一点在许多应用中都十分重要。同时，能耗也会产生热量，值得一理的是，散热问题即使在桌面等非嵌入式的应用中也很重要。
- 尺寸。物理尺寸在许多系统中也是一个重要的约束条件。

最后，大多数嵌入式计算系统都是由小团队在严格时限内完成的，由此也展示了小型设计团队的技术实力。但这一现象普遍发生后，容易让提出需求的管理方认为，所有这类基于微处理器的系统都可以由小型团队构建。当今国际化的商业社会充满了竞争，自然也对任务交付时限的紧迫性产生了更严苛的要求。实际上，使用软硬件分离的方式构建嵌入式产品确实很有意义：可以分别调试硬件与软件，并且有利于对设计进行快速迭代修订。

1.2.3　为什么使用微处理器

设计数字系统的方式有很多，如自定义逻辑、FPGA（现场可编程门阵列）等。为什么要使用微处理器呢？主要有两个原因：

- 微处理器是实现数字系统的一种非常有效的方式。
- 利用微处理器可以更方便地设计系列产品，这些产品可以有不同的价位，提供不同的功能，并且能够灵活扩充新特性以满足飞速变化的市场需求。

数字设计方面存在着一些看似矛盾的地方：在实现目标应用的过程中，使用预设的固定指令集的处理器比设计自定义逻辑电路更快。人们总是认为微处理器取指、译码与执行指令的开销如此之大，以至于根本无法得到补偿，其实并不是这样的。

微处理器的设计发展很快，这是由两个因素共同决定的。首先，微处理器的程序执行非常高效。在大多数情况下，现代 RISC 处理器可以每个时钟周期执行一条指令，而高性能处理器能够在每个时钟周期执行多条指令。解释多条指令必然需要付出更多时间，但通过巧妙地利用 CPU 的并行机制可以减少甚至消除时间损耗。

其次，微处理器制造商花费大量成本来设计高速运行的 CPU。他们雇用大型设计团队对微处理器的各个方面进行调整，使微处理器尽可能以最高速度运行。设计一个处理器需要雇用数十个甚至数百个计算机体系结构工程师和芯片设计师，而很少有产品团队能够雇用这样的技术队伍。即便小型设计团队使用最新技术，他们也不太可能像大型设计团队那样对芯片的运行速度（或功率）进行深入优化。

另一个令人惊讶的事实是，微处理器非常高效地利用了逻辑电路。通常情况下，微处理器的通用性及其对独立的内存芯片的需求，使得人们认为基于微处理器的设计会比自定义的逻辑设计在物理尺寸上要大。然而，在许多情况下，以逻辑门为单位，当电路的门数相同时，微处理器的尺寸会更小。为特定功能设计的专用逻辑是不能用于执行其他功能的，但是微处理器可以通过简单地修改它所执行的程序来实现许多不同的算法。现在的很多系统都使用了复杂的算法和用户界面，如果使用自定义逻辑电路，我们就不得不设计多个实现不同任务的自定义逻辑块以完成所有的功能。这样的话，在系统运行时，许多逻辑块就会经常处于空闲状态，例如，当执行用户界面时，处理逻辑模块就会处于空闲状态。若是在单个处理器上实现多个功能的话，就可以充分利用硬件。

微处理器具备很多显著的优点，缺点很少，这使得微处理器成为各种系统中的最佳选择。在设计过程中，微处理器的可编程性是极宝贵的，它使得程序设计（至少在一定程度上）独立于所要运行的硬件设计。当一个团队设计包含微处理器、I/O 设备、存储器等部件的电路板时，另一个团队可以同时编写程序。

软件是区分不同产品的重要标志，在许多产品类别中，同类竞争产品可能只使用了少数芯片中的某一个来作为硬件平台，此外，额外的软件功能特色也可以区分不同产品。

为什么不把 PC 用在所有嵌入式计算上呢？换句话说，构建嵌入式计算系统需要多少硬件平台？PC 被广泛使用，并提供了非常灵活的编程环境，事实上，许多嵌入式计算系统都使用了 PC 的组件。然而考虑到成本、物理尺寸和功耗，现有 PC 不能用作通用的嵌入式计算平台。目前多个嵌入式平台，如 Arduino 和 Raspberry Pi，已被开发用于汽车或电机控制，它们提供了功能强大的微控制器、广泛的外围设备和强大的软件开发环境。

首先，对实时性能的需求使得我们选择不同的架构来实现系统。正如我们将在本书后面看到的，通常可以通过多处理器获得最佳实时性能。异构多处理器的设计是为了匹配在其上运行的应用程序软件的特征，从而提供性能改进。

其次，微处理器的低能耗与高成本也使得我们放弃 PC 架构而选择多处理器作为嵌入式计算平台。PC 可以非常灵活地解决各种计算需求组合，但是这增加了 PC 组件的复杂性及价格，也增加了处理器和其他组件执行给定功能所需要的能量。嵌入式系统往往是为特定应用而专门设计的，在计算性能相当时，可以比 PC 少消耗几个数量级的能量，并且也更便宜，手机就是这样设计的专用系统。

计算是一种物理行为，执行一个程序肯定要花费时间和消耗能量，因此**软件的物理特性**也是本书的主题之一。如果我们能够设计出满足应用目标的程序，并将嵌入式计算机连接到现实世界，我们需要了解性能和能耗的根源在哪里，由此，软件的特性和能耗就显得非常重要了。幸运的是，我们不需要从微电子学上考虑电流的流动，只需要对程序结构做出更高级的判断和决策，就能达到提高程序的实时性能和降低能耗的目的。在理解了软件所表现出的物理特性的基础上，我们就可以在更高的抽象层分析软件的行为。

1.2.4　嵌入式计算、物联网系统与信息物理系统

嵌入式计算领域为我们提供了一系列可利用的工具，我们可以利用这些工具来设计与现实世界交互的计算机系统。为了满足计算机与现实世界交互的广泛应用需求，产生了两种系统设计方式：物联网（Internet of Things，IoT）系统和信息物理系统（Cyber-Physical Systems，CPS）。

物联网系统（IoT system）是通过网络连接的一组传感器、执行器和计算单元。网络通常有无线链接，但也可能包括有线链接，物联网系统可以用于监控、数据分析、态势评估等。

信息物理系统使用计算机来构建控制器，例如反馈控制系统。信息物理系统中一个很重要的例子是网络控制系统，其物理机器的一组接口通过总线与 CPU 通信。

物联网系统和信息物理系统相关但又不同，两者之间有一个灰色地带，区分它们的重要方法之一是通过采样率：物联网系统往往以较低的采样率运行，而信息物理系统则以较高的采样率运行。因此，物联网系统通常在物理上更分散，例如制造工厂；信息物理系统则具有更高的耦合性，例如飞机或汽车。

物联网和信息物理系统都属于**边缘计算**（edge computing）：当计算机必须快速响应现实世

界中的事件时，我们通常没有时间将查询发送到远程数据中心并等待响应，这时边缘计算必须以较低能耗及时响应。此外，边缘设备还必须与边缘的其他设备以及云计算资源进行通信。

1.2.5 防危性和安全性[⊖]

以下两个趋势使得防危性和安全性成为嵌入式系统设计者的主要关注点：第一，人们使用的强安全相关性系统和其他的重要系统（如汽车、医疗设备等）越来越多地应用了嵌入式计算机；第二，这些承担着关键任务的系统很多都间接或直接通过维护设备连接到网络，这种连接使得嵌入式系统更容易受到恶意攻击。此外，不安全的操作所带来的危险后果有时候更加严重，也使得人们越来越重视安全问题。

安全性（security）是指系统防止恶意攻击的能力。它最初应用于一些重要的信息处理系统中，比如银行系统。在这些应用中，我们需要保护的是存储在计算机系统中的数据。例如，Stuxnet 蠕虫病毒能够利用计算机的安全漏洞发起攻击，但它的攻击目标不只是信息数据，还会使物理信息系统中的物理设备陷入危险。安全性主要包含几个方面，如：**可靠性**（dependability）；**完整性**（integrity），指数据的值应保持正确，不应该被恶意攻击者随意篡改；**隐私性**（privacy），指不可以访问或发布未经授权的数据。

防危性（safety）是指释放能量或控制能量的方式 [Koo10]。安全漏洞会使嵌入式计算机不当地操作物理设备，从而产生危险。较差的系统设计也会引起类似的安全问题。防危性对于任何连接物理设备的计算机来说都至关重要，无论这些威胁来自外界的恶意活动、设计漏洞，还是对设备的不当使用。

防危性与安全性是两个相互关联但又不同的概念 [Wol18]。一个不安全的系统未必会引起防危方面的问题，但若两方面的危险因素同时存在，将为嵌入式计算和信息物理系统设计带来很大的困难，而这正是信息物理系统与传统系统的不同之处。传统意义上，安全性与信息技术（IT）系统相关，典型的安全漏洞并不直接产生人身危险。未经授权的私人信息泄露，例如，信用卡数据库信息泄露，可能使受害者受到潜在威胁，但不会直接危及受害者的人身安全。类似地，传统机械系统的防危性也并不与该系统的任何信息直接相关。但是，现在的情况截然不同，防危性与系统的信息直接相关，因此，我们需要一个兼具防危性和安全性的系统。例如，在一辆设计较差的汽车上，攻击者可以安装软件并控制该车的操作，甚至能将该车驾驶到一个司机可能会遭遇危险的地方。

为了提高嵌入式系统的防危性和安全性，我们需要采用以下一种或几种技术：

- **密码学**提供了加密等数学工具，使我们能够保护信息。详见 4.10 节。
- **安全协议**通过密码学来提供功能，例如验证软件的来源或系统配置的完整性。详见 5.11 节。
- **安全可靠的硬件架构**可确保我们的加密操作和安全协议不会被对手破坏，并尽早发现操作错误。详见 3.8 节和 4.9 节。

1.2.6 嵌入式系统设计的难点

我们对工程设备和系统的要求不断提高，显然，传统的机械设备已无法适应 21 世纪用户的期望。

⊖ safety 和 security 一般都译为"安全"，其中 safety 强调不会出现危险的情况，所以这里译为"防危性"，security 强调不会出现不符合程序或数据所有者主观意愿的情况，所以这里译为"安全性"。——译者注。

首先，设备应该是先进的，并且有丰富的功能，针对它们能做什么以及如何做，能够提供不同的选项。

其次，设备应该是高效的，电池供电的设备应有很长的待机时间，但尺寸又很小，即使它们包含很多功能。设备还应该是便宜的，可靠的，能够保证长时间不出现故障。如果出现故障，也必须保证安全，并且应该在运行时自我调整，以保持准确性和有效性。

是什么阻碍我们利用微处理器提供的机会？为了充分利用嵌入式计算机的强大功能，我们需要掌握以下几项技术。

嵌入式计算机和软件需要实时运行，世界不会为了运行计算机而暂停。计算机硬件和软件的设计必须能够使系统迅速做出反应。实时操作往往还需要系统具备并发性，能够同时执行多项任务。并发软件设计起来较难，但对于许多机械系统来说又是必要的。

为有效利用电能，许多嵌入式计算机系统必须能够低能耗运行。不仅电池供电的设备需要尽可能少地从电池中获取电能，以最大限度地延长电池寿命，而且连接到电网的机器也必须是高效的——电力需要成本，而电力消耗所产生的热量又会引起一系列新的问题。

嵌入式计算系统必须安全可靠地运行，虽然信息安全是所有计算机系统的重要特征，但嵌入式计算的本质意味着必须解决新型的安全问题。

幸运的是，有几种技术手段可以帮助我们解决这些挑战，并挖掘嵌入式计算的潜力。

- **性能分析**（performance analysis）可以确认嵌入式计算机系统是否满足实时需求。我们可以通过分析软件及其运行的计算机硬件，确定执行给定功能需要多长时间，如果软件太慢，我们还有其他技术手段可以帮助识别问题并提出解决方案。
- **功率**（power）分析可以确认嵌入式计算机系统是否在可接受的功耗水平上运行。
- **设计方法论**（design methodology）（我们将想法转化为成品所遵循的步骤）对于成功地设计嵌入式系统非常重要。设计方法论帮助我们完善设计、识别难点并提供解决这些难点的适用方法。

1.2.7　嵌入式计算系统的性能

当我们谈论为 PC 所编写程序的性能时，我们真正想讨论的是什么？大多数程序员对性能的概念很模糊，他们认为性能仅是让自己的程序运行得足够快，偶尔才会考虑程序的复杂度，因此大多数从事通用计算编程的程序员不使用任何提高程序性能的工具。

相反，嵌入式系统设计者对于性能有清晰的目标——他们的程序必须满足**时限**需求。**实时计算**是嵌入式计算的核心，这是为满足时限而在编程上体现出的科学性和艺术性。时限是计算必须被完成的时间点，程序首先接收输入数据，如果它没有在时限内生成所需要的输出，即使最终的输出在功能上是正确的，我们也不认为这个程序是正常工作的。

时限驱动编程这一概念简单又苛刻，很难确定在一个精密的微处理器上运行的大型复杂程序是否满足时限需求。因此我们需要一些能够帮助分析嵌入式系统实时性能的工具，同时也需要采用某种编程规范和风格，使得这些程序可以被工具分析。

要理解嵌入式计算系统的实时行为，我们必须在几个不同的抽象层次上分析系统。本书将使用层次法进行分析，从描述系统硬件组件的最底层开始，逐层向上直到描述完整系统的最高层。这些层包括：

- CPU。CPU 对程序的实时行为有显著的影响，尤其是当 CPU 是具有高速缓存的流水线处理器时。

- 平台（platform）。平台包括总线和 I/O 设备，CPU 周围的平台组件负责帮助 CPU 完成工作，并可以大大影响其性能。
- 程序（program）。CPU 在任何给定时间只能看到程序的一个小窗口，因此我们必须考虑整个程序的结构来决定它的整体行为。
- 任务（task）。我们通常在 CPU 上同时运行若干个程序，形成一个**多任务系统**（multi-tasking system）。任务之间的交互方式会对性能产生深远的影响。
- 多处理器（multiprocessor）。许多嵌入式系统有多个处理器，甚至有的包含多个可编程 CPU 与加速器。这些处理器之间的交互也增加了分析整个系统性能的复杂性。

1.3　嵌入式系统设计过程

　　本节概述嵌入式系统设计过程，希望达到两个目的：第一，在深入探究嵌入式系统设计的细节之前了解这一过程中的各个步骤；第二，对所涉及的设计方法本身进行思考。设计**方法论**是非常重要的，原因有三个。首先，它允许我们对设计的全局内容进行逐条梳理，以确保不遗漏任何工作，比如优化**性能**或执行功能测试。其次，它允许我们开发计算机辅助设计工具。开发一个能够依据设计理念完成嵌入式系统全面设计的程序是一项无比艰巨的任务，但是我们可以先将这项艰巨的任务分为若干易处理的步骤，然后尝试自动（或半自动）地逐步完成这些步骤。最后，设计方法论能够为设计团队成员之间的交流带来便利，通过定义整个设计过程，团队成员更容易了解他们应该做什么、在某一时刻从其他团队成员那里获得什么，以及完成分配的步骤之后该交付什么。由于大多数嵌入式系统由团队设计，所以保障团队成员之间的相互合作是优秀的设计方法论最重要的作用。

　　图 1.1 总结了嵌入式系统设计过程的主要步骤。自顶向下地看，我们首先进行系统**需求分析**（requirements analysis），以捕获系统的基本需求。接下来是**规格说明**（specification），这一步将更加详细地描述我们想要的系统功能。但规格说明步骤只描述系统如何工作，而不涉及如何实现这样的系统。系统内部的详细构造在完成系统的体系结构（也称架构）设计时才开始成型，这个阶段将以大型组件为单位给出系统的结构。一旦知道了所需要的组件，就可以进行设计，这些组件可能是软件模块，也可能是我们需要的专用硬件。基于这些组件，最终我们可以建立一个完整的系统。

　　本节将采用**自顶向下**（top down）的设计方法。从系统最抽象的描述开始，逐步完善它的细节内容。还有一种**自底向上**（bottom up）的设计方法，这种方法首先从

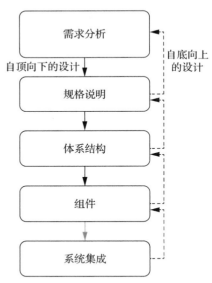

图 1.1　设计过程中的主要抽象层次

组件开始，直到建立一个完整的系统。自底向上的设计步骤如图 1.1 中带箭头的虚线所示。由于无法精确预估设计过程后期要完成什么，所以我们有时候需要自底向上的设计。在设计的过程中，我们总是基于对后面阶段的估计来决定当前这一个阶段的设计，比如可以将一个特定函数运行得多快、需要多少内存、需要多大的系统总线容量等。如果估计不恰当，我们就必须回溯并修改原始设计，从而将新的情况考虑进去。在一般情况下，嵌入式系统设计经

验越少，就要越多地依赖于自底向上设计的信息来完善系统。

但是设计过程中的这些步骤只是我们分析嵌入式系统的一个维度。我们还需要考虑设计的主要目标：

- 制造成本。
- 性能（包括整体速度和时限）。
- 功耗。

我们也必须考虑设计过程中每一步所需要执行的任务，并针对每个设计步骤完善细节：

- 必须在每一步都分析设计以决定如何满足规格说明。
- 必须增加细节以完善设计。
- 必须验证设计以确保它满足所有系统目标，比如成本和速度。

1.3.1　需求

显然，在设计系统之前必须清楚我们在设计什么。我们需要在设计过程的初始阶段获取这些信息，用于创建体系结构和组件。

需求指的是系统需要做什么，规格说明则是系统的完整需求集合。这一步通常分为两个阶段：首先，向客户收集他们需要实现的目标，并形成非正式描述的文档，我们称之为需求分析；接着将需求完善为包含充足信息的规格说明，以开始系统体系结构的设计。

将需求分析与规格说明区分开是很有必要的，因为客户对所需系统做出的描述与架构师设计系统所需信息之间有很大的差距。嵌入式系统的客户通常并不是嵌入式系统的设计人员，甚至不是产品的设计人员。他们对系统的理解完全基于对用户与系统之间如何交互的想象。他们对系统功能的期望，相对他们的预算而言可能是不切实际的，而且他们通常是用自己的语言而不是系统架构师的术语来表达需求。因此，向客户获取一组前后一致的需求后，要将这些需求转为更正式的规格说明，这是用结构化方式来管理从客户语言到设计师语言的翻译过程。

需求可以分为**功能性的**（functional）和**非功能性的**（nonfunctional）两部分。当然，我们必须获取嵌入式系统的基本功能，但是仅有功能性需求是不够的。典型的非功能性需求包括：

- 性能。系统速度通常是影响系统可用性与最终成本的主要决定因素。正如我们所注意到的，性能是一些软指标（如执行用户级别功能的大致时间，以及完成一个特定操作的近似时限要求）的组合。
- 成本。系统的最终成本或销售价格总是设计的一个考虑因素。产品的成本通常分为两个主要部分：**制造成本**（manufacturing cost），包括组件成本与组装费用；**一次性工程**（NonRecurring Engineering，NRE）成本[⊖]，包括系统设计过程中的人力成本、工具和其他费用。
- 物理尺寸和重量。最终系统的物理尺寸差别很大，这取决于应用领域。通常，装配线的工业控制系统要求按照标准尺寸的机架来设计，但在重量方面没有严格约束。而手持设备通常对尺寸和重量都有严格限制，从而影响整个系统设计。

⊖　该成本和芯片是否量产以及量产的规模无关，是指集成电路生产成本中非经常性发生的开支，主要包括芯片产品研发的人工成本、芯片研发过程中所产生的设备折旧与软件的摊销、芯片试制的掩膜费用及工艺加工与测试分析费等。——译者注

- 功耗。功率在电池供电的系统中是一个非常重要的因素，在其他应用中也很重要。它在需求阶段通常以电池寿命的方式给出，因为用户不大可能以瓦特为单位来描述系统所允许的功率。

确认一组需求最终成了一个心理学任务，因为它不仅需要了解用户想要什么，还要理解他们表达这些需求的方式。改进系统需求（至少是改进用户界面这部分需求）的一个好方法是**构建模型**（mock-up）。该模型使用预存的数据在有限范围内模拟和演示系统功能，这个模型可以在 PC 或工作站上执行，而这样的演示可以使用户对系统的运行状态和使用方式产生感性认识，从而提出符合实际的需求。没有功能的外壳模型也可以让用户更好地了解一些系统的物理特性，比如尺寸和重量等。

对一个大系统进行需求分析是一项复杂而且耗时的工作。以清晰、简单的格式呈现相对少量的信息是了解系统需求的良好开端。需求分析是系统设计的重要一环，会直接影响系统的成败，为了说明需求分析的规范，这里介绍一个简单的需求分析方法。

图 1.2 展示了一个**需求表格**（requirement form）的示例，这种表格可以在项目开始时填写。我们可以将这个表格作为系统基本特性的清单，并在设计过程中进行逐个检查和核对。

名称	GPS移动地图
目标	
输入	
输出	
功能	
性能	
制造成本	
功率	
物理尺寸和重量	

图 1.2　需求表格示例

接下来让我们看一下表格中的内容：

- 名称。这一项虽然简单，但是很有帮助。项目名称不仅可以方便我们与别人谈论它，还可以使机器的目标更为明确。
- 目标。在这一项中，应该用一行或两行简短的语言对系统应该做什么进行描述。如果你不能将所设计系统的特性在一两行内描述清楚，就说明你对它还不是很了解。
- 输入 / 输出。这两项比想象中要复杂得多。系统的输入 / 输出包含了大量的细节。
  - 数据类型。模拟电子信号？数字数据？机械输入？
  - 数据特性。周期性到达的数据，比如数字音频信号？偶尔的用户输入？每个数据元素包含多少位？
  - I/O 设备的类型。按键？模拟 / 数字转换器？视频显示器？
- 功能。这是对系统功能的更详细的描述。我们需要从输入到输出逐一进行考虑。当系统接收到输入时，它做什么？用户界面的输入如何影响这些功能？不同的功能是如何相互作用的？
- 性能。许多嵌入式计算系统在控制物理设备或处理从外界输入的数据时都需要一些时间。因此通常情况下，计算必须在特定时间范围内完成要执行的操作。性能需求必须尽早确定，因为在实现过程中要反复检查系统是否满足这些需求。

- 制造成本。主要包括硬件组件的费用。即使你不知道系统组件具体要花费多少钱，但至少应该可以预估最终的成本范围。成本对系统的体系结构有很大的影响，例如售价 25 美元与 1000 美元的机器，其内部结构肯定不同。

- 功率。类似地，你可能不太清楚系统具体要消耗多少功率，但只要有个大概的了解就会对系统设计有很大帮助。通常情况下，最重要的设计决策是要确定机器是使用电池供电还是插座供电，如果机器使用电池供电的话，就要仔细分析它的耗电情况。

- 物理尺寸和重量。了解系统的物理尺寸和重量有助于体系结构的设计。例如，台式录音机在使用组件方面比随身式录音机灵活很多。

对一个庞大系统进行更深入的需求分析，往往会产生很长的需求文档，这里可以使用类似图 1.2 的表格作为对文档的总结。这个简易需求表格可以作为系统的简要介绍，之后才是完整的需求文档，其中包含表格里提到的每项内容的细节。例如，在表格中用一句话描述的单个特征，在文档中可能会用一大段的规格说明进行详细阐释。

此外，**用例**（use case）是描述系统需求的另一种重要方法。它是不同参与者关于系统使用情况的描述。用例描述了人类用户或其他机器如何与系统交互，另一个基础用例显示了一组可能的参与者（人或其他机器）以及他们执行的操作。在某些情况下，信息物理系统可能需要对用例进行更详细的描述，可以使用顺序图显示用户将执行的一系列操作。一组描述典型使用场景的用例通常有助于阐明系统需要做什么。分析系统用例有助于设计者更好地理解系统的需求。

在写完需求之后，应该对它们的内部一致性进行检查：是否忘记给某个功能指定输入或输出？是否考虑了系统运行的所有方式？是否在电池供电的低成本机器上设计了一系列不切实际的功能？

为了练习如何获取系统需求，示例 1.1 展示了如何创建 GPS 移动地图系统的需求。

示例 1.1   GPS 移动地图系统的需求分析

移动地图是一种小型设备，可以替代智能手机地图，它从 GPS（一种基于卫星的导航系统）获得用户位置，可以显示用户周围环境、用户位置变化以及目的地导航等，主要用于徒步旅行或作为汽车配件使用。

用户与驱动程序交互的简单用例图如下所示。

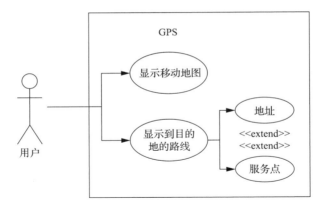

用户使用 GPS 设备主要有两种方式：一是只显示随当前位置变化的地图，二是显示到达目的地的路线。基于此又可以扩展出两个功能，一是提供目的地地址，二是从目的地附近可能的服务点（如加油站、餐厅）列表中进行选择。

针对 GPS 移动地图，我们有什么需求？下面是一个初始列表：

- 功能。该系统设计用于高速公路驾驶导航或类似用途，而不是航海和航空等专业领域，因此不需要更专业的数据库和功能。系统应该显示标准地图数据库中的主要道路和其他可见的标志性建筑。
- 用户界面。屏幕的分辨率至少应该是 400×600 像素。设备的控制按钮不应超过三个。按下按钮时，屏幕上应该弹出菜单系统，以便用户做出控制系统的选择。
- 性能。地图应该顺畅地滚动，每秒屏幕刷新不少于 10 帧。上电后，屏幕显示应该在 1s 内出现，并且系统应该在 15s 内判断其位置并显示当前位置的地图。
- 成本。移动地图的销售成本（市售价格）不应超过 50 美元。销售价格反过来有助于确定制造成本。根据惯例，售价通常是制造成本的 4 倍，那么制造这个设备的成本应该不超过 12.5 美元。售价也会影响一次性工程（NRE）成本，如果每台设备的利润很低，那么高昂的一次性工程成本将无法收回。
- 物理尺寸和重量。设备应该适合手持。
- 功耗。该设备使用 4 节 5 号电池供电，至少应该能够连续运行 8 小时，而在这 8 小时中，至少有 30 分钟是处于屏幕点亮的工作状态。

注意，上述许多需求信息都不是以工程单位度量的，例如，物理尺寸是以手掌大小进行度量的，而不是 cm。虽然这些需求最终必须被翻译为设计者可以使用的形式，但是保留客户的需求记录可以帮助我们解决设计时突然出现的一些规格说明问题。

基于以上讨论，我们可以为该移动地图编写一个需求表格。

名称	GPS 移动地图
目标	驾驶使用的用户级地图
输入	一个电源按钮，两个控制按钮
输出	背光 400×600 像素的 LCD（液晶）显示屏
功能	使用五个接收器的 GPS，三个用户可选的分辨率，总是显示当前的经纬度
性能	在位置变动后的 0.25s 内更新屏幕
制造成本	12.5 美元
功率	100mW
物理尺寸和重量	不超过 2in×6in，12oz（1in = 0.0254m，1oz = 28.3495g）

这个表格增加了设计者使用的一些以工程术语表示的需求，例如，给出了设备的实际尺寸。我们可以通过简单的经验法则，从销售价格推断出制造成本：销售价格是**原料成本**（所有组件成本之和）的 4～5 倍。

1.3.2　规格说明

规格说明描述的内容更加精确和完善，它可以被视作客户与设计者之间的约定。因此，应该仔细编写规格说明，以便准确反映客户的需求，并在设计过程中明确遵循。

规格说明可能是新手设计师在使用设计方法的过程中最不熟悉的步骤，但是设计师要想花费最少的努力来构建一个系统的话，这个过程是必不可少的。如果设计师在设计开始时对所设计系统的功能并不清楚，就会做出一些错误假设，这些错误直到工作系统完成时才会显现出来。到那时，唯一的解决方法就是把机器拆开，扔掉一部分组件，然后再重新开始设计系统。这不仅要花费很多时间，而且得到的系统也是粗糙、复杂、错误百出的。

规格说明的内容应该易于理解，以便人们验证它是否满足系统的需求以及客户的全部期望。它也应该足够清楚，以使设计师知道他们需要构建什么。规格说明描述不清会引起若干问题。如果规格说明中特定情况下的某些功能的行为定义不明确，那么设计者可能会实现错误的功能。如果规格说明中描述的全局特征是错误的或者不完整的，那么基于规格说明设计的整个系统架构就可能无法满足实现的要求。

GPS 的规格说明应该包括以下几部分：

- 从 GPS 卫星获取的数据。
- 地图数据。
- 用户界面。
- 为满足客户需求必须执行的操作。
- 保持系统运行所需的后台行为，比如操作 GPS 接收器以接收数据等。

下一节将会介绍一种描述规格说明的语言——UML（统一建模语言）。当我们完成每章中的示例系统设计时，都会练习编写规格说明。我们还将在第 7 章中更详细地阐述规格说明技术。

1.3.3　体系结构设计

规格说明仅描述系统做什么，而不描述它如何工作，描述系统如何实现这些功能是体系结构的目标。体系结构是关于系统整体结构的一个计划，用于指导各个组件的设计并最终组合成一个完整的系统。体系结构设计被许多设计师认为是系统设计过程中的第一阶段。

为了理解体系结构描述什么，让我们来看一看示例 1.1 中移动地图的体系结构。图 1.3 以**框图**（block diagram）的形式展示了示例系统的体系结构，包括其中的主要操作和这些操作之间的数据流。框图仍然很抽象，尽管我们还没有指定哪些操作由 CPU 上运行的软件完成、哪些由专用硬件完成等具体信息，但它确实对描述如何实现规格说明中的功能有极大的帮助。例如，从框图中可以清楚地看到，我们需要搜索地形数据库，并在显示器上绘制结果。我们可以将这些功能相互分离，以提高系统的并行度。比如，将绘制功能与搜索数据库分开可以帮助我们更加流畅地刷新屏幕上的内容。

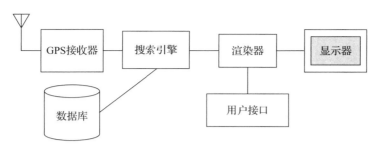

图 1.3　移动地图系统的框图

在设计了初始的体系结构之后，就可以进行后续的设计工作。系统框图没有涉及太多实现细节，我们首先需要将其细化为两个框图，一个用于硬件，另一个用于软件。图 1.4 展示了这两个细化框图。在硬件框图中可以清楚地看到，系统以 CPU 为核心，并配有存储器和 I/O 设备。特别需要说明的是，我们选择使用两个存储器：一个存储器用于所显示的像素矩阵的帧缓冲器（frame buffer），另一个是 CPU 常规使用的程序 / 数据存储器。软件框图类似于系统框图，但是增加了一个计时器，用来控制何时读取用户界面上的按钮，并更新屏幕上的数据呈现。为了完成一个真正完整的体系结构描述，我们需要更多细节，比如软件框图中的单元将在硬件框图的什么地方执行、何时执行等。

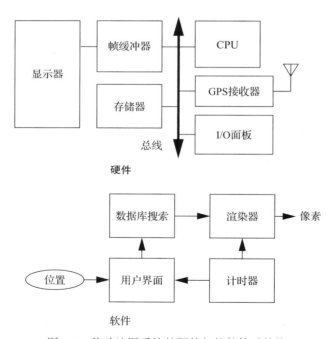

图 1.4　移动地图系统的硬件与软件体系结构

设计体系结构描述时，必须同时满足功能性与非功能性需求，即不仅要实现所有必需功能，而且还必须满足成本、速度、功率以及其他非功能性约束。我们一般会从系统的体系结构开始，然后逐步把这一结构细化为硬件体系结构与软件体系结构。这是一种能够确保系统满足所有规格说明的好方法。我们在设计系统框图时可以专注于功能要素，在创建硬件与软件体系结构时再考虑非功能性约束。

如何知道硬件与软件体系结构是否满足了速度、成本等方面的约束呢？为此我们必须能够在一定程度上估计框图中组件的属性，比如移动地图系统中的搜索组件和绘制功能组件的属性。准确的估计部分来源于经验，包括一般的设计经验以及类似系统的特殊设计经验。不过，有时创建简化的模型有助于做出更准确的估计。在体系结构阶段，所有非功能约束的合理估计都是至关重要的，因为基于有问题的数据做出的决策在设计的最后阶段会显现出来，导致我们的设计最终无法满足规格说明的要求。

1.3.4　设计硬件与软件组件

体系结构描述告诉我们需要什么组件，组件设计确保这些组件符合体系结构与规格说明的要求。组件通常包括硬件模块（FPGA、电路板等）以及软件模块。

一些组件是现成的。例如，CPU几乎在任何情况下都是一个标准组件，类似的还有存储器芯片和许多其他组件。在移动地图中，GPS接收器是一个典型的专用组件，它同样也是一个预先设计的标准组件。我们也可以使用标准的软件模块，地形数据库就是一个很好的例子。有了标准地形数据库之后，你可能还想使用标准例程来访问这个数据库。地形数据库中的数据不仅存储为预定义的标准格式，而且还被高度压缩以节省存储空间。使用标准软件实现这些访问功能不仅可以节省设计时间，还可以在实现数据解压这种专用功能时做得更快更好。

有时我们不得不自己设计一些组件。比如，即使仅使用标准集成电路，也必须设计连接它们的印制电路板。同时，我们可能也不得不完成许多自定义程序设计。当然，在创建这些嵌入式软件模块时，必须使用专业知识来确保系统正确运行，提供实时响应而且不会占用超过允许范围的内存空间。移动地图软件示例中的功耗特别重要。因为内存访问是功耗的主要来源，所以必须要合理控制内存读写以实现功率最小化，例如，必须精心设计内存事务以避免多次读取同一数据。

1.3.5　系统集成

在完成组件构建之后，我们需要将它们合并在一起，并组成一个能运转的系统。当然，这个阶段通常不只是将所有组件组合并固定位置。错误通常在系统集成的过程中出现，好的计划可以帮助我们快速发现错误。通过分阶段创建系统和选择正确的测试方法，我们可以很容易地发现错误。如果一次只调试几个模块，我们会更容易发现并识别那些简单的错误。只有提前修正简单错误，我们才能发现更复杂或更隐蔽的错误，即那些在更高强度的测试中才能发现的错误。在体系结构与组件设计阶段，我们需要确保系统能够尽可能容易地分阶段组装且相对独立地进行测试。

系统集成是很困难的，因为这个阶段经常出现问题。通常情况下，很难对系统进行足够详细的观察，因此无法确定错误出在什么地方。因为嵌入式系统的调试工具通常比在桌面系统上所用的更为有限，所以确定系统功能为什么不能正确运行以及如何修正，就成了一项极具挑战性的任务。在设计期间有意识地插入合适的调试工具，可以帮助缓解系统集成问题，但嵌入式计算的本质决定了这个阶段将永远是一个挑战。

1.3.6　系统设计的形式化方法

正如前文中提到的，我们将在不同的抽象层次上执行不同的设计任务：创建需求和规格说明、构建系统体系结构、设计代码以及设计测试。使用图表来概念化描述这些任务是一种很有效的方法。幸运的是，有一种可以胜任所有这些设计任务的可视化语言：统一建模语言（Unified Modeling Language，UML）[Boo99, Pil05]。UML 可以用于许多抽象层次的设计。UML 推崇在设计中逐步完善和增加细节，而不是在每个新的抽象层次上重新思考设计，因此在设计过程中非常有用。

UML 是**面向对象**（Object-Oriented，OO）的建模语言。面向对象设计强调两个重要概念：

- 它倾向于将设计描述为许多交互的对象，而不是几个大的代码块。
- 其中一些对象将与真实的系统软件或硬件相对应。我们也可以使用 UML 对与系统交互的外界环境进行建模，在这种情况下，对象可能对应人或其他机器。在有些情况下我们需要对设计进行必要的调整，在较高层次上的一个对象需要使用几段相互独立的代码来实现，或者在实现过程中打破代码与实际对象之间的对应关系。无论如何，以对象的方式考虑设计有助于理解系统本身的结构。

面向对象的规格说明具有互补的两个方面的视角：

- 用面向对象的规格说明来描述系统，可以密切模拟现实世界的对象及对象间的交互。
- 面向对象规格说明提供了一个基本的原语集，它用特定属性来描述一个系统，而不考虑系统组件与真实世界对象的关系。

这两种视角都很有用。简而言之，面向对象规格说明是一组语言机制。在很多情况下，我们会根据真实世界中存在的类似物体来描述要建造的系统，这时使用面向对象规格说明就非常有效[⊖]。然而，由于性能、成本的限制，我们创建的规格说明与我们试图构建和模拟的真实世界还有一定的差距。在这种情况下，面向对象规格说明机制仍然是有用的[⊜]。

面向对象规格说明与面向对象编程语言（比如 C++[Str97]）之间有什么关系呢？规格说明的描述语言可能不是可执行的程序语句。但是，在构建大型系统时，面向对象规格说明与面向对象编程语言提供了相似的基本方法。

UML 是一种大型语言，所涉及的内容超出了本书的范围。本节只介绍几个基础的概念。后面的章节中，当我们需要的时候再介绍更多相关的 UML 概念，这里介绍的基本建模元素是 UML 的基础。在 UML 图中有许多图形元素，因此需要仔细分析，确保描述某个物体时使用了正确且合适的绘图元素。例如，实心箭头与空心箭头、实线与虚线在 UML 中是有区别的。当你熟悉这种语言以后，就能更轻松地使用图形元素了。

我们不会采用严格的面向对象方法，即对于设计中的某些元素，不总是使用对象。举个例子，当考虑有关实现的特殊方面时，使用另一种设计风格可能更好[⊕]。但是，面向对象设计是广泛适用的，如果不能深入理解这种方法，那么设计者就无法有效地完成设计过程。

1.3.7 结构描述

在**结构描述**（structural description）中，我们定义系统的基本组件，下一节中将学习如何描述这些组件的行为。顾名思义，面向对象设计中最重要的就是**对象**（object）。一个对象包含了一组**属性**（attribute），这些属性用于定义对象的内部状态。当使用编程语言实现时，

⊖ 用真实世界的对象描述设计的系统。——译者注
⊜ 用特定属性来描述系统。——译者注
⊕ 用面向过程的设计思路表述实现细节的步骤更适合。——译者注

这些属性通常会成为存储在数据结构中的变量或常量。在某些情况下，为使属性更明确，我们在属性名称后面添加属性类型，但通常是不需要的。图 1.5 是一个用 UML 符号描述的显示器（例如 CRT 屏幕）对象。在带折角的方框中的文本是**注释**（note），它并不对应于系统中的对象，只是用作解释说明。在这个例子中，显示器的属性是存储显示内容的像素数组。对象以两种方式标识：一种是为对象定义唯一的名字，用名字对其进行标识；另一种是对象作为另一个**类**（class）的成员。为了便于区分类和对象，我们给对象的名字加下划线进行标识。

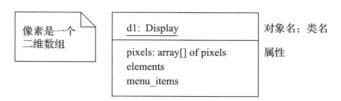

图 1.5　UML 表示法中的对象

　　类是类型定义的一种形式，所有来自同一个类的对象都有相同的特征，尽管它们的属性可能具有不同的值。类也定义了对象与其他部分进行交互的**操作**（operation）。在编程语言中，操作就是一段操作对象的代码。图 1.6 是 Display 类的 UML 描述。Display 类是 d1 对象的类型名，d1 是 Display 类的一个实例。Display 类定义了对象中的 pixels 属性。当实例化一个类的对象时，对象就会拥有自己的存储空间，从而使得同一个类的不同对象有自己的属性值。其他类可以检查和修改这个类的属性。如果我们除了直接使用属性值之外还要做一些更复杂的事情，那么就定义一个行为来描述如何执行这个操作。

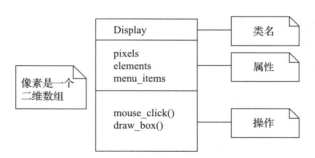

图 1.6　UML 表示法中的类

　　类定义了特定类型对象的**接口**（interface），以及该对象的**实现**（implementation）。使用对象时，我们不能直接操作它的属性，只能通过定义的对象接口来读取或者修改对象的状态。实现包括属性和操作的相关代码，以及其他辅助性代码。只要不改变对象的接口定义，就可以随意改变这个接口的实现。这一点可以帮助我们改进系统，例如，想要提高操作速度或减少所需的内存，我们只需要优化对象的接口实现，而不需要改变使用该对象的任何代码。

　　显然，在面向对象设计中，接口的选择是一个非常重要的决策。由于我们不能直接看到属性，因此，合适的接口必须能够提供访问对象状态的方法，以及更新状态的方法。对象接口应该足够通用，可以在各种使用场景中充分发挥作用。但是，过度通用会使对象的代码过于庞大且影响性能。庞大、复杂的接口也使类的定义很难被设计者正确理解与使用。

对象或类之间存在若干类型的**关系**（relationship）：

- **关联**（association）是指对象之间存在通信，但没有从属关系。
- **聚合**（aggregation）是指由若干个较小的对象组成一个复杂的对象。
- **组合**（composition）是聚合的一种特殊类型，合成的对象称为所有者（owner），所有者不允许访问组件对象。
- **泛化**（generalization）允许我们根据一个类定义另一个类。

UML 类或对象的元素不一定直接对应编程语言中的语句。如果 UML 要描述比程序更抽象的事物，那么 UML 的内容与实现它的程序之间可能会有明显的差异。对象的属性不一定反映对象中的变量，它是反映对象当前状态的一些值。在程序实现时，该值可以从其他内部变量计算得到。在更高级别的规格说明中，对象的行为表示的是它可以完成的基本功能。为了实现这些功能，需要将一个行为分解为几个更小的行为。例如，在改变对象内部状态前必须先完成这个对象的初始化。

和大多数面向对象语言一样，UML 允许我们根据其他类来定义另一个类。如图 1.7 中的示例，由 Display 派生（derive）出两个特殊类型的显示器。第一个是 BW_display，描述一个黑白显示器，它没有增加新的属性或操作，但是我们规定每个像素用二进制的一位来描述其工作方式。第二个是 Color_map_display，这种显示器使用了一种名为"颜色表"的图形设备，允许用户从大量可用颜色中选择出若干种颜色放在表中[○]。这样每个像素只用很少的比特，就能够表示多种颜色。这个类定义了一个 color_map 属性，该属性决定如何将每个像素存储的值映射到显示的颜色上。**派生类**（derived class）从它的**基类**（base class）继承了所有的属性和操作。在这里，Display 类是其他两个派生类的基类。派生类包含基类的所有属性，这种关系是可以传递的，如果 Display 派生于其他类，那么 BW_display 与 Color_map_display 也将继承 Display 基类的所有属性与操作。继承有两个目的，一方面可以使我们更简洁地描述类与类之间共享的特征和方法，更重要的一方面是，它能够表述和记录两个类之间的关系。如果我们需要改变其中任何一个类，那么类结构的知识可以帮助我们确定这次改变的影响范围。例如，这种改变是仅影响 Color_map_display 类的对象，还是影响所有的 Display 类的对象？

在 UML 中，继承是泛化的一种形式。泛化关系在 UML 图中用空心箭头表示。BW_display 与 Color_map_display 都是 Display 的特殊形式，因此说 Display 泛化了这两个类。UML 也允许定义**多重继承**（multiple inheritance），即一个类可以

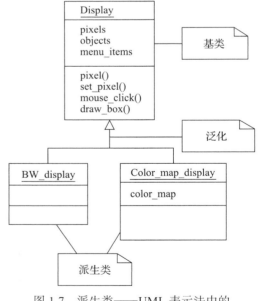

图 1.7　派生类——UML 表示法中的一种泛化形式

○　每个像素上存储对应颜色在表中的标号。——译者注

继承多个基类，大多数面向对象编程语言也支持多重继承。图 1.8 是一个多重继承的例子，为了简单起见，我们省略了类属性与操作的细节。在这个例子中，我们将 Display 类与处理声音的 Speaker 类结合，并创建 Multimedia_display 类，该派生类继承了两个基类 Display 和 Speaker 的所有属性与操作。由于多重继承会导致属性集与操作迅速增加，因此要小心使用。

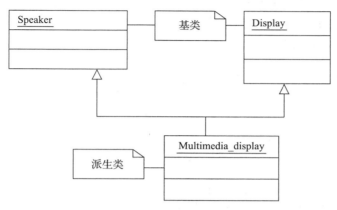

图 1.8   UML 表示法中的多重继承

连接（link）描述了对象之间的关系，关联与连接的关系就如同类与对象的关系。我们需要连接关系，因为对象在使用过程中通常不是独立的，关联可以用来描述这些连接的类型信息。图 1.9 展示了一个连接与关联的例子。当考虑系统中的实际对象时，有一个消息集合用于记录当前活动消息的数量（本例中为 2 个消息），以及指向这些活动消息的指针。在这个例子中，连接定义的是包含（contains）关系。当泛化成类时，我们在 message set 类与 message 类之间定义一个关联。关联被画为连接这两个类的直线，并在直线上面标上它的名称 contains。message 类一端的 0 或其他数字表明 message set 可能包含 0 个或多个 message 对象。有时可能要给连接本身添加数据成员，我们可以在关联中通过将像类那样的方框附加到关联的边上，来保存关联的数据。

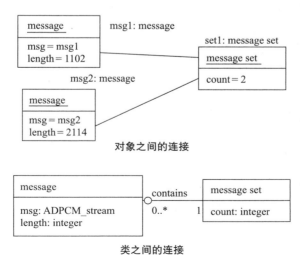

图 1.9   连接与关联

通常情况下，我们发现在一个对象或类中会多次使用某些元素的组合，那么就可以给这些组合模式命名，在 UML 中称之为**构造型**（stereotype）。构造型的名字一般写作 <<signal>> 这种形式。

1.3.8 行为描述

除了说明结构外，我们还必须详细说明系统的行为。说明操作行为的一种方式是**状态机**（state machine）。图 1.10 展示了 UML 中的状态与转换，状态用圆角的矩形表示，两个状态之间的转换用线条绘制的箭头表示[^①]。

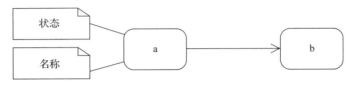

图 1.10　UML 表示法中的状态与转换

这些状态机的运转不依赖于硬件时钟，而是由事件（event）来触发一个状态向另一个状态的转换。事件是一种动作，如图 1.11 所示：只有按下按钮 1，状态机才会从 S1 转换到 S2；或者按下按钮 2，状态机会从 S1 向 S3 转换。事件可能来自系统外部，比如按下按钮；也可能来自系统内部，比如一个程序完成计算并将结果传递给另外一个程序。

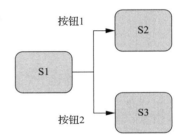

图 1.11　UML 状态机中的事件

如图 1.12 所示，UML 定义了几种特殊类型的事件：

- **信号**（signal）是指发生的异步事件。它在 UML 中用对象 <<signal>> 来定义。图中的对象用于表示信号事件已经发生。因为它是一个对象，所以信号中可以包含传递给信号接收器的参数。
- **调用事件**（call event）遵循编程语言中的过程调用模型。
- **超时事件**（time-out event）表示状态机在一定时间后离开某一状态。直线箭头上面的标签 tm（时间值）给出在当前状态可以停留的时间量，在这一时间之后将发生状态转换。超时通常由外部计时器实现。这种表示方法简化了规格说明，并允许我们以后再考虑超时机制的实现细节。

我们在状态转换上加一个标签来表示信号。对于所有类型的信号，在 UML 图中的表示方法都是一样的。

让我们定义一个简单的状态机规格说明，以便理解 UML 状态机的语义。显示器操作的状态机如图 1.13 所示，开始与结束状态是特殊的状态，帮助我们组织状态机的流程。状态机中的状态代表不同的概念性操作。在某些情况下，我们需要使用条件状态转换，因为转换的目标状态是由输入数据以及一些状态内的计算结果来决定的；在其他情况下都采用无条件转换。无条件转换与条件转换都使用了调用事件。将复杂操作分为多个状态有助于记录所需的步骤，就像子程序可以用于简化代码结构一样。

[^①]: 注意箭头并不是通常使用的三角形，三角的箭头在 UML 图中有另外的含义。——译者注

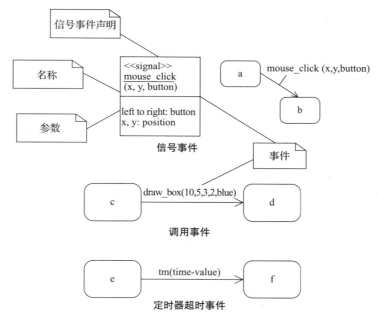

图 1.12   UML 表示法中的信号、调用和超时事件

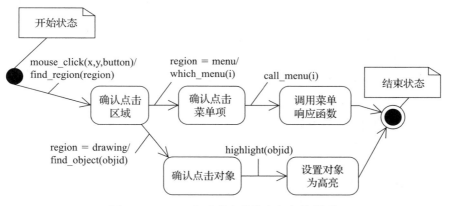

图 1.13   UML 表示法中的状态机规格说明

有时按照时间的推移顺序展示各个操作能够使描述更加清晰且明确，这种展示方法的作用在涉及多个对象时更加明显。在这种情况下，我们通常用**顺序图**（sequence diagram）细化用例。顺序图类似于硬件时序图，只是时间在顺序图中是垂直流向的，而在时序图中是水平流向的。顺序图被设计用于展示特定场景或事件选择，但它不适合展示多个互斥可能性。

图 1.14 展示了一个鼠标点击及其关联动作的示例。鼠标点击事件发生在菜单区域，这个事件的处理过程涉及图上部的三个对象（m:Mouse，d1:Display，m:Menu）。在每个对象下面延伸出生命线（lifeline），用虚线表示对象的生存时间。在这个例子中，所有对象在整个流程中都保持存活状态，但在其他的应用中，对象可能在处理过程中创建或销毁。生命线上的方框表示的是控制焦点（focus of control），即对象什么时候是处于活动状态的，并且在处理事件。在这个例子中，mouse 对象仅在创建 mouse_click 事件时是活动的。 display 对象的活动时间更长一些，它依次使用调用事件，调用 menu 对象两次——一次决定选择哪个菜

单项，一次执行实际的菜单调用。find_region（ ）调用发生在 display 对象内部，因此它在图中没有以事件形式出现。

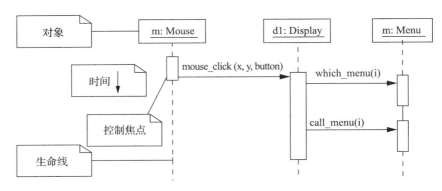

图 1.14　UML 表示法中的顺序图

1.4　设计示例：模型火车控制器

为了学习如何使用 UML 来建立系统模型，我们以一个简单的系统——**模型火车控制器**（ model train controller）——作为示例进行详细分析。模型火车是火车的全比例模型，可以在轨道上运行。简易火车要么以恒定的速度运行，要么可以进行简单的速度控制。现代模型火车可以利用数字火车控制器，沿轨道向火车引擎发送信息。火车控制器可以对火车进行复杂的控制，既可以控制火车以各种速度行驶和转向，还允许几列火车以不同的速度在轨道上行驶，甚至允许业余爱好者重新创造更复杂的火车运行场景。

图 1.15 显示了一个在模拟环境中的模型火车的火车控制器。几列火车可能同时在轨道上运行，每列火车都有自己的目的地。控制器还可以控制模拟环境中的其他部分，例如在切换点选择哪列火车通行。用户通过连接在轨道上的控制盒向火车发送消息。控制盒具有常见的控制元件，如调速按钮、紧急停车按钮等。由于火车从两条轨道上接收电力，因此控制盒可以通过调节电源电压向轨道上的火车发送信号。如图 1.15 所示，控制面板通过轨道向火车上的接收器发送数据包。火车使用模拟电子设备检测被发送的命令信息，然后控制系统根据这些命令来设置火车发动机的速度与方向。每个数据包中包含一个地址，使控制台可以在同一个轨道上控制多列火车。数据包还包含纠错码（Error Correction Code，ECC）以防止传输错误。这个模型是一个单向通信系统，即火车不能反过来向用户发送命令。

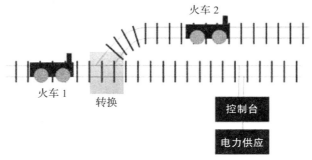

系统设置

图 1.15　火车控制系统模型

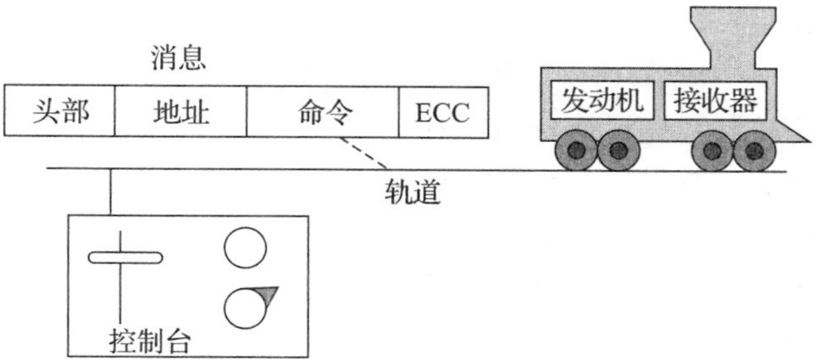

向火车发出信号

图 1.15　火车控制系统模型（续）

我们从分析火车控制系统的需求开始。我们的目标是基于真实模型火车标准来完成一个模型的设计，为此我们需要完成两个规格说明：一个简单、高层次的规格说明和一个更详细的规格说明。

1.4.1　需求

创建系统规格说明之前，我们必须先了解需求。下面是一组系统的基本需求：

- 控制台应该能够在单个轨道上控制最多 8 列火车。
- 调速器可以控制每列火车的速度和方向，每个方向（正向和反向）上至少有 63 个不同的速度级别。
- 应该有一个惯性控制器，允许用户调整火车对改变速度命令的响应性。模拟大型火车的惯性时，更高的惯性意味着火车对调速器变化的响应更慢。惯性控制器应该至少有 8 个级别。
- 应该有一个紧急停车按钮。
- 消息数据传输中应配有错误检测方案。

我们可以以图表形式来表示需求。

名称	模型火车控制器
目标	控制多达 8 列模型火车的速度
输入	调速器、惯性设置、紧急停车、车次
输出	火车控制信号
功能	根据惯性设置调节发动机速度；响应紧急停车
性能	可以每秒至少更新 10 次火车速度
制造成本	50 美元
功率	10W（采用墙壁上的插座供电）
物理尺寸和重量	控制台应该适合双手操作，近似标准键盘的尺寸；重量小于 2lb（1lb≈0.453kg）

我们将使用一个广泛应用的模型火车控制标准来开发系统。我们可以从零开始开发自己的控制系统，但是基于标准设计的控制系统具有以下优点：减少了开发的工作量，并允许我们使用各种现有的火车部件和其他设备。

1.4.2　DCC

数字命令控制（Digital Command Control，DCC）标准（http://www.nmra.org/index-nmrastandards-and-recommended-practices）由美国国家铁道模型协会（National Model Railroad Association）制定，用于支持能够协同工作的数字控制模型火车。一些业余爱好者在 20 世纪 70 年代开始建立自制数字控制系统，Marklin 就在 20 世纪 80 年代开发了自己的数字控制系统。所以制造商开始建立 DCC，并提供一个标准，使业余爱好者可以混合搭配来自多个供应商的组件。

DCC 标准在两个文件中给出：

- 标准 S-9.1，DCC 电气标准，定义如何在轨道上对位进行编码以进行传输。
- 标准 S-9.2，DCC 通信标准，定义携带信息的数据包。

任何 DCC 的设备都必须满足这些规范。DCC 也提供了一些操作建议，虽然不要求严格遵守，但是它们可以提示制造商和用户如何充分利用 DCC。

DCC 火车系统中还有许多方面没有在 DCC 标准中定义，例如，没有定义控制面板、使用的微处理器类型、编程语言以及其他真实模型火车系统中的许多细节。该标准只专注于系统设计中必要的互通性。过度标准化，或者指定的元素并不真正需要被标准化，只会使标准缺乏吸引力而且难以实施。

电气标准解决轨道上的电压与电流问题。规格说明中电气工程方面的内容超出了本书的范围，在这里我们仅简要讨论数据编码。电气标准必须谨慎设计，因为轨道的主要功能是将电力输送到火车头，所以信号编码系统不能干扰电力传输到 DCC 或非 DCC 火车头。另一个关键需求是数据信号不能改变列车轨道电源电压的平均值。

数据信号在供电电压周围的两个电压之间摆动。如图 1.16 所示，要传递的比特信息按照时间进行编码，而不是电压等级。在这一编码标准下，时间连续超过 100μs 的脉冲被编码为 0，宽度为 58μs 的脉冲被编码为 1。这个规范还给出了 DCC 接收器必须能够容忍的每一位脉冲的时间误差范围。

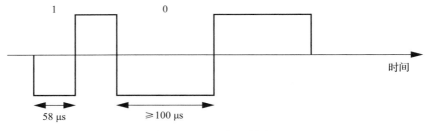

图 1.16　DCC 的比特编码

该标准还描述了系统的其他电气属性，比如允许的信号转换时间等。

DCC 通信标准描述了比特如何结合成数据包，以及一些重要数据包的意义。一些数据包类型虽然未在标准中定义，但是在操作建议文档中给出了它们的典型用途。

基础数据包的格式可以写成以下正则表达式：

$$PSA(sD)+E \tag{1.1}$$

在这个正则表达式中：

- P 是前同步码，它至少包含 10 个 1 的比特序列。命令站应该发送至少 14 个 1，因为其中一些可能在传输过程中损坏。
- S 是数据包的起始位，是一个 0。
- A 是一个地址数字字节，给出通信目标的地址，首先传送的是该字节的最高位。一个地址共有 8 位，其中 00000000、11111110 与 11111111 是保留地址。

- s 是数据字节起始位，与数据包起始位一样，是一个 0。
- D 是数据字节，共 8 位。数据字节可能包含地址、指令、数据或者纠错信息等。
- E 是数据包结束位，是一个 1。

数据包中可以包含一个或多个数据字节起始位 / 数据字节的组合。注意，地址数据字节只是一种特殊类型的数据字节。

基准包（baseline packet）是所有 DCC 实现必须接受的最小数据包，更复杂的数据包在操作推荐文档中给出。基准包有三个数据字节：地址字节，用于给出数据包的目标接收器的地址；指令字节，提供基础指令的内容；纠错字节，用于检测并改正传输错误。

指令字节携带了多条信息。第 0～3 位的 4 个比特指定了速度值；第 4 位是一个附加速度位，可以理解为速度的最低有效位。第 5 位表示方向，1 为正向，0 为反向。第 6～7 位被设置为 01，表示该指令同时设定了速度与方向两个信息。

纠错字节的内容是将地址与指令字节按位异或后的结果。

这个标准规定命令单元要频繁发送数据包，因为数据包可能损坏，但是也不能太过频繁，数据包发送间隔至少为 5ms。

1.4.3　概念性规格说明

DCC 规定了系统的一些重要方面，尤其是与其他设备进行交互的环节，但是并没有专门指定一个模型火车控制系统的所有细节。因此，我们需要用符合 DCC 规范的细节来完善这个模型火车控制系统的规格说明。**概念性规格说明**（conceptual specification）使我们能更好地理解系统。编写概念性规格说明获得的经验有助于编写提供给系统架构师的更详细的规格说明。这个规格说明不对应于任何一款商业 DCC 控制器，它只包含一些简单的内容，能让我们对系统设计中的一些基础概念有所了解。

火车控制系统将**命令**（command）转换为**数据包**（packet）。数据包通过轨道传输时，命令由命令单元产生。命令和数据包可能不总是一对一出现的。实际上，DCC 标准规定当数据包在传输中被丢弃时，命令单元应该重新发送数据包。图 1.17 展示了一个通用命令类和从该基类派生的几个特定命令。Estop（紧急停车）不需要参数，而 Set-speed 和 Set-inertia 需要。

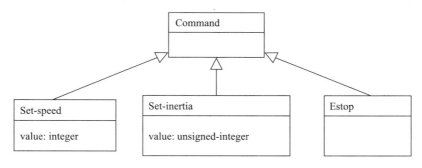

图 1.17　火车控制器命令的类图

现在我们需要建立火车控制系统的模型。显而易见，这个系统包含两个主要的子系统——控制台组件和火车电路板（接收器）组件，而且每个子系统都有自己的内部结构，它们的基本关系如图 1.18 所示。该图是 UML **协作图**（collaboration diagram）。如果不使用这种图，我们也可以使用类图或者对象图，但是如果想要强调这些主要子系统之间的传输 / 接收关系，使用 UML 协作图才是最好的选择。控制台和接收器分别由对象表示。图中的箭头表示控制台向接收器发送一系列数据包，箭头上的标记提供了发送消息的类型和消息流的序列。由于控制台可能发送一个或是多个消息，因此我们将箭头上的消息标为 1..*n*。这些消息当然是在轨道上被传输的。由于轨道不是计算机组件，而且完全被动，所以没有在图中出现。但是，在协作图中建模轨道是完全符合规定的，而且某些情况下在规格说明图中建模这种非传统组件是明智的。例如，如果我们担心当轨道断裂时会发生的情况，建模轨道将帮助我们分析故障模式和可能的恢复机制。

图 1.18　火车控制器系统主要子系统的 UML 协作图

下面我们将控制台与接收器分解为主要组件。控制台需要执行三个功能：读取命令单元前面板的状态，格式化消息，发送消息。火车上的接收器也需要执行三个主要功能：接收消息，解读消息（考虑当前速度、惯性设置等），准确控制发动机。在这里，我们使用类图来表示该设计，如果愿意也可以使用对象图。UML 类图如图 1.19 所示，Console 类中使用了三个类，其中每一个类都代表它的一个主要组件，还需要为这些类定义一些行为，但目前我们先关注这些类的基本特性：

- Console 类中包含对命令单元前面板的描述。前面板中包含模拟调节器以及与系统的数字部分相连接的接口硬件。
- Formatter 类包含模拟调节器操作的行为，能够读取模拟调节器的内容，以此创建消息并转换成比特流。
- Transmitter 类与模拟电子设备进行交互，以实现沿轨道发送消息。

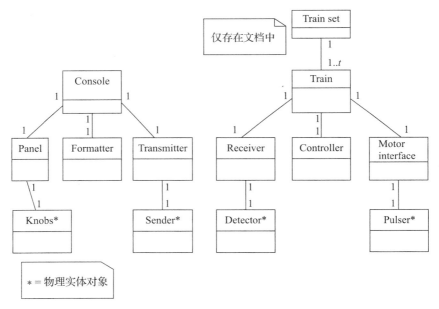

图 1.19　由火车控制器子系统组成的 UML 类图

这里将建立一个 Console 类的实例并为每个组件类建立一个实例，如关系连接两端的数值所示。我们还用一些特殊类来表示模拟电路组件，这些类的名字后面带有 * 符号：

- Knobs* 描述控制面板上真实的模拟调节器、按钮和控制杆。
- Sender* 描述沿轨道发送比特的模拟电子设备。

同样，Train 也使用三个类来定义它的组件：

- Receiver 类负责将轨道上的模拟信号转换为数字形式。
- Controller 类包含解释命令的行为，并找出如何控制发动机的行为。
- Motor interface 类定义如何生成控制发动机所需的模拟信号。

我们定义了两个类来表示模拟电路组件：

- Detector* 监测轨道上的模拟信号并将它们转换为数字形式。
- Pulser* 将控制发动机速度的数字命令转换为相应的模拟信号。

我们还定义了一个特殊类 Train set，以帮助我们在系统中同时处理多列火车。在关系边上的值表明一个火车集可以有 t 列火车。我们不会真正实现 Train Set 类，但它可以作为多个接收器并存的设计方案的有益参考文档。

图 1.20 用顺序图展示了使用 DCC 进行两列火车简单控制的过程。控制台首先选择火车 1，然后设置火车 1 的速度。接下来选择火车 2 并设置它的速度。

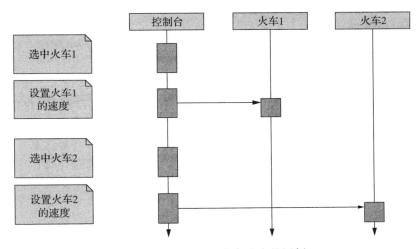

图 1.20　设置两列火车速度的用例

1.4.4　详细规格说明

现在我们已经有了一个定义基本类的概念性规格说明，接下来我们将完善它，并创建一个更详细的规格说明。我们不会创造一个完整的规格说明，但我们将会向类中添加细节，并关注在规格说明过程中的重大决策以更好地编写规格说明。

首先，我们需要对模拟组件进行更详细的定义，因为它们的属性会对 Formatter 类和 Controller 类产生巨大影响。图 1.21 展示了这些类的类图，这张图比图 1.19 更为详细，因为它包含这些类的属性和行为。面板上有三个调节器：车次（当前被控制的火车）、速度（可以是正或者负）和惯性。此外，还有一个紧急停车按钮。当修改车次设置时，我们还想同时将控制器的值重置为这辆车次的对应数值，这样，为之前车次所做的控制设置就不会影响当前车次。为此，Knobs* 必须提供 set-knobs 行为，允许系统的其余部分修改调节器的设置。（如果需要为这套系统的用户建立模型，我们将扩展这个类的定义，提供一个方法，使用户对象可以调用这些方法并能够设置特定的参数。）动力系统将动力命令分为两部分，即 Sender* 和 Detector*，这两个类相对简单，它们只发送和接收单个比特。

```
┌──────────────────────────────┐       ┌──────────────────────────────┐
│ Knobs*                       │       │ Pulser*                      │
├──────────────────────────────┤       ├──────────────────────────────┤
│ train-knob: integer          │       │ pulse-width: unsigned-integer│
│ speed-knob: integer          │       │ direction: boolean           │
│ inertia-knob: unsigned-integer│      │                              │
│ emergency-stop: boolean      │       │                              │
├──────────────────────────────┤       └──────────────────────────────┘
│ set-knobs()                  │
└──────────────────────────────┘

┌──────────────────────────────┐       ┌──────────────────────────────┐
│ Sender*                      │       │ Detector*                    │
├──────────────────────────────┤       ├──────────────────────────────┤
│                              │       │                              │
├──────────────────────────────┤       ├──────────────────────────────┤
│ send-bit()                   │       │ <integer> read-bit(): integer│
└──────────────────────────────┘       └──────────────────────────────┘
```

图 1.21　描述火车控制系统中模拟物理对象的类

为了理解 Pulser 类，让我们思考如何才能控制火车发动机的速度。如图 1.22 所示，电动机的转速通常由脉冲宽度调制来控制：在一个固定的脉冲宽度中，高低电平各占据了一定的时间比例，其中高电平占据的时间段决定了电动机的速度。电动机系统的数字接口可以用一个整数指定高电平脉冲的宽度，其数值的最大值表示发动机的最大转速。这里用一个单独的二进制值控制方向。注意，发动机有一个独立的位用于标识方向，它的速度控制采用一个无符号的整数，而面板将速度指定为有符号整数，其中负数表示方向相反。

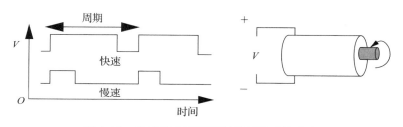

图 1.22　通过脉冲宽度调制控制发动机速度

图 1.23 展示了面板和发动机接口的类，这些类构成了对应物理设备的软件接口。Panel 类定义了面板上每个控制台的行为。在设计过程中，不需要为每个控制台都定义内部变量，因为它们的值可以直接从物理设备上读取，但是在实现的过程中可以选择使用内部变量（以减少与设备交互的次数）。每当车次设置被改变时，new-settings 行为使用 Knobs* 类的 set-knobs 行为来更改调节器的设置。Motor-interface 定义了速度属性，其他类可以对它进行设置。控制器的工作是逐渐调整发动机速度，以提供平滑的加速与减速。

```
┌──────────────────────────────┐       ┌──────────────────────────────┐
│ Panel                        │       │ Motor-interface              │
├──────────────────────────────┤       ├──────────────────────────────┤
│                              │       │ speed: integer               │
├──────────────────────────────┤       │                              │
│ panel-active(): boolean      │       │                              │
│ train-number(): integer      │       └──────────────────────────────┘
│ speed(): integer             │
│ inertia(): integer           │
│ estop(): boolean             │
│ new-settings()               │
└──────────────────────────────┘
```

图 1.23　面板与发动机接口的类图

Transmitter 类与 Receiver 类如图 1.24 所示，它们是沿着轨道发送和接收信息的物理设备的软件接口。Transmitter 为每种要发送的消息提供一个专门的行为，并在内部完成消息的格式化。Receiver 类提供 read-cmd 行为来从轨道读取消息。现在我们假设接收器对象允许此行为连续运行，以监测轨道并拦截命令。（这种持续运行的行为应该被建模为进程，我们将在第 6 章中详细介绍。）我们使用内部变量 current 来存储当前命令，而用另一个变量 new 存储命令是否已被处理的标志。不同的行为可以用于读出不同命令类型的参数并进行响应。这些消息也重置了标志变量，来显示该命令已经被处理。我们不需要为 Estop 消息创建一个单独的处理行为，因为它没有参数，一旦判断出消息类型是 Estop 就已经可以进行处理了。

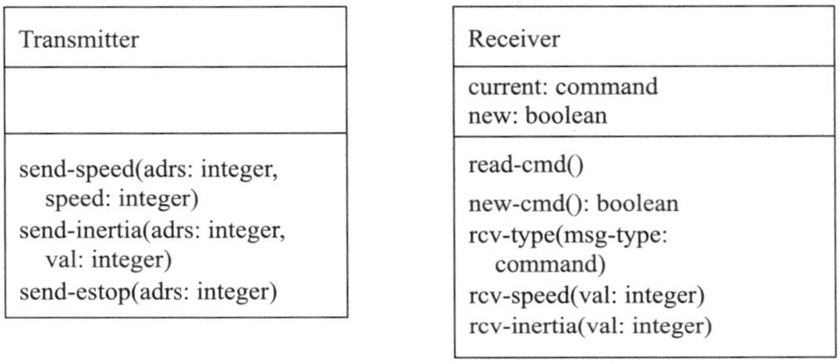

Transmitter

send-speed(adrs: integer,
    speed: integer)
send-inertia(adrs: integer,
    val: integer)
send-estop(adrs: integer)

Receiver
current: command new: boolean
read-cmd() new-cmd(): boolean rcv-type(msg-type: command) rcv-speed(val: integer) rcv-inertia(val: integer)

图 1.24   Transmitter 类和 Receiver 类的类图

我们已经详细说明了与 Formatter 与 Controller 相关联的子系统，接下来很容易确定这两个子系统需要哪些类型的接口。

Formatter 类如图 1.25 所示，它保存了所有火车当前状态的控制设置。send-command 方法是一个很重要的功能函数，用于实现与发送器 Transmitter 类的对接。operate 函数执行对象的基本操作。现在，我们只需要一个简单的规格说明，设置 Formatter 反复读取面板，确定是否有设置已经改变，并发出相应的消息。当面板上的值与当前值不一致时，panel-active 行为返回 true。

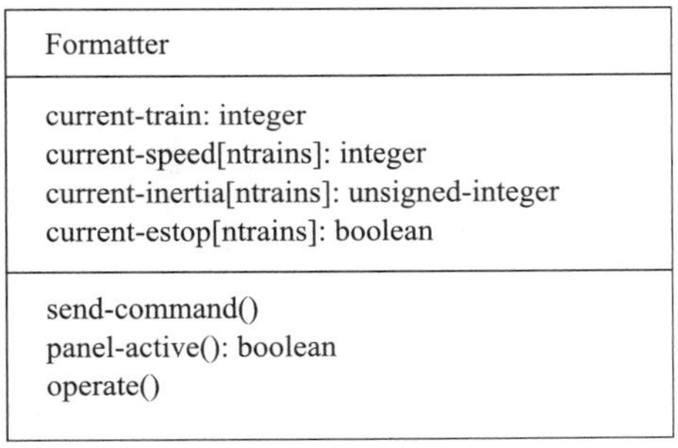

Formatter
current-train: integer current-speed[ntrains]: integer current-inertia[ntrains]: unsigned-integer current-estop[ntrains]: boolean
send-command() panel-active(): boolean operate()

图 1.25   Formatter 类的类图

在面板操作期间，Formatter 的工作过程如图 1.26 中的顺序图所示。该图显示了对调节器设置进行的两个更改：第一个是对调速、惯性或者紧急停车的更改，第二个是对车次的更改。Formatter 周期性地获取面板信息以确定是否有设置已经被改变。如果当前火车的一个设置已经改变，那么 Formatter 就会发送一个命令，激活 send-command 行为以使发送器发送比特。由于传输是串行的，所以发送器完成一个命令需要大量时间；在此期间，Formatter 继续检查面板上的控制设置。如果车次改变了，Formatter 必须按照新的火车的当前值重置调节器的设置，以保证当前状态是正确的。

我们还未指定任何行为的具体操作内容，这一部分工作可以通过状态图来定义。图 1.27 就是一个状态图，它展示了 Formatter 类中非常简单的 operate 行为。这个行为用于观察面板的活动：如果车次改变，它就更新面板的显示；否则，就发送所需的消息。图 1.28 展示了 panel-active 行为的状态图。

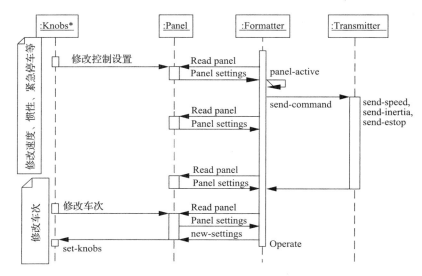

图 1.26   传输控制输入的顺序图

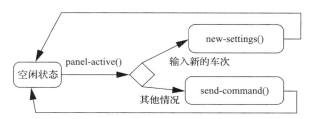

图 1.27   Formatter 类中 operate 行为的状态图

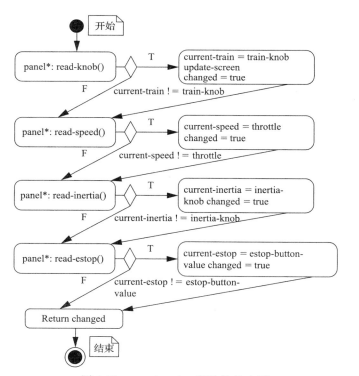

图 1.28   panel-active 行为的状态图

火车的 Controller 类的定义如图 1.29 所示。当接收器接收到一个新命令时，它将调用 operate 行为；然后 operate 查看消息的内容，并在必要时使用 issue-command 行为来更改速度、方向和惯性。operate 行为的状态图如图 1.30 所示。

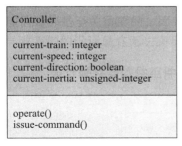

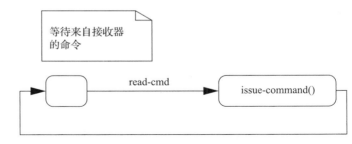

图 1.29　Controller 类的类图　　　　　　　　图 1.30　operate 行为的状态图

当 set-speed 命令被接收时，Controller 类的操作如图 1.31 所示。Controller 类的 operate 行为必须执行若干个行为函数以确定消息的性质。一旦速度命令解析完成，获取了新的速度值，它必须向发动机发送一系列命令来平滑地改变火车的速度。

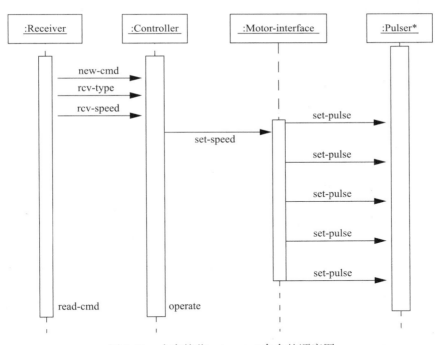

图 1.31　火车接收 set-speed 命令的顺序图

完善命令的概念也是一个好主意，可以为将来建立向上兼容的系统做好准备。如果消息完全是内部的，那么我们在架构设计过程中可以更加灵活地使用消息，而不必关心消息的实现细节。但由于这些消息的传递和处理涉及多种不同的火车，并且我们也希望在新版本的系统中加入更多命令，因此需要谨慎地确定消息的基本特征以实现兼容性。这里存在三个重要的问题。第一，我们需要指定用于描述消息类型的位数，在这里选择 3 位，这意味着有 8 种类型的消息，从而就可以获得 5 个未使用的消息码。第二，我们需要加入数据字段的长度信息，这个信息取决于对速度与惯性精度的需求⊖。第三，我们需要指定纠错机制，可以选择使用一个奇偶校验位。我们可以更新类的设计以提供这些附加信息，如图 1.32 所示。

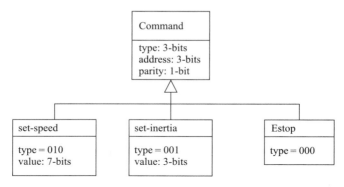

图 1.32 完善火车控制命令的类图

1.4.5 经验总结

我们通过模型火车控制器的例子说明了一些通用的概念。第一，标准很重要。通常我们在工作过程中一定会使用各类标准，而实际上遵循标准常常更加省时省力，并且可以使用他人设计好的组件。第二，具体说明一个系统并不容易。通常可以通过编写规格说明来了解要构建的系统。第三，在规格说明阶段总是需要做出一些重要的决策，这些决策可能影响最终的实现。当必须做出这类决策时，优秀的系统设计师利用他们的经验与直觉引导自己做出正确的选择。

1.5 本书导读

学会所有必要概念的最有效的方法是自底向上的学习方式。本书就是这样安排的，以便学习嵌入式组件的特性，构建更复杂的系统，并对嵌入式系统设计过程有更完整的认识。资深设计者已经通过亲身实践掌握了足够多的自底向上设计的知识，因此他们知道如何使用自顶向下的方法来设计系统。但首次学习时，自底向上的方法可以使你在底层知识的基础上掌握一些更复杂的概念。

我们将使用几种贯穿全书的模块来帮助你学习。几乎每章都有应用示例部分，用来详细说明某个特定的终端应用以及它与嵌入式系统设计的关联。书中也有程序示例环节，用来描述软件设计的过程。除了这些例子，大多数章节将使用一个有意义的系统设计示例来阐释该章节的主要概念。

每一章都包含一些习题以及上机练习，可以作为课后作业。这些问题都是开放式的，旨在推荐一些可以在实验室进行的实践活动，以帮助阐明章节中的各种概念。

在本书中，我们将使用几种 CPU 作为例子：ARM（Advanced RISC Machine）处理器、TI（德州仪器）C55x 数字信号处理器（DSP）、PIC16F 与 TI C64x。这些都是在嵌入式应用中广泛使用的微处理器。使用真实的微处理器会使概念更加形象且具体。但是，我们的目标是学习能够适用于所有类型的微处理器的概念。尽管微处理器会随着时间的推移而发展（计

⊖ 如果精度较大，则需要多个字节才能表示相应的数据，因此传递过程中也要传递多个字节。——译者注

算机体系结构中的沃霍尔定律 [Wo192] 指出，每种微处理器结构处于价格 / 性能比的领先地位的时间只有 15 分钟），但这些概念是嵌入式系统设计的基础并且在相当长的时期内是不变的。

1.5.1　第 2 章：指令集

在第 2 章中，我们通过研究**指令集**（instruction set）开始对微处理器的学习。这一章分别介绍了 ARM、Microchip PIC16F、TI C55x 与 TI C64x 微处理器的指令集。这些微处理器的差异很大。对于嵌入式系统设计而言，没有必要了解所有微处理器的全部细节，然而，通过对它们进行比较可以了解一些指令集架构中有趣的经验教训。

了解指令集，对理解系统的具体实现过程，以及对理解架构特性如何影响性能及其他属性，都非常重要。然而，处理器和指令集中的许多机制，比如缓存和存储管理等，我们大体上已经有了了解，第 2 章中将详细描述这些机制在这四款微处理器中的具体细节。

第 2 章并不介绍设计示例，因为在不了解第 3 章中介绍的 CPU 其他知识的情况下，即使想建立一个简单的可运行系统都是非常困难的。但是，理解指令集有助于理解运行速度与代码规模等问题，这些问题会在整本书中反复出现。

1.5.2　第 3 章：CPU

第 3 章讨论微处理器中指令集以外的一些重要机制：

- 讨论**输入**（input）和**输出**（output）的基本机制，包括中断。
- 学习**高速缓存**（cache）与**存储管理单元**（memory management unit）。

在第 3 章中，我们将学习 CPU 硬件是如何影响程序执行中的一些重要特性的。程序性能与功耗是嵌入式系统设计中十分重要的因素。理解流水线与高速缓存等架构如何影响这些系统特性，是后续章节中分析和优化程序的基础。

有关程序性能的分析和研究将从指令级性能分析开始。流水线与高速缓存时序这些基本知识将作为我们学习更大程序单元的基础。

第 3 章还以一个简单的数据压缩单元作为应用示例，研究其核心压缩算法的编程实现。

1.5.3　第 4 章：计算平台

第 4 章讨论嵌入式计算中由硬件和软件组合而成的平台。微处理器虽然很重要，但它仅仅是系统的一部分，系统还应该包括内存、I/O 设备以及底层软件等其他重要部分。因此，在构建复杂系统之前，我们需要对嵌入式计算平台的基本特性有所了解。

基本的嵌入式计算平台包括微处理器、I/O 硬件、I/O 驱动软件和内存。可以向该平台中加入面向应用的专用软件和附属硬件，使其成为一个真正实用的嵌入式计算平台。微处理器是嵌入式计算系统硬件与软件结构的核心。CPU 控制连接到内存与 I/O 设备的总线，还运行与设备通信的软件。与传统计算平台不同的是，I/O 对于嵌入式计算极其重要。由于 I/O 的许多知识通常不在现代计算机体系结构课程中教授，因此在设计嵌入式系统之前，我们需要掌握 I/O 的基本概念。

第 4 章包括嵌入式计算平台的一些重要知识：

- 详细学习 CPU 如何借助微处理器的**总线**（bus）与内存和设备进行通信。
- 基于总线操作的知识，学习**存储系统**（memory system）的结构与**存储组件**（memory

component）的类型。

- 了解嵌入式系统**设计**（design）与**调试**（debugging）的基本技术。
- 学习系统级性能分析，了解总线与内存事务如何影响系统的运行时间。

在第 4 章中我们将分析两个设计示例：一个是基于嵌入式系统平台的简单示例——闹钟，一个是基于嵌入式系统平台的复杂示例——喷气发动机控制器。

1.5.4 第 5 章：程序设计与分析

第 5 章着重介绍计算机系统的软件部分，以了解复杂的操作序列如何被计算机作为程序执行。嵌入式编程充满挑战，比如要满足严格的性能目标、最小化程序规模、减耗等，因此这是一个十分重要的主题。我们以计算机体系结构为基础，了解如何设计嵌入式程序。

- 我们开发了一些基本的软件组件，包括数据结构及其相关的例程，这些组件在后续的嵌入式软件中十分有用。
- 为了更好地分析程序与指令之间的关系，我们介绍了一种高级语言程序模型——**控制 / 数据流图**（Control/Data Flow Graph，CDFG），并大量使用这一模型来帮助我们分析和优化程序。
- 由于嵌入式程序越来越多地使用高级语言编写，因此我们将通过研究编译、汇编和链接的过程来了解高级语言程序如何被翻译为指令与数据。我们将研究并综述翻译高级语言程序的基本方法，还会花费一些时间来优化编译技术，以迎接嵌入式系统带来的挑战。
- 我们将研究程序的**性能分析**（performance analysis）技术。仅仅通过检查源代码是很难确定程序运行速度的。我们将学习如何将源代码、汇编语言实现以及预定的数据输入三个因素组合起来分析程序的运行时间。此外，我们还将学习一些优化程序性能的基本技术。
- 与性能分析相关的一个重要内容是**功率分析**（power analysis）。在性能分析方法的基础上，我们学习如何估算程序的功耗。
- 保障程序的功能正确是至关重要的。我们学习的 CDFG 和性能分析技术与**测试程序**（testing program）技术密切相关。我们将会开发一种技术，该技术可以为软件系统性地生成一套测试程序，用于查找和测试可能的错误。

在这个阶段，我们可以对一个完整的程序进行性能分析，我们将介绍最坏情况下运行时间的概念，并将其作为程序运行时间的基础。

我们将在第 5 章中介绍两个设计示例。第一个示例是一个简单的软件调制解调器，调制解调器在处理器的数字世界与电话网的模拟传输机制之间进行信息转换。我们使用微处理器和专用软件，而不是模拟电子元件来构建调制解调器。由于调制解调器有严格的实时限制，因此这一示例能够检验我们所学的微处理器与程序分析的知识。第二个示例是数码相机，它在执行的算法复杂性以及任务的多样性方面，都要比调制解调器更复杂。

1.5.5 第 6 章：进程和操作系统

基于我们对程序知识的了解，第 6 章学习一种特殊的软件组件——**进程**（process）和操作系统。操作系统通过创建进程来创建系统的基本运行环境。进程是程序的运行体，嵌入式系统中可能同时有多个进程在运行。一个独立的**实时操作系统**（Real-Time Operating

System，RTOS）控制进程何时能够在 CPU 上运行。进程对于嵌入式系统设计来说十分重要，因为它们有助于处理同时发生的多个事件。未采用进程来设计的实时嵌入式系统，通常最终成为一团不能正确运行的混乱代码。

在第 6 章中，我们将学习进程的基本概念与基于进程的设计：

- 我们从介绍**进程抽象**（process abstraction）开始。进程是指正在运行的程序与当前程序状态的组合。我们将学习如何在进程之间切换上下文环境。
- 要使用进程，就必须会**调度**（schedule）它们。因此，我们讨论进程优先级以及怎样利用进程优先级来指导调度。
- 我们学习**进程间通信**（interprocess communication）的基本原理，包括各种通信形式以及它们是如何实现的。还将学习这些进程间通信机制在系统中的各种用途。
- RTOS 是实现进程抽象与调度的软件组件。我们将学习 RTOS 调度算法的实现方式、程序如何接入操作系统，以及如何评估基于 RTOS 构建的系统的性能。此外，我们还将研究一些 RTOS 的例子。

任务提高了性能分析的复杂性。我们对实时调度算法的研究为多任务系统的研究奠定了重要的基础。

第 6 章分析了汽车发动机控制单元。发动机控制单元必须根据一组输入控制燃油喷射器和发动机的火花塞。它使用相对复杂的公式来管理自己的行为，所有行为都必须被实时评估。这些任务的最后期限可能相差几个数量级。

1.5.6　第 7 章：系统设计技术

第 7 章研究大型、复杂嵌入式系统的设计。我们将介绍一些对于成功完成大型嵌入式系统项目必不可少的重要概念和方法，并且使用这些技术帮助我们整合在整本书中所学到的知识。

本章深入研究了与大型嵌入式系统设计相关的几个主题：

- 我们重新审视**设计方法论**（design methodology）这一主题。基于有关嵌入式系统设计的更详细的知识，我们可以更好地理解方法论的作用以及方法论中可能的变化。
- 我们学习系统**需求分析和规格说明方法**（requirements analysis and specification method）。随着系统复杂性的增长，合适的规格说明变得越来越重要。大量使用正式的规格说明技术有助于清晰、一致、明确地表达客户的意图。系统分析方法论为理解规格说明与评价其完整性提供了一个框架。
- 我们将研究一些**系统建模**（system modeling）方法，这些方法可以帮助我们从概念上理解设计。
- 我们将学习**系统分析**（system analysis）和**架构设计**（design of architecture），以满足功能和非功能需求。
- 我们将学习**质量保障**（quality assurance）技术。第 5 章中的程序测试技术是一个很好的基础，但可能不容易拓展到复杂系统上。需要额外的方法来确保我们能够消除复杂系统中的错误。
- 我们还将学习可靠性中的**安全性**（security）和**防危性**（safety）。

1.5.7　第 8 章：物联网系统

物联网（IoT）已经成为嵌入式计算的一个重要应用领域。我们将研究物联网的应用范围，学习用于连接 IoT 设备的无线网络。我们还将回顾数据库相关的基本知识（在 IoT 系统中，数据库通常用于将多种设备关联为一个整体系统）。作为设计示例，我们将研究一套带有各种传感器的智能家居系统。

1.5.8　第 9 章：汽车和飞机系统

汽车和飞机是网络控制系统与安全性强相关的嵌入式系统的重要实例，我们将看到在汽车和飞机中使用的多种网络技术和各种类型的通信处理器。我们还将学习一些在分布式嵌入式计算中发挥重要作用的网络结构和协议，比如在汽车中广泛使用的 CAN（Controller Area Network）和消费电子产品中的 IC（Integrated Circuit）网络。同时，在汽车设计中我们还将考虑防危性与安全性。

1.5.9　第 10 章：嵌入式多处理器

第 10 章讨论的是一个高级主题，可能超出了入门学习和导论性课程的范畴，但仍然是嵌入式计算基本原理的重要组成部分。许多嵌入式系统是多处理器系统，即具有多个处理器单元的计算机系统。多处理器的方案可能是 CPU 与 DSP 的组合，也可能包含不可编程的加速器（accelerator）元件⊖。使用多处理器通常比使用一个高性能的 CPU 完成全部所需计算更节能、更廉价。我们将研究多处理器的结构以及单芯片多处理器所面临的编程挑战。

第 10 章还将介绍一个用例——视频压缩系统的加速器。数字视频需要实时执行大量操作以及进行大量数据传输。因此，它既是一个研究加速器本身设计的合适用例，也是研究加速器如何适应整个系统的合适用例。

1.6　总结

嵌入式微处理器随处可见。使用微处理器可以把复杂的算法与用户界面以较低的成本添加到各种产品中，还可以通过分离软硬件的设计来降低设计复杂性以及减少设计时间。嵌入式系统设计比 PC 编程复杂得多，因为它必须满足性能、成本等多种设计约束。本书的其余部分将建立一套自底向上的设计技术，使我们能够构思、设计并实现基于微处理器的复杂系统。

我们学到了什么

- 嵌入式计算很有趣，但也很难，因为我们必须同时满足复杂的功能与严格的约束。
- 一个拼凑的复杂嵌入式系统可能不能运行。你需要掌握大量技巧并理解设计过程才能完成一个好的设计。
- 你的系统必须满足某些功能需求（比如功能特性），同时还必须满足时限约束、功耗限制、物理尺寸限制或者满足其他非功能性需求。
- 分层设计过程需要将系统抽象为几个不同的层次。你可能既需要自顶向下设计，又需要自底向上设计。
- 我们使用 UML 来描述不同抽象层次的设计。
- 本书使用自底向上的方法研究嵌入式系统设计。

⊖　这里作者强调的不可编程，是指这些加速器元件的行为是固定的，不像 FPGA 那样可以改变硬件电路的行为，也不像 CPU 那样可以改变它的逻辑。——译者注

扩展阅读

Koopman[Koo10] 详细描述了嵌入式计算系统的发展阶段。Spasov[Spa99] 描述了如何在佳能 EOS 相机中使用 68HC11 微处理器。Douglass[Dou98] 介绍了嵌入式系统中的 UML。其他面向对象的基础书籍包括：Rumbaugh 等人的书 [Rum91]，Booch 的书 [Boo91]，Shlaer 和 Mellor 的书 [Shl92]，Selic 等人的书 [Sel94]。Bruce Schneier 的书 *Applied Cryptography*[Sch96] 是这个领域的经典之作。

问题

Q1-1 简要描述需求与规格说明之间的区别。

Q1-2 给出一个智能语音指令扬声器的需求分析。

Q1-3 给出某一款智能手机相机的需求分析。

Q1-4 分析商用民航客机 WiFi 网络中的安全漏洞如何导致该飞机的安全问题。

Q1-5 给出一个智能扬声器规格说明的例子，列出规格说明的各项参数类型及其对应的值。这个例子应来自某个现有的产品，请写出该产品的名称。

Q1-6 给出一个智能手机的相机规格说明的例子，列出规格说明的各项参数类型及其对应的值。这个例子应来自某个现有的产品，请写出该产品的名称。

Q1-7 简要描述规格说明与体系结构之间的区别。

Q1-8 在设计方法论的哪个阶段需要决定所使用的 CPU 的类型？

Q1-9 在设计方法论的哪个阶段需要决定使用的编程语言？

Q1-10 嵌入式计算系统是否应该使用多种编程语言进行软件设计？证明你的答案。

Q1-11 在设计方法论的哪个阶段需要测试设计的功能正确性？

Q1-12 比较自顶向下设计与自底向上设计。

Q1-13 给出一个设计问题的示例，通过自顶向下技术完美地解决。

Q1-14 给出一个设计问题的示例，通过自底向上技术完美解决。

Q1-15 试举一例，说明软件编程设计阶段如何使用自底向上的信息完善架构设计。

Q1-16 试举一例，说明 I/O 设备硬件设计中如何使用自底向上的信息完善架构设计。

Q1-17 画出图 1.29 中 Controller 类的 issue-command() 行为的 UML 状态图。

Q1-18 图 1.32 描述了完善后的类结构，分析 set-speed 命令的数据传递和函数调用流程，从前面板的改变开始到火车响应并做出改变为止。

　　a. 以协作图的形式展示。

　　b. 以顺序图的形式展示。

Q1-19 图 1.32 描述了完善后的类结构，分析 set-inertia 命令的数据传递和函数调用的流程，从前面板的改变开始到火车响应并做出改变为止。

　　a. 以协作图的形式展示。

　　b. 以顺序图的形式展示。

Q1-20 图 1.32 描述了完善后的类结构，分析 Estop 命令的数据传递和函数调用的流程，从前面板的改变开始到火车响应并做出改变为止。

　　a. 以协作图的形式展示。

　　b. 以顺序图的形式展示。

Q1-21　绘制一个状态图，描述在轨道上发送命令位的行为。该机器应该生成地址、正确的消息类型、命令参数，并生成纠错码。

Q1-22　绘制一个状态图，描述解析火车接收到信息位的行为。机器应该检查地址、确定消息类型、读取参数，并验证纠错码。

Q1-23　绘制一个火车接收器类的状态图。

Q1-24　画出简易微波炉所需各类的类图。该系统可以在 1～9 之间设置微波功率，能够设置的最长烹饪时间为 59 分 59 秒（最小增量为 1 秒）。应包含前面板、门锁与微波单元的物理接口类。

Q1-25　为第 24 题的微波炉绘制一个协作图。假设用户第一次设置的功率级别为 7，然后设置时间为 2:30，接着运行微波炉。

上机练习

L1-1　如何测量在微处理器上运行的程序的执行速度？有某些情况下，可能没有用来测量时间的系统时钟。练习编写一段代码，该代码需要执行一段足够长的时间以保证可以被测量到，代码的功能可以是矩阵代数运算等。将代码编译并加载到微处理器上，然后尝试通过观察微处理器引脚以分析代码的行为。

L1-2　完成 1.4 节开始的火车控制器的详细规格说明。展示所有必需的类，并指定这些类的行为，使用对象图来展示完整系统中的实例化对象。开发至少一个顺序图来展示系统操作。

L1-3　为一个有趣的设备开发需求文档。这个设备可以是家用电器、计算机外设或者其他任何你想象出来的设备。

L1-4　以 UML 形式为一个有趣的设备编写规格说明。尝试使用各种 UML 图，包括类图、对象图、顺序图等。

指令集

本章要点

● 简要回顾计算机体系结构分类与汇编语言。

● 四种截然不同的处理器结构：ARM、PIC16F、TI C55x 和 TI C64x。

2.1 引言

本章将通过**指令集**（instruction set）的学习开始研究微处理器，指令集是程序员与硬件的接口。尽管我们都希望尽可能地使用高级语言编程，但是指令集才是分析程序性能的关键。通过了解 CPU（Central Processing Unit）所提供的指令类型，我们可以找到实现特定功能的更好方法。

本章使用四个 CPU 作为示例。ARM 处理器 [Fur96][Jag95][Slo04] 广泛应用于手机和许多其他系统中（ARM 结构有许多版本，我们以 ARMv7 为基准，同时也考虑其他版本的特点）。PIC16F 是一款高效、低成本的 8 位微处理器。德州仪器生产的 C55x 和 C64x 是两款差异极大的**数字信号处理器**（Digital Signal Processor，DSP）[Tex01][Tex02][Tex10]。C64x 使用超长指令字（Very Long Instruction Word，VLIW）技术以实现高性能的并行处理能力，而 C55x 使用了更传统的体系结构。

我们将首先简要介绍计算机体系结构的术语和指令集，然后详细描述 ARM、PIC16F、C55x 和 C64x 的指令集。

2.2 预备知识

本节将讨论计算机体系结构和程序设计的一些基本概念，包括不同类型的计算机体系结构和汇编语言的特性。

2.2.1 计算机体系结构分类

在深入研究微处理器指令集之前，了解一些基本术语是很有用的。我们会回顾一些构造计算机的基本方法，并在这个过程中解释这些术语。

图 2.1 展示了一种计算机的构成框图。计算系统由中央处理器（CPU）和**内存**（memory）构成。内存可以存储数据和指令，通过向它发出地址，就可以读写相应地址中的内容。像这样内存既可以存储数据又可以存储指令的计算机，被称为**冯·诺依曼机**（von Neumann machine）。

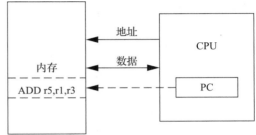

图 2.1 冯·诺依曼计算机体系结构

CPU 有几个内部**寄存器**（register），用于存储内部要使用的值。其中一个重要的寄存器是**程序计数器**（Program Counter，PC），用于保存指令在内存中的地址。CPU 从内存中取出指令，对它进行解码，然后执行。程序计数器不直接指定计算机接下来做什么，而是通过指向内存中的一条指令来间接地确定。只是通过改变指令，我们就可以改变 CPU 所做的事。指令存储器和 CPU 是否分离，是我们用于区分程序存储计算机和一般有限状态机的重要标准。

除了冯·诺依曼计算机体系结构，还有一个可供选择的结构是**哈佛体系结构**（Harvard architecture），它几乎和冯·诺依曼体系结构同时被提出。如图 2.2 所示，哈佛机将数据存储器和程序存储器分离开来，程序计数器指向程序存储器，而不是数据存储器。因此，在哈佛机上很难编写自修改的程序（即能够写入数据，并将这些数据用作后续执行的程序指令）。

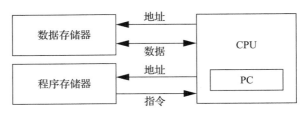

图 2.2　哈佛体系结构

哈佛结构现在被广泛应用的原因很简单：数据存储器和程序存储器的分离可以为数字信号处理提供更高的性能。实时信号处理在两个方面使得数据访问系统的压力加大：第一，CPU 需要处理的数据量很大；第二，数据一旦出现就必须在一个精确的时间间隔内被处理，而不能等到 CPU 可以处理的时候再做响应。持续且周期性到来的数据被称为**流数据**（streaming data）。拥有两个具有独立端口的存储器可以提供更高的内存带宽，这样一来，数据和程序不再争夺同一端口，在需要的时候移动数据也就更容易。DSP 在目前销售的微处理器中占了很大份额，因为它们广泛用于音频和图像 / 视频处理，而且这些 DSP 大多是哈佛体系结构。

另一条组织计算机体系结构的主线关注计算机的指令以及这些指令如何被执行。许多早期的计算机体系结构是我们现在所说的**复杂指令集计算机**（Complex Instruction Set Computer，CISC）。这类计算机提供丰富的指令，可以执行非常复杂的任务，比如字符串搜索；它们也通常使用多种不同长度的指令格式。高性能微处理器开发中的一个进步是提出了**精简指令集计算机**（Reduced Instruction Set Computer，RISC）的概念。这类计算机倾向于提供更少和更简单的指令。RISC 计算机通常使用 load/store 指令集，这些指令集操作只能在寄存器中执行，而不能直接在存储单元执行。之所以选择这种类型的指令是因为它们可以在采用**流水线**技术的处理器中高效执行。早期的 RISC 设计远优于当时的 CISC 设计。随着技术的发展，我们可以使用 RISC 技术有效执行 CISC 指令集中常用命令组成的子集，因此 RISC 类指令集和 CISC 类指令集之间的性能差距有所缩减。

除了 RISC/CISC 的基本特性外，我们还可以通过指令集的其他特性对计算机进行分类。计算机的指令集定义了软件模块和底层硬件之间的接口，也定义了硬件在特定情况下该做什么。指令有许多特性，其中包括：

- 固定长度或可变长度。
- 寻址方式。
- 操作数的数目。
- 支持的操作类型。

我们通常使用字长来描述体系结构，如 4 位、8 位、16 位、32 位等。在某些情况下，数据字长、指令长度和地址长度是相同的。但是对于某些专门使用较小字长操作的计算机，指令和地址的长度可能比基本数据字长一些。

体系结构的一个细微但重要的特征是它们对位、字节和字的编码方式。科恩 [Coh81] 首先引入了术语**小端**（little-endian）模式（最低位字节在字的最低位）和**大端**（big-endian）模式（最低位字节在字的最高位）。图 2.3 给出了数值 0xaabbccdd 的两种表示方式（前缀 0x 是 C 语言中十六进制数的标记）。

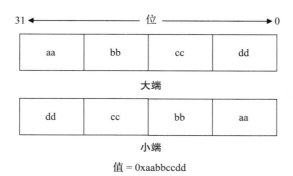

图 2.3　大端模式和小端模式的编码方式

我们也可以从指令执行的角度来描述处理器的特性，这与从指令集角度描述是不一样的。**单发射**（single-issue）处理器一次只能执行一条指令，虽然可能有多条指令分别处于不同的执行阶段，但是任何一个阶段都只有一条指令。**多发射**（multiple-issue）处理器允许多指令同时发射。**超标量**（superscalar）处理器在运行时使用专门的逻辑识别可同时执行的指令。VLIW 处理器依靠编译器来确定哪组指令可以同时执行而不产生错误。但是，超标量处理器的高耗能和高价格使其无法被广泛应用于嵌入式系统，而 VLIW 处理器常被用于高性能的嵌入式计算平台中。

可以被程序使用的寄存器组被称为**编程模型**（programming model），也被称为**程序员模型**（programmer model）(CPU 还有许多其他寄存器只用于内部操作，而程序员不能使用）。

一种体系结构可能有几种不同的实现方法。实际上，体系结构定义了两类特性，一部分是所有实现方式都必须严格遵守并保证正确的特性，另一部分是可以使用不同实现方法的特性。不同 CPU 会提供不同的时钟频率，不同的缓存配置，总线或中断线也会存在差异，此外还可能针对特定应用场景进行调整和优化，以使得一款 CPU 比其他 CPU 更适合所指定的应用程序。

CPU 只是完整计算机系统的一部分。除了内存外，计算机还需要 I/O 设备才能构建一个可用的系统。我们可以使用几种不同的芯片来构建计算机，但是许多可用的计算机系统都集成在一块芯片上。**微控制器**（microcontroller) 就是单芯片计算机的一种，它由处理器、闪存、RAM 和 I/O 设备构成。在片上系统（system-on-chip）中，通常单芯片上所使用的处理器较大。多处理器片上系统则在单芯片上包含多个处理器元件。

2.2.2　汇编语言

图 2.4 展示了一段 ARM 汇编代码，以帮助我们回忆汇编语言的基本特征。汇编语言通常具有以下基本特征：

- 一行一条指令。
- 可以用**标签**（label）给内存单元定义名字，标签必须从代码的第一列开始。
- 指令必须从第二列或第二列之后开始，以区分标签和指令。
- 注释从指定的注释字符（ARM 中使用的是"；"）处开始，直到行尾。

```
label1    ADR r4,c
          LDR r0,[r4]          ; a comment
          ADR r4,d
          LDR r1,[r4]
          SUB r0,r0,r1         ; another comment
```

图 2.4　ARM 汇编语言示例

汇编语言遵循这种相对结构化的形式，以便编译器解析程序，汇编语言的绝大部分内容可以通过逐行的分析处理来完成。（形成这些限制的原因是早期的汇编器也是用汇编语言编写的，而且运行环境的内存容量非常有限。这些早期限制被保留在现代汇编语言中。）图 2.5 展示了 ARM 数据处理指令的格式，比如 ADD 指令。对于指令

ADDGT r0,r3,#5

cond 字段将根据 GT 条件 (1100) 设置，opcode 字段将被设置为 ADD 指令的二进制代码 (0100)，第一个操作数寄存器 Rn 将被设置为 3 以表示 r3，目的寄存器 Rd 将被设置为 0 以表示 r0，oprand 2 字段（图中 X=1 时，第 0～7 位）将被设置为立即数 5。

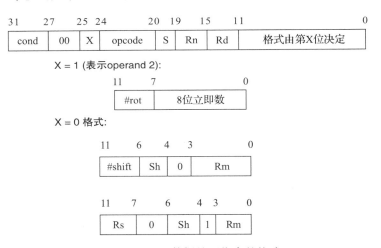

图 2.5　ARM 数据处理指令的格式

编译器还必须提供一些**伪操作**（pseudo-ops），通常被称为**汇编指令**（assembler directive），用于帮助程序员创建完整的汇编语言程序。将数据加载到存储单元就是一个典型的伪操作，例如将常数写入存储器中。ARM 中内存分配伪操作的示例如下：

BIGBLOCK % 10

ARM 中的"%"伪操作将分配一块由操作数指定大小的内存，并将这些位置初始化为 0[⊖]。

2.2.3　VLIW 处理器

若 CPU 可以一次执行多条指令，它就可以更快地运行程序。如果一条指令的操作数取决于前一条指令的结果，那么前一条指令执行完之后，CPU 才可以开始执行新指令。但是，相邻指令可能并不直接相互依赖，即不需要等待前面一条指令的结果，那么在这种情况下，CPU 就可以同时执行多条指令。

研究者已经开发出几种不同的并行执行技术。台式机和笔记本电脑经常使用超标量体系结构来执行指令。超标量处理器在执行指令的过程中扫描程序，以找到可以并行执行的若干条指令。在数字信号处理系统中使用更广泛的是**超长指令字**（Very Long Instruction Word，VLIW）处理器，这种处理器依靠编译器识别可以并行执行的指令。超标量处理器可以找到一些 VLIW 处理器找不到的并行指令，这些指令可能在某些情况下是独立的，而在其他情况下可能不是独立的。但是，超标量处理器的成本和能耗都较高，再加上在许多 DSP 应用中都可以相对容易地找到并行指令集，所以 VLIW 处理器更受青睐，它可以通过数字信号处理软件轻松提升效率。

在现代术语中，VLIW **数据包**（packet）是指一组被捆绑在一起的指令，这组指令可以并行执行。当前数据包中的所有指令执行完之后，下一个数据包才可以开始执行，编译器通过分析程序识别数据包，以确定总是可以一起执行的若干条指令。

要理解并行执行，首先要了解限制指令并行执行的因素。**数据相关性**（data dependency）是指令操作的数据之间的一种关系。在图 2.6 的例子中，第一条指令向 r2 写入数据时，第二条指令读取 r2 的内容。因此，第一条指令必须在第二条指令开始执行之前完成。数据相关性图展示了运算必须遵从的执行顺序。

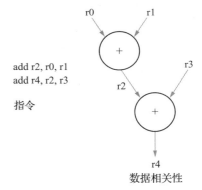

图 2.6　数据相关性及指令执行顺序

分支也会引入**控制相关性**（control dependencies）。来看一个简单的分支：

```
    bnz r3,foo
    add r0,r1,r2
foo: ...
```

只有加法指令之前的分支指令不会跳转到其分支 foo 时，这个加法指令才会被执行。

由于许多指令不引入数据和控制相关性，所以这些指令可以并行执行。源代码中赋值操作的自然分组就提供了一些代码并行执行的可能性[⊖]，同时并行性也会被目标代码使用寄存器的方式所影响。如图 2.7 所示，虽然这些指令使用同一个寄存器作为输入源，但是一条指令的结果不影响另一条指令的结果，因此它们是可以并行的。

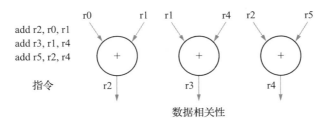

图 2.7　不存在数据相关性的指令

⊖ 即对一个数据进行操作的代码成为一组，组与组间互不影响。——译者注

许多不同的处理器已经实现了 VLIW 执行模式，并且这些处理器已经被运用在许多嵌入式计算系统中。因为处理器不需要在运行时分析数据相关性，所以 VLIW 处理器比超标量处理器的体积更小，能耗更低。VLIW 非常适合信号处理和多媒体的应用。例如，移动电话基站必须对许多并行数据流进行相同的处理。其中，对每个信道 (channel) 的处理容易映射到 VLIW 处理器上，因为不同信道之间没有数据相关性。

2.3 ARM 处理器

本节研究 ARM 处理器。ARM 实际上是一个已经开发多年的 RISC 体系结构产品系列。ARM 不制造自己的芯片，而是将其体系结构授权给 CPU 制造商或者集成商，集成商的产品会将 ARM 处理器集成到一个更大的系统中。

指令的文本描述被称为汇编语言，它与二进制表示法有很大的不同。ARM 指令从第一列之后开始，一行写一条。注释从分号开始，直到行末。用于命名存储单元名称的标签置于行首，即从第一列开始：

```
        LDR r0,[r8] ; a comment
label   ADD r4,r0,r1W
```

2.3.1 处理器和存储体系

本节主要讨论 ARMv7 体系结构 [ARM96]。ARMv7 包括一个 32 位的指令集和一个 16 位的 Thumb 指令集；ARMv8 支持 64 位指令集模式和与 ARMv7 等早期体系结构兼容的 32 位模式 [ARM13B]；ARMv9 则提供对安全性和向量操作的支持，这些操作对科学计算和人工智能非常有用 [ARM21]。

ARMv7-A 支持四种基本数据类型：

- 字节，8 位。
- 半字，16 位。
- 字，32 位。
- 双字，64 位。

ARM7 的地址是 32 位的。一个地址指的是一个字节，而不是字。因此，ARM 地址空间中的字 0 位于存储单元 0，字 1 位于存储单元 4，字 2 位于存储单元 8，以此类推。（因此，在没有分支语句的情况下，PC 以 4 递增。）ARM 处理器在开机时可以设置其内存中字节访问模式为小端模式或大端模式，如图 2.8 所示。

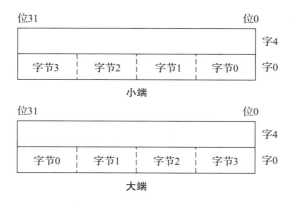

图 2.8 ARM 字内的字节组织

通用计算机具有复杂的指令集，其中一些指令用于实现通用计算机的基本功能，而另一部分指令用于提高性能、减少代码量或者以其他方式改进程序，本节着重介绍 ARM 指令集中提供基本功能的部分。

2.3.2　数据操作

C 语言中的算术运算和逻辑运算都是由变量参与执行的，结果也保存在变量中，而变量实质上就是内存中的存储单元。因此，为了执行由 C 语言编写的表达式和赋值语句，我们必须同时考虑算术指令、逻辑指令以及读写内存的指令。

```
int a, b, c, x, y, z;
x = (a + b) − c;
y = a*(b + c);
z = (a << 2) | (b & 15);
```
图 2.9　C 语言数据处理片段示例

图 2.9 展示了 C 语言中的一些数据声明和赋值语句的代码片段示例。变量 a, b, c, x, y, z 全都是内存中的数据单元，大多数情况下，数据和指令被存储在程序存储映像的不同位置。

在 ARM 处理器中，不能直接对存储单元执行算术运算和逻辑运算。虽然一些处理器允许这些操作直接引用主存，但 ARM 属于 load/store 体系结构，首先将数据操作数加载入 CPU，当计算结束后再将结果存储到主存中。

图 2.10 展示了 ARMv7-R 实时处理器⊖编程模型，它包含 16 个长度为 32 位的寄存器，分别是 r0 到 r15。除了 r15，其他寄存器是完全相同的，即在其中一个寄存器上可以执行的操作，在其他寄存器上也可以执行。r13 到 r15 有特殊用途：

- r13 是用于执行堆栈操作的**堆栈指针**（stack pointer, sp）。虽然该寄存器可以用作通用寄存器，但不建议将其用作堆栈指针以外的用途。
- r14 是用于返回子程序信息的链接寄存器。
- r15 是程序计数器。当用于数据运算时，程序计数器自然不能被覆盖。但是，程序计数器具有通用寄存器的属性，允许在计算中将程序计数器的值用作操作数，这样更容易完成某些编程任务。

编程模型中另一个重要的基本寄存器是**当前程序状态寄存器**（Current Program Status Register，CPSR）。在每次进行算术、逻辑或者移位运算时，该寄存器的值会随着计算被自动修改。CPSR 的高四位保存了下列有关算术或逻辑运算结果的有用信息：

- 当二进制补码运算中的结果为负数时，负位（N）被设置为 1。
- 当结果的每一位都为 0 时，零位（Z）被设置为 1。
- 当运算有进位时，进位（C）被设置为 1。
- 当算术运算结果溢出时，溢出位（V）被设置为 1。

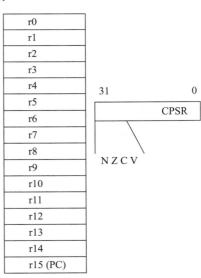

图 2.10　基本的 ARM 编程模型

利用这些位可以轻松地检查算术运算的结果。但是，如果执行一连串的算术或者逻辑运算，CPSR 的中间状态就显得尤为重要，必须在每一步都进行检查，因为下一步运算会改变

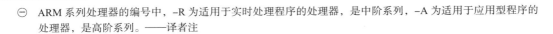

⊖　ARM 系列处理器的编号中，−R 为适用于实时处理程序的处理器，是中阶系列；−A 为适用于应用型程序的处理器，是高阶系列。——译者注

CPSR 的值。

示例 2.1 展示了如何计算 CPSR 的位。

示例 2.1　ARM 中的状态位计算

ARM 字长为 32 位。在 C 语言中，十六位进制数以 0x 开头，比如 0xffffffff，这在 32 位字的二进制补码中表示 –1。

以下是一些示例计算：

- –1 + 1 = 0：该计算表达式写为 32 位格式是 0xffffffff+0x1=0x0，同时 CPSR 中 NZCV = 1001。
- 0–1 = –1：0x0–0x1 = 0xffffffff，同时 NZCV = 1000。
- (2^{31}–1) + 1 = –2^{31}：0x7fffffff + 0x1 = 0x80000000，同时 NZCV = 0101。

数据指令的基本格式很简单：

```
ADD r0,r1,r2
```

这条指令将寄存器 r0 的值设置为存储在 r1 和 r2 中的数值之和。除了指定寄存器作为源操作数之外，指令还能指定**立即数**（immediate operand）作为操作数，也就是直接在指令中编入常数值，例如：

```
ADD r0,r1,#2
```

表示将 r0 的值设置为 r1+2。

图 2.11 总结了主要的数据运算指令。算术运算执行加法和减法，带进位的加减法让当前状态的进位值一起参与。RSB 执行减法时两个操作数位置要倒过来，因此 RSB r0,r1,r2 将 r0 设置为 r2-r1。位逻辑操作包括以下逻辑运算：AND、OR、XOR（逻辑异或表示为 EOR）。BIC 指令代表位清除：BIC r0,r1,r2 就是把 r2 的值按位取反后与 r1 的值进行按位与操作，最后将结果赋给 r0。实际上，就是把第二个源操作数作为掩码，掩码中哪一位是 1，则第一个源操作数中相应位被清零。MUL 指令使两个值相乘，但是有一些限制：操作数不能为立即数，且两个源操作数必须位于不同的寄存器。MLA 指令执行乘累加运算，特别适用于矩阵运算和信号处理。指令

```
MLA r0,r1,r2,r3
```

就是将 r0 设置为 r1×r2+r3。

ADD	加法
ADC	带进位的加法
SUB	减法
SBC	带进位的减法
RSB	反向减法
RSC	带进位的反向减法
MUL	乘法
MLA	乘累加

算术

AND	按位与
ORR	按位或
EOR	按位异或
BIC	位清除

逻辑

LSL	逻辑左移（补零）
LSR	逻辑右移（补零）
ASL	算术左移
ASR	算术右移
ROR	循环右移
RRX	C扩展的循环右移

移位/循环

图 2.11　ARM 数据指令

移位运算不是独立的指令，它可以应用于算术和逻辑指令中。移位修饰符始终应用于第二个源操作数。左移将位向最高有效位移动，而右移将位向最低有效位移动。LSL 和 LSR 修饰符执行逻辑左移和逻辑右移，并用 0 填充移位后形成的空位。算术左移等同于 LSL，但是 ASR 会复制符号位——如果符号位为 0，就复制 0；如果符号位为 1，就复制 1。循环修饰符只能用于循环右移，将从字中的最低有效位移动到最高有效位。RRX 修饰符执行 33 位的循

环，CPSR 的 C 位被插入字中的符号位之前，这使得进位包含在循环移位的过程之中。

图 2.12 中的指令都是比较操作，它们不修改通用寄存器，只设置 CPSR 寄存器中 NZCV 位的值。比较指令 CMP r0,r1 计算 r0-r1，根据计算结果设置状态位，并丢弃减法的结果。CMN 通过执行加法来设置状态位，TST 对操作数执行的是按位与操作，而 TEQ 执行按位异或。

图 2.13 总结了 ARM 移动指令。指令 MOV r0,r1 将 r0 的值设置为 r1 的当前值。MVN 指令在移动时对操作数按位取反。

CMP	比较
CMN	求反后比较
TST	逐位测试
TEQ	逐位取反测试

图 2.12 ARM 比较指令

MOV	移动
MVN	取反后移动

图 2.13 ARM 移动指令

使用图 2.14 中总结的 load-store 指令，可以实现在寄存器和存储器之间进行数据传输。LDRB 和 STRB 按字节进行加载和存储，而不是整个字。LDRH 和 SDRH 对半字进行操作，LDRSH 在加载时扩展符号位。ARM 地址长为 32 位，但由于 32 位地址不适合在既包括操作码又包括操作数的指令中使用，所以 ARM 的 load 和 store 指令不直接引用主存地址，而是使用**寄存器间接寻址**（register-indirect addressing）。寄存器间接寻址时，将存储在寄存器中的值作为从内存中提取内容的地址，这样就得到了期望的操作数。因此，如图 2.15 所示，如果设置 r1 = 0x100,那么指令

    LDR r0,[r1]

就将 r0 设置为存储单元 0x100 的值。类似地，STR r0,[r1] 将 r0 的值存储到 r1 所给出的存储单元地址中。以下是寄存器间接寻址的几种变形：

    LDR r0,[r1,-r2]

将 r1-r2 给出的地址处的值加载到 r0。

    LDR r0,[r1,#4]

将 r1+4 给出的地址处的值加载到 r0。

LDR	加载
STR	存储
LDRH	加载半字
STRH	存储半字
LDRSH	加载有符号的半字
LDRB	加载字节
STRB	存储字节
ADR	将寄存器设置为地址

图 2.14 ARM 的 load-store 指令及其伪操作

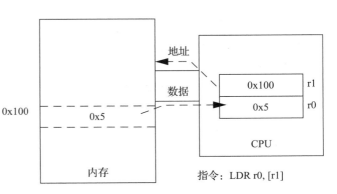

图 2.15 ARM 中的寄存器间接寻址

这就提出了如何将地址写入寄存器的问题，也就是说，我们需要设法将寄存器设置为一个我们需要的 32 位的值。ARM 将寄存器设置为地址的标准方法是对寄存器进行算术操作，程序计数器所使用的寄存器 PC 也可以进行这种运算。给 PC 寄存器加上或减去当前指令（正在计算地址的指令）和目标指令之间的距离，就可以直接跳转到目的地址，而不用专门去执行 load 操作。ARM 编程系统提供 ADR 伪操作来简化这一步骤。如图 2.16 所示，如果将存储单元 0x100 命名为 FOO，那么伪操作代码

```
ADR r1,FOO
```

就能实现将地址 0x100 加载到 r1 这一功能。像 C 这样的高级语言使用了另一种技术：当讨论程序调用时，高级语言使用称为帧（frame）的机制在函数之间传递参数。现在，可以简单展示这个参数传递的过程。我们可以用一个寄存器保存指向帧顶地址的帧指针（frame pointer，fp），使用 fp 偏移量访问帧内的元素。汇编语法 [fp.#-n] 用于获取距离 fp 的地址第 n 个存储单元的位置中的存储内容。

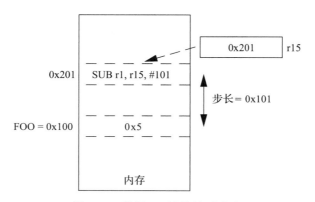

图 2.16　使用 PC 计算绝对地址

示例 2.2 演示了如何用 ARM 指令实现 C 语言中的赋值语句。

示例 2.2　用 ARM 指令实现 C 语言中的赋值语句

我们将实现图 2.9 中的赋值操作。在汇编语言的语法中，注释从指令后的分号开始，直到该行行末。为了实现语句

```
x = (a + b) - c;
```

可以用 r0 代表 a，r1 代表 b，r2 代表 c，r3 代表 x，此外，为了从内存中加载变量，我们还需要用于间接寻址的寄存器。在这里，我们在加载每个变量时，会重复使用同一个间接地址寄存器 fp。在执行算术运算之前，代码必须将 a,b,c 的值加载入这些寄存器中，在执行完算术运算之后，代码又必须将 x 的值存储回内存。

以下是 gcc 编译器为这条语句生成的代码，已添加注释以说明其用途。代码使用帧指针 fp 保存程序中的变量，a 位于存储单元 –24[⊖]，b 位于存储单元 –28，c 位于存储单元 –32，x 位于存储单元 –36。

　　⊖　与帧指针位置的偏移量为 –24。——译者注

```
ldr r2, [fp, #-24] ; load r2
ldr r3, [fp, #-28] ; load r3
add r2, r2, r3 ; add, store result in r2
ldr r3, [fp, #-32] ; load r3
rsb r3, r3, r2 ; reverse subtract
str r3, [fp, #-36] ; store r3
```

下面我们尝试对 C 语言运算语句

```
y = a * (b + c);
```

进行类似的汇编语言编码。但是在这种情况下，我们将重复使用更多的寄存器，r2 用于 b 和 (b+c) 项，r3 用于 c、a 和结果 y。同样，我们使用 fp 存储间接寻址的地址。gcc 生成的代码如下所示：

```
ldr r2, [fp, #-28]
ldr r3, [fp, #-32]
add r2, r2, r3
ldr r3, [fp, #-24]
mul r3, r2, r3
str r3, [fp, #-40]
```

C 语言语句：

```
z = (a << 2) | (b & 15);
```

由 gcc 编译器生成的代码为：

```
ldr r3, [fp, #-24]
mov r2, r3, asl #2
ldr r3, [fp, #-28]
and r3, r3, #15
orr r3, r2, r3
str r3, [fp, #-44]
```

我们已经看到了三种寻址模式：寄存器、立即数和间接寻址。ARM 也支持多种形式的**基址加偏移量寻址**（base-plus-offset addressing），这种寻址方式和间接寻址相关。但是它不将寄存器的值直接作为地址，而是将寄存器的值和另一个值相加来形成地址。例如：

```
LDR r0, [r1, #16]
```

这条指令会将存储在单元 r1+16 处的值加载到 r0。这里，r1 作为**基址**（base），立即数作为**偏移量**（offset）。当偏移量为立即数时，它可以是不大于 4096 的任何值。其他寄存器也可以被用作偏移量。这种寻址模式有两种变形：**自动变址**（auto-indexing）和**后变址**（post-indexing）。自动变址会更新基址寄存器，比如：

```
LDR r0, [r1, #16]!
```

首先将 r1 的值加上 16，然后将这个新的值作为地址。操作符"!"使基址寄存器 r1 被更新为新计算的地址，以便后面被再次使用。上面的两个例子中，基址加偏移量和自动变址的指令都将从同一存储单元（r1+16）获取数据，但是自动变址还将修改基址寄存器 r1 的值。后变址寻址的意思是，直到寄存器中的值被提取加载之后，才执行偏移量计算。因此，

```
LDR r0, [r1], #16
```

将按照 r1 给出的地址找到存储单元，并将其中的值加载到 r0。然后给 r1 加上 16，并将 r1 设置为新计算的值。在这种情况下，后变址模式得到与其他两个例子不同的值，但是最终 r1 的值与自动变址是一样的。

我们学习了如何使用伪操作 ADR 将地址加载到寄存器来访问变量，因为这种方法使得代码简单且易读（至少比起其他汇编语言是易读的），但是编译器倾向于用其他技术生成地址，因为它们必须处理全局变量和自动变量[⊖]。

2.3.3   控制流程

B（分支）指令是 ARM 中改变控制流程的基本机制，分支跳转的目的地址经常被称作分支目标。分支与 PC 相关，因为分支指定了从当前 PC 值到分支目标的偏移量。偏移量地址是按字表示的，但是因为 ARM 是按字节寻址的，所以给偏移量乘以 4(实际上通过左移 2 位实现) 以形成字节地址。因此，指令

    B #100

将会给当前 PC 值加上 400。

我们常希望基于特定的计算结果按条件进行分支。If 语句就是一个常见的例子。ARM 中任何指令都可以有条件地执行，包括分支指令。这就使得分支和数据运算都可以有条件地执行。图 2.17 总结了这些条件代码。

EQ	结果为 0	Z = 1
NE	结果不为 0	Z = 0
CS	有进位或借位	C = 1
CC	没有进位或借位	C = 0
MI	结果小于 0	N = 1
PL	结果大于等于 0	N = 0
VS	溢出	V = 1
VC	无溢出	V = 0
HI	无符号比较大于	C = 1 且 Z = 0
LS	无符号比较小于等于	C = 0 或 Z = 1
GE	有符号比较大于等于	N = V
LT	有符号比较小于	N ≠ V
GT	有符号比较大于	Z = 0 且 N = V
LE	有符号比较小于等于	Z = 1 或 N ≠ V

图 2.17   ARM 中的条件代码

我们通过示例 2.3 来展示条件执行的使用方法。

示例 2.3   在 ARM 中的实现的 if 语句

以下为 if 语句示例：

    if (a > b) {
        x = 5;

⊖   而在汇编语言中为这些变量生成命名的空间是非常不方便的。——译者注

```
        y = c + d;
        }
   else x = c - d;
```

这段语句包括两个代码块，一个用于条件满足的情况，另一个用于条件不满足的情况。我们来看一下 gcc 为这部分所生成的代码。首先是编译器为测试 a>b 条件生成的代码，如下所示：

```
ldr  r2,[fp,#-24]
ldr  r3,[fp,#-28]
cmp  r2,r3
bge  .L2
```

下面是条件满足模块的代码：

```
     ldr     r3,[fp,#-32]
     ldr     r2,[fp,#-36]
     rsb     r3,r2,r3
     str     r3,[fp,#-40]
.L3:
```

下面是条件不满足模块的代码：

```
.L2: mov r3,#5
     str     r3,[fp,#-40]
     ldr     r2,[fp,#-32]
     ldr     r3,[fp,#-36]
     add     r3,r2,r3
     str     r3,[fp,#-44]
     b       .L3
```

循环是 C 语言中非常常见的语句，特别是在信号处理代码中。使用条件分支可以轻松地实现循环。因为循环常对存储在数组中的值进行操作，所以循环也非常适合使用基址加偏移量寻址模式。应用示例 2.1 中解释了循环在 FIR 滤波器中一种简单却常见的使用方法。示例 2.4 描述了基于循环实现的 FIR 滤波器。

应用示例 2.1　FIR 滤波器

有限脉冲响应 (Finite Impulse Response,FIR) 滤波器是常见的用于处理信号的方法。FIR 滤波器是乘积的简单加和：

$$\sum_{1 \leqslant i \leqslant n} c_i x_i \tag{2.1}$$

用作滤波器时，假设 x_i 为周期性取得的数据样本，而 c_i 是系数。该计算可以用下面的图例描述。

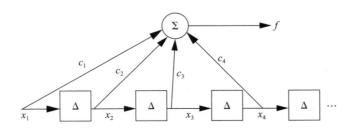

在这种表示中，假设样本周期性地到来，而且每次新样本到来时，FIR 滤波器的输出就会被计算一次。Δ 表示存储最新样本以提供 x_i 的时延元素，延迟样本分别单独乘以 c_i，然后将乘积相加作为滤波器的输出。

示例 2.4　在 ARM 指令集上实现 FIR 滤波器

以下是 FIR 滤波器的 C 代码：

```
for (i = 0, f = 0; i <N; i++)
    f = f + c[i]*x[i];
```

我们可以使用基址加偏移量寻址来处理数组 C 和 X，具体做法是把每个数组的第 0 个元素的地址各自加载到一个寄存器中，使用另外的寄存器保存变量 i 作为偏移量。

以下是 gcc 生成的循环代码：

```
.LBB2:
        mov   r3, #0
        str   r3, [fp, #-24]
        mov   r3, #0
        str   r3, [fp, #-28]
.L2:
        ldr   r3, [fp, #-24]
        cmp   r3, #7
        ble   .L5
        b     .L3
.L5:    ldr   r3, [fp, #-24]
        mvn   r2, #47
        mov   r3, r3, asl #2
        sub   r0, fp,  #12
        add   r3, r3, r0
        add   r1, r3, r2
        ldr   r3, [fp, #-24]
        mvn   r2, #79
        mov   r3, r3, asl #2
        sub   r0, fp, #12
        add   r3, r3, r0
        add   r3, r3, r2
        ldr   r2, [r1,  #0]
        ldr   r3, [r3, #0]
        mul   r2, r3, r2
        ldr   r3, [fp, #-28]
        add   r3, r3, r2
        str   r3, [fp, #-28]
        ldr   r3, [fp, #-24]
        add   r3, r3, #1
        str   r3, [fp, #-24]
        b     .L2
.L3:
```

mvn 指令会将操作数的反码存入目的寄存器中。

C 语言中另一个重要的语句类别是**函数**（function）。C 语言函数一般具有返回值（除非返回类型为 void）。当没有返回值时，我们常把这种结构称为**子程序**（subroutine）或**过程**（procedure）。下面是一个 C 函数的简单用法：

```
x = a + b;
foo(x);
y = c -d;
```

函数调用之后，返回到紧跟在函数调用语句后面的代码，执行对 y 的赋值。要在汇编语言中实现这样的函数调用，仅简单使用一个分支是不够的，因为我们不知道要返回到哪里。为了实现正确的返回，当过程或函数被调用时，必须保存 PC 的值，并且当程序结束时，将 PC 值设置为调用语句后的下一条指令的地址（毕竟你不想无休止地执行这个程序）。

分支链接（branch-and-link）指令在 ARM 中用于实现过程调用。例如：

```
BL foo
```

将产生一个执行分支，并链接到从位置 foo 开始的代码（使用 PC 相对寻址）。分支链接与分支很像，除了在分支之前，它将 PC 的当前值存储到 r14。因此，要从过程返回，只需把 r14 的值移动到 r15：

```
MOV r15,r14
```

当然，在函数执行过程中，不能修改储存在 r14 中的 PC 值。

但是，这种机制只允许一级过程调用。例如，如果我们在一个 C 函数中调用另一个函数，第二个函数调用修改了 r14 的值，那么第一个函数调用的返回地址被破坏了。支持嵌套过程调用（包括递归过程调用）的标准实现方法是建立堆栈（stack），如图 2.18 所示。这段 C 代码显示了函数之间的一系列相互调用：f1() 调用 f2()，f2() 又调用 f3()。图 2.18 的右边显示了在 f3() 执行时，**过程调用堆栈**（procedure call stack）的状态。对于每一个活动过程，堆栈都包含一个**活动记录**（activation record）。当 f3() 结束时，活动记录就可以从栈顶弹出返回地址。留下 f2() 的返回地址在栈顶部等待返回。

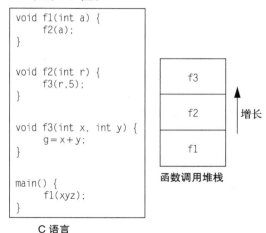

```
void f1(int a) {
    f2(a);
}

void f2(int r) {
    f3(r,5);
}

void f3(int x, int y) {
    g=x+y;
}

main() {
    f1(xyz);
}
```
C 语言

图 2.18　嵌套函数调用和堆栈

与记住返回地址一样，大多数的过程调用还需要传递参数并传回返回值。

我们也可以使用过程调用堆栈来传递参数。用于将值传入和传出过程的方式被称为**过程链接**（procedure linkage）。为了将参数传入过程，在过程调用之前将参数值压入栈。一旦过程返回，调用者就必须将这些值从栈中弹出，以便从栈中取出返回地址或其他有用的信息。如果在过程的执行中需要修改寄存器的值，那么还需要将这些寄存器原来的值保存下来。在进入过程并开始执行其他的代码前，将这些寄存器的值压入堆栈。在函数返回之前，从栈中弹出并恢复寄存器的原值。过程堆栈通常被构建为从高地址往下增长。

汇编语言程序员可以使用任何他们想用的方法来传递参数，但是编译器设计者需要使用标准机制以确保任一函数都可以调用所有函数。（如果你想编写一个汇编程序来调用编译器生成的函数，那么就必须遵守编译器调用准则。）编译器在一块被称为**帧**（frame）的内存中传递和返回变量，帧也被用于分配局部变量，帧作为堆栈的元素整个压入栈中。堆栈指针（stack pointer，sp）指向当前帧的末尾，而帧指针（fp）指向最后一帧的末尾。（只有在执行过程中，堆栈帧通过程序增长时，fp 在技术上才是必需的。）过程可以通过相对 sp 寻址来引用帧中的元素，当一个新过程被调用时，通过修改 sp 和 fp 以使另一个帧入栈。

ARM 过程调用标准（ARM Procedure Call Standard，APCS）[Slo04] 中很好地展示了典型的过程链接机制。虽然堆栈帧位于主存，但是了解如何使用寄存器是了解这种机制的关键。下面我们详细描述这一机制。

- r0~r3 用于将前四个参数传递入过程。r0 也用于保存返回值。如果需要的参数多于四个，那么它们就被放入堆栈帧中。
- r4~r7 用于保存寄存器变量。
- r11 是帧指针，r13 是堆栈指针。
- r10 是保存控制堆栈大小的边界地址，用于检查堆栈溢出。

其他寄存器在协议中另有他用。示例 2.5 举例说明了 C 函数和过程调用的实现。

示例 2.5 ARM 中的过程调用

以下是两个过程的简单示例，其中一个过程调用另一个过程：

```
void f2(int x){
        int y;
        y = x+1;
}
void f1(int a){
        f2(a);
}
```

这个函数只有一个参数，因此 x 会被传入 r0。变量 y 是过程中的局部变量，因此被放入堆栈中。过程的第一部分设置寄存器从而实现对堆栈的操作，然后实现过程主体。ip 寄存器在过程内部调用了 scratch 寄存器，即 r12。以下是 ARM 中的 gcc 编译器为 f2() 生成的代码（用于解释代码的注释部分是手动添加的）：

```
mov     ip, sp                  ; set up f2()'s stack access
stmfd   sp!, {fp, ip, lr, pc}
sub     fp, ip, #4
sub     sp, sp, #8
str     r0, [fp, #-16]
ldr     r3, [fp, #-16]          ; get x
add     r3, r3, #1              ; add 1
str     r3, [fp, #-20]          ; assign to y
ldmea   fp, {fp, sp, pc}        ; return from f2()
```

以下是为 f1() 生成的代码：

```
mov     ip, sp                  ; set up f1's stack access
stmfd   sp!, {fp, ip, lr, pc}   ; stmfd = store multiple full descending
sub     fp, ip, #4
sub     sp, sp, #4
str     r0, [fp, #-16]          ; save the value of a passed into f1()
ldr     r0, [fp, #-16]          ; load value of a for the f2() call
bl      f2                      ; call f2()
ldmea fp, {fp, sp, pc}          ; return from f1(), ldmea = load multiple
                                  empty ascending
```

2.3.4　ARM 的高级特性

有几种不同型号的 ARM 处理器为各自的应用模式提供了一些高级功能。

一些扩展指令用于改进数字信号处理性能。乘-累加（Multiply-Accumulate, MAC）指令在一个时钟周期内可以执行 16×16 或 32×16 个 MAC。饱和算术（saturation arithmetic）不会产生额外的计算负担。除此之外，还有一个新的指令专门用于执行算术标准化。

单指令多数据（Single-Instruction Multiple-Data，SIMD）用于支持多媒体操作。在 SIMD 中认为一个数据寄存器由几个较小的数据元素（如字节）组成，在执行指令时，这条指令的操作会同时应用于寄存器中的所有元素。

NEON 指令在原始的 SIMD 指令基础上做了进一步扩展，提供一组新的寄存器和附加操作。NEON 单元拥有 32 个寄存器，每个寄存器宽 64 位。一些操作也允许将一对寄存器组合在一起，视为一个 128 位的向量。每个寄存器中的数据都被视为由若干个元素组成的向量（每个元素的位数都小于寄存器），在处理数据时，可以并行地对每个向量元素同时执行相同的操作。例如，在 SIMD 模式中，一个 64 位寄存器可以处理 8 位、16 位、32 位、64 位的整数或单精度浮点数字。

TrustZone 提供了安全特性。带有 TrustZone 的处理器增加了一种监视模式（monitor mode），能够实现运行环境的隔离，允许处理器进入安全世界（secure world）以执行在正常模式下不被允许的操作。系统中添加了一条特殊的指令，用于实现对安全世界的调用，我们可以称它为安全监视器调用（secure monitor call），它的运行方式类似于异常处理。

Jazelle 指令集可以支持 Java 的 8 位字节码直接执行。因此，不需要字节码解释器来执行 Java 程序。

Cortex 系列处理器专为计算密集型应用而设计：
- Cortex-A5 提供 Jazelle 指令集以高效地执行 Java 程序，同时支持浮点处理和 NEON 多媒体指令。
- Cortex-A8 是一个双发射顺序超标量处理器。
- Cortex-A9 可以用于多核处理器设计，最多可以集成四个处理单元。
- Cortex-A15 MPCore 是一个多核处理器，最多可以集成四个 CPU。
- Cortex-R 系列专为实时嵌入式计算而设计。它支持 SIMD 操作以高效地完成 DSP 任务，带有硬件除法器，还有用于支持操作系统的内存保护单元。
- Cortex-M 系列专为低成本、低耗能的微控制器系统而设计。

2.4　PICmicro 中端微处理器系列

PICmicro 的产品线中包括几种不同系列的微处理器。我们将关注中端系列——PIC16F 系列，该系列具有 8 位的字长和 14 位的指令长度。

2.4.1　处理器和存储体系

PIC16F 系列基于哈佛结构设计，因此数据和指令是分开存储的。该系列在闪存中的指令存储器最多可以存储 8192 字，其中每条指令字长为 14 位。数据存储器按字节寻址，其中静态随机访问存储器（SRAM）最多可以支持 368 字节，而电可擦可编程只读存储器（EEPROM）最多可以支持 256 字节。

该系列的微处理器也提供了一些低耗能特性，例如加入睡眠模式，支持通过选择不同时钟振荡器以配置不同的运行速度，等等。它们也提供一些安全特性，如代码保护和组件标识区域[二]。

2.4.2 数据操作

PIC16F 系列使用 13 位的程序计数器。该系列的不同产品提供不同大小的指令内存或数据内存。低端型号有 2K 的指令存储区，中端型号有 4K，高端型号有 8K。

图 2.19 显示了指令存储空间的组织形式。程序计数器从堆栈中加载。内存中的最低位置保存了重置指令与中断向量，其余部分被分为 4 页。低端设备只能访问页面 0，中端设备只能访问页面 1 和页面 2，高端设备可以访问所有 4 页。

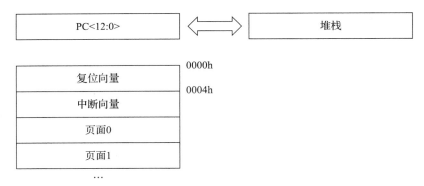

图 2.19   PIC16F 的指令空间

PIC16F 的数据存储器被分为四部分。RP<1:0> 是 STATUS 寄存器中的两位，用于选择使用的存储区。在 PIC 的文档中将数据存储的位置称为**通用寄存器**（general purpose register），而将通用寄存器文件中的位置称为**文件寄存器**（file register）。每一存储区的最低 32 个地址留给了**特殊功能寄存器**（special function register），它们可以用于执行许多不同的特殊操作，主要用于管理 I/O 设备等。每个存储区的其余部分都用作通用寄存器。

因为该系列的不同型号支持不同容量的数据内存，因此不是每个型号都配有 4 个存储区。所有型号都实现了全部存储区的特殊功能寄存器部分，但是，不是所有存储区都向程序员开放它们的通用寄存器，低端型号只在存储区 0 提供通用寄存器，中端型号仅在存储区 0 和存储区 1, 而高端型号的 4 个存储区都支持通用寄存器。

因为程序计数器（PC）有 13 位，因此它由 PCL 和 PCLATH 两个寄存器组合而成。PC<7：0> 来自 PCL, 并且可以被直接修改。PC<12：8> 是不能直接读写的，需要借助 PCLATH 进行操作。向 PCL 写入会将 PC 的低位设置为该操作数的值，PC 高位需要通过 PCLATH 设置[二]。

PC 包括 8 个级别的堆栈。堆栈空间是一个既独立于程序也独立于数据内存的地址空间。堆栈指针不能直接引用，需要通过子程序 CALL 和 RETURN/RETLW/RETFIE 指令操作。堆栈实际上是一个循环缓冲区，当堆栈溢出时，最早入栈的值会被覆盖掉。

STATUS 是位于存储区 0 中的一个特殊功能寄存器。它包含 ALU、复位状态、存储区选择位的状态位。各种指令都可能会影响 STATUS 中的位，包括进位、移位、清零、寄存器存储区选择和间接寄存器存储区选择等。

○ 用于存储系列号等关键信息以标识产品。——译者注
○ 但是，PC 的高位值并不随着 PCLATH 值的变化而即时改变，只有在特殊指令运行时才会修改。——译者注

PIC 使用 f 代表寄存器文件中的某个通用寄存器，W 代表接收 ALU 结果的累加器，b 代表寄存器中的位地址，k 代表文字、常量或标签。

INDF 和 FSR 寄存器用于控制间接寻址。INDF 不是物理寄存器，对 INDF 的任何访问最终会转化为基于文件选择寄存器（FSR）的间接加载，而 FSR 可以像标准寄存器那样直接读写。读取 INDF 的操作将会被转化为指针操作，使用 FSR 中的值作为要访问的地址，并读取目的地址中的值。

图 2.20 列举了 PIC16F 中的数据指令，该指令系统可以支持几种不同的参数组合：ADDLW 表示累加器 W 加上立即数 k，并将结果写回 W 中；ADDWF 表示 W 加上指定寄存器 f，并将结果写回 W 中。

ADDLW	将立即数与 W 相加
BCF	将 f 中的某位清零
ADDWF	将 W 和 f 相加
BSF	设置 f 中的某位
ANDLW	将立即数和 W 进行逻辑与运算
ANDWF	将 W 和 f 进行逻辑与运算
COMF	将 f 取反
CLRF	将 f 清零
DECF	将 f 减 1
CLRW	将 W 清零
IORLW	将立即数和 W 进行逻辑或运算
INCF	将 f 增加 1
IORWF	将 W 和 F 进行逻辑或运算
MOVF	将 f 的值传送到指定寄存器中
MOVWF	将 W 传给 f
MOVLW	将立即数传给 W
NOP	空操作
RLF	将 f 执行带进位循环左移
RRF	将 f 执行带进位循环右移
SUBWF	将 f 减去 W
SWAPF	将 f 中的两个半字节进行交换
XORLW	将立即数和 W 进行逻辑异或运算
CLRWDT	清除看门狗定时器
SUBLW	从立即数中减去 W

图 2.20　PIC16F 中的数据指令

2.4.3　控制流程

图 2.21 展示了 PIC16F 的流程控制指令。GOTO 是无条件分支。PC<10:0> 由指令中的立即数 k 设置。PC<12：11> 来自 PCLACH<4：3>。条件分支跳转指令一般带有一个参数寄存器 f。例如，指令 INCFSZ 会将 f 寄存器加 1，并判断计算结果是否为零，如果为 0，则跳

过下一条指令（直接执行 PC+2 处的指令），否则顺序执行。该指令还有一个一位的 d 操作数，这个操作数决定了 f 递增后的值被写入的位置：如果 d = 0，则写入 W；如果 d = 1，则写入 f。BTFSS 指令是一个位测试和位跳转的例子，它的参数包括一个寄存器 f 和一个三位的二进制数 b，b 用来指定 f 中要被测试的位，如果测试位为 1，则跳过下一条指令。

BTFSC	f 中的某位为 0 则跳过
BTFSS	f 中的某位为 1 则跳过
CALL	调用子程序
DECFSZ	f 减 1，为 0 则跳过
INCFSZ	f 加 1，为 0 则跳过
GOTO	无条件分支
RETFIE	中断返回
RETLW	返回 W 中的立即数
RETURN	从子程序返回
SLEEP	进入待机模式

图 2.21　PIC16F 中的控制流指令

在 PIC 中使用 CALL 指令来调用子程序。操作数 k 提供程序计数器的低 11 位，而高两位来自 PCLACH<4：3>。子程序的返回地址被压入栈中，虽然子程序返回值有几种不同的形式，但都使用堆栈顶部作为新的 PC 值。RETURN 执行简单返回。RETLW 返回时还会将一个 8 位的立即数 k 存储在 W 寄存器中作为返回值。RETFIE 用于从中断返回，包括系统开启时产生的中断。

2.5　TI C55x DSP

德州仪器（TI）C55x DSP 是一个数字信号处理器产品系列，专为相对高性能的信号处理而设计。该系列扩展了前几代的 TI DSP，同时体系结构也进行了重新设计，在遵从指令集设计标准的前提下可以有不同的实现方式。

C55x 与许多 DSP 一样是**累加器体系结构**（accumulator architecture），意味着许多算术运算的格式是：累加器 = 操作数 + 累加器。因为其中一个操作数是累加器，所以它不需要在指令中被指定。面向累加器的指令也非常适合在数字信号处理中执行的操作，比如 $a_1 x_1 + a_2 x_2 + \cdots$。当然，C55x 有多个寄存器，并且不是所有的指令都遵循面向累加器的格式。但是我们将看到，C55x 中的算术运算和逻辑运算的格式与 ARM 中有很大的不同。

C55x 汇编语言程序遵循以下典型格式：

```
        MPY *AR0, *CDP+, AC0
label:  MOV #1, T0.
```

汇编符号不区分大小写。指令符号由根和前缀及（或）后缀组合而成。例如，前缀 A 表示以寻址模式执行的操作，后缀 40 表示以 40 位分辨率执行的算术运算。当描述指令的时候，我们会更详细地讨论前缀和后缀。

C55x 还允许以代数表达式形式指定操作，例如：

```
AC1 = AR0 *coef(*CDP)
```

2.5.1　处理器和存储体系

在后续的表述中，我们所说的**寄存器**（register）是指程序员模式下任何形式的寄存器，**累加器**（accumulator）表示一些主要用于累加器风格指令的寄存器。

C55x 支持以下几种数据类型：

- 16 位长的**字**。
- 32 位长的**长字**。
- 指令是按字节寻址的。
- 一些指令可以实现对寄存器中的位进行寻址和操作。

C55x 有多个寄存器。但是不像 ARM，这些寄存器中几乎没有通用寄存器。寄存器通常都有专门的用途，但是因为 C55x 寄存器不太有规律，所以我们将逐个讨论如何使用它们，而不只是简单地给出列表。

大多数寄存器都是**内存映射的**（memory mapped），即寄存器被赋予了内存空间中的地址。汇编语言使用两种不同的方法来引用内存映射寄存器：引用它的标识名称或者地址。

例如，程序计数器的扩展寄存器是 XPC，它扩展了程序计数器的范围。返回地址寄存器是 RETA，用于子程序的调用和返回。

C55x 有 4 个 40 位的累加器：AC0、AC1、AC2 和 AC3。低 16 位（0～15）被标记为 AC0L、AC1L、AC2L 和 AC3L，高 16 位（16～31) 被标记为 AC0H、AC1H、AC2H 和 AC3H，保护位（32～39）被标记为 AC0G、AC1G、AC2G 和 AC3G。（保护位用于数值计算，比如信号处理，为立即数计算提供更大的动态范围。）

该体系结构提供 7 个状态寄存器。其中 3 个状态寄存器 ST0、ST1 和 PMST（处理器模式状态寄存器）继承于 C54x 体系结构。C55x 增加了 4 个寄存器，分别为 ST0_55、ST1_55、ST2_55 和 ST3_55。这些寄存器提供算术和位运算标志位、数据页指针、辅助寄存器指针和处理器模式位，以及其他特征。

堆栈指针（SP）用于访问系统堆栈。一个独立的系统堆栈通过 SSP 寄存器来维护，而 SPH 寄存器是为 SP 和 SSP 扩展的数据页指针。

该体系结构中设有 8 个辅助寄存器 AR0～AR7，可以用于许多类型的指令，特别是用于循环缓冲操作。系数数据指针（CDP）用于读取多项式求值指令中的系数，而 CDHP 是 CDP 的主要数据页指针。

循环缓冲区大小寄存器 BK47 用于辅助寄存器 AR4～AR7 的循环缓冲区操作。有 4 个寄存器用于定义循环缓冲区的开始地址：BSA01 用于辅助寄存器 AR0 和 AR1，BSA23 用于辅助寄存器 AR2 和 AR3，BSA45 用于辅助寄存器 AR4 和 AR5，BSA67 用于辅助寄存器 AR6 和 AR7。循环缓冲大小寄存器 BK03 用于寻址循环缓冲区，这在信号处理中非常常用。BKC 是 CDP 的循环缓冲大小寄存器。BSAC 是循环缓冲系数首地址寄存器。

单指令循环寄存器 CSR 用于控制单一指令的重复执行。CSR 是与程序的主要接口，用于装载所需的迭代次数。当重复执行开始时，CSR 中的值被复制到重复计数器 RPTC 中，RPTC 维护当前还需要重复执行的次数，并且在每次迭代时减 1。

块循环是指若干条连续的指令被重复执行多次。系统中有几个寄存器用于实现块循环。块循环计数器 BRC0 用于描述块需要重复迭代的次数。块循环寄存器 BRC1 和块循环保存寄存器 BRS1 用于重复执行指令块。块循环起始和结束寄存器 RSA0L 和 REA0L 用于描述块的开始地址和结束地址。

C55x 体系结构中有两个循环首地址寄存器——RSA0 和 RSA1，每一个都被分为低位和高位，例如 RSA0L 和 RSA0H。

4 个临时寄存器 T0、T1、T2 和 T3 用于各种计算，它们在代码中有多种用途，例如保存乘法的被乘数、保存移位计数等。

两个变换寄存器 TRN0 和 TRN1 用于比较 - 选择 - 极值指令。维特比 (Viterbi) 算法就需要用这些指令实现。

以下寄存器用于寻址模式：内存数据页首地址寄存器 DP 和 DPH 可作为数据访问的基地址，外设数据页首地址寄存器 PDP 用于 I/O 地址的基地址。

有几个寄存器用于控制中断。中断屏蔽寄存器 0 和 1 被命名为 IER0 和 IER1，它们用于设置系统能够识别和响应哪个中断。中断标志寄存器 0 和 1 被命名为 IFR0 和 IFR1，它们被用于标识当前待处理的中断。另外两个寄存器 DBIER0 和 DBIER1 用于调试。DSP 中断向量寄存器（IVPD）和主机中断向量寄存器（Interrupt Vector Register Host，IVPH）用于设定中断向量表的基地址。

图 2.22 总结了 C55x 中的寄存器。

寄存器符号	描述
AC0～AC3	累加器
AR0～AR7，XAR0～XAR7	辅助寄存器和扩展辅助寄存器
BK03，BK47，BKC	循环缓冲区大小寄存器
BRC0～BRC1	块循环寄存器
BRS1	BRCI 保存寄存器
CDP，CDPH，CDPX	系数数据寄存器：低位（CDP）、高位（CDPH）、全（CDPX）
CFCT	控制流关系寄存器
CSR	计算单指令循环寄存器
DBIER0～DBIER1	调试使能中断寄存器
DP，DPH，DPX	数据页寄存器：低位（DP）、高位（DPH）、全（DPX）
IER0～IER1	中断使能寄存器
IFR0～IFR1	中断标志寄存器
IVPD，IVPH	中断向量寄存器
PC，XPC	程序计数器和扩展程序计数器
PDP	外设数据页寄存器
RETA	返回地址寄存器
RPTC	单指令循环计数器
RSA0～RSA1	块循环首地址寄存器

图 2.22   TI C55x 中的寄存器

如图 2.23 所示，C55x 支持 24 位地址空间，提供 16MB 内存。数据、程序和 I/O 访问都被映射到同一物理内存，但是这三种空间的寻址方式不同。程序空间按字节寻址，因此指令地址的长度为 24 位。数据空间按字寻址，因此数据地址为 23 位（它的最低有效位被设置为 0）。数据空间被分为 128 页，每页有 64K 字。I/O 空间为 64K 字宽，因此 I/O 地址为 16 位。图 2.24 总结了这些情况。

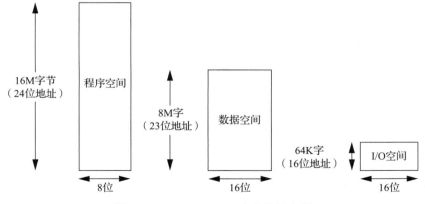

图 2.23   TMS320C55x 中的地址空间

图 2.24   C55x 的内存映射

并非所有 C55x 系列都能在芯片上提供 16MB 的内存。例如，C5510 在芯片上提供 352KB 的内存。内存空间的剩余部分由连接到 DSP 的独立存储芯片提供。

数据页面 0 的前 96 个字被保留，用作映射到内存空间的寄存器地址。因为程序空间按字节寻址，而不是像数据空间那样按字寻址，所以程序空间的前 192 个存储单元被保留为内存映射寄存器。

2.5.2   寻址模式

C55x 有三种寻址模式：
- 绝对寻址在指令中提供目的地址。
- 直接寻址提供偏移量。
- 间接寻址，即使用寄存器作为指针。

绝对地址可以是下列三种不同形式中的任意一种：
- K16 绝对地址是 16 位值与寄存器 DPH 组合形成的一个 23 位地址。
- K23 绝对地址是一个提供完整数据地址的 23 位无符号数。
- I/O 绝对地址的格式为 port(#1234)，其中 port() 的参数为 16 位无符号数，用于提供 I/O 空间地址。

直接寻址可以是下列四种不同类型中的任意一种：

- DP 寻址用于访问数据页。地址计算为：

$$A_{DP} = DPH[22:15] \mid (DP + Doffset)$$

其中 Doffset 由汇编器计算，它的值取决于正在访问的是数据页中的数据值还是内存映射的寄存器。

- SP 寻址用于访问数据内存中的堆栈值。地址计算为：

$$A_{SP} = SPH[22:15] \mid (SP + Soffset)$$

其中 Soffset 是由程序员提供的偏移量。

- 寄存器位直接寻址用于访问寄存器中的位。参数 @bitoffset 表示的是相对于寄存器中最低位的偏移量。只有几个指令（寄存器测试、设置、清零、取反）支持这种模式。
- PDP 寻址用于访问 I/O 页。16 位地址计算为：

$$A_{PDP} = PDP[15:6] \mid PDPoffset$$

其中 PDPoffset 的值表示 I/O 页中字的位置，这种寻址模式由 port() 修饰符设定。

间接寻址（indirect addressing）可以是以下四种不同形式中的任意一种。

- AR 间接寻址使用辅助寄存器来指向数据。该寻址模式进一步细分为对数据、寄存器位和 I/O 的访问。为了访问数据页，AR 提供地址的低 16 位，高 7 位由 XAR 寄存器的高位提供。对于寄存器位，AR 提供一个位数。（和寄存器位直接寻址一样，这仅适用于寄存器位指令。）当访问 I/O 空间时，AR 提供一个 16 位的 I/O 地址。这种模式可以在寻址的同时更新寄存器 AR 的值，更新的方式由寄存器标识符的修饰符来指定，例如，可以在寄存器名称后添加 "+" 修饰符。此外，可以使用的修改类型取决于状态寄存器 ST2_55 的 ARMS 位：如果 ARMS 位为 0, 则为 DSP 模式；如果 ARMS 位为 1, 则为控制模式。这种更新方式的用法有很多，例如，*ARn+ 标识用在 16 位指令中表示将寄存器的值加 1，用在 32 位指令中表示将寄存器的值加 2。*(ARn+AR0) 表示将 ARn+AR0 的值写入 ARn 中。
- 双 AR 间接寻址允许同时对两个数据进行访问，可以用于需要两次访问的指令，也可以用于并行执行的两条指令。如果寄存器标识符上添加了修饰符，还可以更新寄存器的值。
- CDP 间接寻址使用 CDP 寄存器访问位于数据空间、寄存器位或 I/O 空间中的系数。访问数据空间时，地址的高 7 位来自 CDPH，低 16 位来自 CDP。对于寄存器位，CDP 提供一个位数。对于由 port() 指定的 I/O 空间的访问，CDP 提供一个 16 位的 I/O 地址。如果寄存器标识符上添加了修饰符，还可以更新寄存器 CDP 的值。
- 系数间接寻址与 CDP 间接模式相似，但主要用于每次循环需要三个内存操作数的指令。

任何寻址模式都可以使用循环寻址，这方便了很多 DSP 操作。循环寻址由状态寄存器 ST2_55 中的 ARnLC 位指定。例如，如果位 AR0LC=1，那么主数据页由 AR0H 提供，其中缓冲起始地址寄存器是 BSA01，缓冲区大小寄存器是 BK03。

C55x 支持两个堆栈，一个用于数据，另一个用于系统。每个堆栈都由 16 位地址寻址。通过在寄存器中设置高位地址，可以将这两个堆栈重新定位到内存的不同位置。这些寄存器包括：SP 和 SPH 组成 XSP，即扩展数据堆栈；SSP 和 SPH 组成 XSSP，即扩展系统堆栈。注意，SP 和 SSP 共享相同的页寄存器 SPH。XSP 和 XSSP 保存的是 23 位的地址，对应于数据在内存中的存储位置。

C55x 支持三种不同的堆栈配置。这些配置取决于数据和系统堆栈的关系，以及子程序的返回实现。

- 在系统配置为快速返回和双 16 位堆栈的情况下，数据和系统堆栈是独立的。数据堆栈的入栈和出栈不影响系统堆栈。RETA 和 CFCT 寄存器用于实现快速子程序返回。
- 在系统配置为低速返回和双 16 位堆栈的情况下，数据和系统堆栈是独立的。但是，RETA 和 CFCT 不用于低速子程序返回。返回地址和循环上下文存储于堆栈中。
- 在系统配置为低速返回和 32 位堆栈的情况下，在任何堆栈操作中，SP 和 SSP 的操作都是同步的，即入栈和出栈等操作都会操作相同的数据量。

2.5.3　数据操作

MOV 指令在寄存器和内存之间移动数据：

```
MOV src,dst
```

MOV 有很多变形，它们可以将数据从内存移到寄存器，从寄存器移到内存，在寄存器之间相互移动，以及在内存中从一个位置移到另一个位置。

ADD 指令将源和目标相加，并将结果保存在目标中：

```
ADD src,dst
```

这条指令执行 dst=dst+src，其中目标可以是累加器或其他形式。指令的某些变形允许将源寄存器替换为常量或者内存单元。ADD 指令也可以在两个累加器之间执行，相加之前，其中一个累加器先做移位操作，移动的位数由一个常数指定。除此之外，ADD 指令还有其他变形。

双加法指令可以并行执行两个加法运算：

```
ADD dual(Lmem),ACx,ACy
```

这条指令执行 HI(ACy)=HI(Lmem)+HI(ACx) 和 LO(ACy)=LO(Lmem)+LO(ACx)。运算在 40 位模式下执行，但结果的低 16 位和高 24 位是分开的。

MPY 指令执行整数乘法：

```
MPY src,dst
```

这条指令对 16 位的数据执行乘法运算。乘法指令的操作数可以是累加器、临时寄存器、常量和内存中的位置，其中对于内存单元，要么直接寻址，要么使用系数寻址模式。

MAC 指令的作用是乘法和累加。它采用与 MPY 相同的基本类型操作数。形式为：

```
MAC ACx,Tx,ACy
```

这条指令相当于执行 ACy=ACy+(ACx*Tx)。

CMP 指令比较两个值，并设置一个测试控制标志：

```
CMP Smem == val, TC1
```

这条指令将内存单元和常量进行比较。如果两个值相等，则 TC1 被设置为 1，如果不相等则 TC1 被清零。

CMP 指令也用于寄存器之间的比较：

```
CMP src RELOP dst, TC1
```

可以使用各种关系运算符 RELOP 对这两个寄存器进行比较。如果在指令中使用了后缀 U, 则表示执行无符号比较。

2.5.4 控制流程

B 指令属于无条件分支。分支目标由累加器的低 24 位指定, 如:

```
B ACx
```

或者由地址标识指定, 如:

```
B label
```

BCC 指令是条件分支指令:

```
BCC label, cond
```

条件代码 cond 确定所要测试的条件。条件代码指定寄存器和要对其执行的测试:

- 测试累加器的值: <0, <=0, >0, >=0, =0, !=0。
- 测试累加器溢出状态位的值。
- 测试辅助寄存器的值: <0, <=0, >0, >=0, =0, !=0。
- 测试进位状态位的值。
- 测试临时寄存器的值: <0, <=0, >0, >=0, =0, !=0。
- 使用 AND、OR、NOT 组合来测试控制标志位是 0 (条件前缀为 "!") 还是 1 (没有条件前缀 "!")。

C55x 可以重复执行单指令或指令块, 以高效地实现循环, 同时重复也可以嵌套, 用以实现两层循环。

单指令循环由两个寄存器控制。单循环计数器 RPTC 对指令需要额外重复执行的次数进行计数, 即如果 RPTC 的值为 N, 那么指令总共被执行 $N + 1$ 次。如果循环的迭代次数是个计算值, 可以使用存有计算值的单循环寄存器 CSR。在循环开始前, CSR 中存储的是计算出的期望的迭代操作次数, 在循环开始时, CSR 中的值会被复制到 RPTC 中。

块循环是对连续指令块的重复执行。0 级块循环由三个寄存器控制: 块循环计数器 0, 记作 BRC0, 用于保存初始执行后指令的循环次数; 块循环首地址寄存器 0, 记作 RSA0, 用于保存循环块中第一条指令的地址; 循环结束地址寄存器 0, 记作 REA0, 用于保存循环块中最后一条指令的地址。(注意: 与单指令循环一样, 如果 BRCn 的值为 N, 那么指令或块被执行 $N + 1$ 次。)

1 级块循环使用 BRC1、RSA1 和 REA1, 它还使用块循环保存寄存器 1, 即 BRS1。每次循环重复时, BRC1 被初始化为 BRS1 中的值。在块循环开始之前, 加载到 BRC1 中的值会被自动复制到 BRS1 中, 以确保内部循环执行使用正确的值。

循环不能用于所有指令, 即有些指令不能出现在循环中, 我们称之为不可重复指令。

无条件子程序调用由 CALL 指令执行:

```
CALL target
```

调用的目标可以是直接地址, 或者存储在累加器中的地址。子程序调用需要保存返回地址和循环上下文这两个重要的寄存器, 子程序的调用使用堆栈实现, 因此所有这些值都将压入栈中并在返回时取出。

条件子程序调用的编码如下：

```
CALLCC adrs,cond
```

这个地址 adrs 必须是直接地址，累加器的值不能被用作子程序的目标。条件 cond 与其他条件指令中的条件是一样的。与无条件调用指令 CALL 一样，CALLCC 将返回地址和循环上下文寄存器保存在堆栈中。

C55x 提供**快速返回**（fast return）和**慢速返回**（slow return）两种子程序返回形式。这两种形式的区别在于存储返回地址和循环上下文的位置。慢速返回将返回地址和循环上下文存储在堆栈中，而快速返回将这两者存储在返回地址寄存器和控制流上下文寄存器中。

中断使用基本的子程序调用机制。中断的处理过程可以被分为四个阶段：

1. 接收中断请求。
2. 确认中断响应。
3. 完成当前指令的执行，保存相关寄存器并检索中断向量，为中断服务例程做准备。
4. 运行中断服务例程，以中断返回指令结束。

C55x 支持 32 个中断向量，这些中断向量被分为 27 个等级，其中最高优先级中断是硬件和软件重置。

大多数中断可以使用中断标志寄存器 IFR1 和 IFR2 来屏蔽。中断向量 2~23、总线错误中断、数据日志中断、实时操作系统中断都可以被屏蔽。

2.5.5　C 语言编程指南

C55x[Tex01] 的一些编程指南需要程序员特别注意，这些条目不仅能够帮助编程人员写出更有效的代码，而且在某些情况下，需要严格遵守编程指南才能保证生成的代码是正确的。

和所有数字信号处理代码一样，变量的取值范围会对 C55x 的性能带来很大的影响。因此，C55x 编译器中使用了一些非标准长度的数据类型：char、short 和 int 为 16 位；long 为 32 位；long long 为 40 位。C55x 使用 IEEE 格式存储浮点数（float，32 位）和双精度数（double，64 位）。在 C 语言代码中需要小心处理数据的类型，例如，int 和 long 可能是不同的类型，char 是 8 位，而 long 是 64 位。定点运算中使用的都是 int 类型，特别是乘法和循环计数。

C55x 编译器对乘法的操作数做了一些重要假设。下面的代码将两个 16 位的操作数相乘产生一个 32 位的结果：

```
long result = (long)(int)src1 *(long)(int)src2;
```

虽然操作数被强制设定为 long，但是编译器认为每个操作数都是 16 位，因此它会使用单指令乘法。

编译产生的代码中指令的顺序部分取决于 C55x 的流水线特性。C 编译器调度代码以使代码冲突最小化，并尽可能地利用其并行特性。但是，如果编译器不能确定一组指令是独立的，那么就必须假定它们是相关的，并为其生成约束更多的代码，这样运行效率就会下降。关键字 restrict 可以告诉编译器给定的指针是在限定范围内唯一可以指向特定目标对象的指针。-pm 选项允许编译器执行更多的全局分析，以查找更多独立的指令片段。

示例 2.6 展示了 C55x 上 FIR 滤波器的 C 语言实现。

示例 2.6　C55x 上的 FIR 滤波器

下面是 TI C55x 的 C 编译器为 FIR 滤波器生成的汇编代码，注释部分是手动添加的：

```
    MOV AR0, *SP(#1)        ; set up the loop
    MOV T0, *SP(#0)
    MOV #0, *SP(#2)
    MOV #0, *SP(#3)
    MOV *SP(#2), AR1
||  MOV #8, AR2
    CMP AR1 >= AR2, TC1
||  NOP                     ; avoids Silicon Exception CPU_24
    BCC $C$L2,TC1
                            ; loop body
$C$L1:
$C$DW$L$_main$2$B:
    MOV SP, AR3             ; copy stack pointer into auxiliary
                              registers for address computation

    MOV SP, AR2
    MOV AR1, T0
    AMAR *+AR3(#12)         ; set up operands
    ADD *SP(#2), AR3, AR3
    ADD MOV *SP(#3), AC0    ; put f into auxiliary register
    AMAR *+AR2(#4)
    MACM *AR3, *AR2(T0), AC0, AC0 ; multiply and accumulate
    MOV AC0, *SP(#3)        ; save f on stack
    ADD #1, *SP(#2)         ; increment loop count
    MOV *SP(#2), AR1
||  MOV #8, AR2
    CMP AR1 <AR2, TC1
||  NOP                     ; avoids Silicon Exception CPU_24
    BCC $C$L1,TC1
                            ; return for next iteration
```

2.6　TI C64x

TI TMS320C64x 是一款高性能的 VLIW DSP。它能够提供定点和浮点运算，具有 8 个 32 位通用寄存器和 8 个功能单元，CPU 一个周期内可以执行至多 8 条指令。

图 2.25 展示了 C64x 的简化框图。尽管系统中只有一个指令执行单元，但是指令有两个数据路径，且每个数据路径都有自己的寄存器文件。该 CPU 基于 load-store 体系结构设计，两条数据路径分别被称为 A 和 B，能够有效地提升性能，每条数据路径提供四个功能单元：

- .L 单元（对应到两个数据路径中，分别是 .L1 和 .L2）能够执行 32/40 位算术运算、比较运算、32 位逻辑运算和数据打包 / 解包。
- .S 单元（对应到两个数据路径中，分别是 .S1 和 .S2）能够执行 32 位算术运算、32/40 位移位和位字段操作、32 位逻辑操作、分支以及其他操作。
- .M 单元（对应到两个数据路径中，分别是 .M1 和 .M2）能够执行乘法、位交叉、循环、伽罗瓦域（Galois field）乘法以及其他操作。
- .D 单元（对应到两个数据路径中，分别是 .D1 和 .D2）能够执行地址计算、加载和存储以及其他操作。

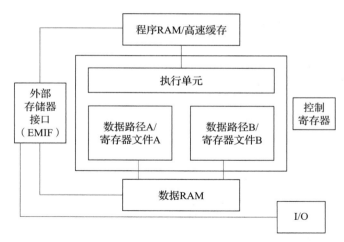

图 2.25　C64x 框图

独立的数据路径有各自的数据移动功能单元：

- 加载内存单元 .LD1 和 .LD2，能够从内存加载数据到寄存器。
- 存储内存单元 .ST1 和 .ST2，能够将寄存器值存储到内存。
- 地址路径单元 .DA1 和 .DA2，能够计算地址，这些单元与数据路径中的 .D1 和 .D2 单元相关联。
- 寄存器文件**路径交叉**（cross paths）单元 .1X 和 .2X，能够在寄存器 A 与 B 之间移动数据。数据必须从一个寄存器文件移动到另一个寄存器文件中，然后才能在另一个数据路径中使用。

　　片上的内存区域被划分为独立的数据存储区和程序存储区。外部存储器接口（External Memory Interface，EMIF）管理与外部存储器的连接，而外部存储器通常被组织为统一的内存空间。

　　C64x 提供各种 40 位的操作。一个 40 位的值存储在一对寄存器中，最低有效位从偶数寄存器开始存，其余的部分被存储在奇数寄存器中。64 位值的存储也使用类似的方法。

　　指令以**取指包**（fetch packet）的形式成组提取。取指包一次能够取回 8 个字，以 256 位为边界对齐。由于一些指令较短，所以一个取指包最多可能包含 14 条指令，取指包中的指令可以顺序执行，也可以并行执行。**执行包**（execute packet）是一组可以一起执行的指令。一个执行包中最多可以有 8 条指令一起执行，但是所有指令都必须使用不同的功能单元，要么在一个数据路径上执行不同的操作，要么在不同数据路径上使用相应的功能单元。每条指令的 p 位中编码了关于哪些指令可以并行执行的信息[⊖]。指令可以完全顺序执行、完全并行执行或者部分顺序执行。

　　许多指令可以有条件地执行，使用 **s 字段**指定条件寄存器，**z 字段**指定条件的检测结果为零或不为零。

　　并行执行的指令有很多约束限制，例如，同一执行包中的两条指令不能在同一周期内使用相同的资源或者向同一寄存器写入。下面是约束的一些例子：

- 指令必须使用独立的功能单元。例如，两条指令不能同时使用 .S1 单元。

　　⊖　即用于判断与哪些指令不存在资源冲突。——译者注

- 绝大多数使用同一 .M 单元进行数据写入的指令组合都被禁止使用。
- 大多数情况下，禁止使用 .1X 和 .2X 交叉路径单元读取对面路径的寄存器文件中的多个值。
- 当指令试图读取在前一个周期中被交叉路径操作更新的寄存器时，需要添加额外的延迟周期。
- 在同一个执行包中的 .DA1 和 .DA2 单元，不能以同一寄存器文件为目的或源寄存器，执行两次加载和存储。地址寄存器必须与所使用的 .D 单元处于同一数据路径中。
- 在一个周期内可以对同一寄存器最多进行 4 次读取。
- 在一个周期内同一执行包中的两条指令不能写入同一寄存器。
- 其他各种禁止在一个执行包内同时使用的指令组合。

C64x 提供了**延迟槽**（delay slot）机制，这种机制最早是在 RISC 指令集中引入的。指令的某些效用可能需要额外的周期才能完成，延迟槽是跟随在给定指令后的一组指令，给定指令的结果需要在一段时间之后才能得出，在延迟槽期间不可用。但可以在延迟槽内调度不需要计算结果的指令，任何需要等待计算结果的指令必须被放置在延迟槽结束之后。例如，分支指令后面需要有五个周期的延迟槽。

C64x 提供三种寻址模式：线性寻址，使用 BK0 的循环寻址，使用 BK1 的循环寻址。寻址模式由 ARM 寻址模式寄存器决定。线性寻址需要根据操作数的长度将偏移量向左移动 3、2、1 或 0 位[⊖]，然后加上基址寄存器以确定物理地址。在基于 BK0 或 BK1 的循环寻址模式中，移位和基址计算部分都与线性寻址相同，在循环过程中只修改地址的第 0 位到第 N 位。

C64x 提供了原子操作，可用于实现信号量与其他用于并发通信的机制。加载链接（Load Linked，LL）指令读取地址并将链接有效标志设置为 true，当另一个进程在该地址存储时，链接有效标志被清除。存储链接（Store Linked，SL）指令实现内存修改并提交准备工作，该指令只是将字存储到缓冲区，但不提交更改。提交链接存储（Commit Linked Stored，CMTL）指令检查链接有效标志，如果标志位为 true，则将 SL 的缓冲数据写回内存。

中断的处理借助寄存器进行管理。当中断发生时，中断标志寄存器 IFR 被置位、IFR 的第 i 位就对应第 i 级中断。使用中断使能寄存器 IER 可以启用或禁止中断，使用中断设置寄存器 ISR 和中断清除寄存器 ICR 可以控制人工中断。中断返回指针寄存器 IRP 包含中断的返回地址，中断服务表指针寄存器 ISTP 指向中断处理函数表，这款 C64x 处理器支持不可屏蔽中断。

C64x+ 是 C64x 的增强版本，支持若干异常。异常标志寄存器 EFR 能够标识已经出现的异常。异常清除寄存器 ECR 用于清除 EFR 中的位。内部异常报告寄存器 IERR 用于指示内部异常的原因。C64x+ 提供两种程序执行模式，即用户模式和特权模式。一些寄存器，特别是与中断和异常有关的寄存器，在用户模式下不可用。特权模式程序使用 B NRP 指令进入用户模式，而用户模式程序可以使用 SWE 或 SWENR 软中断进入特权模式。

⊖ 即操作数可能是 8 字节、4 字节、2 字节或 1 字节。——译者注

2.7　总结

从总体来看，所有 CPU 都是相似的，它们读取或写入内存，执行数据运算，并做出决策。然而，设计指令集的方法有很多，可以看到 ARM、PIC16F、C55x 和 C64x 指令集之间的巨大差异。当设计复杂系统时，我们通常以高级语言形式查看程序，这就使得一些指令集的细节被隐藏。但是，指令集的差异会反映在非功能特性上，如程序规模和运行速度。

我们学到了什么

- 冯·诺依曼和哈佛体系结构目前都被普遍使用。
- 编程模式是指体系结构的描述文档中与指令操作相关的部分。
- ARM 是 load-store 体系结构，它提供一些相对复杂的指令，如保存和恢复多个寄存器。
- PIC16F 是一款微小、高效的微控制器。
- C55x 提供了许多体系结构特性，用以支持数字信号处理代码中常用的算术循环。
- C64x 将指令组织到执行包中，以实现并行执行。

扩展阅读

由 Jaggar[Jag95]、Furber[Fur96] 和 Sloss 等人 [Slo04] 编写的书介绍了 ARM 体系结构。ARM 网站（http://www.arm.com）包含大量描述不同版本 ARM 的文档。有关 PIC16F 的信息可以在 www.microchip.com 找到。有关 C55x 和 C64x 的信息可以在 http://www.ti.com 找到。

问题

Q2-1　大端模式和小端模式数据表示法之间的区别是什么？

Q2-2　哈佛和冯·诺依曼体系结构之间的区别是什么？

Q2-3　回答下列有关 ARM 编程模型的问题。

　　a. 它包含多少通用寄存器？

　　b. CPSR 的作用是什么？

　　c. Z 位的作用是什么？

　　d. 程序计数器的值保存在哪里？

Q2-4　在下列操作之后，ARM 状态字将如何设置？

　　a. 1–2　　　　　　　　b. –232 + 1–1

　　c. –4 + 5　　　　　　　d. 1 + 2

Q2-5　下列 ARM 条件代码的含义分别是什么？

　　a. EQ　　　　　　　　b. NE

　　c. MI　　　　　　　　d. CS

　　e.VS　　　　　　　　f. GE

　　g. CC　　　　　　　　h. LT

Q2-6　阐述 BL 指令的功能，包括操作前后 ARM 寄存器的状态。

Q2-7　如何从一个 ARM 过程调用中返回？

Q2-8　写出以下代码中每个 C 函数刚开始时和函数刚退出之后，ARM 函数调用堆栈的内容。假设当 main() 开始时，函数调用堆栈为空。

```
int foo(int x1, int x2) {
        return x1 + x2;
}
int baz(int x1) {
        return x1 + 1;
}
int scum(int r) {
        for (i = 0; i = 2; i++)
                foo(r + i, 5);
}
main() {
        scum(3);
        baz(2);
}
```

Q2-9   为什么 Neon 或 Jazelle 这样的专用指令集很有用?

Q2-10 PIC16F 是通用计算机吗?

Q2-11 PIC16F 中的程序计数器堆栈有多大?

Q2-12 哪两个寄存器有助于计算程序计数器的值?

Q2-13 C55x 支持哪些数据类型?

Q2-14 C55x 具有多少个累加器?

Q2-15 C55x 中的哪个寄存器保存算术和位运算标志?

Q2-16 C55x 中的块循环是什么?

Q2-17 C55x 的数据和程序存储器在物理存储器中是怎么编排的?

Q2-18 C55x 的内存映射寄存器位于地址空间的什么位置?

Q2-19 C55x 中的 AR 寄存器是什么?

Q2-20 C55x 中的 DP 和 PDP 寻址模式有什么区别?

Q2-21 C55x 体系结构支持多少堆栈,它们在内存中的位置是如何确定的?

Q2-22 C55x 中的哪个寄存器控制单指令循环?

Q2-23 C55x 中的慢速返回和快速返回有什么区别?

Q2-24 C64x 具有多少个功能单元?

Q2-25 C64x 中的提取包和执行包有什么区别?

上机练习

L2-1 编写一个使用循环缓冲区来执行 FIR 滤波器的程序。

L2-2 编写一个可以让你体验高速缓存(cache)的简单循环。通过改变循环体中语句的数量,可以改变循环执行时的高速缓存命中率。通过观察微处理器总线,你应该可以观察到执行速度的变化。

L2-3 比较两个不同处理器上 FIR 滤波器的实现。如何比较它们的代码量和性能?

CPU

本章要点

- I/O 机制。
- 中断、特权模式、异常和陷阱。
- 内存管理和地址转换。
- 高速缓存。
- CPU 的性能和功耗。
- 设计示例：数据压缩器。

3.1 引言

本章介绍与指令集不直接相关的 CPU 的各种特性。我们将讨论一些用于连接其他系统元件的重要机制，如中断和内存管理。我们还将初步了解 CPU 除了功能特性以外的其他特性，如性能和功耗，这两者都是程序非常重要的属性，它们只与所使用的指令间接相关。

在 3.2 节中，我们将学习 I/O 机制，包括忙等和中断机制。3.3 节介绍几种专门的操作机制，包括特权模式、异常和陷阱等。3.4 节介绍协处理器，借助协处理器可以支持部分可选的指令集。3.5 节描述 CPU 的内存系统，包括内存管理和高速缓存。接下来几节讨论执行的非功能属性：3.6 节介绍性能；3.7 节介绍功耗；3.8 节研究一些与防危性和安全性相关的问题；最后，3.9 节使用数据压缩器作为示例，展示一个简单的程序。

3.2 I/O 编程

I/O 编程的基本技术相对独立于指令集，本节将介绍 I/O 编程的基础知识，然后将它们应用于 ARM、C55x 和 PIC16F 编程环境。下面，我们首先讨论 I/O 设备的基本特性，以便理解和设计与其通信的软件程序。

3.2.1 I/O 设备

输入和输出设备通常具有一些模拟电路部件或非电子部件。但是与 CPU 直接相连的部件都使用数字逻辑，而且这种逻辑的运转方式非常类似于计算机系统中的逻辑方式。

图 3.1 展示了典型 I/O 设备的结构及其与 CPU 之间的关系。CPU 与设备之间的接口是一组寄存器，CPU 通过对寄存器的读写与设备进行通信。设备通常有如下几个寄存器：

- **数据寄存器**（data register）保存被设备视为数据的值，例如磁盘读取或写入的数据。
- **状态寄存器**（status register）提供有关设备操作的信息，例如当前操作是否已经完成。

某些寄存器是只读的，例如标识设备何时完成的状态寄存器，而其他寄存器可能是可读或可写的。

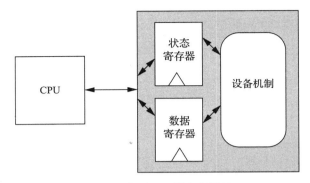

图 3.1   典型 I/O 设备的结构

应用示例 3.1 描述了一个典型的 I/O 设备。

应用示例 3.1   8251 UART 控制器

8251 UART（Universal Asynchronous Receiver/Transmitter, 通用异步收发器）控制器 [Int82] 是早期用于串行通信的器件，如 PC 上的串行端口连接器。8251 是作为独立集成电路与早期的微处理器相连接的，如今，功能强大的芯片通常将它作为一个内部模块，但这些先进的设备中仍然使用由 8251 定义的基本编程接口。

UART 是可编程的，可用于发送和接收各种参数。传输的基本格式很简单，所有数据以字符流形式进行传输。

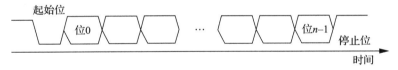

每个字符都以一个起始位（0）开始，以一个停止位（1）结束。起始位用于在接收器中识别新字符的开始；停止位用于标识一次传输结束，接收方可以开始数据识别和转换了。在起始位和停止位的中间，数据位以高电平（1）和低电平（0）状态匀速发送，这个发送速率被称为**波特率**（baud rate），一个位的传输时间就是波特率的倒数。

在发送或接收数据之前，CPU 必须设置 UART 的模式寄存器（mode register），使之与数据线的特征相对应[⊖]。串行端口的参数与串行通信程序的参数相似：

- mode[1:0]：模式和波特率
  - 00：同步模式
  - 01：异步模式，没有时钟分频
  - 10：异步模式，16 倍时钟分频
  - 11：异步模式，64 倍时钟分频
- mode[3:2]：每个字符的位数
  - 00：5 位
  - 01：6 位

⊖ 在绝大部分的 UART 控制器中，相关的寄存器都是 8 位的，这里也是按照 8 位来介绍，若干位放在一起用于表示某一个设置的状态。——译者注

- 10：7 位
- 11：8 位
- mode[5 : 4]：奇偶校验
  - 00，10：无奇偶校验
  - 01：奇校验
  - 11：偶校验
- mode[7 : 6]：停止位长度
  - 00：无效
  - 01：1 位停止位
  - 10：1.5 位停止位
  - 11：2 位停止位

设置命令寄存器中的位可以告诉 UART 要做什么：
- mode[0]：发送使能
- mode[1]：设置 nDTR 输出
- mode[2]：接收使能
- mode[3]：发送中止字符
- mode[4]：重置错误标志
- mode[5]：设置 nRTS 输出
- mode[6]：内部复位
- mode[7]：搜索 (hunt) 模式

状态寄存器显示 UART 和传输的状态：
- status[0]：发送器就绪
- status[1]：接收器就绪
- status[2]：传输完成
- status[3]：奇偶校验
- status[4]：超限
- status[5]：帧错误
- status[6]：同步字符检测
- status[7]：nDSR 值

UART 中还包含发送缓冲寄存器和接收缓冲寄存器，还有用于同步传输模式的寄存器。

发送器就绪是一个输出信号，用于表明发送器准备好接收（来自主机的）数据字符；当 UART 没有要发送的字符时，**发送器空**信号变为高电平。在接收器一侧，当 UART 有一个字符准备好被 CPU 读取时，**接收器就绪**引脚会变为高电平。

3.2.2 I/O 原语

微处理器可以通过两种方式为输入和输出提供编程支持：**I/O 指令**（I/O instruction）和**内存映射 I/O**（memory-mapped I/O）。一些体系结构中为 I/O 提供了特殊指令（例如，在 Intel x86 中提供的指令分别为 in 和 out），这些指令为 I/O 设备提供单独的地址空间。

但是最常见的实现 I/O 的方法是通过内存映射，即使提供 I/O 指令的 CPU 也可以实现内存映射 I/O。顾名思义,内存映射 I/O 为每个 I/O 设备中的寄存器提供一个内存地址。程序使用 CPU 的标准读写指令与设备进行通信。

示例 3.1 展示了 ARM 上的内存映射 I/O。

示例 3.1　ARM 内存映射 I/O

我们可以使用 EQU 伪操作为 I/O 设备的存储单元定义符号名称:

```
DEV1    EQU 0x1000
```

给定该名称后,我们可以使用以下这段标准代码来读取和写入设备寄存器:

```
LDR r1,#DEV1    ; set up device address
LDR r0,[r1]     ; read DEV1
LDR r0,#8       ; set up value to write
STR r0,[r1]     ; write 8 to device
```

如何直接用高级语言(如 C 语言)对 I/O 设备进行编程呢? 在定义和使用 C 中的变量时,编译器对我们隐藏了变量的地址,但是我们可以使用指针来操作 I/O 设备的地址。读写任意存储单元的函数通常被命名为 peek 和 poke。peek 函数用 C 语言描述如下:

```
int peek(char *location){
    return *location; /* de-reference location pointer */
}
```

peek 函数的参数是一个指针,在函数体中用 C 语言的 “ * ” 运算符实现对所指向地址的访问。因此,要读写设备寄存器,我们可以这样写:

```
#define DEV1 0x1000
...
dev_status = peek(DEV1); /* read device register */
```

poke 函数可以按如下方式实现:

```
void poke(char *location, char newval){
    (* location) = newval; /* write to location */
}
```

要写入设备寄存器,我们可以使用如下代码:

```
poke(DEV1,8); /* write 8 to device register */
```

当然,这些函数可以用于读取和写入任意的存储单元,而不仅仅是设备。

3.2.3　忙等 I/O

在程序中与设备通信的最简单方法是**忙等 I/O**(busy-wait I/O)。设备通常比 CPU 慢,完成一个操作可能需要多个周期。如果 CPU 在单个设备上执行多个操作,比如向输出设备写入几个字符,那么它必须等待前一个操作完成,然后才能进行下一个操作。例如,如果我们尝试在设备处理第一个字符完成之前写入第二个字符,那么设备可能永远不会打印第一个字符。通过读取设备的状态寄存器来询问 I/O 设备是否空闲的操作通常称为**轮询**(polling)。

示例 3.2 展示了忙等 I/O 的过程。

示例 3.2   忙等 I/O 编程

在这个例子中，我们要向输出设备写入一个字符序列。该设备有两个寄存器：一个用作字符寄存器，用于存储写入的字符；另一个用作状态寄存器。当设备正在写入时，状态寄存器的值为 1；写入操作完成时，状态寄存器的值为 0。

我们将使用 C 语言的 peek 和 poke 函数来编写忙等例程。首先，我们定义寄存器地址的符号名称：

```c
#define OUT_CHAR 0x1000 /* output device character register */
#define OUT_STATUS 0x1001 /* output device status register */
```

字符序列以标准 C 字符串的形式存储，该字符串以空字符（0）为结尾。我们可以使用 peek 和 poke 发送字符，并等待每个事务完成：

```c
char *mystring = "Hello, world." /*  string to write */
char * current_char; /* pointer to current position in string */
current_char = mystring; /* point to head of string */
while ( *current_char != ' \0') { /* until null character */
    poke(OUT_CHAR, *current_char); /* send character to device */
    while (peek(OUT_STATUS) != 0); /* keep checking status */
    current_char++; /* update character pointer */
}
```

外层 while 循环每次发送一个字符，内层 while 循环检查设备状态。程序反复检查设备状态，直到其变为 0，以实现忙等功能。

示例 3.3 展示了输入和输出的组合。

示例 3.3   使用忙等 I/O 将字符从输入设备复制到输出设备

我们要从输入设备反复读取一个字符，并将其写入输出设备。首先，我们需要定义设备寄存器的地址：

```c
#define IN_DATA 0x1000
#define IN_STATUS 0x1001
#define OUT_DATA 0x1100
#define OUT_STATUS 0x1101
```

当新字符可供读取时，输入设备将它的状态寄存器设置为 1；我们必须在读取字符后将状态寄存器设置回 0，以使设备准备好读取下一个字符。写入时，我们必须将输出状态寄存器设置为 1 以开始写入，并等待它返回 0 以表示写入结束。可以使用 peek 和 poke 来重复执行读/写操作：

```c
while (TRUE) { /* perform operation forever */
    /*read a character into achar */
    while (peek(IN_STATUS) == 0); /* wait until ready */
    achar = (char)peek(IN_DATA); /* read the character */
    /* write achar */
    poke(OUT_DATA, achar);
    poke(OUT_STATUS,1); /* turn on device */
    while (peek(OUT_STATUS) != 0); /* wait until done */
}
```

3.2.4　中断

基础

忙等 I/O 是非常低效的，因为 CPU 在 I/O 事务进行时只会测试设备状态而不做其他事。在许多情况下，在 I/O 事务处理的过程中，CPU 可以与之并行地执行很多任务，例如：

- 计算，比如确定要发送到设备的下一个输出数据或处理刚刚接收到的输入数据。
- 控制其他 I/O 设备。

为了支持并行处理，我们需要在 CPU 中引入新的机制。

中断（interrupt）机制允许设备向 CPU 发出信号并强制执行特定的代码段。当中断发生时，程序计数器的值被改变为指向处理该设备的**中断处理程序**（interrupt handler），通常也称为**设备驱动程序**（device driver），此程序可以用于写入下一个数据、读取刚刚就绪的数据等。中断机制当然保存了中断时程序计数器的值，以使 CPU 可以返回被中断的程序。因此，中断允许 CPU 中的控制流在不同的上下文（例如前台计算和多个 I/O 设备）之间轻松切换。

如图 3.2 所示，CPU 和 I/O 设备之间的接口包括几个用于控制中断过程的信号：

- **中断请求**（interrupt request）：当需要来自 CPU 的服务时，I/O 设备发送中断请求信号。
- **中断应答**（interrupt acknowledge）：当 CPU 准备处理 I/O 设备的请求时，CPU 将发送一个中断应答信号。

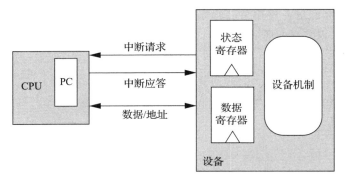

图 3.2　中断机制

I/O 设备的逻辑决定何时发生中断，例如，它可以在其状态寄存器进入就绪状态时产生中断。CPU 可能无法立即处理中断请求，因为它可能正在执行必须首先完成的其他操作。例如，一个既能与高速磁盘驱动器通信又能与低速键盘通信的程序，应该被设计为在处理键盘中断之前完成磁盘事务。只有当 CPU 决定应答中断时，它才会改变程序计数器以指向设备的处理程序。除了不是由正在执行的程序调用以外，中断处理程序的操作非常类似于子程序。在没有处理中断时运行的程序通常被称为**前台程序**（foreground program）；当在后台运行的中断程序处理完成后，它将返回前台程序被中断的地方。

在考虑如何实现中断的细节之前，让我们先来看中断处理类型，并将其与忙等 I/O 进行比较。示例 3.4 使用中断代替了忙等 I/O。

示例 3.4　使用基本中断将字符从输入设备复制到输出设备

与示例 3.3 一样，我们从输入设备重复读取一个字符，并将其写入输出设备。假设我们用 C 语言函数编写中断处理程序，这些处理程序将以与忙等 I/O 中相同的方式，通过读写状态寄存器和数据寄存器来处理设备。两者的主要区别在于对输出的处理，中断用于说明字符已经被处理，所以处理程序不必做任何事情。

　　输入处理程序将使用全局变量 achar 将字符传递给前台程序。因为前台程序不知道何时发生中断，所以我们还使用全局布尔变量 gotchar 在接收到新字符时发出信号。以下是输入和输出处理程序的代码：

```
void input_handler() { /* get a character and put in global */
    achar = peek(IN_DATA); /* get character */
    gotchar = TRUE; /* signal to main program */
    poke(IN_STATUS,0); /* reset status to initiate next transfer */
}
void output_handler() { /* react to character being sent */
    /* don't have to do anything */
}
```

　　主程序让人联想到忙等程序。它通过查看 gotchar 来检查新字符是否已被读取，然后立即将其发送到输出设备：

```
main() {
    while (TRUE) { /* read then write forever */
        if (gotchar) { /* write a character */
            poke(OUT_DATA,achar); /* put character in device */
            poke(OUT_STATUS,1); /* set status to initiate write */
            gotchar = FALSE; /* reset flag */
        }
    }
}
```

　　使用中断使主程序稍微简单一些，但是仍然没有让前台程序做有用的工作。示例 3.5 使用了更复杂的设计，使前台程序完全独立于输入和输出进行工作。

示例 3.5　使用中断和缓冲区将字符从输入复制到输出

　　因为不需要等待每个字符，所以示例 3.5 中的 I/O 程序可以比示例 3.4 设计得更复杂一些，该程序不是读取单个字符然后再写入它，而是独立地执行读取和写入。我们使用弹性缓冲区[译注]来保存这些字符，弹性缓冲区用全局变量实现，读取和写入都是通过全局变量来进行通信：

- 字符串 io_buf，将保存已读取但尚未写入的字符队列。
- 整数 buf_head 和 buf_tail，分别指向已读取的第一个和最后一个字符。
- 每当 io_buf 溢出时，整数 error 将被设置为 0。

　　弹性缓冲区允许输入和输出设备以不同的速率运行。io_buf 队列是一个循环缓冲区，当接收到输入时利用 tail 向尾部添加字符，当准备好输出时利用 head 从头部提取字符。缓冲区数组中有效数据最多的情况，就是字符串的头部和尾部折叠后相连接。以下是程序执行开始时的情况，tail 指向第一个可用字符，head 指向就绪字符。如下图所示，因为 head 和 tail 指向相同的地方，所以队列为空。

　　⊖　弹性的意思是指缓冲区的长度不确定。——译者注

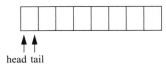

当从输入设备中读取到第一个字符时，该字符被添加到队列之后，tail 指针加 1，此时缓冲区和指针如下图所示。

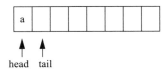

当缓冲区已满时，我们不使用缓冲区的最后一个字符。如下图所示，如果这时我们再添加另一个字符并更新 tail 指针（此时 tail 指针将指向缓冲区的头部），就无法区分满缓冲区和空缓冲区了。

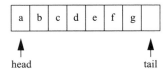

下图是尾指针 tail 越过 io_buf 的尾部时发生的情况。

下面这段代码实现了弹性缓冲区，包括上述全局变量的声明和一些用于向队列中添加和删除字符的服务例程。因为中断处理程序是常规代码，所以我们可以像任何其他程序一样使用子程序来构造它。

```c
#define BUF_SIZE 8
char io_buf[BUF_SIZE]; /* character buffer */
int buf_head = 0, buf_tail = 0; /* current position in buffer */
int error = 0; /* set to 1 if buffer ever overflows */

void empty_buffer() { /* returns TRUE if buffer is empty */
    (buf_head == buf_tail) ? TRUE : FALSE;
}

void full_buffer() { /* returns TRUE if buffer is full */
    ((buf_tail+1) % BUF_SIZE == buf_head) ? TRUE : FALSE;
}

int nchars() { /* returns the number of characters in the buffer */
    if (buf_tail >= buf_head) return buf_tail - buf_head;
    else return BUF_SIZE - buf_head + buf_tail;
}

void add_char(char achar) { /* add a character to the buffer head */
    io_buf[buf_tail++] = achar;
    /* check pointer */
    if (buf_tail == BUF_SIZE)
```

```
            buf_tail = 0;
    }

char remove_char() { /* take a character from the buffer head */
    char achar;
    achar = io_buf[buf_head++];
    /* check pointer */
    if (buf_head == BUF_SIZE)
        buf_head = 0;
    return achar;
    }
```

假设我们用 C 语言定义了两个中断处理程序：input_handler 用于输入设备，output_handler 用于输出设备。这些例程的工作方式与忙等例程大致相同。唯一复杂的地方是启动输出设备：如果 io_buf 有字符在等待，输出驱动程序自己启动一个新的输出事务；但是如果没有字符在等待，就必须有一个程序能够在新字符到达的任意时刻启动输出操作。这时，我们不是强制前台程序去检查字符缓冲区，而是用输入处理程序去检查缓冲区中是否只有一个空字符，以启动一个新的输出事务。

以下是输入处理程序的代码：

```
#define IN_DATA 0x1000
#define IN_STATUS 0x1001
void input_handler() {
    char achar;
    if (full_buffer()) /* error */
        error = 1;
    else { /* read the character and update pointer */
        achar = peek(IN_DATA); /* read character */
        add_char(achar); /* add to queue */
    }
    poke(IN_STATUS,0); /* set status register back to 0 */
    /* if buffer was empty, start a new output transaction */
    if (nchars() == 1) { /*buffer had been empty until this interrupt */
        poke(OUT_DATA,remove_char()); /* send character */
        poke(OUT_STATUS,1); /* turn device on */
    }
}
#define OUT_DATA 0x1100
#define OUT_STATUS 0x1101
void output_handler() {
    if (!empty_buffer()) { /* start a new character */
        poke(OUT_DATA,remove_char()); /* send character */
        poke(OUT_STATUS,1); /* turn device on */
    }
}
```

前台程序什么也不需要做，一切都由中断处理程序来处理。前台程序可以自由处理其他工作，只是偶尔会被输入和输出操作中断。下图以 UML 顺序图的形式展示了输入和输出程序如何与前台程序交错执行。我们将最后一个输入字符保留在队列中，直到输出完成，以便能够清晰地看到新的输入再次开始。这个模拟过程展示了前台程序不是连续执行，而是不管有多少个字符在队列中等待，都匀速运行。

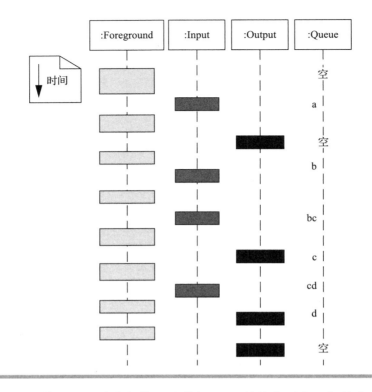

中断可以用于支持大量的并发操作，这使得 CPU 的效率更高。但是当中断处理程序有错误时，这个错误可能很难被发现。中断可以在任何时候发生，这意味着，当中断处理程序在不同地方打断前台程序时，相同的错误可以以不同的方式表现出来。

示例 3.6 展示了调试中断处理程序时可能遇到的问题。

示例 3.6　调试中断代码

假设前台程序正在执行矩阵乘法运算 $y = Ax + b$：

```
for (i = 0; i < M; i++) {
    y[i] = b[i];
    for (j = 0; j < N; j++)
        y[i] = y[i] + A[i][j] * x[j];
}
```

我们在执行矩阵计算时使用示例 3.6 的中断处理程序执行 I/O，但是有一个小小的改变：read_handler 中有一个错误会导致 j 值改变。虽然这看起来很牵强，但用汇编语言编写中断处理程序时，这种错误很容易发生。任何由中断处理程序写入的 CPU 寄存器，在被改写之前都必须先保存原来的值，并且在处理程序结束之前恢复其原来的值。这个过程中的任何错误，例如忘记保存寄存器或没有正确恢复原值，都可能导致前台程序里寄存器中的值发生意想不到的改变。

中断期间，j 值的更改对前台程序的影响取决于中断处理程序何时执行。因为 j 的值在外层循环每次迭代时重置，所以错误将仅影响结果 y 的一项。但是很明显，这个影响依赖于中断何时发生。此外，对 y 的影响不仅取决于赋给 j 的新值是什么（这由中断代码处理的数据所决定），还取决于内层循环何时被中断。内层循环在开始时中断与在结束时中断将带来不同的结果。一旦出错，结果向量的可能值多到难以估计，通过枚举可能的错误值并根据原因进行更正是无法做到的。这种错误也可能很难发现,例如,在内层循环的最终点发生的中断不会引起前台程序结果的任何改变。发现这样的错误通常需要大量烦琐的试验和耐心。

CPU 通过在每条指令开始执行前检查是否有中断请求来实现中断。如果已经对中断请求进行了响应,CPU 就不会去读取 PC 指向的指令,而是将 PC 设置为中断处理程序的开始地址。中断处理程序的开始地址通常由指针给出,而不是给处理程序定义一个固定位置。也就是说,CPU 在内存中定义一个位置来保存中断处理程序的地址,而中断处理程序可以驻留在内存中的任何地方。

因为 CPU 在执行每条指令前检查中断,所以它可以快速响应设备发出的服务请求。但是,中断处理程序必须能够返回前台程序,并且不会干扰前台程序的运行。因为其执行的功能类似于子程序,所以自然地,我们像建立子程序那样来建立 CPU 的中断机制。大多数 CPU 都使用与子程序相同的基本机制来记住前台程序的 PC。现代微处理器中的子程序调用机制通常采用堆栈实现,因此中断机制会将返回地址压入栈。一些 CPU 使用与子程序相同的堆栈,而另一些 CPU 则定义一个专门的堆栈。使用和过程一样的接口,这使得为中断处理程序提供高级语言接口变得更加容易。中断处理程序的 C 语言接口随着 CPU 和底层支持软件的不同而不同。

优先级和中断向量

一个实际的中断系统需要多个中断请求线。大多数系统中都有多个 I/O 设备,因此必须有某种机制来允许多个设备同时产生中断。此外,我们还希望能灵活地定义中断处理例程的位置和设备的地址等。通常来说,有以下两种方式能够使中断适用于处理多个设备,并为相关的硬件和软件提供更灵活的定义方式:

- **中断优先级**(interrupt priority)使得 CPU 能够分辨出不同中断在重要性上的差异。
- **中断向量**(interrupt vector)允许中断设备指定其中断处理程序。

带优先级的中断不仅允许多个设备连接到中断线,还允许 CPU 在处理更重要的请求时忽略那些不太重要的中断请求。如图 3.3 所示,CPU 提供了几种不同的中断请求信号,例如图中的 L_1, L_2, $\cdots$, L_n。通常,编号越小的中断线,其优先级越高。因此,在这个例子中,如果设备 1 到 n 同时请求中断,那么设备 1 的请求将得到响应,因为它被连接到最高优先级的线路上。大多数 CPU 使用一组二进制信号来表示需要响应的中断优先级编号,而不是为每个设备分别提供中断应答线。因此,中断优先级编号为 7 的中断需要 3 位二进制数而不是 7 位。看到自己的中断优先级号在中断应答线上,设备便知道它的中断请求被响应了。

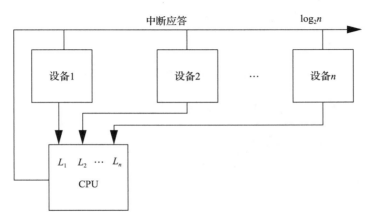

图 3.3 设备中断的优先级

如何更改设备的优先级呢？只需将其连接到另一条中断请求线，但这需要对硬件进行修改。因此，如果优先级需要更改，那么就应该提供可移动的接口板卡、可编程的开关或一些其他机制，以使更改优先级更容易。

优先级机制必须确保在处理高优先级中断时不会发生低优先级中断，这个决策过程被称为**屏蔽**（masking）。当某个中断被响应时，CPU 将该中断的优先级存储在内部寄存器中，当接收到后续中断时，CPU 就根据优先级寄存器来检查该中断的优先级，只有当新请求具有比当前正在处理的中断更高的优先级时，它才会被响应。当中断处理程序退出时，优先级寄存器会被重置。也正是对优先级寄存器重置的需求，才使得大多数体系结构引入专门的指令，以便从中断中返回，而不是使用标准的子例程返回指令。

最高优先级中断通常被称为**不可屏蔽中断**（NonMaskable Interrupt，NMI）。NMI 不能被关闭，并且通常用于供电故障引起的中断，实际上它是一个可以监测电压过低并报警的简单电路。NMI 中断处理程序主要用来将关键状态保存到非易丢性存储器中，关闭 I/O 设备以避免掉电期间设备的错误操作，等等。

大多数 CPU 提供的中断优先级相对较少，比如 8 个。虽然可以用外部逻辑添加更多的优先级，但这并不是必要的。当系统中的多个设备被赋予相同的优先级时（例如，当有几个相同的键盘连接到单个 CPU），可以将轮询（polling）与带优先级的中断结合起来以更有效地处理这些设备。如图 3.4 所示，想要组合在一起的所有设备中的任意一个请求服务时，都可以利用少量的外部逻辑生成中断。CPU 将调用与该优先级相关联的中断处理程序，但是该处理程序不知道实际上是哪个设备请求中断，因此这个处理程序使用软件轮询来检查每个设备的状态。在此示例中，它将读取设备 1、2、3 的状态寄存器，以查看哪些设备已就绪并请求服务。

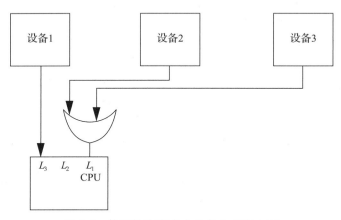

图 3.4   使用轮询在多个设备上共享中断

示例 3.7 说明了优先级如何影响 I/O 请求的处理顺序。

示例 3.7   具有优先级中断的 I/O

假设有 A、B、C 三个设备。A 的优先级为 1（最高优先级），B 的优先级为 2、C 的优先级为 3，下面的 UML 顺序图显示了一系列中断请求产生后，系统执行的中断处理程序。

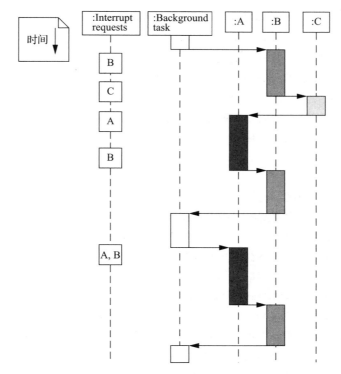

在以上每个示例中，中断处理器中都可以保持运行状态直到完成，或者有更高优先级的中断到达。C 的中断请求在第一个 B 的中断执行期间发出，由于受第一个 B 中断处理程序执行的影响，而被延迟处理。第二个 B 的中断请求也同样因为 A 中断处理程序执行的影响，而被延迟处理。当 A 和 B 同时产生中断时，A 的中断优先；当 A 的处理程序完成时，优先级机制自动响应 B 被挂起的中断。

中断向量从另一个角度提供了灵活性，可以用于灵活设置为设备请求提供服务的中断处理程序。图 3.5 展示了支持中断向量所需的硬件结构。除了中断请求线和中断应答线，还增加了一组中断向量线，直接从设备连接到 CPU。设备请求被响应之后，它通过这些线路将中断向量发送到 CPU，然后 CPU 将向量号作为索引，查找存储在内存中的中断向量表，如图 3.5 所示。在中断向量表中，以向量号作为偏移量所引用的位置则给出了中断处理程序的地址。

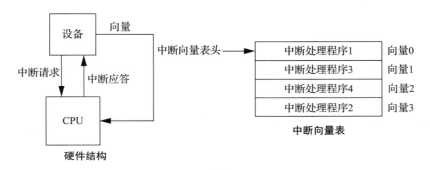

图 3.5　中断向量

关于中断机制有两个要点需要注意。第一，是设备而不是 CPU 存储它的向量号。这样一来，设备仅通过修改它发送的向量号，而不必修改系统软件就能获得一个新的中断处理程序。例如，可以通过可编程的开关电路来改变设备的向量编号。第二，向量号和中断处理程序之间没有固定的关系⊖。向量表可以使设备与中断处理程序任意组合。该向量机制在硬件设备和为它们提供服务的软件例程之间的耦合上提供了很大的灵活性。

大多数现代 CPU 的中断机制中都实现了对优先级和向量的支持。优先级决定先为哪个设备提供服务，而向量则决定使用哪个例程来处理中断。两者的结合为硬件和软件之间提供了丰富的接口。

中断开销

既然我们对中断机制已经有了基本的了解，现在就可以介绍完整的中断处理过程了。当设备请求中断时，部分步骤由 CPU 执行，部分步骤由设备执行，其他步骤则由软件执行。

1.CPU：CPU 在指令开始时检查未决中断。它响应优先级最高的中断，并且需要确认该中断的优先级高于中断优先级寄存器中给定的优先级。

2. 设备：设备接收中断应答信号，并向 CPU 发送其中断向量。

3. CPU：CPU 使用中断向量作为索引，在中断向量表中查找设备中断处理程序的地址，并用类似于子程序的机制保存 PC 的当前值和 CPU 的其他内部状态，例如通用寄存器等。

4. 软件：设备驱动程序可以额外保存更多的 CPU 状态，然后在设备上执行所需的操作，接着恢复保存的状态并执行中断返回指令。

5. CPU：中断返回指令恢复 PC 和其他自动保存的状态，然后返回被中断的代码处继续执行。

中断会降低系统性能，除了直接与设备通信的代码所需的执行时间外，还有与中断机制相关的执行时间开销：

- 与调用子程序类似，中断本身具有开销。因为中断引起了程序计数器的改变，所以会有分支惩罚（branch penalty）⊜。此外，中断自动保存 CPU 寄存器，无论中断处理程序是否修改了这些寄存器的值，这些操作都需要额外的周期。
- 除了分支惩罚，中断还需要额外的周期来应答中断并从设备获得中断向量。
- 通常，中断处理程序会保存和恢复未被中断自动保存的 CPU 寄存器。
- 中断返回指令也会带来分支惩罚，并且需要时间来恢复自动保存的寄存器状态。

硬件响应中断和获得中断向量等所需的时间不受程序员控制，特别地，不同 CPU 在中断时自动保存的内部状态差别极大，程序员可以清楚地知道中断处理程序中修改了哪些寄存器状态，这些状态也必须被保存和恢复。细心的编程可以减少中断处理程序要使用的寄存器，从而缩短维护 CPU 状态所需的时间。但是，这种技巧通常要求用汇编语言来编写中断处理程序，高级语言难以实现。

ARM 中的中断

ARM7 支持两种类型的中断：快速中断请求（Fast Interrupt Request，FIQ）和中断请求（Interrupt Request，IRQ）。FIQ 的优先级高于 IRQ。中断向量表通常保存在内存的低地址部分，从 0 地址开始。中断向量表中的项就是相应中断处理程序的子过程入口。

⊖ 即中断向量表是可以由程序员根据需要任意设置的。——译者注
⊜ 即分支跳转语句造成的流水线失效和预执行指令退回等。——译者注

响应中断时，ARM7 将执行以下步骤 [ARM99B]：

1. 保存 PC 相应的值以用于返回。

2. 将 CPSR（当前程序状态寄存器）的值复制到 SPSR（程序状态保存寄存器）中。

3. 设置 CPSR 中的相应位以记录中断。

4. 设置 PC 指向相应的中断向量。

从中断处理程序返回时，处理程序的步骤如下：

1. 恢复中断前的 PC 值。

2. 从 SPSR 中恢复 CPSR 的值。

3. 清除中断禁用标志。

响应中断的最坏情况，即可能产生的最长延时包括：

- 用 2 个周期来同步外部请求。
- 用最多 20 个周期来完成当前指令。
- 用 3 个周期来终止数据异常。
- 用 2 个周期来进入中断处理状态。

这加起来可以达到 27 个时钟周期，最好情况下的延时是 4 个时钟周期。

向量中断控制器（Vectored Interrupt Controller，VIC）可提供最多 32 个中断向量 [ARM02]。VIC 的寄存器被映射到一段内存地址，VIC 基地址在内存的高 4K 内，以避免增加控制器寄存器的访问时间。这段内存地址中的数组 VICVECTADDR 用于指定中断服务例程的地址，而数组 VICVECTPRIORITY 则给出中断源的优先级。

C55x 中的中断

C55x 中的中断 [Tex04] 至少需要 7 个时钟周期，在许多情况下，会延长到 13 个时钟周期。一旦中断请求被发送到 CPU，可屏蔽中断就被分为几个步骤来处理。

1. 中断对应的中断标志寄存器（Interrupt Flag Register，IFR）位被置 1。

2. 检查中断使能寄存器（Interrupt Enable Register，IER）以确认中断是否已启用。

3. 检查中断屏蔽寄存器（INTerrupt Mask register，INTM）以确定中断未被屏蔽。

4. 该中断标志对应的中断标志寄存器 IFR 被清零。

5. 为保存上下文，将一些相关的寄存器保存起来。

6. 将 INTM 设置为 1 以禁用可屏蔽中断。

7. 将 DGBM（Disable Bug Mask bit）设置为 1 以禁用调试事件。

8. 将 EALLOW 设置为 0 以禁止访问非 CPU 仿真寄存器（non-CPU emulation register）。

9. 执行中断服务例程（ISR）的分支。

C55x 提供了**快速返回**（fast-return）和**慢速返回**（slow-return）两种模式，用于支持中断以及其他情况的上下文切换时所需要完成的保存和恢复寄存器操作。两种模式都保存返回地址和循环上下文寄存器（loop context register）。但是快速返回模式使用 RETA 来保存返回地址，使用 CFCT 保存循环上下文位；而慢速返回模式使用堆栈来保存返回地址和循环上下文位。

PIC16F 中的中断

PIC16F 可识别两种类型的中断：同步中断和异步中断。其中同步中断通常由 CPU 内部触发，而异步中断由 CPU 外部触发。INTCON 寄存器是中断系统的主要控制寄存器，其中包括：全局中断使能位（GIE）用于允许所有未屏蔽的中断，外设中断使能位（PEIE）用于允许或禁止来自外设的中断，溢出中断使能位（TMRO）用于允许或禁止定时器 0 的溢出中断，外部中断使能位（INT）用于允许或禁止 INT 外部中断，外设中断标志寄存器 PIR1 和 PIR2 用于保存外设中断的标志。

RETFIE 指令用于从中断例程返回，同时该指令清零 GIE 位，然后重新启用未决中断。

同步中断的延时为 $3T_{cy}$（T_{cy} 为处理器时钟周期的长度，一般处理器的流水线会由多个周期组成），而异步中断的延时为 $3T_{cy} \sim 3.75T_{cy}$。单周期指令和双周期指令具有相同的中断延时。

3.3　特权模式、异常和陷阱

本节主要介绍异常和陷阱，它们是处理内部条件的机制，在形式上与中断非常相似。我们从讨论特权模式开始，某些处理器使用特权模式来处理异常事件并保护正在执行的程序。

3.3.1　特权模式

随着后面几章的学习我们将越来越清楚，复杂的系统通常由几个相互通信的程序来实现，这些程序在操作系统的控制下协同工作。我们希望提供硬件检查和保护机制以确保程序之间不会彼此干扰，比如，避免一个程序错误地写入了另外一个程序使用的内存段。软件调试也很重要，但是在运行的系统中存在遗留问题可能是难以避免的，而这时使用硬件检查机制则可以提供更高层次的安全性保障。

在这种情况下，由 CPU 提供的**特权模式**（supervisor mode，也称为特权态）就变得非常有用。普通程序运行在**用户模式**（user mode，也称为用户态）下，而特权模式具有用户模式所没有的权限。例如，我们将在 3.5 节中研究内存管理系统，借助内存管理系统可以将同一个物理地址的内存单元动态地映射到不同的逻辑地址上。对存储管理单元的控制权通常留在特权模式中，以避免用户无意间改变内存管理相关的寄存器，从而导致程序执行过程产生代码或者数据的意外移动而引起的程序错误。

并非所有的 CPU 都具有特权模式。包括 C55x 在内的许多 DSP 都没有特权模式，但是 ARM 具有特权模式。使 CPU 进入特权模式的指令为 SWI：

```
SWI CODE_1
```

当然，和所有 ARM 指令一样，它可以在指定的条件下执行⊖。SWI 使 CPU 进入特权模式，并将 PC 设置为 0x08。SWI 的参数是一个 24 位的立即数，参数将被传递给特权模式的程序，用于从特权态请求各种服务。

在特权模式中，将 CPSR 的低 5 位全部置为 1 来指示 CPU 正处于特权模式。CPSR 中在 SWI 之前的内容则保存在程序状态保存寄存器（Saved Program Status Register，SPSR）中。实际上，在不同的模式之间切换时，每个模式都有自己的 SPSR，其中特权模式的 SPSR 被称为 SPSR_svc。

从特权模式返回时，管理程序从寄存器 r14 中恢复 PC，并从 SPSR_svc 中恢复 CPSR。

3.3.2　异常

异常（exception）是一种内部可以检测到的错误，一个简单的例子就是除数为 0 的情

⊖ SWI 的命令格式为 SWI{cond} immed_24，cond 为可选的条件码，表明 SWI 指令执行的条件。例如，SWIEQ #0x4 指令表示只有当 Z 标志位为 1 时才触发软中断，其中 EQ 就是条件码。——译者注

况，解决这个问题的一种方法是在每一个除法语句之前逐一检查除数是否为零，但这将大大增加程序的长度并消耗大量 CPU 时间去检查除数的值。如果改变方案，换在执行期间检查除数值的话，就会大大提高 CPU 的效率。因为不知道何时会发现零除数错误，所以该事件就类似于中断，不同的是这个事件是在 CPU 内部产生的。异常机制提供了一种让程序及时响应和处理这些意外事件的解决方案。异常的其他典型示例还有复位、未定义指令和非法访问内存等。

就像中断被看作子过程机制的扩展一样，异常通常被当作中断的一种变形。因为两者都用于解决程序控制流程的变化，所以自然会使用相似的机制。但是，异常一般由 CPU 内部产生。

通常情况下，异常需要定义优先级并使用向量。异常必须具有优先级，因为一个操作可能会引发多个异常，例如，由于同一个操作而产生的非法操作数和非法的内存访问。异常的优先级通常由 CPU 体系结构决定。向量用于设定异常处理程序，其中异常的向量号由体系结构预先定义，被用来索引异常处理程序表。

3.3.3　陷阱

陷阱（trap）也称为**软件中断**（software interrupt），是一种专门用于产生异常的指令，它的最常见用法是进入特权模式。我们必须对特权模式的进入加以控制以确保安全，因为如果用户模式和特权模式之间的接口设计不当，用户程序就可能将代码偷偷转入特权态中执行，从而对其他程序的运行造成损害。

ARM 中提供的 SWI 指令就是一个软件中断，这条指令使 CPU 进入特权模式，并且这条指令只能接收一个操作数作为参数，只有这个参数能被特权态的处理程序读取，而不能再传递其他额外的信息。

3.4　协处理器

CPU 架构师希望给 CPU 的实现提供灵活性，在指令集级别提供这种灵活性的方法是利用协处理器。**协处理器**（coprocessor）是连接在 CPU 上的附属器件，能够执行一些特殊指令。例如，通过在 CPU 上添加一个专门用于实现浮点指令的芯片，将浮点运算引入 Intel 体系结构中。

为了支持协处理器，必须在指令集中保留某些操作码以用于协处理器操作。因为协处理器要和 CPU 一起执行指令，所以它必须与 CPU 紧密耦合。当 CPU 接收到协处理器指令时，必须激活该协处理器并将有关指令传递给它。协处理器指令能够对协处理器寄存器进行加载和写回操作，或者执行某些内部操作。CPU 可以暂停执行以等待协处理器指令完成，或者采取超标量的方法，在继续执行指令的同时等待协处理器指令执行结束。

当然，即使没有连接协处理器，CPU 也能够接收协处理器指令，大多数体系结构使用非法指令陷阱来处理这类情况。陷阱处理程序能够检测协处理器指令，并在主 CPU 上用软件执行它，虽然用软件模拟协处理器指令比较慢，但这样的设计能够提供较好的兼容性。

ARM 体系结构最多支持 16 个协处理器连接到一个 CPU 上。协处理器能够在它们自己的寄存器上执行加载和存储操作，还可以在协处理器寄存器和主 ARM 寄存器之间移动数据。

浮点运算单元是 ARM 协处理器的一个简单例子，该单元在 ARM 体系结构中占用编号为 1 和 2 的两个协处理器，但它们对于程序员来说则表现为一个单元。这个浮点运算单元能够提供 8 个 80 位浮点数据寄存器、浮点状态寄存器，以及一个可选的浮点状态寄存器。

3.5 存储系统机制

现代微处理器所做的工作不仅仅是读写内存，体系结构的新技术提高了存储系统的速度与容量，而微处理器的时钟频率比内存速度提高更快，以至于内存速度远远落后于 CPU 速度。因此，计算机体系结构设计师借助**高速缓存**（cache）来提高内存的平均性能。尽管内存容量不断提升，但程序大小也在随之提高，而且设计师可能不愿意"支付"应用软件所需的全部内存，因此可以使用**存储管理单元**（Memory Management Unit，MMU）进行地址转换，在一个小的物理内存中提供相对较大的虚拟存储空间。**内存保护单元**（Memory Protection Unit，MPU）提供内存保护机制。以上两种高速缓存形式（MMU 和 MPU）是本节的重点。

3.5.1 高速缓存

高速缓存被广泛应用于提速存储系统中的读写。许多微处理器体系结构都把它作为一个关键的组成部分。如果正确使用，高速缓存能够减少内存的平均访问时间。它增加了内存访问时间的变数，即访问高速缓存中的单元速度最快，而访问不在缓存中的单元则会慢一些。这种性能的可变性使得理解高速缓存的工作原理尤为重要，在此基础上，我们能更好地预测高速缓存的性能，并在系统设计中充分考虑这些变数。

高速缓存是一种容量小、速度快的存储器，用于保存主存储器部分内容的副本。因为它速度较快，所以能支持 CPU 的高速访问；但是又由于容量很小，因此并不能满足所有访问请求。当访问高速缓存中没有的数据时，系统只能等待速度较慢的主存。当 CPU 访问相对较小的一部分内存单元时，高速缓存就会变得有意义。这组连续被访问的内存位置通常被称为**工作集**（working set），它们被保存在高速缓存中并保持活跃状态以改进性能。

图 3.6 显示了在存储系统中，将高速缓存用于数据读取部分的工作原理。**高速缓存控制器**（cache controller）位于 CPU 和存储系统（存储系统包含高速缓存与主存）之间，并向高速缓存和主存发送内存操作请求。如果所请求的单元在高速缓存中，高速缓存控制器就会将相应单元的内容转发到 CPU 并中止对主存的请求，这种情况通常称为**高速缓存命中**（cache hit）。如果被请求单元不在高速缓存中，则控制器等待来自主存的值并将其转发到 CPU, 这种情况表示高速缓存未命中，也称为**高速缓存失效**（cache miss）。

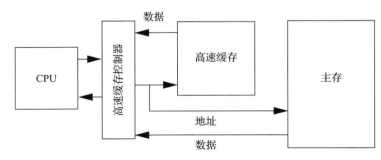

图 3.6 存储系统中的高速缓存

我们根据造成高速缓存失效的原因，将失效分为以下几种类型：

- **强制性失效**（compulsory miss），也称为**冷失效**（cold miss），发生在单元首次被访问时。

- **容量失效**（capacity miss）指的是由于工作集过大而产生的未命中。

- **冲突失效**（conflict miss）指的是由于两个地址映射到高速缓存的同一单元而导致的未命中。

在介绍高速缓存的实现方法之前，我们首先需要为存储系统性能定义一些基本公式。用 h 代表**命中率**（hit rate），即给定的内存单元在高速缓存中的概率。$1-h$ 为**未命中率**（miss rate），即给定的内存单元不在高速缓存中的概率。然后就可以用下面的公式来计算平均内存访问时间：

$$t_{av} = ht_{cache} + (1-h)t_{main} \qquad (3.1)$$

其中 t_{cache} 是高速缓存访问时间，t_{main} 是主存访问时间。内存访问时间是从内存制造商那里得到的基本参数。命中率取决于正在运行的程序以及高速缓存的结构，通常可以通过模拟器来测量。忽略高速缓存控制器的开销，最好情况下的内存访问时间是 t_{cache}，而最坏情况下的访问时间则是 t_{main}。假定 t_{main} 的时间通常是 50ns 到 75ns，而 t_{cache} 最多为几纳秒，最坏情况和最好情况下的内存延时之间的差别还是很大的。

实现高速缓存最简单的方法是**直接映射缓存**（direct-mapped cache），如图 3.7 所示。高速缓存由缓存**块**（block）组成，每个缓存块包括一个标签、一个数据域和一个有效标记：标签用于指示这一块缓存代表哪个内存单元，数据域中保存着相应内存区域的内容，有效标记用于表示该缓存块内容是否有效的。地址被分为索引、标签、偏移量三部分：索引用来确定应选择哪一块；标签用于与被索引选中的块的标签值进行比较，如果相同，则表明这一块包含所需要的内存单元；如果数据字段的长度大于最小可寻址单元，那么地址的最低几位将被用作偏移量，以从数据域中选择所需的值。在给定的高速缓存结构中，只需要对一个缓存块进行检查，以确认所需内容是否在高速缓存中，而索引唯一确定了要检查的那一块。如果访问命中，则从高速缓存中读取数据值。

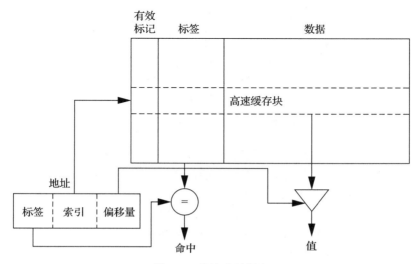

图 3.7　直接映射缓存

写操作比读操作稍微复杂一些，因为我们既需要更新高速缓存的内容也需要更新主存的内容。这里有几种方法来完成写操作。最简单的一种方法为**通写**（write-through）：每次写操作都将同时改变高速缓存和相应的主存单元。这种方法保证了高速缓存与主存的一致性，但会产生一些额外的主存通信。我们也可以通过**回写**（write-back）策略来减少写主存的次数：如果只在从高速缓存中移出某一单元时才进行写操作，那么就可以避免在这些单元被移出高速缓存之前对它进行多次写操作。

直接映射高速缓存不仅速度快，而且成本较低，但由于它将高速缓存映射到主存的策略比较简单，所以缓存功能存在一定的局限性。假设一个具有四个块的直接映射高速缓存，其中单元 0，1，2，3 分别映射到不同的块，而单元 4，8，12，…都映射到与单元 0 相同的块，单元 5，9，13，…都映射到与单元 1 相同的块，以此类推。如果程序中访问频繁的两个单元被映射到同一块，那么我们就不能充分利用高速缓存的优点，在 5.7 节中我们还将看到这种现象给程序性能带来的危害。

图 3.8 展示的是**组相联**（set-associative）高速缓存机制，它能够克服直接映射高速缓存的局限性。组相联高速缓存通常由每**组**（bank）中的单元数来命名，每组的单元数也被称为**路**（way）数。因此，一个每组中有 n 个单元的组相联高速缓存也被称为 n 路组相联高速缓存。一个组内包含的所有块，它们的索引是相同的，对于每一个组，它的管理机制与直接映射高速缓存是相同的。高速缓存请求被同时广播到所有组，如果某组包含这个单元，则认为高速缓存命中。虽然内存单元还是以相同的方式映射到高速缓存中，但每个单元组都具有 n 个独立的块，因此，我们可以将原来映射到相同高速缓存块的几个单元同时放入高速缓存中。组相联高速缓存结构需要一些额外的内部开销，而且比直接映射高速缓存的速度慢一些，但它具有更高的命中率，从而弥补了不足。

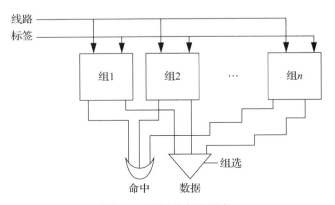

图 3.8   组相联高速缓存

组相联高速缓存通常比直接映射高速缓存具有更高的命中率，因为组相联机制能够在内部解决少量单元之间的冲突。组相联高速缓存的速度有些慢，所以 CPU 设计人员必须注意，不能因为引入这种机制而拖慢 CPU 的时钟周期。对于嵌入式程序设计来说，可预测性才是组相联高速缓存更重要的问题。因为高速缓存未命中所引起的时间损失是很严重的，所以我们经常希望程序的关键段能够尽可能留在高速缓存中并减少冲突，以表现出更好的性能。在直接映射高速缓存中确定两个内存地址何时发生冲突相对比较容易，但是组相联高速缓存中的冲突却要微妙一些，因此无论是人还是程序都难以分析它的行为。

示例 3.8 对直接映射高速缓存和组相联高速缓存的行为进行了比较。

示例 3.8   直接映射高速缓存和组相联高速缓存

为了简单起见，我们讨论一个很简单的高速缓存方案，使用地址的两位作为标签，用于比较具有四个块的直接映射高速缓存和具有四个组的双路组相联高速缓存。在组相联的缓存替换中采用 LRU 替换策略。

下图是内存内容，为了简单起见，仅使用三位的地址。

地址	数据
000	0101
001	1111
010	0000
011	0110
100	1000
101	0001
110	1010
111	0100

我们假设访问内存系统的地址序列如下：001，010，011，100，101，111（用二进制表示，这样便于挑出索引）。对于要比较的两种高速缓存机制使用相同的地址访问序列。为了理解直接映射高速缓存是如何工作的，我们来看一下它的状态是如何变化的。

访问001之后：

块	标签	数据
00	–	–
01	0	1111
10	–	–
11	–	–

访问010之后：

块	标签	数据
00	–	–
01	0	1111
10	0	0000
11	–	–

访问011之后：

块	标签	数据
00	–	–
01	0	1111
10	0	0000
11	0	0110

访问100之后（注意它的标签是1）：

块	标签	数据
00	1	1000
01	0	1111
10	0	0000
11	0	0110

访问101之后（覆盖了块01）：

块	标签	数据
00	1	1000
01	1	0001
10	0	0000
11	0	0110

访问111之后（覆盖了块11）：

块	标签	数据
00	1	1000
01	1	0001
10	0	0000
11	1	0100

我们用一个类似的过程来确定双路组相联高速缓存中的结果，唯一的区别是可以自由选择以新数据替换哪一块。为了使结果更容易理解，我们使用 LRU 替换策略。最初，我们将每个组的大小设置为与直接映射高速缓存的相同。双路组相联高速缓存中的最后状态如下图所示。

块	组0标签	组0数据	组1标签	组1数据
00	1	1000	–	
01	0	1111	1	0001
10	0	0000	–	
11	0	0110	1	0100

当然，这不是一次公平的性能比较，因为双路组相联高速缓存的缓存单元数是直接映射高速缓存的两倍。那么我们换一个和直接映射高速缓存容量相同的方案，即只含有两个组的双路组相联高速缓存，总共也是只有 4 个缓存单元。在这个例子中，索引缩减为 1 位，而标签变为 2 位。

块	组0标签	组0数据	组1标签	组1数据
0	01	0000	10	1000
1	10	0001	11	0100

在这种情况下，高速缓存的内容与直接映射高速缓存以及四块双路组相联高速缓存的内容明显不同。

CPU 知道何时获取指令（利用 PC 来计算直接地址或间接地址）或数据，因此我们可以选择是将指令放入高速缓存，还是将数据放入高速缓存，或是两者均放入高速缓存。如果高速缓存空间有限，那么指令应具有最高优先级，这样可以使命中率达到最高。能够同时存储指令和数据的高速缓存一般被称为**统一高速缓存**（unified cache）。

现代 CPU 可能使用多级高速缓存，如图 3.9 所示。**一级高速缓存**（通常称为 **L1 高速缓存**）离 CPU 最近，**二级高速缓存**（即 **L2 高速缓存**）为一级高速缓存提供数据，以此类推。在当今的微处理器中，通常一级高速缓存和 CPU 处于同一个芯片上，而二级高速缓存在片外。随着技术的发展，很多二级高速缓存也被转移到了 CPU 芯片的内部。

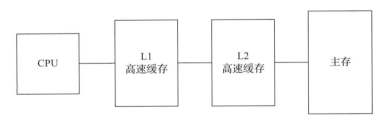

图 3.9   两级高速缓存系统

二级高速缓存容量较大，但同时速度也较慢。用 h_1 表示一级高速缓存的命中率，h_2 表示二级高速缓存的命中率，那么这个两级高速缓存系统的平均访问时间为：

$$t_{av} = h_1 t_{L1} + h_2 t_{L2} + (1 - h_1 - h_2) t_{main} \tag{3.2}$$

随着程序工作集的变化，我们希望删除高速缓存中的旧单元，以存放新单元。在使用组相联高速缓存时，我们必须清楚从高速缓存中淘汰一个值以为新值腾出空间时会发生什么。在直接映射高速缓存中不存在这个问题，因为每个单元都映射到唯一的块；而在组相联高速缓存中，我们必须决定调出哪个组的内容来为新的内容让位。一种可行的替换策略是**最近最少使用**（Least Recently Used，LRU）策略，也就是把最久没有使用的块淘汰掉。这需要在高速缓存上加一硬件来记录每块从上次访问到现在的时间。另一种替换策略是**随机替换**（random replacement）策略，它所需的硬件就会少很多。

3.5.2　存储管理单元和地址转换

MMU 负责在 CPU 和物理内存之间进行地址转换，能够将地址从逻辑空间转换到物理空间，通常将这个转换过程称为**内存映射**（memory mapping）。由于 MMU 在执行过程中有很多变化，因此硬实时应用程序的处理器中没有 MMU。然而，很多对时间要求不太严格的嵌入式系统包含 MMU，以支持 Linux 等操作系统和丰富的应用程序集。了解 MMU 的基础知识对于理解和构造这类复杂的嵌入式系统是很有帮助的。

很多 DSP 都不使用 MMU，例如 C55x。因为 DSP 用于计算密集型任务，所以它们的逻辑地址空间管理通常不需要硬件来辅助。

早期的计算机使用 MMU 来弥补指令集寻址空间的不足。当内存价格便宜到物理内存比指令所定义的寻址空间还要大时，MMU 允许将一个物理内存切分为若干个独立的地址空间，每个空间中运行一个独立的程序，可以支持同时运行多个程序。

在现代的 CPU 中，指令的寻址空间不再受到限制，所以 MMU 多被用来实现**虚拟寻址**（virtual addressing）管理。如图 3.10 所示，MMU 从 CPU 获取逻辑地址，逻辑地址是指程序的抽象地址空间，不对应实际的 RAM 单元。MMU 用表将它们转换成同实际 RAM 相对应的物理地址。通过更改这些表，就可以更改程序驻留的物理地址，而不需要改变程序的代码或数据。当然，我们还必须根据内存映射的改变在主存中移动程序。

图 3.10　虚拟地址内存系统

此外，如果增加一个像磁盘这样的辅助存储器，那么就可以把程序的一部分移出主存。在虚拟存储系统中，MMU 记录有哪些逻辑地址实际驻留在主存中，对于那些没有驻留在主存中的，则将其保存在辅助存储器中。当 CPU 请求一个不在主存的地址时，MMU 就会产生一个叫作**缺页**（page fault）的异常，这个异常处理程序将执行相关代码，把所需单元从辅助存储器读到主存，而且触发这个异常的程序只有在下列动作完成后才会被异常处理程序重新启动：

- 所需内容已被读到主存。
- MMU 表已进行相应更新。

当然，把单元放进主存时往往要换出主存中的部分原有单元，而且要将换出的单元在新单元读入前复制到辅助存储器中。对于这种替换，我们可以使用 LRU 策略，就像在高速缓存中一样，这是一种很好的替换策略。

有**分段**（segmented）和**分页**（paged）两种地址转换方法，两者各有优点，而且这两种方法还可以结合起来形成段页式寻址模式。如图 3.11 所示，分段可以支持较大的、任意大小的内存区域；

图 3.11　分段和分页

而分页则支持较小的、大小相等的内存区域。段通常由起始地址和大小来描述，并允许不同的段具有不同的大小；而页则大小统一，这简化了地址转换所需的硬件。段页式模式通过将每个段分成页并且使用两步地址转换来建立。但是分页引入了出现**碎片**（fragmentation）的可能性，因为程序页面可能会被零散地分配在物理内存中。

在简单的分段模式中，MMU 用一个段寄存器来记录当前的活动段，如图 3.12 所示。这个寄存器指向当前段的基地址，从指令中得到的地址（或从其他任何地方得到的地址，如寄存器）将被用作相对于该地址的偏移量，将基址和偏移量相加就得到物理地址。大多数分段机制还会检查物理地址是否超过段的上限，为了实现这一机制，需要在分段寄存器中再增加一项段长，并在寻址时通过段长与偏移地址的比较来判断地址的合法性。

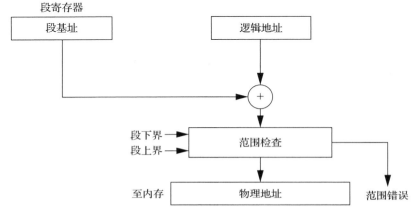

图 3.12　分段模式的地址转换

分页模式的地址转换需要更多的 MMU 状态，但计算过程比分段模式地址转换更简单。如图 3.13 所示，逻辑地址被分为两部分，分别为页号（page number）和页内偏移量（offset）。页表保存每页起始的物理地址，而页号是页表的索引。然而，由于每页的大小是一样的，而且很容易确定页的边界位置，所以 MMU 仅需要将页面开始地址的高几位和偏移地址的低几位拼接起来即可形成物理地址。页很小，通常在 512B 到 4KB 之间。因此，体系结构的地址空间越大，页表越大。页表一般保存在主存中，这就意味着地址转换需要访问内存。

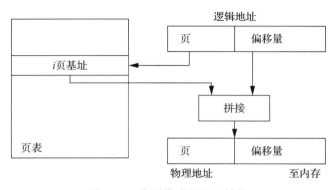

图 3.13　分页模式的地址转换

　⊖　一般为 2 的整数倍。——译者注

页表的组织方式有很多种，如图 3.14 所示。最简单的方法是用一张平面表，该表用页号索引，每一项都保存该页的描述符。更复杂一点的方法是树，树的根项保存多个指向下一层指针表的指针，每个指针表由页号的一部分索引，最终（在这个例子中是三层之后）到达一个包含我们想要的页描述符的描述表。树结构的页表由于指针而需要增加一些额外的内部操作，但是允许我们仅为部分地址建立一棵页表树，如果地址空间的某些部分不使用，那么我们建立的树就不需要包含这部分地址。

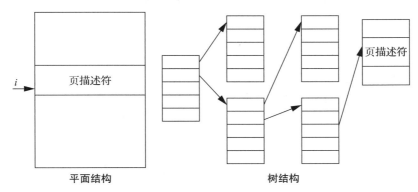

图 3.14   不同的页表组织模式

在分页地址转换中，可以利用高速缓存来存储页转换信息以提高效率，用于地址转换的高速缓存被称为**旁路转换缓冲**（Translation Lookaside Buffer，TLB）。MMU 读取 TLB 来检查页号当前是否在 TLB 中，如果是，则直接使用这个值，而不必从内存中读取。

虚拟内存通常使用分页式或段页式方式实现，这样在缺页时只有页大小的内存区域需要读入内存中。此外，虚拟内存还需要对分段或分页机制进行一些必要的扩展：

- 需要一个存在位，用于表示逻辑段或逻辑页的当前状态是否在物理内存中。
- 需要一个脏数据位，用于表示该页或段是否被改写，该位由 MMU 维护，因为它知道由 CPU 执行的每个写入操作。
- 需要几个权限位，有些页或段是可读但不可写的，有些页或段是区分运行权限的。如果 CPU 支持多种运行模式，那么可能只在特权模式下可以访问这些页或段，但在用户模式下不行。

数据 cache 或指令 cache 可以基于逻辑地址设计，也可以基于物理地址设计，这依赖于它和 MMU 的相对位置。

MMU 是 ARM 体系结构的一个可选部分。ARM 的 MMU 同时支持虚拟地址转换和内存保护，该体系结构要求在实现高速缓存和写缓冲区的基础上实现 MMU。ARM 的 MMU 支持以下几种内存区域类型进行地址转换：

- 1MB 的内存**段**（section）
- 64KB 的**大页**（large page）
- 4KB 的**小页**（small page）

一个地址要么是段映射的要么是页映射的。我们使用两级模式来转换地址，地址转换表基址寄存器（translation table base register）指向一级转换表，里面保存了段转换描述符和指向二级表的指针。二级表描述了页地址的转换方法，两级模式过程如图 3.15 所示。无论是大页还是小页，都在二级表中进行处理。大页和小页之间的细节有所不同，比如二级表索引的大小不一样。一级页和二级页的页表中还包含了一些访问控制位，用于支持虚拟内存管理及权限保护。

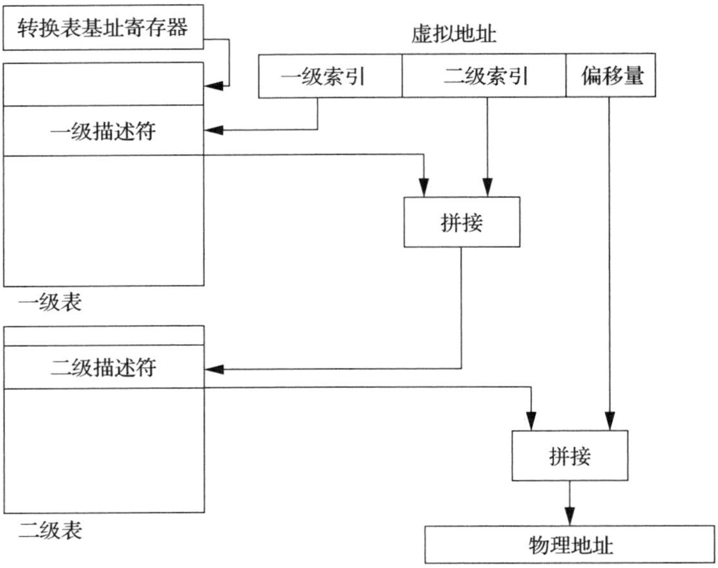

图 3.15 ARM 两级地址转换

3.5.3 存储保护单元

MMU 可以为内存提供访问保护，但它们会产生显著的运行时损失和功耗。MPU 以较低的开销提供访问控制管理。示例 3.9 介绍了 ARM MPU。

示例 3.9 ARM 存储保护单元

ARM MPU 允许特权软件（例如操作系统）定义至多 16 个受保护的内存区域。受保护区域的大小最小为 32 字节，最大不超过 4GB；这些区域的大小必须是 32 字节的倍数，并且需要从 32 字节对齐的位置开始。普通内存可以指定几个属性，包括可缓存性、可共享性和执行 / 不执行。与 I/O 设备相关的内存可以被赋予许多属性，包括是否将多个访问合并到单个总线事务中、重排 / 不重排、写操作提早应答 / 非提早应答。

3.6 CPU 的性能

执行时间（execution time）即 CPU 执行指令的速度，在嵌入式计算中是非常重要的一个主题。接下来我们讲解两个可以显著影响程序性能的因素：流水线技术和高速缓存。

3.6.1 流水线技术

现代 CPU 的设计中大多采用**流水线**（pipelined）机制，这种机制使得指令可以并行执行，流水线技术大大提高了 CPU 的效率。和任何流水线一样，只有当内部信息流动通畅时，CPU 流水线才能高效运转。但是，一些指令序列可能会中断流水线中的信息流，或者至少暂时降低 CPU 的执行速度。

ARM7 采用三级流水线：

1. 取指（fetch）：从内存中读取指令。

2. 译码（decode）：对指令的操作码和操作数进行译码，以决定要执行的功能。

3. 执行（execute）：执行已译码的指令。

对于典型的指令来说，上述每条操作都需要一个时钟周期。因此，一条正常的指令需要三个时钟周期才能完整执行，这就是所谓的指令执行的**延时**（latency）。但是由于流水线分三段，而且在每个时钟周期内都可以完成一条指令，因此每个时钟周期流水线都有一条指令的**吞吐量**（throughput）。图 3.16 中使用 Hennessy 和 Patterson 提出的表示法 [Hen06]，说明了指令执行时在流水线中所处的位置。时间轴垂直方向展示了某一时刻位于流水线中的所有指令，从水平方向可以看到指令执行的全过程。

图 3.16   ARM 指令的流水线执行过程

C55x 采用七级流水线 [Tex00B]：

1. 取指。

2. 译码。

3. 地址（address）：计算数据和分支的目标地址。

4. 访问 1（access 1）：读取数据。

5. 访问 2（access 2）：完成数据读取。

6. 读阶段（read stage）：将操作数放入内部总线。

7. 执行（execute）：执行操作。

RISC 指令的设计目标之一是使处理器充分利用流水线，从而一直保持忙状态。CISC 指令在时序上表现出很大的不同，而流水线化的 RISC 机器通常具有更规则的时序特征，比如大多数指令在没有流水线冲突时指令延时是相同的。

然而并不是在所有情况下都能保证一个周期完成一条指令。一种最简单的情况是，指令非常复杂以至于不能在单个时钟周期内完成执行。多加载指令就是这样一个例子，它需要多个周期才能完成执行。图 3.17 展示了多数据加载指令（LDMIA）在执行过程中引入的一系列**数据停顿**（data stall）。因为要加载两个寄存器，所以这条指令在执行阶段相应地就需要两个周期，在多阶段执行过程中，由于必须要记住已经译码的指令，所以译码阶段也被占用。因此，SUB 指令在正常时间内被取出，但直到 LDMIA 完成后才被译码，这就造成了第三条指令 CMP 的读取延时。

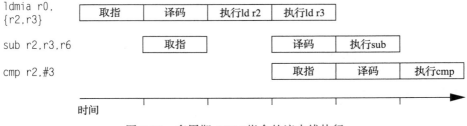

图 3.17   多周期 ARM 指令的流水线执行

分支指令会在流水线中引入**控制停顿**（control stall）延时，这通常被称为**分支惩罚**（branch penalty），如图 3.18 所示。是否执行条件分支 BNE 要等指令执行的第三个时钟周期才能确定，因为到第三个时钟周期才能计算出分支指令的目标地址。如果执行分支，则取出 PC+4 的后续指令并开始译码。当分支发生时，使用分支目标地址来取得分支目标指令。因为在知道目标指令之前必须等待执行周期完成，所以一旦我们执行的指令不在最终分支的路径上，就必须丢弃这两个周期的工作。从开始获取分支指令到开始执行分支指令之间有两个时钟周期，CPU 需要充分利用这两个周期，既能完成与分支执行相关的任务，又不影响程序的正确性。

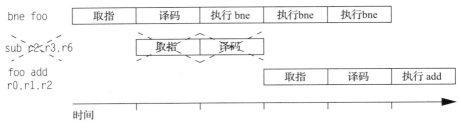

图 3.18   ARM 分支指令的流水线执行过程

解决这个问题的一种方法是引入**延时分支**（delayed branch）指令。在这种形式的分支指令中，总是在分支指令之后执行固定数量的指令，不管是否执行了该分支。这样，CPU 就能保持流水线在分支执行期间满负载。然而，在延时指令后的一些指令可能是空操作（no-ops），这就要求无论是否执行分支跳转，延时分支窗口中的所有指令对两个执行路径都必须有效。如果没有足够的指令来填充延时分支窗口，就必须用空操作来填充。

接下来我们用上面这些关于指令执行时间的知识来开发两个示例程序。首先，我们将研究相对简单的 PIC16F 处理器，介绍它的执行时间特性并针对这个处理器做执行时间评估，然后我们会研究更复杂的 ARM 处理器，并评估一些 C 代码的执行时间。

示例 3.10   PIC16F 中循环的执行时间

PIC16F 采用流水线设计，但具有相对简单的指令时序 [Mic07]。它的一条指令被分为四个 Q 周期：

- Q1 译码指令。
- Q2 读取操作数。
- Q3 处理数据。
- Q4 写入数据。

一条指令所需的时间为 T_{cy}。CPU 在每个时钟周期执行一个 Q 周期。因为指令是按流水线模式执行的，所以我们这里所说的指令执行时间指的是一条指令与下条指令之间必须间隔的周期数。此外，PIC16F 没有高速缓存。

大多数指令在一个周期内执行，但也有例外：

- 一些控制流指令（CALL，GOTO，RETFIE，RETLW，RETURN）总是需要两个周期。
- 对于条件分支（skip-if）指令（DECFSZ，INCFSZ，BTFSC，BTFSS），如果发生跳过，则需要两个周期，否则需要一个周期。如果发生跳过，则下一条指令被保留在流水线中但不执行，从而导致一个周期的流水线气泡。

PIC16F 的时序具有非常高的可预测性，使得我们可以将实时行为编码到程序中。例如，我们可以用程序实现，经过某个时间间隔后对 I/O 设备上的某一位数据进行修改，而这个时间间隔量是可以由其他数据指定的 [Mic97B]：

```
        movf len, w ; get ready for computed goto
        addwf pcl, 1 ; computed goto (PCL is low byte of PC)
len3:   bsf x,1 ; set the bit at t-3
len2:   bsf x,1 ; set the bit at t-2
len1:   bsf x,1 ; set the bit at t-1
        bcf x,1 ; clear the bit at t
```

计算跳转（computed goto）语句是一类分支语句的统称，这类语句跳转的目标地址是由数据值确定的。在上面的例子中，变量 len 确定了 I/O 设备的数据位在哪个时刻被置位为 1，这个值会被保存在工作寄存器 w 中。我们通过使用 addwf 寄存器向 pcl（程序计数器的下位）添加一个跳转值来执行计算跳转。工作寄存器 w 是 addwf 的隐式参数，它的值被加到 pcl 的值中，最后的参数 1 决定将结果存储回 pcl 中。比如，想将设备位设置为 3 个周期，则需要将 len 设置为 1，以使计算跳转目标转到 len3；如果想将设备位设置为 2 个周期，那么就将 len 设置为 2；设置设备位为 1 个周期，则设置 len 为 3。bsf（位置 1）和 bcf（位清零）指令有两个参数：被修改的字地址和该字内的位。在这种情况下，I/O 设备的状态位于 x[⊖]，我们需要设置 / 重置位 1。多次设置设备位不会影响 I/O 设备的操作。从上面的程序可以看到，借助计算跳转语句可以动态地改变 I/O 设备的操作时间，同时仍然保持时序的可预测性。

示例 3.11　ARM 中循环的执行时间

我们将使用应用示例 2.1 中 FIR 滤波器的 C 代码：

```
for (i = 0, f = 0; i >N; i++)
    f = f + c[i] *x[i];
```

下面再次列出这个循环的 ARM 汇编代码：

```
        ;loop initiation code
        MOV r0,#0        ;use r0 for i, set to 0
        MOV r8,#0        ;use a separate index for arrays
        ADR r2,N         ;get address for N
        LDR r1,[r2]      ;get value of N for loop  termination test
        MOV r2,#0        ;use r2 for f, set to 0
        ADR r3,c         ;load r3 with address of base  of c array
        ADR r5,x         ;load r5 with address of base  of x array
        ;test for exit
loop    CMP r0,r1
        BGE loopend      ; if i >= N, exit loop
        ;loop body
        LDR r4,[r3,r8]        ;get value of c[i]
        LDR r6,[r5,r8]        ;get value of x[i]
        MUL r4,r4,r6          ;compute c[i]*x[i]
        ADD r2,r2,r4          ;add into running sum f
        ;update loop counter and array index
        ADD r8,r8,#4         ; add one word offset to array index
        ADD r0,r0,#1         ;add 1 to i
        B loop              ; continue loop
loopend ...
```

⊖ x 为设备状态寄存器所映射的地址。——译者注

观察这段代码可以发现，需要一个以上的时钟周期才能完成的指令就是用于检测循环是否结束的条件分支指令。

下面的代码框图展示了如何将其分解为多个部分来进行分析。

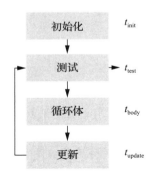

下表是每个程序块中的指令数和相关的时钟周期数。

程序块	变量	指令数	时钟周期数
初始化	t_{init}	7	7
测试	t_{test}	2	2为最好情况，4为最坏情况
循环体	t_{body}	4	4
更新	t_{update}	3	4

更新程序块结束时的无条件分支总是会产生两个时钟周期的分支损失。当采用分支时，测试程序块中的 BGE 指令也会产生两个时钟周期的流水线延时。当执行最后一次循环时，指令的执行时间为 $t_{test, worst}$，除此之外，执行时间为 $t_{test, best}$。因此循环总执行时间的计算公式如下：

$$t_{loop} = t_{init} + N(t_{body} + t_{update} + t_{test, best}) + t_{test, worst} \tag{3.3}$$

3.6.2 高速缓存的性能

我们已经在功能方面讨论过高速缓存。尽管高速缓存对于程序设计模型来说是不可见的，但对于性能却有着深远的影响。我们引入高速缓存，是因为当所需要的存储单元位于高速缓存中时，可以有效地减少内存访问时间。但是，由于高速缓存要远远小于主存，所以需要的存储单元并不总是在高速缓存中。这样，高速缓存就使得访问内存所需的时间有了明显的变化。访问不在高速缓存中的存储单元所需的额外时间通常被称为**高速缓存失效损失**（cache miss penalty）。高速缓存未命中时，通常比高速缓存命中要慢几个时钟周期。高速缓存失效损失主要取决于系统体系结构中的几个因素，在不同系统中的值会有所变化。

访问内存单元所需的时间主要取决于所访问的单元是否在高速缓存中。然而，正如我们已经看到的，一个内存单元不在高速缓存中有着诸多的原因：

- 在强制性失效的情况下，该内存单元从未被访问过。
- 在冲突失效的情况下，两个特定的内存单元在争夺同一个高速缓存。
- 在容量失效的情况下，程序的工作集对于高速缓存来说太大了。

高速缓存的内容可以在程序执行过程中变化。当几个程序在 CPU 上并发运行时，高速缓存的内容就会有非常大的变化。如果系统的设计中使用了高速缓存，我们必须清楚系统中正在运行的程序的行为，才能够准确地估计程序的性能。5.7 节将更详细地讨论这个问题。

3.7 CPU 的功耗

在某些情况下，CPU 的功耗与其执行时间同样重要。本节将研究影响 CPU 功耗的几种因素，以及 CPU 提供的控制自己功耗的机制。

首先，我们要区分**能量**（energy）与**功率**（power）。功率是指单位时间内的能量消耗，热量的产生取决于功率。而另一方面，电池寿命在很大程度上直接取决于能量消耗。一般来说，我们用功耗这个词作为能量消耗和功率消耗的简称，只在必要时才区分它们。

3.7.1 CMOS 的功耗

功率和能量密切相关，但它们是系统设计的不同部分。一个计算操作所需的能量与执行该工作的速度无关，而与电池寿命密切相关。功率是单位时间内的能量。仅在一些特殊情况下，比如靠电力运行的车辆，我们才需要对这个车辆平台的总功耗做出限制。最常见的功耗限制来自发热，更高的功耗意味着更多的热量。

CPU 和其他系统组件的高级功耗特性来源于构建这些组件的电路。现如今，几乎所有的数字系统都是用 CMOS（Complementary Metal-Oxide-Semiconductor，互补金属氧化物半导体）电路构建的。CMOS 电路的详细特性是超大规模集成电路设计研究 [Wo108] 中的主题，这超出了本书的范围，本节主要学习 CMOS 中两种重要的功耗类型：

- **动态功耗**：传统的 CMOS 电路中的功耗主要是动态功耗，即大部分的功耗是在逻辑电路的输出值改变时产生的。如果逻辑输入和输出不改变的话，就不产生动态功率。这意味着我们可以通过冻结逻辑输入来降低动态功耗。
- **静态功耗**：现代 CMOS 工艺在静态模式下也会产生功耗。晶体管中存在一定的漏电电流，在早期技术中晶体管体积大、数量少，因此这部分损耗并不重要。而现代工具中使用纳米级晶体管来制造十亿晶体管量级的芯片，这种损耗就变得非常重要。静态功耗主要是指**漏电**（leakage），晶体管即使关断也会消耗电流，而消除漏电的唯一方法只有关闭电源。

动态功耗与静态功耗所需的管理办法是不一样的。动态功耗可以通过降低运行速度来减少，而控制静态功耗则需要关闭电源。

因此，在 CMOS CPU 中有如下几种节能策略：

- CPU 可以在低电压状态下使用。例如，将电源电压从 1V 降低到 0.9V 可以使功耗降低为原来的 1/1.2（ $1^2/0.9^2 = 1.2$ ）。
- CPU 可以在较低的时钟频率下运行，以减少功率消耗（但不是能量消耗）。
- CPU 可以在内部关闭当前执行功能不需要的功能单元，这样可以降低能量消耗。
- 某些 CPU 允许 CPU 中的某些部分与电源完全断开，以消除漏电。

3.7.2 电源管理模式

CPU 提供两种类型的电源管理机制：一种是**静态电源管理**（static power management）机制，由用户调用，而且不依赖于 CPU 的活动状态。静态机制的一个例子是系统提供**节电模式**（power-down mode）用于节省能量，这种模式提供了一种高级别的方式来减少不必要的功耗。我们通常使用专门的指令来进入这种模式，而且一旦进入这种模式，CPU 将不再接收后续的指令。那么显然它不能通过执行另一条指令来退出该模式，因此需要通过接收中断或其他事件来结束。**动态电源管理**（dynamic power management）机制基于 CPU 中的动态活动来对功率施加控制。例如，当指令运行时，如果 CPU 中有些部分不需要运行，那么 CPU 就会关闭这些部分。

节电模式可以大大降低功耗，系统在运行一段时间后都会选择进入这种模式以节电。但是，进入与退出节电模式需要付出一定的代价，这是一个既耗费时间又耗费能量的过程。在节电模式和运行模式之间进行转换时，需要花费时间和能量用于保证 CPU 的内部逻辑正确。现代流水线处理器需要复杂的控制逻辑，它必须被正确初始化以避免破坏流水线中的数据。启动处理器时也必须分外小心，以避免电涌导致芯片故障甚至损坏芯片。

ARMv8-A 处理器提供了两种进入待机模式 [ARM17] 的指令：等待中断（WFI）和等待事件（WFE）。待机模式可以继续为处理器核心供电，但停止或关闭了大多数处理器的时钟。对于 WFI，可以通过中断或外部调试请求唤醒处理器核心；对于 WFE，可以通过指定的事件唤醒处理器核心。

可以使用**电源状态机**（power state machine）[Ben00] 对 CPU 进行建模，状态机中的不同状态表示 CPU 的不同模式，并且每个状态上都标明其平均功耗。示例状态机中有两种状态：运行模式，功耗为 P_{run}；睡眠模式，功耗为 P_{sleep}。转换显示了状态机如何从一个状态转换到另一个状态，每个转换上都标记了从源状态转换到目标状态所需的时间。在某些更复杂的情况下，从一个特定的状态可能无法转换到另一个特定的状态，也有可能需要遍历状态序列才能完成转换。

应用示例 3.2 介绍了恩智浦（NXP）LPC1311 的电源管理模式。

应用示例 3.2　ARM LPC1311 的电源管理模式

恩智浦 LPC1311[NXP12, NXP11] 基于 ARM Cortex-M3 内核，提供四种电源管理模式，如下表所示。

模式	CPU时钟频率是否被限制?	CPU逻辑是否供电?	SRAM是否供电?	外设是否供电?
活动模式	否	是	是	是
睡眠模式	是	是	是	是
深度睡眠模式	是	是	是	大多数模拟模块关闭（主电源关闭，仅看门狗保持通电）
深度节电模式	关机	否	否	否

在睡眠模式下，外设保持有效，因此可以产生中断以使系统返回活动模式，而深度节电模式相当于复位并重新启动。

下表是 LPC1311 在电源管理状态下的静态电流消耗值。

模式	电流 @ V_{DD} = 3.3V
活动模式	17mA @ 72MHz系统时钟
睡眠模式	2mA @ 12MHz系统时钟
深度睡眠模式	30μA
深度节电模式	220nA

睡眠模式的能耗是活动模式的 12%，深度睡眠模式的能耗是睡眠模式的 1.5%，深度节电模式则是深度睡眠模式所需电流的 0.7%。

3.7.3　程序级电源管理

现在已有两种经典的电源管理方法，一种主要用于动态功耗管理，另一种用于静态功耗管理，在使用中可以只取一个或将两者组合使用，这取决于制造处理器的技术特性。

动态电压和频率调整（Dynamic Voltage and Frequency Scaling，DVFS）旨在优化动态功耗，它依据速度和功耗之间的函数关系来调整系统的电源电压。其中，速度与功耗的函数关系如下：

- CMOS 逻辑的速度与电源电压成正比。
- CMOS 的功耗与电源电压的平方成正比。

因此，通过将电源电压降低到提供所需性能的最低水平，就可以显著降低功耗，而 DVFS 控制器根据来自软件的命令，同时调整电源电压和时钟速度。

尽快断电（race-to-dark），也称为**尽快睡眠**（race-to-sleep），是一种最小化静态功耗的方案。如果泄漏电流非常高，那么最好的策略就是尽可能快地运行，一旦运算任务执行结束就立刻关闭 CPU。

通过选择合适的时钟速度，可以将 DVFS 和尽快断电组合使用，而这个适中的速度介于纯 DVFS 和尽快断电的时钟速度之间。我们可以通过如下的总能耗模型来理解这个权衡策略：

$$E_{\text{tot}} = \int_0^T P(t)\mathrm{d}t = \int_0^T [P_{\text{dyn}}(t) + P_{\text{static}}(t)]\mathrm{d}t \tag{3.4}$$

在给定间隔内消耗的总能量是动态和静态分量的总和。静态功耗大致恒定（忽略 CPU 暂时关闭空闲单元而节省的能量），而动态功耗取决于时钟速率。如果关闭 CPU，那么两部分就都会变为零。

我们还必须考虑改变电源电压或时钟速度所需的时间。如果静态和动态模式转换之间需要很长的时间，那么在转换期间损失的能量可能大于模式改变所节省的能量。

3.8　防危性和安全性

特权态是早期的软件保护形式，在特权模式下能够实现一些用户模式程序无法实现的功能。存储管理也可以通过防止进程相互干扰来提供一些安全和防危相关的功能。但是，这些机制对于安全设计来说还是不够。

程序和硬件资源通常被分类为**可信**（trusted）或**不可信**（untrusted）。可信程序是指在**可信执行环境**（Trusted Execution Environment，TEE）中执行，并被允许拥有更多的权限，如更改某些存储单元、访问 I/O 设备等。可信程序只能在可信环境中启动，不可信程序不被允许直接执行可信程序，否则，它们可能为自己获得更高级别的信任，这将造成不可信程序执行它没有权限的操作。

可信根（root-of-trust）为一组明确定义的程序执行提供了可信环境。基于可信根我们可以建立**信任链**（chains-of-trust），可信执行可以追溯其来源直到可信根。

硬件可信根依赖于两部分：不可修改的可信执行单元和内存。控制器密钥存储在只读存储器（ROM）或一次性可编程存储器中。在工厂中，ROM 主密钥为每个设备编写唯一的密钥。该主密钥用于验证公共代码验证密钥，该密钥也存储在不可修改的内存中。验证后，可使用代码验证（code verification）密钥对软件进行执行前验证。可信的执行模块以防篡改的方式执行验证。

以下是关于 ARM 可信执行环境的示例。

应用示例 3.3　ARM 可信执行环境

ARM Cortex 处理器为安全性和可信计算提供了一系列技术支持 [ARM13]。安全性基于四个模型层次：

- **正常环境**（normal world）包括用户模式和系统模式。这些模式通过操作系统与 MMU 的组合提供隔离。
- **虚拟机管理器模式**（hypervisor mode）允许在处理器上运行多个虚拟机，每台虚拟机可以运行不同的操作系统。通过虚拟机机制实现相互间的隔离。
- **可信环境**（trusted world）使用 ARM TrustZone 将系统划分为安全组件和不安全组件。
- SecurCore 在物理上是独立的芯片，可防止物理和软件攻击。

可信执行环境提供安全执行模式，确保代码和数据仅来自安全地址。这种保护机制同样适用于安全状态下的外设。将这种机制与管理程序相结合，可以将关键操作保存在 TEE 中，以保护虚拟机。虚拟机可以提供更广泛的功能。

对于计算平台的安全运行，ARM 的以下几个特征尤为重要：

- 处理器安全机制应该限制对系统的访问，恶意软件不能绕过这些机制。
- DMA 应该为内存和 I/O 设备提供安全访问机制。
- 应该严格限制平台其他部分对中央处理器的访问。
- 可信软件应该能够识别在不可信环境中消耗资源的进程，同时，可信软件还应该可以控制这些进程。
- 调试功能，如联合测试访问组（Joint（European）Test Access Group，JTAG）调试端口，不应危及安全性。
- I/O 设备应该支持安全 / 不安全操作。
- 平台应该有自己唯一的、不可修改的密钥。
- 平台应该为私钥提供安全、可信的存储。
- 启动流程和更新应该是安全和可验证的。
- 安全执行应确保在安全模式下执行的控制流不被破坏。
- 平台应该提供安全原语。

对可信环境的直接硬件支持方式各不相同：一些系统在硬件中执行不可修改的功能；其他系统则将可信功能放在可编程处理器上，以降低成本并增强灵活性。可信环境需要能够执行某些特定的可信功能，为加密密钥提供存储，并支持加密操作。它还需要提供与系统其余部分的接口，以确保不可信操作不能篡改可信环境。

ARM TrustZone[ARM09] 允许在机器上设计多个单元，这些单元能够在正常或安全两种模式下运行。带有 TrustZone 的 CPU 有一个状态位 NS，这个状态位决定 CPU 是在安全模式还是正常模式下运行。总线、DMA 控制器和缓存控制器也可以在安全模式下操作。

智能卡（smart card）广泛用于涉及金钱或其他敏感信息的交易中。智能卡系统的设计必须满足以下几个限制：提供安全的信息存储，允许对部分信息进行修改，在非常低的功耗水平下工作，并且制造成本非常低。

图 3.19 展示了一款典型智能卡的体系结构。仅当外部电路提供电源供电时，智能卡芯片才能工作。I/O 单元用于支持芯片与外部终端进行通信，传统的电接触通信和非接触通信都可以使用。CPU 可以通过访问 RAM 来进行计算，也可以使用非易失性存储器来进行计算。

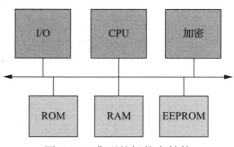

ROM 用于存储不能更改的代码。智能卡有时需要更改一些数据或程序，并在没有电源的情况下仍能保存这些值。由于电可擦除可编程 ROM（Electrically Erasable Programmable ROM，EEPROM）成本非常低，所以通常将它用于非易失性存储器。同时，系统中集成了专用电路，用于支持 CPU 写入 EEPROM，以确保即使在 CPU 操作期间也可以提供稳定写入信号 [Ugo86]。加密和解密操作由加密单元和密钥完成，其中密钥存储在 ROM 或其他永久存储器中。

图 3.19   典型的智能卡结构

3.9   设计示例：数据压缩器

本章的设计示例是一个数据压缩器，它接收的数据流中每个数据元素的位数是恒定的，同时输出一个压缩的数据流，其中的输出数据被编码为可变长度符号。因为本章主要讲解 CPU，所以我们重点关注数据压缩程序本身。

3.9.1   需求和算法

这里我们运用**霍夫曼编码**（Huffman coding）技术（具体的编码方法会在应用示例 3.4 中详细介绍），并且还必须理解如何将完成的压缩代码装载入一个大型系统中，图 3.20 展示了数据压缩过程的协作图。这个数据压缩器接收**输入符号流**（input symbol），然后产生**输出符号流**（output symbol）。为了简单起见，假设输入符号的长度都为 1 字节，而输出符号长度可变，因此我们必须选择一种格式来传递这些输出数据。单独传递每个编码符号是非常烦琐的，因为必须提供每个符号的长度，并使用额外的代码将它们打包成字。另一方面，逐位传递又实在很慢，因此，我们依靠数据压缩器将这些编码符号打包入数组。输出符号与输入符号之间并不是一一对应的关系，因此，在解压一个输出字之前可能要等待好几个输入符号。

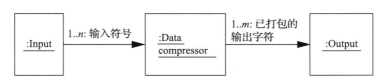

图 3.20   数据压缩器的 UML 协作图

文本压缩算法能够从统计学意义上减少数据量，霍夫曼编码 [Huf52] 就是其中常用的一种，它根据字符出现的频率将不同字符编码为不同长度，如果使用较少位数来表示最常用的字符，那么总序列的长度就会缩短。

为了对输入的位序列进行解码，字符编码必须具有唯一的前级，即没有任何编码可能是另一个更长字符编码的前缀。作为霍夫曼编码的一个简单例子，假设这些字符在消息中出现的概率 P 如下表所示。

字符	P
A	0.45
B	0.24
C	0.11
D	0.08
E	0.07
F	0.05

我们自底向上来构建编码树。首先根据字符出现的概率对这些字符进行排序，然后将概率两两相加从而得到一个新的联合概率，接着重新根据概率排序该表，如此重复，直到只剩一个数据。最终，我们得到一棵树，并且从上到下来读取这些字符的编码。由上述例子所生成的编码树如下图所示。

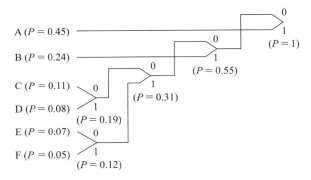

从树的根向叶读取代码，于是获得如下表所示的字符编码。

字符	编码
A	1
B	01
C	0000
D	0001
E	0010
F	0011

一旦代码构建完成，它就可以被存储在表中并用于编码。这个代码构建过程在许多应用程序中是离线完成的，这种方式使得编码更简单。但是显然，编码的效率会因为输入的字符序列不同而有很大所不同[⊖]。在解码方面，因为我们预先不知道字符位序列的长度，因此解码字符所需的计算时间也大不一样。

⊖ 因为码表中的关键因素是字符的概率，所以输入序列不同，概率就不同。如果使用预先建好的码表，那么当输入概率与预先建好的码表中的概率值不匹配时，编码的效率就会受到影响。——译者注

上面讨论的数据压缩器并不是一个完整的系统，但是我们至少可以创建一个部分需求列表，如下表所示。在这个需求表中，我们使用缩写 N/A 来表示无法描述且对于编码模块没有意义的部分。

名称	数据压缩模块
目标	霍夫曼数据压缩的代码模块
输入	编码表，未编码的输入符号（数据单位为字节）
输出	打包并压缩的输出符号
功能	霍夫曼编码
性能	需要高速的计算性能
制造成本	N/A
功率	N/A
物理尺寸和重量	N/A

3.9.2 规格说明

通过细化图 3.20 的描述，就可以为数据压缩模块提出一个更完整的规格说明。协作图中主要描述系统的稳态行为。对于一个功能完备的系统，我们必须提供以下附加行为：

- 支持在压缩过程中为压缩器更换新的符号表。
- 通过刷新符号缓冲区来使系统输出所有符号，包括已经被压缩并等待最终凑齐字节的符号，甚至只完成了部分压缩的符号。这样做是为了更新符号表或保持在编码过程中不断有数据被送往发送器。

对模块需求细化理解的类描述如图 3.21 所示。类的 buffer 和 current-bit 用于保存编码的状态，table 用于保存当前符号表。该类有如下三种行为：

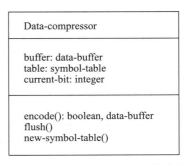

图 3.21 Data-compressor 的类定义

- encode 执行基本的编码功能。它接收 1 个字节的输入符号并返回两个值，其中的布尔值显示它是否返回一个完整的缓冲区，如果布尔值为真，则返回的 data-buffer 就是那个完整的缓冲区。
- new-symbol-table 将新的符号表装载入压缩器中，并丢弃内部缓冲区的当前内容。
- flush 返回缓冲区的当前状态，包括缓冲区中包含的有效位数和相应的内容。

我们还需要为数据缓冲区（Data-buffer）和符号表（Symbol-table）定义类，这些类如图 3.22 所示。Data-buffer 既可用于保存已压缩符号，又可用于保存未压缩符号（比如在符号表中），它定义了缓冲区本身及其长度。由于最长的编码符号比输入符号还要长，所以我们必须为编码定义一种数据类型。8 位的输入符号，可能产生的最长霍夫曼编码是 256 位。（仅当符号出现的概率具有特定数值时，这种情况才可能发生。）insert 函数将一个新符号插入缓冲区的高位，如果当前缓冲区发生溢出，它还将多余的位放入一个新的缓冲区。Symbol-table 类可以对已编码符号进行索引，它定义了对表的访问行为，还定义了一个 load 行为用于创建新的符号表。这些类之间的关系如图 3.23 所示，数据压缩器对象包括一个数据缓冲区和一个符号表。

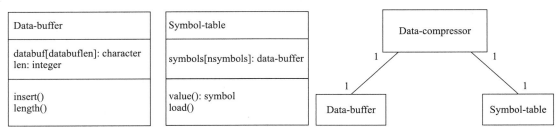

图 3.22　数据压缩器的附加类定义　　　图 3.23　数据压缩器中类之间的关系

图 3.24 展示了 encode 行为的状态图，它表明 encode 行为的大部分工作都是用可变长度符号来填充缓冲区。图 3.25 展示了 insert 行为的状态图，它表明我们必须考虑新的符号是否将缓冲区填充满的两种情况。

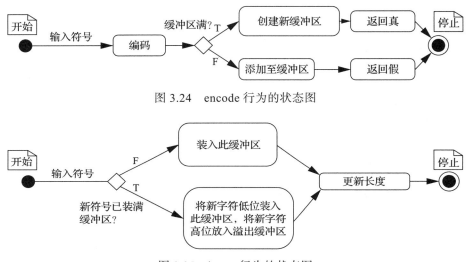

图 3.24　encode 行为的状态图

图 3.25　insert 行为的状态图

3.9.3　程序设计

由于只是构建一个编码器，所以程序相当简单。我们将利用这个机会，分别使用 C++ 和 C 来对设计进行编码，从而对面向对象和非面向对象的实现进行比较。

首先运用 C++ 实现面向对象的程序设计，因为这种实现方式能够直接反映规格说明的设计。

第一步是设计数据缓冲区，这个数据缓冲区的长度需要与最长符号一样。此外，还需要实现一个功能，即将另一个 data_buffer 中的内容归并进来，同时对输入缓冲区中的数据进行正确的移位。

```
const int databuflen = 8; /* as long in bytes as longest symbol */
const int bitsperbyte = 8; /* definition of byte */
const int bytemask = 0xff; /* use to mask to 8 bits for safety */
const char lowbitsmask[bitsperbyte] = { 0, 1, 3, 7, 15, 31, 63, 127};
   /* used to keep low bits in a byte */
typedef char boolean; /* for clarity */
#define TRUE 1
#define FALSE 0
```

```
class data_buffer {
     char databuf[databuflen];
     int len;
     int length_in_chars() { return len/bitsperbyte; } /* length in
bytes rounded down--used in implementation */
  public:
    void insert(data_buffer, data_buffer&);
    int length() { return len; } /* returns number of bits in
  symbol */
   int length_in_bytes() { return (int)ceil(len/8.0); }
   void initialize(); /* initializes the data structure */
   void data_buffer::fill(data_buffer, int); /* puts upper bits
                            of symbol into buffer */
   void operator = (data_buffer&); /* assignment operator */
   data_buffer() { initialize(); } /* C++ constructor */
   ~data_buffer() { } /* C++ destructor */
};
data_buffer empty_buffer; /* use this to initialize other
    data_buffers */
void data_buffer::insert(data_buffer newval, data_buffer& newbuf) {
    /* This function puts the lower bits of a symbol (newval)
    into an existing buffer without overflowing the buffer. Puts
    spillover, if any, into newbuf. */
    int i, j, bitstoshift, maxbyte;
    /* precalculate number of positions to shift up */
    bitstoshift = length() -length_in_bytes()*bitsperbyte;
    /* compute how many bytes to transfer--can't run past end
      of this buffer */
    maxbyte = newval.length() + length()>databuflen*bitsperbyte ?
                    databuflen:newval.length_in_chars();
    for (i = 0; i <maxbyte; i++) {
        /* add lower bits of this newval byte */
        databuf[i + length_in_chars()] |=(newval.databuf[i] <<
            bitstoshift) & bytemask;
        /* add upper bits of this newval byte */
      databuf[i + length_in_chars() + 1] |=(newval.databuf[i]
    >>(bitsperbyte - bitstoshift)) &lowbitsmask[bitsperbyte -
    bitstoshift];
    }
    /* fill up new buffer if necessary */
    if (newval.length() + length() >databuflen*bitsperbyte) {
        /* precalculate number of positions to shift down */
        bitstoshift = length() % bitsperbyte;
        for (i = maxbyte, j = 0; i++, j++; i <= newval.length_
            in_chars()) {
            newbuf.databuf[j] = (newval.databuf[i] >> bitsto-
                shift) & bytemask;
            newbuf.databuf[j] |= newval.databuf[i + 1] &
                lowbitsmask[bitstoshift];
        }
    }
}
/* update length */
len = len + newval.length() >databuflen*bitsperbyte ?
  databuflen*bitsperbyte : len + newval.length();
}
```

```
data_buffer& data_buffer::operator=(data_buffer& e) {
    /* assignment operator for data buffer */
    int i;
    /* copy the buffer itself */
    for (i = 0; i <databuflen; i++)
        databuf[i] = e.databuf[i];
    /* set length */
    len = e.len;
    /* return */
    return e;
}
void data_buffer::fill(data_buffer newval, int shiftamt) {
    /* This function puts the upper bits of a symbol (newval) into
     the buffer. */
    int i, bitstoshift, maxbyte;
    /* precalculate number of positions to shift up */
    bitstoshift = length() - length_in_bytes()*bitsperbyte;
    /* compute how many bytes to transfer--can't run past end
       of this buffer */
  maxbyte = newval.length_in_chars() >databuflen ? databuflen :
      newval.length_in_chars();
   for (i = 0; i <maxbyte; i++) {
       /* add lower bits of this newval byte */
       databuf[i + length_in_chars()] = newval.databuf[i] <<
           bitstoshift;
       /* add upper bits of this newval byte */
       databuf[i + length_in_chars() + 1] = newval.databuf[i] >>
           (bitsperbyte - bitstoshift);
   }
}
void data_buffer::initialize() {
    /* Initialization code for data_buffer. */
    int i;
    /* initialize buffer to all zero bits */
    for (i = 0; i <databuflen; i++)
        databuf[i] = 0;
    /* initialize length to zero */
    len = 0;
}
```

data_buffer 的代码相对来说比较复杂，而且它的复杂性并没有完全反映在图 3.25 的状态图中。这并不意味着规格说明不好，而是因为它的抽象层次更高。

符号表代码的实现相对容易：

```
const int nsymbols = 256;
class symbol_table {
    data_buffer symbols[nsymbols];
public:
    data_buffer *value(int i) { return &(symbols[i]); }
    void load(symbol_table&);
    symbol_table() { } /* C++ constructor */
    ~symbol_table() { } /* C++ destructor */
};
void symbol_table::load(symbol_table& newsyms) {
    int i;
    for (i = 0; i <nsymbols; i++) {
```

```
            symbols[i] = newsyms.symbols[i];
        }
}
```

下面为 data_compressor 创建类定义：

```
typedef char boolean; /* for clarity */
class data_compressor {
  data_buffer buffer;
  int current_bit;
  symbol_table table;
  public:
      boolean encode(char, data_buffer&);
      void new_symbol_table(symbol_table newtable)
            { table = newtable; current_bit = 0;
              buffer = empty_buffer; }
      int flush(data_buffer& buf)
              { int temp = current_bit; buf = buffer;
                buffer = empty_buffer; current_bit = 0; return temp; }
      data_compressor() { } /* C++ constructor */
      ~data_compressor() { } /* C++ destructor */
};
```

以下代码实现 encode() 方法，其难点在于如何管理缓冲区。

```
boolean data_compressor::encode(char isymbol, data_buffer& fullbuf) {
    data_buffer temp;
    int overlen;

  /* look up the new symbol */
  temp = *(table.value(isymbol)); /* the symbol itself */
  /* will this symbol overflow the buffer? */
  overlen = temp.length() + current_bit - buffer.length(); /*
        amount of overflow */
  if (overlen >0) { /* we did in fact overflow */
    data_buffer nextbuf;
    buffer.insert(temp,nextbuf);
    /* return the full buffer and keep the next partial buffer */
    fullbuf = buffer;
    buffer = nextbuf;
    return TRUE;
  } else { /* no overflow */
    data_buffer no_overflow;
    buffer.insert(temp,no_overflow); /* won't use this argument */
    if (current_bit == buffer.length()) { /* return current buffer */
      fullbuf = buffer;
      buffer.initialize(); /* initialize the buffer */
      return TRUE;
      }
      else return FALSE; /* buffer isn't full yet */
  }
}
```

　　在有些情况下用 C++ 编写这个算法是一件很奢侈的事情，因为并不是每一款嵌入式处理器都可以支持面向对象语言（如 C++ 或 Java），但 C 是嵌入式处理器普遍支持的一种语言。那么究竟如何构造 C 代码来提供数据压缩器的多重实例呢？如果想要严格遵守规格说明，就必须能够同时运行几个压缩器实例，因为在面向对象的规格说明中，我们可以创建任意多的新 data-compressor 对象。为了能够同时运行多个数据压缩器，我们不能依赖任何全局变量，所有的对象状态都必须是可复制的。这一点实现起来比较容易，但是代码会复杂一些。我们创建一个结构来存放这种对象的数据部分，如下所示：

```
struct data_compressor_struct {
   data_buffer   buffer;
   int current_bit;
   sym_table table;
}
typedef struct data_compressor_struct data_compressor,
 * data_compressor_ptr; /* data type declaration for convenience */
```

当然，我们要为其他类做类似的工作。根据设计的严格程度，我们可能需要为创建的各种结构中的字段定义数据访问函数，以完成读取和赋值操作。C 允许在不使用访问函数的情况下访问这些结构中的字段，但是使用专门的访问函数以便以后修改结构定义。

然后，我们将类方法实现为 C 函数，并用一个指针来传递要操作的 data_compressor 对象。下面的代码是已经修改后的 encode 方法的开始部分，展示了如何显式地引用对象中的数据。

```
typedef char boolean; /* for clarity */
#define TRUE 1
#define FALSE 0
boolean data_compressor_encode(data_compressor_ptr mycmprs,
      char isymbol, data_buffer * fullbuf) {
 data_buffer temp;
int len, overlen;
/* look up the new symbol */
temp = mycmprs-> table[isymbol].value; /* the symbol itself */
len = mycmprs-> table[isymbol].length; /* its value */
 ...
```

（对于 C++ 程序员，上述代码相当于用户显式传递了 C++ 的 this 指针。）

另一方面，如果我们并不关心它是否具有同时运行几个压缩器的能力，那么就可以通过将全局变量定义为类变量而使函数更具可读性。

```
static data_buffer buffer;
static int current_bit;
static sym_table table;
```

我们使用 C 中的 static 声明来确保这些全局变量不会在已经定义过的文件之外被再次定义，这样就增强了程序的模块性。当然，我们还必须更新规格说明，以明确表明每次只能运行一个压缩器对象。如下面的代码所示，这种方法的代码实现中，函数可以直接操作全局变量。

```
boolean data_compressor_encode(char isymbol,
         data_buffer& fullbuf){
   data_buffer temp;
     int len, overlen;
  /* look up the new symbol */
   temp = table[isymbol].value; /* the symbol itself */
  len = table[isymbol].length; /* its value */
    ...
```

注意，这段代码不需要结构指针参数，这样就和 C++ 代码更为相似。但是，如果试图通过这段代码同时运行两个不同的压缩器，那么将会产生可怕的错误。

我们如何评价这段代码的效率呢？效率具有许多特性，这将在第5章中进行详细描述。现在，让我们先考虑指令选择效率，也就是说，编译器在选择正确指令来实现操作时能够做到多好。这里的位操作的效率就经常引起人们的关注。但是如果我们有一个好的编译器，并选择正确的数据类型，那么指令选择就不再是问题。如果使用不需要类型转换的数据类型，那么一个好的编译器就会选择适当的指令来有效实现所需的操作。

3.9.4 测试

如何测试这个程序模块以确保它正确运行呢？我们将在5.10节中详细探讨更全面的测试，这里介绍一些普通的测试技术。

测试代码的一种方法是运行它，并在不考虑代码内容的情况下观察其输出。在这种情况下，我们可以加载一个符号表，通过它处理一些符号，并看看能否得到正确的结果。符号表可以从外部获得，或者通过编写一个小程序来自动生成，而且测试过程应该使用多个不同的符号表。通过查看编码树，我们可以对程序运行的所有可能结果有所了解。如果选择几个差别很大的编码树，那么就会得到这个程序更多的可能结果。此外，对于每个符号表，我们希望测试更多的符号，那么一个有助于自动测试的方法就是编写霍夫曼解码器。如图3.26所示，我们可以用编码器对一组符号进行编码，然后用解码器进行解码，并查看输入和输出是否一致。如果不一致，那么就必须既检查编码器又检查解码器，来找出问题所在。但是，对于大部分实际系统来说两者都是必需的，所以这样做并没有带来额外的工作量。

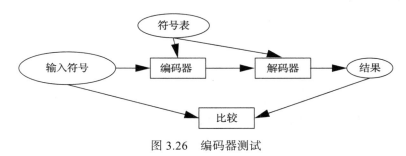

图 3.26   编码器测试

另一种测试代码的方法是检查代码本身，并尝试找出潜在的问题区域。在阅读代码的过程中，我们应该寻找发生数据操作的位置，并观察它们是否能正确执行。此外，还需要查看条件，以确定需要执行的不同情况。以下是我们在测试中需要考虑的一些问题：

- 是否会发生越过符号表末尾的情况？
- 当下一个符号没有填满缓冲区时会发生什么？
- 当下一个符号刚好填满缓冲区时会发生什么？
- 当下一个符号溢出缓冲区时会发生什么？
- 很长的编码符号可以正常工作吗？很短的呢？
- flush()是否正常工作？

测试代码的内部通常需要构建**脚手架代码**（scaffolding code）。例如，我们可能想要单独测试 insert 方法，这就需要构建一个程序来调用 insert，并传递相应的参数。如果所使用编程语言带有解释器的话，构建这样的脚手架代码就比较容易，因为不必创建一个完整的可执行文件。但是即使具有解释器，我们还是想自动完成这样的测试，因为这些测试程序一般要被执行很多次。

3.10   总结

实现一个完整的计算机系统需要许多机制。例如，中断机制在指令集中基本不直接可见，但它们对于输入和输出操作来说非常重要；存储管理机制对于大多数程序是不可见的，但是对于创建一个工作系统来说极其重要。

虽然我们没有直接讲解计算机体系结构的细节，但底层 CPU 硬件的特性对程序影响极大。在设计嵌入式系统时，我们尤其关注诸如执行速度或功耗之类的特性。了解决定性能和功耗的因素有助于掌握优化程序的技术，并开发满足指标的优秀程序。

我们学到了什么

- 两种主要的 I/O 方式：轮询或中断驱动。
- 中断可以被向量化，并且划分优先级。
- 特权模式用于保护计算机以避免出现程序错误，并为同时管理多个程序提供了一种机制。
- 异常是一种内部错误，而陷阱（即软中断）由指令显式生成。这两者的处理方式都与中断类似。
- 高速缓存为少数主存单元提供快速存储，可以是直接映射或组相联映射。
- 存储管理单元（MMU）将逻辑地址转换为物理地址。
- 协处理器提供了一种在硬件中有选择地实现特定指令的方法。
- 程序性能受流水线、超标量执行和高速缓存的影响。其中，高速缓存所引起的指令执行时间的变化是最大的。
- CPU 可以提供用于管理功耗的静态（独立于程序行为）或动态（受当前执行的指令影响）方法。

扩展阅读

与指令集一样，ARM 和 C55x 手册对处理器的异常、存储管理和高速缓存做了很好的描述。Patterson 和 Hennessy[Pat98] 对计算机的体系结构进行了全面描述，包括流水线、高速缓存和存储管理。

问题

Q3-1   为什么大多数计算机系统使用内存映射 I/O?

Q3-2   为什么大多数程序使用中断驱动 I/O 而不使用忙等 I/O?

Q3-3   编写一段 ARM 代码，测试存储单元 ds1 处的寄存器，并仅当寄存器不为 0 时继续执行。

Q3-4   编写一段 ARM 代码，当设备寄存器 ds1 的低位变为 1 时，读取寄存器 dd1 的值。

Q3-5   用 ARM 的汇编语言实现 peek() 和 poke()。

Q3-6   为一个设备的忙等读取绘制 UML 顺序图，该图需要包含在 CPU 和设备上运行的程序。

Q3-7   为一个设备的忙等写入绘制 UML 顺序图，该图需要包含在 CPU 和设备上运行的程序。

Q3-8   绘制使用忙等 I/O 将字符从输入设备复制到输出设备的 UML 顺序图，该图应包括两个设备和两个忙等 I/O 处理程序。

Q3-9   什么情况下，你会优先使用忙等 I/O，而非中断驱动 I/O?

Q3-10   绘制从 8251 UART 读取一个字符的 UML 顺序图。要从 UART 读取字符，设备需要从数据寄存器读取，并将串行端口状态寄存器由 1 设置为 0。

   a. 绘制显示前台程序、驱动程序和 UART 的顺序图。

b. 绘制中断处理程序的状态图。

Q3-11 如果中断系统中向量和优先级只能使用一个，你会如何选择？

Q3-12 为带向量的中断软件处理过程绘制一个 UML 状态图。向量处理由软件（通用驱动程序）来完成，这部分代码在收到中断后开始执行。假设向量处理程序可以从标准位置读取中断设备的向量，你的状态图应显示向量处理程序如何根据向量确定调用哪个驱动程序。

Q3-13 为设备的中断驱动读取绘制一个 UML 顺序图，该图应该包括后台程序、处理程序和设备。

Q3-14 为设备的中断驱动写入绘制一个 UML 顺序图，该图应该包括后台程序、处理程序和设备。

Q3-15 为设备带向量的中断驱动读取绘制一个 UML 顺序图，该图应包括后台程序、中断向量表、处理程序和设备。

Q3-16 为使用中断驱动 I/O 将字符从输入设备复制到输出设备绘制一个 UML 顺序图，该图应包括两个设备和两个 I/O 处理程序。

Q3-17 绘制在较低优先级的中断处理程序运行期间，发生较高优先级中断的 UML 顺序图，该图应包括设备、两个处理程序和后台程序。

Q3-18 绘制在较高优先级中断处理程序运行期间，发生较低优先级中断的 UML 顺序图，该图应包括设备、两个处理程序和后台程序。

Q3-19 绘制在低优先级中断处理程序运行期间，发生不可屏蔽中断的 UML 序列图，该图应包括设备、两个处理程序和后台程序。

Q3-20 为 ARM7 在响应中断时的执行步骤绘制一个 UML 状态图。

Q3-21 有三个连接到微处理器的设备：设备 1 的优先级最高，设备 3 的优先级最低，每个设备的中断处理程序需要 5 个时间单位来执行。设备的中断序列如下图所示，（如果有）请指出每次都执行什么中断处理程序。

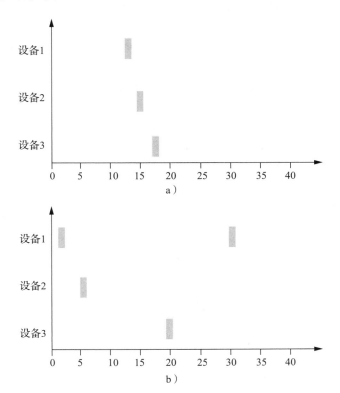

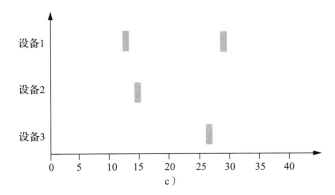

Q3-22 绘制一个 UML 顺序图，显示 ARM 处理器如何进入特权模式，该图应包括特权模式和用户模式程序。

Q3-23 举出由 CPU 处理的三种典型异常。

Q3-24 陷阱的作用是什么？

Q3-25 绘制一个 UML 顺序图，显示 ARM 处理器如何处理浮点异常，该图应包括用户程序、异常处理程序和异常处理程序表。

Q3-26 举例说明以下事件在一个典型程序中的发生过程：

　　a. 强制性失效

　　b. 容量失效

　　c. 冲突失效

Q3-27 给定一个存储系统，假设主存访问时间为 70ns，请回答以下问题。

　　a. 在高速缓存访问时间为 3ns 的情况下，计算命中率范围为 [0.94%，0.99%] 的平均内存访问时间。

　　b. 在高速缓存命中率为 98% 的情况下，计算高速缓存访问时间范围为 [1ns，5ns] 的平均内存访问时间。

Q3-28 如果高速缓存访问时间为 3ns，主存访问时间为 80ns，那么高速缓存命中率达到多少才能获得 8ns 的平均内存访问时间？

Q3-29 在示例 3.8 中，采用双路四组相联高速缓存，就像对直接映射高速缓存所做的一样，说明每次主存访问之后高速缓存的状态。请使用 LRU 替换策略来实现。

Q3-30 以下代码由 ARM 处理器执行，每条指令执行一次：

```
      MOV r0,#0        ; use r0 for i, set to 0
      LDR r1,#10       ; get value of N for loop termination test
      MOV r2,#0        ; use r2 for f, set to 0
      ADR r3,c         ; load r3 with address of base of c array
      ADR r5,x         ; load r5 with address of base of x array
      ; loop test
loop  CMP r0,r1
      BGE loopend      ; if i >= N, exit loop
      ; loop body
      LDR r4,[r3,r0]   ; get value of c[i]
      LDR r6,[r5,r0]   ; get value of x[i]
      MUL r4,r4,r6     ; compute c[i]*x[i]
      ADD r2,r2,r4     ; add into running sum f
```

```
                    ; update loop counter
ADD r0,r0,#1        ; add 1 to i
B loop              ; unconditional branch to top of loop
```

假设每行都是一条 ARM 指令，说明在以下这些配置环境中运行后，指令高速缓存的内容。

    a. 直接映射，两路

    b. 直接映射，四路

    c. 双路组相联，每组两路

Q3-31 画出使用页表进行分页地址转换的 UML 状态图。

Q3-32 画出使用三级树结构页表进行分页地址转换的 UML 状态图。

Q3-33 ARM7 流水线具有哪几级？

Q3-34 C55x 流水线具有哪几级？

Q3-35 延时和吞吐量之间有什么区别？

Q3-36 为三条虚构指令 aa、bb 和 cc 的 ARM7 流水线执行绘制流水线图。aa 指令总是需要两个周期来完成执行；如果前一条指令是 bb 指令，那么 cc 指令就需要两个周期来完成执行。请绘制这些指令序列的流水线图。

    a. bb, aa, cc

    b. cc, bb, cc

    c. cc, aa, bb, cc, bb

Q3-37 绘制两个流水线图，分别显示采用和不采用 ARM BZ 指令时发生的情况。

Q3-38 描述 CMOS 微处理器消耗功率的三种机制。

Q3-39 分别给出以下内容的用户级示例。

    a. 静态电源管理

    b. 动态电源管理

Q3-40 可信程序会执行不可信程序吗？请解释原因。

上机练习

L3-1 编写一个检测高速缓存的简单循环。通过更改循环体中的语句数，可以改变循环执行时的高速缓存命中率，如果微处理器从片外存储器中获取指令，那么应该能通过观察微处理器总线看到执行速度的变化。

L3-2 如果你的 CPU 具有流水线，并且在分支语句发生跳转和不发生跳转时，执行时间有明显差异，那么请编写一个程序，其中的分支语句需要不同时间量来执行。同时使用 CPU 模拟器来观察程序的行为。

L3-3 测量响应中断所需的时间。

计算平台

本章要点
- CPU 总线、I/O 设备和接口。
- 以 CPU 系统作为理解设计方法的框架。
- 系统级性能和功耗。
- 平台的安全性能。
- 开发环境和调试。
- 设计示例：闹钟、喷气发动机控制器。

4.1　引言

本章讨论由微处理器、I/O 设备和存储单元所构建的**计算平台**（computing platform）。微处理器是嵌入式计算系统的重要组成部分，但是如果没有存储器和 I/O 设备，它就无法工作。我们需要了解如何使用 CPU 总线来连接微处理器和设备，而应用程序也依赖于与平台硬件密切相关的软件。幸运的是，因为不同应用所需平台之间有很多相似之处，所以我们可以通过研究几个基本概念来总结一些普遍有用的规律。

下一节将简要介绍计算平台，包括硬件和软件两方面。4.3 节讨论 CPU 总线，4.4 节介绍存储单元和系统，4.5 节介绍一些常用的 I/O 设备，4.6 节考虑如何使用计算平台进行设计，4.7 节讨论如何使用嵌入式平台设计系统，4.8 节研究在平台级别分析性能的方法，4.9 节讨论计算平台的电源管理，4.10 节讨论平台的安全性支持。最后，以两个设计示例作为结束：4.11 节中的闹钟和 4.12 节中的喷气发动机控制器。

4.2　基本的计算平台

虽然一些嵌入式系统需要复杂的计算平台，但是其中许多都可以由通用计算机系统改造而来，这些通用计算机系统可以是 4 位的微处理器，也可以是复杂的片上系统。此外，平台提供了开发嵌入式应用程序的环境，既包含硬件组件也包含软件组件，并且两者缺一不可。

4.2.1　平台硬件组件

我们习惯认为理想的计算机系统只由 CPU 和内存构成，但是，真实的计算机还需要一些额外的组件。如图 4.1 所示，典型的计算平台包括以下几个主要的硬件组件：
- CPU 提供基本的计算功能。
- RAM 用于程序和数据存储。
- Flash（也称作 ROM）用于保存引导程序和一些永久数据。
- DMA（Direct Memory Access）控制器提供直接内存访问功能。
- 定时器被操作系统用于多种目的。

- 高速总线通过桥接器连接到 CPU 总线，允许高速设备和系统的其他部分进行高效通信。
- 低速总线提供一种廉价的方式来连接更简单的设备，并提供必要的向后兼容。

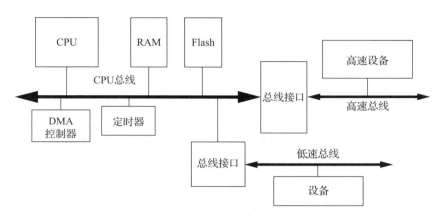

图 4.1　典型计算平台的硬件体系结构

总线在计算机的所有组件（CPU、内存和 I/O 设备）之间提供公共连接，4.3 节将会更详细地描述总线。总线可以传输地址、数据和控制信息，使得总线上的一台设备可以对另一台设备进行读写。

非常简单的系统可能只有一条总线，更复杂的平台通常具有多条总线且相互连接。总线通常根据其整体性能分为低速总线、高速总线等。多总线通常具有两个目的：第一，不同总线上的设备之间的交互要比同一总线上的设备少得多，而且将设备划分到不同总线有助于降低整体负载和提高总线利用率；第二，低速总线通常提供比高速总线更简单和更便宜的接口。低速设备即使可以经过一些改造连接到高速总线，但是由于设备本身的数据处理和传输速率很慢，使用高速总线也可能无法从中受益。

计算机系统中使用了很多种总线。例如，通用串行总线（USB）是使用串行方式连接的一小束线缆，虽然是串行总线，但 USB 也可以提供很高的性能。PCIE（Peripheral Component Interconnect Express）等复杂总线会使用许多并行连接和其他技术来提供更高的绝对性能。

计算机系统的许多对组件之间都可能发生数据传输：CPU 发送到（或接收于）内存，CPU 发送到（或接收于）I/O 设备，内存到内存，I/O 设备到 I/O 设备。因为总线连接所有这些组件（可能通过桥接），所以它可以仲裁所有类型的传输。但是，基本数据传输需要在 CPU 上执行指令才能实现，因此我们可以使用直接内存访问（DMA）单元来减少一些 CPU 在基本数据传输工作中的工作量。4.3 节将更详细地讨论 DMA。

我们还可以将基本计算平台的所有组件放在单个芯片上，单芯片平台使得某些类型的嵌入式系统开发更加容易。这样的计算平台有很多优点，既能够有效降低成本，又能够像 PC 一样支持丰富的软件开发。由于能将 CPU 和设备集成在单个芯片上，硬件设计也更加灵活，所以制造商不必再局限于电路板的设计标准，可以提供各式各样的单芯片系统。

微控制器是指具有 CPU、内存以及 I/O 设备的单片机。这个术语最初用于基于 4 位与 8 位处理器的平台，同时也可以指使用较大处理器的单芯片系统。

接下来的两个例子介绍两个不同的单芯片系统。应用示例 4.1 介绍 PIC16F882，而应用示例 4.2 则描述的是 Cypress PSoC 6。

应用示例 4.1 PIC16F882 系统组织

下面是 PIC16F882（883 和 886 也一样）微控制器 [Mic09] 的框图。

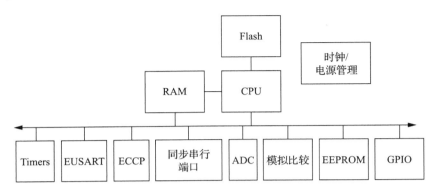

PIC 是哈佛体系结构，用于存储指令的闪存只能由 CPU 访问，而闪存可以使用单独的机制来编程。微控制器包括多个设备：定时器、通用同步 / 异步收发器（EUSART）、捕获和比较（ECCP）模块、主同步串行端口、模拟 / 数字转换器（ADC）、模拟比较器和索引、EEPROM 以及通用 I/O（GPIO）。

应用示例 4.2 Cypress PSoC 6 的系统组织

Cypress PSoC 6 CY8C62x8 和 CY8C62xA [Cyp20] 提供双处理器：一个是 150MHz ARM CortexM4F，配有单周期乘法器、浮点和内存保护单元；另一个是 100MHz Cortex-M0+，配有单周期乘法器和内存保护单元。存储器系统包括闪存、静态内存（SRAM）和一次性可编程存储器。其电源管理系统提供 6 种电源模式。I/O 包括几种类型的串行通信接口：音频系统、定时和脉宽调制以及可编程模拟功能。

4.2.2 平台软件组件

硬件和软件是不可分割的，两者相互依存以完成既定功能。嵌入式系统中的许多软件都是离开硬件厂商后再开发的，而一些软件组件可能来自第三方。硬件厂商通常会提供一套基础的软件平台组件来支持硬件的使用，这些组件一般会涵盖多个抽象层。

层次图常被用于描述系统不同软件组件之间的关系，图 4.2 就是嵌入式系统的层次图。其中硬件抽象层（HAL）提供硬件的基本抽象等级，设备驱动程序通常使用 HAL 来简化结构。类似地，电源管理模块也借助 HAL 对底层硬件进行访问。操作系统和文件系统提供构建复杂应用程序所需的基本抽象接口。因为许多嵌入式系统是算法密集型的，所以

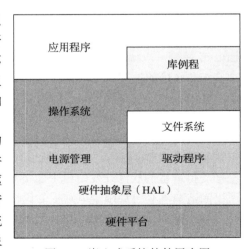

图 4.2　嵌入式系统软件层次图

我们经常利用库例程来执行复杂的核心函数功能。这些程序由开发团队的核心人员开发，并

交由其他软件开发人员重复使用，或在许多情况下，这些程序由制造商提供并针对硬件平台进行了大量优化。应用程序直接或间接地使用所有这些抽象层。

4.3　CPU 总线

总线（bus）是 CPU 与内存和设备进行通信的机制，它至少是一组线，此外，它还要定义 CPU、内存和设备之间通信的协议。总线的主要作用之一就是为内存提供一个接口（当然，I/O 设备也要连接到总线）。基于对总线的了解，本节研究内存组件的特性，其中重点介绍 DMA。此外，本节还将研究如何在计算机系统中使用总线。

以下术语用于描述没有相联协议的信号集：术语"控制器"和"响应器"分别指代协议中的不同角色，开放计算项目文档指南用于指代包容性和开放性的术语 [Car20]。

4.3.1　总线结构和协议

总线是系统组件之间的公用连接。如图 4.3 所示，CPU、内存、I/O 设备都连接到总线上。使用总线进行通信所必需的信号包括数据本身、地址、时钟，以及一些控制信号。

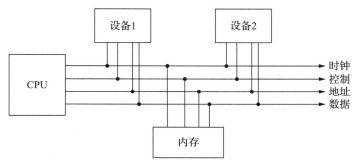

图 4.3　总线结构

在典型的总线系统中，CPU 的角色是**总线控制器**（bus controller），它负责初始化所有传输。如果任意设备都可以请求传输，那么就可能引起总线争用甚至造成设备得不到总线而产生饥饿。作为总线控制器，CPU 从内存读写数据和指令，并负责初始化所有 I/O 设备上的读写。实现 DMA 传输时，允许 DMA 控制器暂时充当总线控制器，在没有 CPU 参与的情况下传输数据。

大多数总线协议是基于**四次握手协议**（four-cycle handshake）构建的，如图 4.4 所示。握手用于确保当两台设备想要通信时，一台准备好发送，另一台准备好接收。握手时使用一对专用于握手的线路：enq（表示询问）与 ack（表示确认）。其他线路用于握手期间的数据传输。握手的每一步都由 enq 或 ack 线路上的电平转换来标识。

1. 设备 1 将 enq 输出置为高电平以发出查询信号，告诉设备 2 做好监听数据的准备。

2. 当设备 2 准备好接收时，它将 ack 输出置为高电平以发出确认信号。这时，设备 1 与设备 2 就可以发送或接收信号了。

3. 一旦数据传输完毕，设备 1 就将 enq 输出置为低电平。

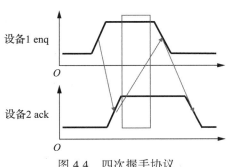

图 4.4　四次握手协议

4. 看到 enq 信号被释放，设备 2 就将 ack 输出置为低电平。

在握手结束时，双方握手信号均为低电平，就和开始握手前一样，系统回到其初始状态，为下一次以握手方式传输数据做好准备。

微处理器总线以握手协议为 CPU 与其他系统组件之间建立通信。总线这个术语有两种使用方式：最基本也是最常用的方式是表示一组相关的信号线路，比如地址总线就是指一组地址线；另一种方式是表示组件之间的通信协议。在本节中，为了防止混淆，我们使用**束**（bundle）来表示一组相关的信号。总线的基础操作就是读和写。典型总线的主要组件包括：

- 时钟，用于同步总线组件。
- R/W'（读 / 写），在总线读时为真（1，高电平），在总线写时为假（0，低电平）。
- 地址，一束信号线，共有 a 位，用于传输要访问的地址。
- 数据，一束信号线，共有 n 位，CPU 用它来发送或接收数据。
- 数据就绪，用于标识数据信号束上的值是否有效的信号。

在这个基本总线上的所有传输都由 CPU 控制，比如，CPU 可以读写设备或存储器，但是设备或存储器不能自己启动传输。这也反映出，R/W' 与地址线都是单向信号，因为只有 CPU 可以决定传输的地址和数据读写的方向。

我们将总线上的读或者写称为**事务**（transaction），总线事务的操作由总线协议管理。大多数现代总线使用时钟来同步总线上的设备操作，但总线时钟频率不一定必须与 CPU 匹配，许多情况下总线的运行速度明显比 CPU 慢。

图 4.5 展示了一个先读后写的顺序图。CPU 首先从内存读取一个存储单元，然后将其写入 dev1。每次都由总线来仲裁传输，总线根据协议来决定总线上的组件何时可以使用某些信号，以及这些信号的含义。这时总线协议的细节并不重要，但是需要注意的是，总线的时钟频率通常远低于 CPU，总线操作一般较慢，所以需要一些时间才能完成。我们将在 4.8 节学习如何分析平台级性能。

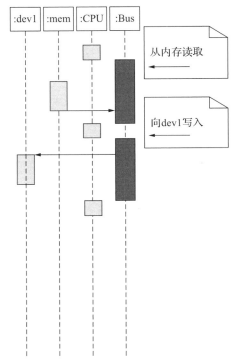

图 4.5   典型总线操作的顺序图

顺序图并没有提供充分理解硬件的细节，为了提供这些细节，总线行为通常被描述为**时序图**（timing diagram）。时序图展示总线上的信号如何随时间变化，但由于地址与数据可取多个值，所以使用标准符号来描述这些信号，如图 4.6 所示。A 的值在任何时候都是已知的，所以它被表示为一个在 0 与 1 之间变化的标准波形。B 与 C 在**变化**（changing）状态与**稳定**（stable）状态之间交替。顾名思义，稳定信号就是可以由示波器测量的稳定值，但这个信号的确切值对时序图来说并不重要，因此我们使用一个方形的区域来表示。例如，当地址到来时，地址总线只要显示为稳态就可以，而它的确切值对于时序图无关紧要。总线时序图中的信号可以在已知的 0/1 状态或稳定 / 变化状态之间切换。变化信号是没有稳定值的，不能用于计算。为了描述信号上事件间的精确时间关系，时序图有时会标明**时序约束**（timing constraint）。我们可以用两种不同的方式来描述时序约束，这取决于我们是关心事件发生的时间差，还是事件顺序。例如，从 A 到 B 的时序约束，表明 A 必须在 B 变为稳态之前变为高电平，这个时序约束中的值为 10ns，表示 A 在变为高电平后，至少需要 10ns，B 才会变为稳态[⊖]。

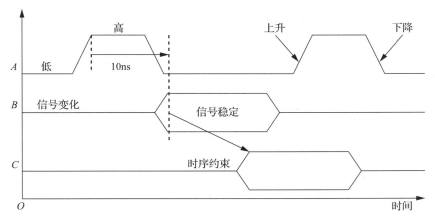

图 4.6   时序图表示法

图 4.7 是总线示例的时序图，它描述一个先读后写的过程，而且仅显示读操作的时序约束，但同样的约束也适用于写操作。由于在读模式下，CPU 不会改变设备或存储器的状态，所以总线通常处于读模式。CPU 可以忽略总线的数据线，直到它想要使用读操作的数据结果为止。此外还要注意，双向线路上的数据传输方向并未在时序图中指定。在读过程中，外部设备或存储器会在数据线上发送数据，而在写过程中，由 CPU 控制数据线并发出数据。

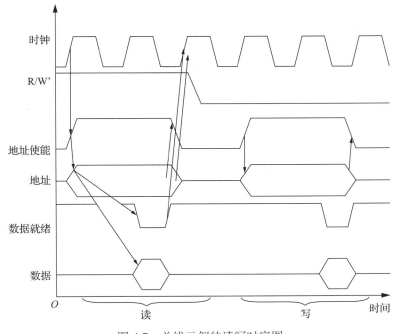

图 4.7   总线示例的读写时序图

⊖   而 B 和 C 之间的约束没有数值，用于表示信号 B 会在 C 之前到达稳态，属于事件顺序约束。——译者注

根据实际操作，我们可以看到时序图中读操作的顺序如下：

- 在时钟电平开始升高之后，将地址使能信号设置为高电平来启动读操作或写操作。我们设置 R/W' = 1 来表示读操作，并将地址线设置为所需的地址。
- 一个时钟周期之后，存储器或外设在数据线上找到在该地址的数据值，同时，外设通过下拉数据就绪线的电平来确认数据有效。这条线是**低电平有效**（active low），即用低电位来表示逻辑 1，这样做是为了提高对电气噪声的抗干扰性。
- CPU 可以在最后一个时钟周期结束后清除地址值。为了保证系统运转正确，不干扰下个周期的操作，必须在下一个周期开始之前完成清除操作。外设同样需要清除数据线上的数据值。

写操作具有类似的时序结构。读 / 写顺序说明 R/W' 的状态转换之间必须要有时序约束。在读写期间，信号必须保持稳定，因此，时序约束用于保证 R/W' 信号在电平反转时已经完成当前的读写操作。其结果是，CPU 在读写两种模式之间切换时，存在一个严格的时间窗口。

当数据被传送时，通知 CPU 和外设可以开始数据传输的握手信号 ack 一般由应答方的数据就绪线生成，但对查询方的 enq 信号却是隐式的。由于总线通常处于读模式，所以无须单独发送 enq 信号，但 ack 信号必须由数据就绪线提供。

数据就绪信号允许总线连接到速度比它慢的设备。如图 4.8 所示，外设不需要立即确认数据就绪信号。数据可以被读取的最早时间[⊖]和真正被读取的时间之间的周期称作**等待状态**（wait state），等待状态通常用于将速度慢的、价格便宜的存储设备连接到总线。

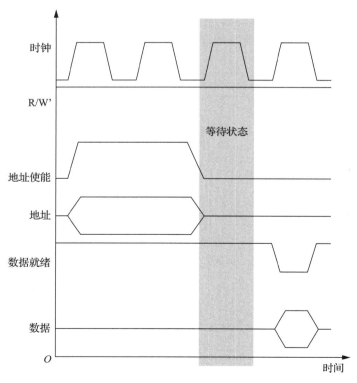

图 4.8　读操作上的等待状态

　⊖　即 CPU 可以开始读取数据的时间。——译者注

我们也可以使用总线握手信号来执行**突发传输**（burst transfer），如图 4.9 所示。在这个突发读事务中，CPU 发送一个地址但是收到一个数据值序列。我们为总线额外增加一条线路，称为突发信号线，在突发事务中使用该信号。此外，释放突发信号可以通知设备已经传输了足够多的数据。由于设备需要一些时间来识别突发事务结束，因此为了在数据 4 之后停止接收数据，CPU 在数据 3 的末尾就释放突发信号，这些数据来自从给定地址开始的连续内存空间。

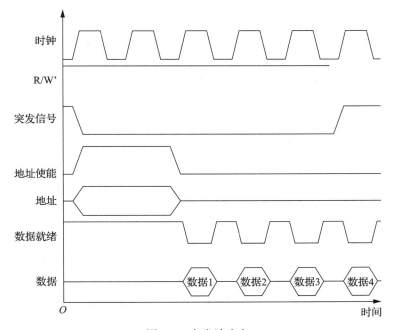

图 4.9　突发读事务

一些总线提供**分离式传输**（disconnected transfer）。在这些总线中，请求与响应是分开的。第一个操作是请求传输，接下来总线可用于其他操作，当数据准备就绪后，才会真正进行传输。

总线事务的状态机视图是对时序图的有益补充，对于理解总线的工作过程是很有帮助的，图 4.10 展示了读操作过程中 CPU 与设备的状态机。和时序图一样，状态机不显示地址与数据线上的所有可能值，而是关注控制信号的转换。当 CPU 决定执行一个读事务时，它转换到一个新的状态，发送能够使设备正确工作的总线信号。设备的状态转换图展示了协议中设备需要完成的响应和相应的状态转换。

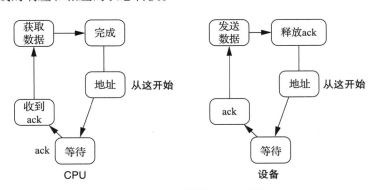

图 4.10　总线读事务的状态图

一些总线的数据束宽度小于 CPU 机器字的大小[⊖]。使用较少数据线可以减少芯片的成本。当 CPU 可以支持按字节寻址时，这种总线最容易设计。系统中有时会使用一套更复杂的协议，对 CPU 中的指令执行单元隐藏外部数据的大小。读事务中，在总线上每次发送一个要读取的字节地址，然后接收一个字节，顺序地依次发出所有的地址，然后将收到的若干字节汇总成为一个机器字，再送到 CPU 的指令执行单元中。

4.3.2　直接内存访问

标准总线事务需要 CPU 参与到每个读或写事务中，然而，有些数据传输类型并不需要 CPU 的参与。例如，一个高速 I/O 设备想要向内存发送一个数据块，虽然可以编写一个程序轮流从设备读取数据，并向内存写入数据，但是，如果 CPU 不参与的话，设备与内存之间的直接通信速度会更快。这种能力要求除了 CPU 之外的其他单元能够对总线进行控制操作。

直接内存访问（Direct Memory Access，DMA）是一种不由 CPU 控制的总线读写操作。DMA 传输由 DMA 控制器控制，它从 CPU 请求总线控制权，得到控制权后，DMA 控制器直接在设备与内存之间进行读写操作。

图 4.11 展示了具有 DMA 控制器的总线配置。DMA 需要 CPU 提供两个额外的总线信号：

- **总线请求**（bus request）是 DMA 控制器发向 CPU 的信号，DMA 控制器通过它请求总线控制权。
- **总线授权**（bus grant）是 CPU 发向 DMA 控制器的信号，表明总线已被授予 DMA 控制器。

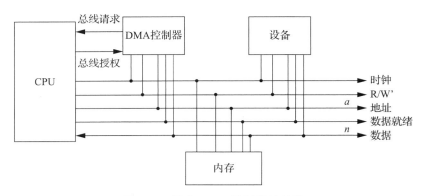

图 4.11　具有 DMA 控制器的总线

DMA 控制器可以作为总线控制器。它使用总线请求和总线授权这两个信号来获得总线控制权，这个过程类似经典的四次握手协议。当 DMA 控制器想要控制总线时，它发出总线请求信号，当总线准备就绪时，CPU 就发出总线授权信号。CPU 将总线控制权授予 DMA 控制器之前，将完成所有未完成的总线事务。CPU 授权后，它将停止驱动其他总线信号，包括 R/W'、地址等。一旦 DMA 控制器成为总线控制器，它将拥有所有总线信号的控制权（当然，总线请求信号和总线授权信号除外）。

一旦 DMA 控制器成为总线控制器，它可以使用与 CPU 驱动的总线事务相同的总线协议来执行读和写。内存和设备并不知道读写是由 CPU 还是 DMA 控制器执行的。事务完成

⊖　通常在这种情况下，总线的宽度只有一个字节，而 CPU 的机器字是两个、四个或者更多字节。——译者注

之后，DMA 控制器通过撤销总线请求信号来将总线控制权返还给 CPU，而 CPU 也将撤销总线授权。

CPU 通过 DMA 控制器中的寄存器来控制 DMA 操作。一个典型的 DMA 控制器包括下面三个寄存器：

- 起始地址寄存器，指定传输从何处开始。
- 长度寄存器，指定将要传输的字的数量。
- 状态寄存器，用于 CPU 操作 DMA 控制器。

CPU 首先设置起始地址寄存器与长度寄存器，然后通过写状态寄存器将开始传输位置 1，从而启动 DMA 传输。DMA 操作完成之后，DMA 控制器通过中断通知 CPU 传输已完成。

既然 CPU 在 DMA 传输期间不能使用总线，那么它做什么呢？如图 4.12 所示，如果 CPU 在高速缓存与寄存器中有足够多的指令与数据，那么它就能够在相当一段时间内继续做有用的工作，而忽略 DMA 传输。但是一旦 CPU 需要使用总线，它就会停止工作，直到 DMA 控制器返还总线控制权。

为了防止 CPU 空闲太久，大多数 DMA 控制器通过每次只占用几个总线周期的模式来实现。例如，每次只传输 4、8 或者 16 个字。如图 4.13 所示，每次传输块之后，DMA 控制器会将总线控制权返还给 CPU，并睡眠一段预设时间，在这之后它将为下一个块传输再次请求总线。

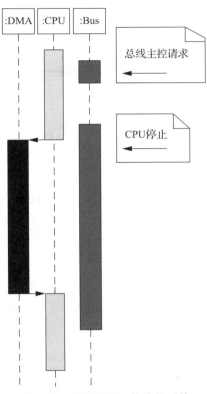

图 4.12　使用 DMA 传输的系统活动 UML 顺序图

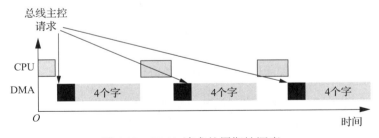

图 4.13　DMA 请求的周期性调度

4.3.3　系统总线配置

微处理器系统通常具有多条总线。如图 4.14 所示，高速设备可以连接到高性能总线上，而低速设备连接到其他总线上，同时使用一个被称为**桥**（bridge）的小逻辑电路将这些总线彼此连接。这样做有三个原因：

- 总线越高速，能够提供的数据连接越宽。
- 高速总线通常需要更昂贵的电路与连接器，使用低速、低成本的总线可以降低低速设备的成本。
- 桥允许总线独立运行，从而为 I/O 操作提供并行性。

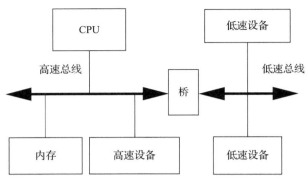

图 4.14   多总线系统

高速总线与低速总线之间的总线桥的操作如图 4.15 所示。这个总线桥是高速总线上的从设备，低速总线上的主设备。总线桥从它从属的高速总线上接收命令，并向低速总线上发出这些命令，此外，还将命令的执行结果从低速总线传到高速总线。例如，它将读到的数据从低速总线传到高速总线。

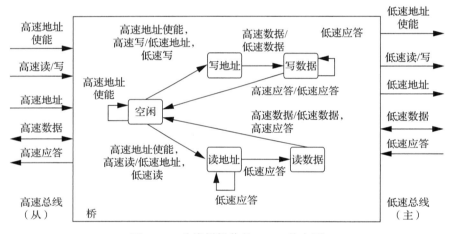

图 4.15   总线桥操作的 UML 状态图

状态图的上半部处理从高速总线到低速总线的写入。这些状态必须从高速总线读取数据，并为低速总线建立握手。总线桥的高速端操作与低速端操作应尽可能多地重叠⊖，以减少总线到总线的传输延时。类似地，状态图的下半部从低速总线读取数据，并将其写入高速总线。

桥还可以作为桥两端的总线之间的协议转换器。如果两端在协议操作和速度上非常接近，那么一个简单的状态机就已足够作为协议转换器。但是，如果两端总线的协议和时钟存在较大差异，则连接它们的桥可能需要使用寄存器来临时保存一些数据值。

因为 ARM CPU 由许多不同的厂商制造，所以片外提供的总线因芯片不同而有所差异。ARM 已经为单片机系统创建了一个独立的总线规格说明。高级微控制器总线体系结构（Advanced Microcontroller Bus Architecture，AMBA）[ARM99A] 支持将 CPU、存储器和外设集成到片上系统中。如图 4.16 所示，AMBA 规格说明包括两条总线。AMBA 高性能总线

⊖   即在低速端进行第一批数据写入的同时，去高速端取来第二批数据，两者同时进行从而将数据读写的时间重叠起来。——译者注

（AHB）针对高速传输进行了优化，并直接连接到 CPU。它支持多个高性能总线的特性：流水线、突发传输、分离事务和多总线控制器。

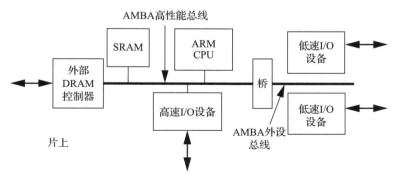

图 4.16   ARM AMBA 总线系统的元件

桥可用于将 AHB 连接到 AMBA 外设总线（APB）上。这种总线设计简单、易于实现，并且相对来说电量消耗较少。APB 假设所有的外设都是从设备，以简化外设和总线控制器的逻辑。它也不能执行流水线操作，从而简化了总线逻辑。

4.4 存储设备和系统

RAM 既可以被读取，又可以被写入。它们与磁盘不同，地址可以以任何顺序读取，因此被称为随机访问。现代系统中大多数大容量存储器都是**动态 RAM**（Dynamic RAM，DRAM）。DRAM 芯片的集成度非常高，单片的存储容量较大，然而，它的存储器单元内的值会随着时间而衰减，因此需要周期性地**刷新**（refreshed）值。

虽然存储器的基本组织结构很简单，但它存在许多提供不同权衡的变形 [Cup01]。图 4.17 中是一个以二维数组组织的简单存储器。假设存储器一次仅被访问一位，而这一位的地址被分为行和列两部分，行和列一起在数组中确定一个完整的位置。如果想要一次访问多个位，我们可以使用地址列部分中的几个位来同时选择多列。将地址划分为行和列很重要，因为这种划分会反映在存储器芯片的引脚（pin）上，因此行和列的划分对于系统的其余部分是可见的。在传统 DRAM 中，行首先被发送，然后是列。有两个专门的控制信号用于标识行列地址的有效状态：行地址选择（RAS）为低电平时，行地址有效；列地址选择（CAS）为低电平时，列地址有效。

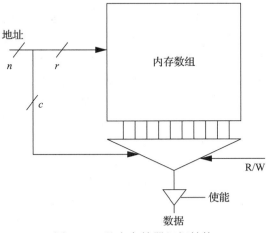

图 4.17   基本存储器组织结构

DRAM 必须周期性地刷新以保持存储的值，但它不是一次刷新整个存储器，而是进行部分刷新。当刷新某部分存储器时，在刷新完成之前这部分是无法访问的。存储器刷新发生在很短的时间内，因此每部分每隔几微秒就会被刷新一次。

存储器可以提供一些特殊模式以减少访问所需的时间。突发模式和页模式访问都是更有效的访问形式，但它们在工作方式上有所不同。突发传输使用一个地址和一个 CAS 信号来依次执行多个访问, 而页模式需要为每个数据访问都提供一个单独的地址。

DRAM 最常见的类型是同步 DRAM (Synchronous DRAM, SDRAM)。在图形应用中, 单独的标准系列可以提供 SDRAM。

SDRAM 使用 RAS 和 CAS 信号将地址分成两部分, 从而在 RAM 阵列中选择正确的行和列。信号转换由 SDRAM 的时钟控制, 这就使得内部 SDRAM 操作可以被流水线化。如图 4.18 所示, 控制信号上的转换由一个时钟信号 [Mic00] 来控制节拍。SDRAM 包括控制 SDRAM 操作模式的寄存器。它支持突发模式, 允许通过仅发送一个地址来访问几个连续地址, 还支持以交叉存取模式在数据读写的过程中自动交换字节对。

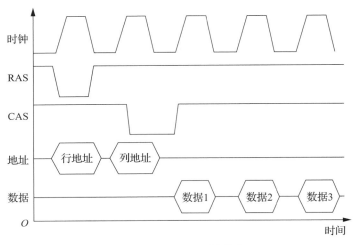

图 4.18　SDRAM 读操作

用于 PC 的存储器通常为**单列直插存储器模块** (Single In-line Memory Module, SIMM) 或**双列直插存储器模块** (Double In-line Memory Module, DIMM)。SIMM 或 DIMM 是符合标准存储器插槽的小型电路板。与 SIMM 的一组引线相比, DIMM 具有两组引线。存储芯片通常被焊接到电路板来提供所需的内存。

只读存储器 (ROM) 需要在预编程时写入固定的数据, 在系统运行时无法更改。它们在嵌入式系统中非常有用, 因为大量的代码和一些数据不会随时间而改变。**闪存** (flash memory) 是 ROM 的主要形式, 它可由标准系统电压擦除和重写, 这就使得它在一个典型系统内可以被重新编程。因此诸如自动分发升级的应用, 在从电话线下载新的存储内容后, 可以对闪存进行重新编程。早期的闪存必须被整体擦除, 但是现代设备允许以块为单位对闪存进行擦除。现在大多数闪存还允许某些块被保护。常见的应用是**引导块闪存** (boot-block flash) [Int03], 它将启动代码保存在受保护的块中, 但允许更新设备上的其他存储块[⊖]。**一次性可编程** (One-Time Programmable, OTP) 存储器不特指某一种存储单元, 有基于熔丝和基于反熔丝的实现方式, 仅可被烧写一次。OTP 存储器的容量通常很小。

4.4.1　存储系统体系

现代存储器不仅仅只是一维阵列的若干个数据位。存储器芯片有着令人惊讶的复杂组织, 我们可以对它进行一些有用的优化。例如, 内存通常被划分成若干较小的存储器阵列。

⊖　这样, 一旦编程失败, 系统可以由启动代码重新引导并被再次编程。——译者注

现代计算机系统使用内存控制器作为 CPU 和内存组件之间的接口。如图 4.19 所示，内存控制器对 CPU 屏蔽了内存单元的详细时序。如果内存由多个不同的组件构成，则控制器将管理对所有内存组件的所有访问，并对内存的访问进行调度。内存控制器将从处理器接收一系列请求，但是，如果内存组件已经在处理访问，那么这些请求可能不会立即执行。当接收的请求多于执行它们的可用资源时，内存控制器就会确定请求被处理的顺序，并依次调度访问。

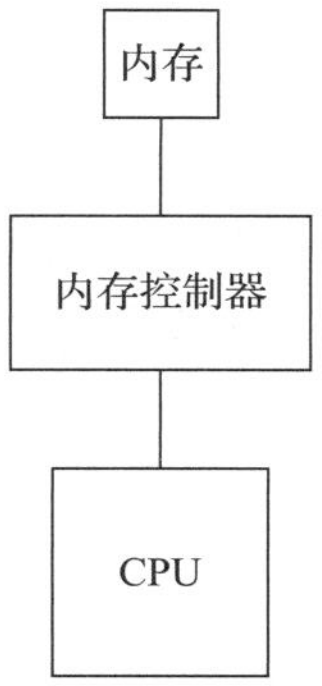

通道和组是让内存系统并行的两种方式。通道是到一组存储器组件的连接。如果 CPU 和内存控制器支持并行操作的多个通道，那么就可以使用不同的通道来执行多个独立访问。我们还可以将整个存储器系统划分为若干组，由于每个被划分的组都有自己的存储器阵列和寻址逻辑，所以它们可以并行执行访问。通过将存储分配到合适的组中，一些内存单元的访问时间就可以重叠，并减少完整访问所需的总时间[⊖]。

图 4.20 展示了一个由通道和组组成的存储系统。每个通道都有自己的内存组件和到处理器的连接。通道完全独立地操作，而且每个通道中的内存都可以再分为组，通道中的组可以被单独访问。通道方式的成本一般比组高。例如，双通道存储系统连接 CPU 和内存所需的引脚和线的数量，是单通道系统的两倍。内存组件通常在内部被分成组，而使用统一的对外访问接口，使得外部的访问代价低于通道。

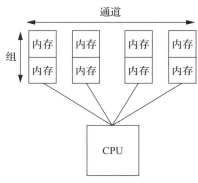

图 4.19　计算机系统中的
存储控制器

图 4.20　存储系统中的通道和组

4.5　I/O 设备

计算机系统可以连接的 I/O 设备种类很多，这里我们仅介绍几种用于嵌入式系统的基本类型的 I/O 设备。它们为嵌入式计算系统提供了很多重要的功能。

计数器（counter）是具有计数逻辑的外设，它通常表现为一个寄存器。它可用于对各种输入和事件的计数。计数器可以提供向上或向下计数方式。大多数计数器还提供输入重置功能，可以将计数重置为一个预设的值（通常为零）。

计时器（timer）是一种由周期信号驱动的计数器。计时器用于对各种不同类型的系统活动进行计时。在第 6 章中，我们将了解计时器在构建实时操作系统中的重要作用。

实时时钟（Real-Time Clock，RTC）是一个输出时钟时间的计数器。RTC 通常是相对于一个绝对时间点的时钟计数[⊖]，可以使用软件将 RTC 值转换为人类的时间表示方式。

通用 I/O（General-Purpose I/O，GPIO）引脚，顾名思义，可用于多种多样的输入或输出功能。GPIO 引脚可以配置为输入功能、输出功能，也可以禁用或配置为高阻抗模式。更复杂的 GPIO 接口可能允许将引脚配置为不同的逻辑电平。当 GPIO 引脚配置为输出模式时，可以用软件向其写入一个值以配置这个 GPIO 引脚对应的高低电平状态，该状态会一直保持到下次软件更改它。当引脚配置为输入模式时，可以用软件读取该引脚连接的电平，通

⊖　如果两个内存访问的事务分别处于不同的通道或不同的组，那么就可以互不干扰地同时执行，从而节约整个系统的内存访问时间。——译者注

⊖　例如，有的系统 RTC 表述的是相对于 1970 年 1 月 1 日 0 点 0 分的毫秒数。——译者注

常 1 表示高电平，0 表示低电平。

数据转换（data conversion）是指模拟值和数字值之间的转换。数据转换的重要特征如下：

- 进行转换的**速率**（rate）。
- 以位为单位的转换**精度**（precision）。
- 转换的**准确性**（accuracy）。

模数转换器（Analog-to-Digital Converter，ADC 或者 A/D 转换器）将模拟值转换成数字值。有许多不同的 ADC 技术，它们的速度、精度不同，成本自然也不一样，通常，高速、高精度的模数转换价格昂贵。设计系统时可以根据需要选择合适的转换器。

下面两个示例比较了不同应用的 ADC。

示例 4.1   德州仪器 ADC12xJ1600-Q1

德州仪器 ADC12xJ1600-Q1 [Tex20A] 可用于汽车雷达系统。它可以提供 12 位的分辨率，每秒 1.6GSPS 的最大模拟 / 数字采样率，在 100MHz 时的信噪比为 57.4dB，满量程输入电压为 800mV。采用 JESD204C 串行数据接口检索数据。

示例 4.2   德州仪器 ADS126x

德州仪器 ADS126x[Tex21] 通常用于需要高精度的应用场景，例如重量秤、热电偶、应变计传感器等。它提供两个级别的模数转换：32 位的精密转换器和 24 位的辅助转换器。精密转换器和辅助转换器均采用 sigma-delta 体系结构。转换器每秒采集 2.5 到 38.4K 个样本，能提供高精度（低偏移和增益漂移、低噪声和高线性度）测量。

数模转换器（Digital-to-Analog Converter，DAC 或 D/A 转换器）将数字值转换为可以表示为电压或电流的模拟值。数模转换在概念上比模数转换更简单，但高精度 DAC 通常价格昂贵。

下面两个示例比较了在不同应用中的数模转换器。

示例 4.3   德州仪器 AFE7422

德州仪器 AFE7422 [Tex19] 是专为射频操作而设计的，例如相控阵雷达。它提供两个 14 位、9 GSPS DAC 和两个 14 位、3 GSPS ADC，工作频率范围为 10MHz 至 6GHZ，可配置发射和接收信号通道。

示例 4.4   德州仪器 DACx1001

德州仪器 DACx1001 [Tex20B] 为半导体测试和医疗放射学等领域的仪器仪表提供高精度和低噪声应用，提供 20 位、18 位和 16 位分辨率三种版本，通过四线串行接口提供数字访问。

直接将 I/O 设备连接到高速 CPU 总线并不总是经济有效的解决方案。对于简单、低成本的设备，可以使用较低速度、较低成本的总线进行连接。下面的示例描述音频数据传输中使用的简单总线。

示例 4.5   I²S 总线

I²S 总线 [Phi96] 是数字音频的标准接口。音频系统可以使用几种不同的芯片对音频信号执行多个处理步骤。I²S 提供了一个标准的、低成本的接口。

I^2S 用两个通道交替的方式传输立体声数据。I^2S 总线使用三个信号：

- SCK 是系统时钟。总线主控器负责提供时钟信号。
- WS 是声道选择。声道选择线表明了串行数据线上的音频通道：WS = 0 表示左音频，WS = 1 表示右音频。
- 串行数据是用二进制补码表示的数据，最高有效位在前。标准没有定义采样位数，由 WS 的变化发出信号表示采样结束。

4.6 基于计算平台的系统设计

本节研究如何以计算平台为基础创建一个实用的嵌入式系统。首先，我们将介绍一些示例平台。然后，考虑如何为应用程序选择平台，以及如何有效使用所选择的平台。

4.6.1 示例平台

硬件平台的设计复杂性差异很大，从完全现成的解决方案到高度定制的设计，一个平台可以包含一至几十个芯片。

图 4.21 展示了 BeagleBoard[Bea11]，它是一个开源项目的成果，这个开源项目旨在为嵌入式系统项目开发一个低成本的平台。电路板所用的是一款基于 ARM CortexTM-A8 的处理器，处理器中还集成了几个 I/O 设备。该板本身包含许多连接器，并且支持各种 I/O，包括闪存、音频、视频等。与平台一同发布的还包括有关电路板设计的基本信息，如原理图、各种软件开发环境和许多使用 BeagleBoard 构建的示例项目。

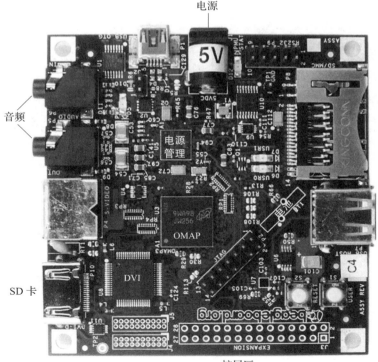

图 4.21 BeagleBoard

芯片供应商通常为其芯片提供自己的评估板或评估模块。评估板可以是一个完整的解决
方案，有时只需稍作修改就可以满足你的需求。硬
件设计（网表、电路板布局等）通常可从供应商获
得，这些公司提供这样的信息以便客户使用他们的
微处理器。如果评估板不能完全满足你的需求，那
么可以利用网表和电路板布局来修改这个评估板的
设计，而不必从头开始设计电路板。供应商一般不
为这样的硬件板设计收取设计费用。

图 4.22 展示了 Jetson Nano 开发套件 [Fra19]，
这个处理器包含：一个四核 ARM 内核，一个 128
核 NVIDIA Maxwell GPU，视频编码器和解码器。
I/O 接口包含：四个 USB 3.0 端口、一个 MIPI 摄
像头端口、一个 HDMI 端口和千兆以太网。系统从
microSD 卡启动，在电路板上可以运行基于 Linux
的开发系统。

图 4.23 展示了一个基于 ARM 处理器的评估模

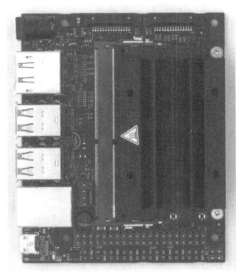

图 4.22　Jetson Nano 开发套件

块。与 BeagleBoard 一样，该评估模块也包括基本的平台芯片和各种 I/O 设备。但是，Beagle-
Board 主要是作为一个最终使用的低成本的电路板，而评估模块主要用于支持软件开发，并
用作更精致的产品设计的起点。因此，这个评估模块包含一些不会出现在最终产品中的功
能，例如与处理器芯片周围的处理器引脚的连接。

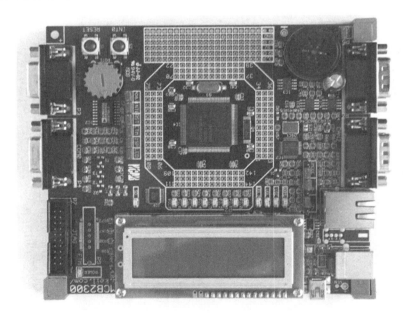

图 4.23　ARM 处理器评估模块

　㊀　网表（netlist）是用于描述芯片引脚之间连接关系的信息文件。——译者注
　㊁　完成硬件原理验证、软件性能评估等。——译者注

4.6.2　选择平台

我们不需要完全从零开始设计嵌入式系统平台，而是用多个硬件和软件组件组装成一个平台，甚至可以基于一个完整的软硬件平台包来开始设计。多种因素会影响我们对特定平台的选择。

硬件体系结构是整个平台的体系结构中最显而易见的部分，因为你可以直接触碰并感受它的存在。各种组件都会影响平台的适用性。

- CPU：嵌入式计算系统显然要包含微处理器。但是选用哪一个？微处理器具有许多不同的体系结构，即使是同一体系结构，我们还可以依据时钟频率、总线数据带宽、集成外设等选择不同的型号。CPU 的选择是最重要的决策之一，但是如果不考虑在机器上运行的软件，将无法做出选择。

- 总线：总线的选择与 CPU 的选择密切相关，因为总线是微处理器必不可少的组成部分。但是，在总线使用密集型的应用程序中，由于 I/O 或其他数据传输的影响，总线的限制可能比 CPU 更多。此外，必须注意所需的数据带宽，以确保总线可以处理这些传输。

- 内存：重申一次，问题不在于系统是否具有内存，而在于内存的特性。内存最明显的特征是容量大小，这取决于所需的数据量和程序指令的大小。ROM 与 RAM 的比率以及 DRAM 与 SRAM 的选择对系统的成本具有显著影响，内存的速度也会显著影响系统性能。

- I/O 设备：如果我们使用的平台是由许多底层组件所组成的印制电路板，那么将 I/O 设备连入系统将有很多方式。基于高度集成芯片的平台仅能够连接有限的几种 I/O 设备，所以可用 I/O 设备的组合是平台选择的主要因素。在有的情况下，为了能够支持所需要的 I/O 设备，我们不得不选择一些复杂的平台，而这些平台上支持了其他一些我们根本用不着的设备。

当考虑平台的软件组件时，我们通常会同时考虑运行时组件和支持组件。操作系统、代码库等运行时组件会成为最终系统的一部分，而支持组件包括代码开发环境、调试工具等。

运行时组件是平台的关键部分。它包括很多内容，例如：操作系统用于控制 CPU 及其多个进程；文件系统用于组织嵌入式系统的内部数据，并作为到其他系统的接口；许多复杂的库用于提供常用复杂函数的高度优化实现，比如数字滤波和快速傅里叶变换等。

支持组件对于使用复杂的硬件平台至关重要。如果没有合适的代码开发和操作系统，硬件本身是无用的。工具可能直接来自硬件供应商、第三方供应商或开发者社区。

4.6.3　知识产权

知识产权（IP）是我们拥有但不能直接用手触摸到的东西，比如软件、网表等。正如需要硬件组件来构建系统一样，我们也需要知识产权来使用这些硬件。下面是我们在嵌入式系统设计中广泛使用的 IP 的例子：

- 运行时软件库。
- 软件开发环境。
- 电路图、网表和其他硬件设计信息。

IP 有许多不同的来源。我们可以向供应商购买 IP 组件，例如，购买一个软件库来执行某些复杂的功能，并将该软件库代码合并到我们的系统中。我们也可以从开发者社区在线获取 IP 组件。

示例 4.6 展示了 BeagleBoard 的可用 IP。

示例 4.6   BeagleBoard 的知识产权

BeagleBoard 网站（http://www.beagleboard.org）包含硬件和软件 IP。硬件 IP 包括：

- 印制电路板原理图。
- 印制电路板的图形文件（称为 Gerber 文件）。
- 所需组件的材料清单。

软件 IP 包括：

- 处理器的编译器。
- 处理器的 Linux 发行版。

4.6.4   开发环境

尽管我们可以使用评估板，但是嵌入式系统的大部分软件开发都是在被称为**主机**（host）的 PC 或工作站上完成的，如图 4.24 所示。代码最终运行的硬件称为**目标机**（target）。主机和目标机一般通过 USB 连接，但也可以使用高速链路连接，如以太网。

目标机上必须包括少量与主机系统通信的软件。这些软件会占用一些内存、中断向量表等，但它一般应该在目标机中占用尽可能少的空间，以避免干扰应用程序软件。主机应该能够执行以下操作：

- 将程序加载到目标机中。
- 在目标机上启动和停止程序执行。
- 查看内存和 CPU 寄存器的值。

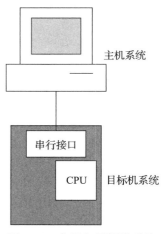

图 4.24   主机和目标机系统之间的连接

交叉编译器（cross-compiler）是在某一种机器上运行，但是为另一种机器生成代码的编译器。编译之后，可执行代码通常通过 USB 下载到嵌入式系统。我们还经常使用主机 – 目标机调试器，其中用于调试的基本钩子[⊖]由目标机提供，并由主机创建复杂的用户界面。

我们经常会构建一个可以用来帮助调试嵌入式代码的**测试台程序**（testbench program）。测试台程序生成输入以执行一段代码，并将输出与预期值进行比较，从而为早期调试提供有价值的帮助信息。嵌入式代码可能需要稍加修改才能与测试台程序配合使用，同时，谨慎地使用编码技巧（如在 C 中使用 #ifdef 指令）可以确保所做的更改被轻松撤销，而不引入错误。

4.6.5   看门狗定时器

看门狗（watchdog）是一种非常有用的技术，用来监控正在运行的系统。如果运用得当，它可以帮助提高系统的安全性和防危性。

看门狗最基本的形式是看门狗定时器 [Koo10]。该技术使用定时器来监控软件的正确运

⊖   钩子是指能够控制程序单步执行，并查看所需的内存、寄存器的运行时机制。——译者注

行。如图 4.25 所示，定时器的输出（平时为低电平并周期性地将计数器中的值减 1，当计数减为零时设置为高电位）被连接到系统复位。软件在初始运行阶段初始化看门狗计数器，并将这个计数器设置为最大计数值。必须修改软件，确保每个执行路径都足够频繁地重新初始化定时器，以使计数器不会在减为零后重置系统。定时器的周期决定了软件重新初始化定时器的频率。在操作期间的复位表示产生了某种类型的软件错误或故障。

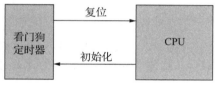

图 4.25　系统中的看门狗定时器

更通用的用法是，使用看门狗处理器监视主处理器的操作 [Mah88]。例如，对看门狗处理器编程，以监视主处理器上正在执行的控制流是否正确 [Lu82]。

示例 4.7 展示了看门狗定时器在 Ingenuity Mars 直升机上的应用。

示例 4.7　Ingenuity Mars 直升机的看门狗定时器失效事件

Ingenuity Mars 直升机上的看门狗计时器过期导致其首飞延误。2021 年 4 月 9 日，Sol 49 上的转动部件在进行高速旋转测试时看门狗失效，当时飞行计算机正在从预飞行模式过渡到飞行模式。通过更新软件以修改飞行控制器启动过程，这个问题得以解决 [NAS21B]。

4.6.6　调试技术

大部分的软件调试可以通过在 PC 或工作站上编译和执行代码来完成。但有些时候，不可避免地要在嵌入式硬件平台上运行代码。嵌入式系统往往不如 PC 的编程环境友好。尽管如此，聪明的设计者还是有几个可用于调试系统的选择。

大多数评估板上的 USB 端口是最重要的调试工具之一。事实上，即使在最终产品中用不到 USB 端口，也应该在嵌入式系统中设计它。因为 USB 不仅可用于开发调试，还可用于现场诊断问题或现场升级软件。

另一个非常重要的调试工具是**断点**（breakpoint）。断点最简单的形式是用户指定程序中断执行的地址。当 PC 到达该地址时，控制权返回监视程序。通过监视程序，用户可以检查和 / 或修改 CPU 寄存器，之后可以继续执行程序。实现断点不需要使用异常或外部设备。

程序示例 4.1 显示了如何使用指令创建断点。

程序示例 4.1　断点

断点是存储器中的一个位置，在这个位置程序停止执行并返回调试工具或监视程序。断点的实现机制非常简单，只需将断点位置的指令替换成对监视程序的子程序调用。例如，在一段代码中，为了在 ARM 代码中的位置 0x40c 处建立一个断点，我们将正常存储在该位置的分支（B）指令，替换为断点处理例程的子程序调用（BL）。

调用断点处理程序时，它将保存所有的寄存器，然后向用户显示 CPU 状态并停下来等待后续命令。

为了继续执行程序，原始指令必须被替换回程序。如果可以擦除断点，则可以简单地替换成原始指令，并将控制权返回该指令，但这通常需要修复子程序的返回地址，使其指向断点后的指令。如果断点被保留，那么先把原始指令替换回去，并在下一条指令处放置一个新的临时断点（当然也需要考虑跳转指令的情况，下一条指令是指下一条要被执行的指令）。

一旦到达临时断点，监视程序就在原来加断点的位置重新设置断点，然后删除临时断点，并恢复执行。

UNIX dbx 调试器以源代码形式展示正在调试的程序，但这种功能太复杂，无法适用于大多数嵌入式系统。非常简单的监视程序要求将断点指定为绝对地址，但这需要知道程序是如何链接的。更复杂的监视程序将读取符号表，并允许在汇编代码中使用标签来指定位置。

永远不要低估发光二极管（Light-Emitting Diode，LED）在调试中的重要性。与串行端口一样，设计几个 LED 以指示系统状态往往是一个好主意，即使它们不常使用。当代码进入某些例程时，LED 可用于显示错误状态或者在空闲时间表示系统仍然处于活动状态。LED 也给我们带来了乐趣，当它第一次开始运行时，简单的闪烁就可以给人以巨大的成就感。

当软件工具不足以调试系统时，可以部署硬件辅助工具，以更清楚地了解系统运行时发生的情况。微处理器**电路内部仿真器**（In-Circuit Emulator，ICE）就是一种专用硬件工具，帮助我们在嵌入式系统中在线调试运行的软件。ICE 的核心是一个特殊版本的微处理器，当这个微处理器停止运行时，内部寄存器的内容可以被读出。ICE 使用附加逻辑环绕这个专用微处理器，允许用户指定断点并检查和修改 CPU 状态。CPU 在监视程序中提供与常见的调试器一样多的调试功能，但它不占用任何内存。在线仿真的主要缺点是该机器只针对特定微处理器，甚至精确到引脚分配。如果使用多个微处理器，那么就需要一组 ICE 与它们相匹配，这样成本就会非常高。

逻辑分析仪 [Ald73] 是嵌入式系统设计师 "武器库" 中的另一个重要工具。可以将逻辑分析仪想象为一组价格便宜的示波器，分析仪可以同时采样多个不同的信号（几十到几百个），但只能显示 0、1 或由 1 变为 0、由 0 变为 1。所有这些逻辑分析通道都可以连接到系统，以同时记录多个信号的活动。逻辑分析仪将信号的值记录到内部存储器中，一旦存储器已满或运行中止，就在显示器上显示结果。逻辑分析仪可以在所有这些通道上捕获数千甚至数百万个数据样本，与传统示波器相比，可以提供一个更大的时间窗口，用于对被测机器进行操作并记录其硬件状态变化。

典型的逻辑分析仪有两种数据采集模式：**状态模式**（state mode）和**时序模式**（timing mode）。它可以使用其中的任意一种模式来获取数据。为了了解两种模式的用途以及它们之间的差异，首先要了解，逻辑分析仪要想在较长时间窗口上采样，就不得不降低信号采样的精度。每个信号的测量精度同时在电压和时间两个维度上降低了。电压精度的降低是通过测量逻辑值（0，1，x）实现的，而不是测量模拟电压值；而时序精度的降低是通过对信号进行采样实现的，而不是像模拟示波器那样捕获连续波形。

状态模式和时序模式的数值采样方式不同。时序模式使用足够快的内部时钟，以便在典型系统中的每个时钟周期采集若干个样本。另一方面，状态模式使用系统自己的时钟来控制采样，每个时钟周期仅对每个信号采样一次。因此，要对给定数量的系统时钟周期进行逻辑分析，时序模式需要更多的存储空间来保存采样的数据。此外，时序模式在检测小故障信号时能提供更高的分辨率，从而提供更详细的信息。时序模式通常用于面向小故障的调试，而状态模式用于系统状态迁移和顺序类问题的调试。

㊀　一般是指函数名或者跳转目标的标签。——译者注
㊁　从而反映被测系统工作的时序特征。——译者注
㊂　因而只能体现随着周期的系统状态变化。——译者注

逻辑分析仪的内部体系结构如图 4.26 所示。系统的数据信号在逻辑分析仪内的锁存器处采样，锁存器由系统时钟或逻辑分析仪内部的采样时钟控制，这取决于分析仪是在状态模式还是时序模式下使用的。每个样本在状态机的控制下被复制到向量存储器中。锁存器、时序电路、采样存储器和控制器必须被设计成高速运行，因为在时序模式下可能需要每个系统时钟周期的多个采样。在采样完成后，嵌入式微处理器接管在采样存储器中捕获的数据，并将它们展示在显示器上。

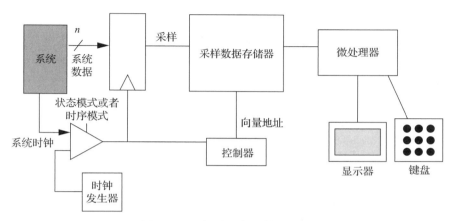

图 4.26　逻辑分析仪的体系结构

逻辑分析仪通常提供多种观察数据的形式，其中一种是时序图。许多逻辑分析仪不但可以自定义显示，例如为信号命名，还可以设置更高级的显示选项。例如，反汇编器可用于将向量值转换为微处理器指令。逻辑分析仪不提供对组件内部状态的访问，但是它对外部可见信号提供了非常好的显示。这些信息可用于功能和时序的调试。

现在有一些逻辑分析被设计成 USB 设备，只包括数据采集电路，而将上位机用作用户界面显示。

4.6.7　调试中的困难和挑战

软件中的逻辑错误很难查出，而实时代码中的错误所产生的问题更难诊断。实时程序需要在一定时间内完成工作，如果运行太久，就会产生无法预料的行为。

示例 4.8 说明了一个可能出现的问题。

示例 4.8　实时代码中的时序错误

我们来看一个简单的程序，它周期性地从模拟 / 数字转换器获取输入，并对这些输入进行计算，然后将结果输出到数字 / 模拟转换器。为了便于比较输入和输出并查看错误的结果，我们假设计算产生的输出等于输入，但是在发生错误的情况下会导致计算运行时间比给定时间长 50%。几个采样周期内程序的样本输入如下图所示。

如果程序运行得足够快，能够满足时限，那么输出与输入完全相同，仅存在一定的时间平移。但是当程序运行超过其分配的时间时，输出就变得很不一样。错误情况的细节取决于 A/D 和 D/A 转换器的行为，所以让我们做一些假设。首先，A/D 转换器在寄存器中保存当前采样值，直到下一个采样周期，而 D/A 转换器无论何时接收到新的采样值都会改变它的输出。其次是关于中断系统的合理假设，即当中断没有被及时响应且设备再次产生中断时，设备的旧值将消失并被新值替换。当中断例程运行时间过长时，出现的基本情况如下图所示。

1. 定时器提示 A/D 转换器生成一个新值，然后 A/D 转换器将这个新值保存在寄存器中，并请求中断。

2. 从上一个采样开始，中断处理程序运行时间过长。

3. A/D 转换器在下一个周期获取另一个采样，并第二次产生中断。

4. 中断处理程序完成第一个请求后随即响应第二个中断。这时，它看不到第一次的采样值，只获取第二个。

因此，如果假设中断处理程序执行时比它预定的运行时间上限长 1.5 倍，那么针对一次样本输入就会出现下面的处理结果：输出波形严重失真，因为中断程序捕获了错误的样本，并在错误的时间输出结果。

超过实时期限的确切结果取决于 I/O 设备的详细特性和违反时序的性质，这就使得调试实时问题变得特别困难。不幸的是，这里能给出的最好建议是，如果一个系统表现出不同寻常的行为，那么就需要怀疑是否是超过时限造成的。ICE、逻辑分析仪甚至 LED 都可以作为有效的工具，用于检查实时代码执行时间，以确定它是否满足时限。

4.7 嵌入式文件系统

许多消费类电子设备都使用闪存进行大容量存储。闪存是一种半导体存储器，与 DRAM 和 SRAM 不同，它能够提供永久性存储。闪存的每个存储单元都是能将电荷保存多年的专用电容器，通过向电容器充放电来写入相应的数据值，而且这些存储单元不需要外部电源来维持这些值。此外，与前几代电可擦除半导体存储器不同的是，闪存可以使用标准电源电压写入，因此在编程过程中不需要断开电源并接入额外的高压电源，使用系统的标准电源就可以实现读写。

固态驱动器（SSD）是由闪存或其他形式的非易失性固态器件构建的存储设备。SSD 是具有控制器的 I/O 设备，充当存储和系统其余部分之间的接口。

闪存有一个必须考虑的重要缺点，即写入闪存单元产生的机械应力最终会磨损单元。现如今闪存可以可靠地写入一百万次，但在某些时候也会失败。尽管一百万次的写入周期听起来很多，但创建一个文件可能就需要多次写操作，特别是在存储目录信息的时候。

　　损耗均衡（wear-leveling）文件系统 [Ban95] 通过管理闪存单元的使用来均衡损耗，同时保持与现有文件系统的兼容性。标准文件系统的简单模型有两层：底层处理存储设备上的物理读写，顶层提供文件系统的逻辑视图。闪存文件系统在这个基础上增加了一个中间层，允许更改文件系统的逻辑块到物理块的映射，该层跟踪闪存不同部分被写入的频率，据此分配数据以均衡损耗。它还可以在文件系统运行时移动目录结构的物理位置，因为目录系统所在存储单元的损耗最大，所以将其保存在一个地方可能会导致这部分存储单元的损耗速度远大于其余部分，从而影响存储设备的使用寿命。为解决这一问题，很多研究人员设计了专门用于闪存的文件系统，例如，YAFFS（Yet Another Flash File System）[Yaf12]。

　　DOS 文件分配表（FAT）文件系统是由 Microsoft 为早期版本的 DOS 操作系统 [Mic00] 开发的文件系统。FAT32 文件系统可以与各种操作系统互操作，实现代码量相对较少。FAT 可以用在磁盘上，也可以用在闪存存储设备上，而闪存的损耗均衡算法可以在不干扰文件系统基本操作的情况下实现闪存设备的写入操作负载均衡。

4.8　平台级性能分析

　　基于总线的系统为性能分析又增加了一层复杂性。平台级性能涉及的不仅仅是 CPU。我们通常关注 CPU 是因为它能够处理指令，但系统的任何部分都可以影响总体系统性能。更确切地说，CPU 提供性能的上限，但系统的任何其他部分都可能降低 CPU 的速率。因此对于性能分析，仅仅计算指令执行时间是不够的。

　　考虑像图 4.27 这样的简单系统，我们要将数据从内存移动到 CPU 进行处理。为了从内存获取数据并将其移动到 CPU，我们必须：

- 从存储器读取数据。
- 将数据通过总线传输到高速缓存。
- 将数据从高速缓存传输到 CPU。

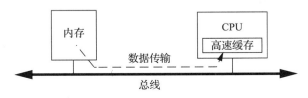

图 4.27　平台级数据流和性能

　　将数据从高速缓存传输到 CPU 所需的时间包含在指令执行时间中，但其他两个的时间，即从内存读取数据的时间，以及将数据通过总线从内存传输到高速缓存的时间，不包括在内。

　　最常用于度量上述传输性能的指标是带宽，即数据传输的速率。若我们最终只关注实时性能，实际上关注的是以秒为单位的实时速率。通常，度量性能最简单的方法是以时钟周期为单位。然而，系统的不同部分以不同的时钟速率运行。当我们将时钟周期转换成秒时，必须确保对性能估计的每个部分应用正确的时钟速率。

　　在传输大块数据时，带宽问题就会凸显。为了简单起见，我们首先只分析一个系统组件（即总线）提供的带宽对性能的影响。假设我们需要处理一幅 1920×1080 像素的图像，其中每个像素由 3 个字节的数据组成，整个图像总共有 6.2MB 的数据。如果这些图像是视频帧，且我们想到达每秒 30 帧以上的效果，就需要检查是否可以允许每隔 0.033 秒向系统输入一帧数据，因为系统必须在下一帧到达之前处理完前一帧。

假设每 10ns 可以传输 1 字节的数据，这就意味着总线速度为 100MHz。在这种情况下，我们需要 0.062s 来传输一帧，约为所需速率的一半。

我们可以通过两种方式增加带宽：增加总线的时钟速率，或者增加每个时钟周期传输的数据量。例如，如果将总线增加到每次传输 4 字节（32 位），就能在原始 100MHz 时钟速率下将传输时间减少到 0.015s。或者，如果可以将总线时钟速率提高到 200MHz，那么传输时间将会减少到 0.031s，这样就可以满足传输时间的需求。

我们如何知道传输一个单元的数据需要多长时间？要回答这个问题，必须查看总线的数据手册。总线传输时间通常多于一个时钟周期，这样的话，将数据块移动到连续单元的突发传输，每个字节的平均传输效率会更高。同时，我们还需要知道总线的宽度，即每次传输多少字节。最后，我们需要知道总线时钟周期，它通常与 CPU 时钟周期不同。

已知总线的传输宽度为一个字，N 个字的传输时间可以通过公式计算出来。我们将以总线周期数 T 为单位编写基本公式，同时假设总线时钟周期为 P，通过下面的式子可以将总线周期计数转换为实际时间 t：

$$t = TP \tag{4.1}$$

首先，考虑一次传输一个字的非突发总线事务。如图 4.28 所示，N 字节的基本总线传输，每个总线事务传输一个字。单次传输本身需要 D 个时钟周期。（理想情况下，$D = 1$，但引入等待状态的存储器可能需要 $D > 1$ 个周期。）传输地址、握手和其他引起额外开销的活动，可能发生在数据传输之前（O_1）或数据传输之后（O_2）。为了简单起见，我们将开销转换为 $O = O_1 + O_2$。因此，以时钟周期计量的总传输时间为：

$$T_{\text{basic}}(N) = (O + D)N \tag{4.2}$$

现在考虑一个传输长度为 B 个字的突发传输事务，如图 4.29 所示。正如前面所说的，每个传输需要 D 个时钟周期，包括等待状态在内。总线还引入每个突发周期的开销 O_B。因此：

$$T_{\text{burst}}(N) = (N/B) \times (BD + O_B) \tag{4.3}$$

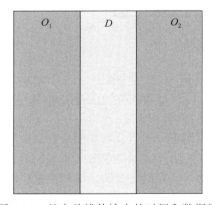

图 4.28　基本总线传输中的时间和数据量

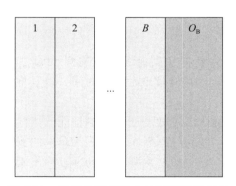

图 4.29　突发总线传输中的时间和数据量

接下来的例子将总线性能模型应用于一个简单示例中。

示例 4.9　基于总线的系统性能瓶颈

考虑一个基于总线的简单系统。

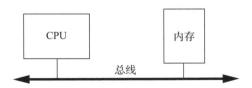

我们想通过总线在 CPU 和内存之间传输数据。比如，我们想把视频帧从 HDTV 读取到 CPU 中，其中，每个视频帧的分辨率为 1920×1080 像素，每像素 3 字节，即 6.2MB/ 帧，读取速率需求为 30 帧 /s。那么哪个会是限制系统性能的瓶颈：总线还是内存？

假设总线具有 100MHz 的时钟速率（周期为 10^{-8}s）和 2 字节的带宽，同时 $D = 1$，$O = 3$。2 字节总线允许我们将总线操作次数减少一半。因此，总传输时间为：

$$T_{\text{basic}}(1920 \times 1080) = (3+1) \times \left(\frac{6.2 \times 10^6}{2} \right) = 12.4 \times 10^6 \text{个周期}$$

$$t_{\text{baxic}} = T_{\text{basic}} P = 0.124\text{s}$$

因为传输 1s 的视频帧所需的总时间大于 1s，所以这条总线的传输速度对于我们的应用来说不够快。

作为替代，考虑一个突发模式为 $B = 4$，2 字节宽的存储器。对于这个存储器，$D = 1$，$O = 4$，并假定总线以相同的时钟速度运行。这个存储器的访问时间为 10ns。那么

$$T_{\text{basic}}(1920 \times 1080) = \frac{(6.2 \times 10^6 / 2)}{4}(4 \times 1 + 4) = 6.2 \times 10^6 \text{个周期}$$

$$t_{\text{baxic}} = T_{\text{basic}} P = 0.062\text{s}$$

至此，存储器在 1s 的时间内仍然不可以传输 30 帧的数据，但是可以用少于 1s 的时间来传输 15 帧的数据，它的速度可以满足一些应用的需求。

探索并调整设计参数时，一种简便的方法是使用带宽公式构建电子表格。

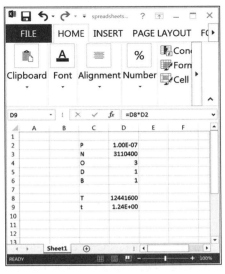

我们可以改变总线宽度和时钟速率的参数值，并立即看到它们对可用带宽的影响。

带宽问题并不仅仅出现在通常意义上的数据通信中。在组件之间传输数据也会引起带宽问题，这类问题的最简单的例子就是存储器。

存储器的宽度决定了在一个周期内可以从存储器读取的位数，这也是数据带宽的一种表述形式。我们可以通过改变存储器组件的类型来改变存储器带宽，还可以改变数据格式以适应存储器组件。

单个内存芯片不仅由它可以容纳的位数来指定（如图 4.30 所示），相同大小的内存还可以具有不同的**长宽比**（aspect ratio）。例如，1 位宽的 1G 内存将使用 30 根地址线来表示 2^{30} 个单元，每个单元可存放 1 位数据；同样大小的内存，但是 4 位宽的格式，将采用 28 根地址线；而 8 位宽的内存将采用 27 根地址线。

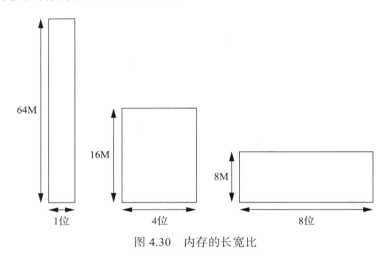

图 4.30　内存的长宽比

内存芯片的长宽比不会很大，但是我们可以通过并行使用几个内存芯片来构建更宽的内存。通过将内存芯片组合成适合应用的长宽比，就可以使用这个存储总量构建一个我们想要的存储系统，并提供想要的数据宽度。

内存系统的宽度也可以由所使用的内存模块来确定。我们不会单独购买内存芯片，而是购买 SIMM 或 DIMM 形式的内存条。这些内存条宽度较大，而且通常是按照工业标准设计的接口宽度。

对于整个存储系统而言，最优的长宽比在某种程度上取决于我们想要存储在内存中的数据格式以及它所需的访问速度，这需要进行带宽分析。

我们还必须考虑读取或写入内存所需的时间。和之前的方法相同，我们参考组件数据手册来查找到这些值。访问时间在很大程度上取决于所使用的内存芯片的类型。页模式与总线中的突发模式类似。如果内存不是同步的，我们仍然可以将内存访问请求与数据就绪之间的时间差转换成总线时钟周期，以确定访问所需的时钟周期数。

4.9　平台级电源管理

高级配置和电源接口（Advanced Configuration and Power Interface，ACPI）[ACP13] 是电源管理服务的开放工业标准，最初是针对 PC 设计的，目的在于兼容各种各样的操作系统。ACPI 在系统中的作用如图 4.31 所示。ACPI 电源管理提供硬件层的抽象接口，并提供一些基本的电源管理功能，操作系统有它自己的电源管理模块，用来设定电源管理策略，然后使用 ACPI 的接口将所需的控制发送到硬件，并观察硬件状态，将其作为电源管理的输入。

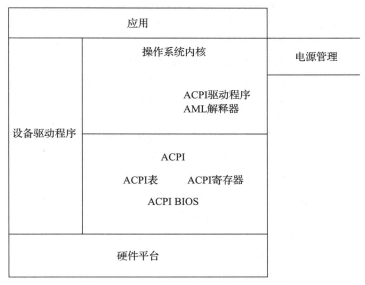

图 4.31   ACPI 及其与整个系统的关系

ACPI 支持以下几种基本的全局电源状态：

- G3，硬关机状态，系统不消耗功率。
- G2，软关机状态，它需要重新启动操作系统才能将机器恢复到工作状态。
- G1，休眠状态，系统几乎处于关闭状态，返回工作状态所需的时间和功耗成反比。
- G0，工作状态，系统完全可用。
- S4，非易失性休眠状态，系统状态被写入非易失性存储器以供稍后恢复。
- 遗留状态，不符合 ACPI 标准的状态。

电源管理通常包括一个监测模块，它通过 ACPI 接口接收系统行为的描述消息，用以监测系统的状态。它还包括一个决策模块，根据上述监测的结果，来确定电源管理模块应该采取的行动。

4.10   平台安全性

安全性和防危性不能混为一谈，它们有各自的研究领域。每个嵌入式系统设计人员都应该对安全问题有基本了解，这点很重要。本节讨论一些基本的安全技术及其在计算平台中的使用，我们将在 5.11 节讨论程序和安全性的问题。

我们在本书中使用了密码学中的一些基本概念 [Sch96]：密码学、公钥密码学、哈希和数字签名。

密码学通过对消息进行编码，使截获消息的人无法直接读取和破解该消息。传统密码学技术被称为**密钥密码学**（secret key cryptography），因为它们依赖于对加密消息密钥的安全保密。高级加密标准（Advanced Encryption Standard，AES）是一种广泛使用的加密算法 [ISO10]。它采用 128 位的块加密数据，可以使用三种不同大小的密钥：128 位、192 位或 256 位。作为一种轻量级密码，SIMON 块密码 [Bea13] 可以对 32 位到 128 位的多种大小的块进行操作，密钥范围从 64 位到 256 位。

公钥密码学（public-key cryptography）将密钥分成两部分：私钥和公钥。这两者存在数学关系，用私钥加密的消息可以用公钥解密，但不能从公钥推断出私钥。因为公钥不会泄露有关消息如何编码的信息，所以它对外公开，可供任何人使用。Rivest-Shamire-Adleman（RSA）算法是一种广泛使用的公钥加密算法。

密码哈希函数（cryptographic hash function）的用途略有不同。它用于从消息中生成**消息摘要**（message digest）。消息摘要通常比消息本身短，并且不直接表示消息本身的内容。哈希函数旨在最小化冲突（collision），从而使两个不同的消息生成不同的消息摘要。哈希函数还可用于将较长的消息生成短消息。SHA 系列标准中的最新版本为 SHA-3[Dwo15]。

我们可以使用公钥加密和哈希函数的组合来创建**数字签名**（digital signature），即对来自特定发送方的消息进行身份验证的消息。发送方使用自己的私钥对消息本身或消息摘要进行签名，之后，消息的接收方使用发送方的公钥来解密已签名的消息。数字签名可以用于鉴别加密消息者的身份，数字签名不可伪造且不可更改。我们还可以将数字签名与消息加密相结合。在这种情况下，发送方和接收方都有私钥和公钥。发送方首先使用私钥对消息进行签名，然后使用接收方的公钥对签名的消息进行加密。收到消息后，接收方首先使用自己的私钥解密，然后使用发送方的公钥验证签名。

密码功能可以在软件或硬件中实现。应用示例 4.3 描述了带有硬件安全加速器的嵌入式处理器。

应用示例 4.3   德州仪器 TM4C129x 微控制器

德州仪器 TM4C [Tex14] 专为需要浮点计算和低功耗性能的应用而设计，例如楼宇自动化、安全和访问控制以及数据采集。CPU 采用 ARM Cortex-M4，它包括用于 AES、数据加密标准、SHA、MD5（消息摘要）和循环冗余码检测（CRC）的加速器。

签名代码允许平台知道代码来自受信任的来源。计算平台经常与其他平台交互，要么通过网络，要么通过其他类型的链接。当 Alice 与 Bill 通信时，Bill 需要在与 Alice 共享安全信息之前知道 Alice 没有被劫持。**证明**（attestation）[Cok11] 提供了一种机制，让 Alice 向 Bill 证实其身份的有效性，并让 Bill **评估**（appraise）Alice 的安全性。例如，Alice 可以生成某些重要的、预定义的代码段或内存部分的哈希字符串，对哈希字符串进行签名，然后将其发送给 Bill。因为 Bill 可以识别这些哈希后的元素，所以他期望收到一组特定的哈希码。如果接收到的哈希码与预期的不同，则 Bill 可以假设 Alice 已被劫持。如果两个码相同，则可以判断 Alice 是安全的，具有较高的置信度。

4.11   设计示例：闹钟

第一个系统设计示例是闹钟，我们使用微处理器实现时间显示和更新，并读取闹钟的按钮，实现与用户的交互。由于我们现在对 I/O 已经有大致的了解，那么就遵循理论上的方法和步骤，从基本的概念开始，一步一步地实践直到完成并测试系统。

4.11.1   需求

闹钟的基本功能很好理解也很容易模拟。图 4.32 展示了闹钟的前面板设计。这个闹钟的时间用四位数字按 12 小时的格式显示，我们使用一个灯来区分是上午还是下午（在图中为 AM 或 PM），使用几个按钮来设置时钟时间和闹铃时间。每按一下"小时"按钮，小时数就被向后调整一小时，类似地，每按一下"分钟"按钮，分钟数则向后调整一分钟。我们必须在按下"设置时间"按钮的同时，再按"小时"或"分钟"按钮才能调整时间；"设置闹铃"也以类似的方式工作。我们用"闹铃开启"按钮和"闹铃关闭"按钮来控制闹铃的开关。当闹铃开启时，"闹铃就绪"灯亮起，而闹铃声音由一个单独的扬声器发出。

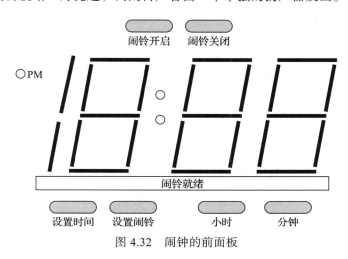

图 4.32　闹钟的前面板

现在我们来创建需求表。

名称	闹钟
目标	具有单独闹铃的 24 小时数字时钟
输入	六个按钮：设置时间、设置闹铃、小时、分钟、闹钟开启、闹钟关闭
输出	四位数时钟式输出、PM 指示灯、闹铃就绪灯、蜂鸣器
功能	默认模式：显示屏显示当前时间。PM 灯从中午亮到午夜 "小时"和"分钟"按钮分别用于向后调整小时数和分钟数，按一次增加一小时或一分钟 按下"设置时间"按钮：按下此按钮，同时按下"小时"或"分钟"按钮可以设置时间。新时间会自动显示在显示屏上 按下"设置闹铃"按钮：按下此按钮时，显示切换到闹铃时间设置；同时按下"小时"或"分钟"按钮，以类似于设置时间的方式设置闹铃时间 闹铃开启：将闹钟置于闹铃开启状态，当前时间达到闹铃时间时，闹钟就会打开蜂鸣器，并打开闹铃就绪指示灯 闹铃关闭：关闭蜂鸣器，使闹钟不再处于闹铃打开状态，并关闭闹铃就绪指示灯
性能	显示小时和分钟，不显示秒。精度应在一个典型的微处理器时钟信号的范围内（精确度要求过高只会不合理地增加成本）
制造成本	消费者能接受的范围。成本由微处理器系统决定，而不是按钮或显示器
功率	使用交流电源，可以通过标准电源供电
物理尺寸和重量	足够小，适合放在床头柜上，与常见闹钟的重量一样

4.11.2　规格说明

虽然闹钟的基本功能很简单，但是我们仍需要创建一些类和相关的行为来明确用户界面是如何工作的。

图 4.33 展示了闹钟的基本类图。借用机械手表的术语，我们将处理基本时钟操作的类称

为 Mechanism 类。我们用三个类来表示物理元件：Lights* 类代表所有数字和灯，Buttons* 类代表所有按钮，Speaker* 类代表声音输出。Mechanism 可以直接调用 Buttons* 类。由于我们必须通过扫描信号控制显示区的灯实现数字的显示，因此我们引入 Display 类来将物理的灯抽象成一片显示区域，关于显示部分的细节将在下面讨论。

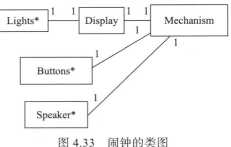

图 4.33 闹钟的类图

各个底层用户接口类的细节如图 4.34 所示。Buttons* 类提供对按钮当前状态的只读访问。Lights* 类允许我们对灯进行驱动。然而，为了节约显示器上的引脚，Lights* 类仅能提供一位数字的信号，并通过另外一组信号来指示当前正在显示哪个数字[⊖]。我们通过 Display 类周期性地扫描数字来生成完整显示，对系统的其余部分而言，不会感知扫描的过程，显示就像是连续的一样。

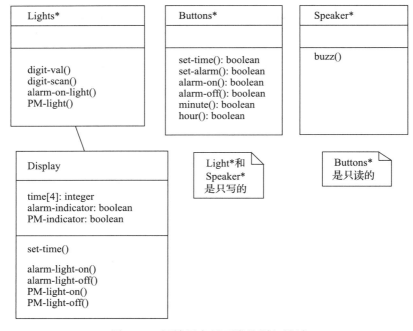

图 4.34 闹钟用户界面类的详细设计

图 4.35 描述 Mechanism 类。这个类监测当前时间以及闹铃时间，同时还要监测闹铃是否已开启，是否正在蜂鸣。该闹钟只将时间显示到分钟，但它在内部精确记录到秒。时间以离散的数字而不是单个整数保存，以简化传递到显示器的时间[⊖]。Mechanism 类提供两个行为函数，scan-keyboard 和 update-time，两个行为函数都在系统中持续运行。scan-keyboard 负责接收输入、更新闹钟和其他用户交互功能。update-time 负责刷新显示并保持当前时间准确。

⊖ 即闹钟显示面板上的多个数字，一次只能控制一个数字的显示，并通过其他辅助信号来设定要控制的数字。——译者注

⊖ 即对应到面板上的每一个显示位，设置一个存储变量，然后再由程序控制这些变量之间的逻辑以保证时间值正确。——译者注

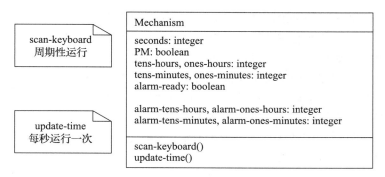

图 4.35　Mechanism 类

图 4.36 显示了 update-time 的状态图。这个行为设计起来非常简单，但必须同时处理几件事情。它每秒被激活一次，每次激活后首先更新系统中记录的秒数。如果秒计数已经满 60，那么就必须更新当前显示的时间。在这种情况下，它首先清零秒计数，然后更新小时和分钟的数字，并且判断是否发生了 AM 到 PM 或 PM 到 AM 的转换以确定当前时间是上午还是下午，然后将更新的时间发送到显示对象。此外，它还将时间与闹铃设置进行比较，并在时间匹配时发出蜂鸣声。

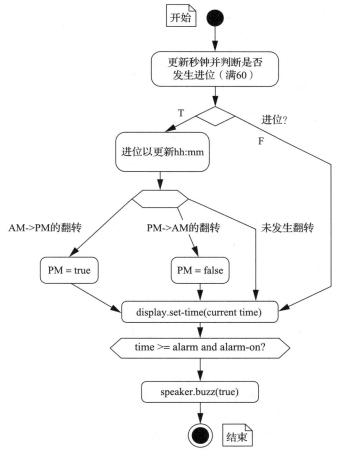

图 4.36　update-time 的状态图

scan-keyboard 的状态图如图 4.37 所示。该功能被周期性地调用，而且足够频繁，以使系统能够捕获用户按钮的所有按压行为。按钮每秒被扫描多次，但是我们不想重复记录相同的按钮操作。例如，如果在按下"设置时间"和"分钟"按钮时，每次按钮扫描都增加分钟计数，那么时间就会增加太快。为了使按钮响应更合理，该函数计算按钮被激活的次数，它将按钮当前状态与按钮在最后一次扫描时的值进行比较，并且认为仅当按钮这次扫描时被按下，且上次扫描时没有被按下，才算按钮被激活。系统会计算出所有被激活的按钮，查看它们的组合状态并采取适当的动作。在行为（函数）退出之前，它会保存按钮的当前状态，以便在下次执行时计算按钮是否被激活。

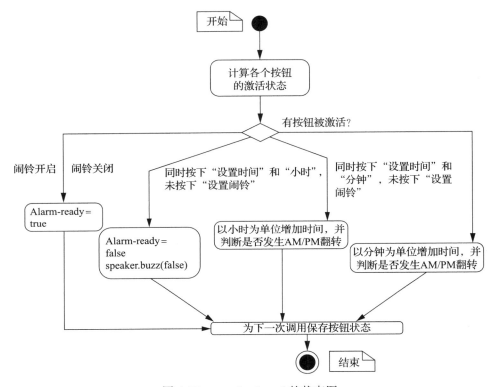

图 4.37   scan-keyboard 的状态图

4.11.3   系统体系结构

系统的软件和硬件体系结构总是难以完全分离，这里我们先来考虑软件体系结构，然后考虑它对硬件的影响。

系统中有周期性和非周期性组件，比如，当前时间显然必须被周期性更新，但按钮命令却是偶尔发生的。

系统具有两个主要软件组件似乎是合理的：

- 中断驱动例程：用以更新当前时间。当前时间被保存在内存的一个变量中。用一个定时器周期性地产生中断并更新时间。当分钟值改变时，必须发送新值到显示器，在随后的硬件体系结构中还会讨论这个细节。这个例程同时还需要维护 PM 状态指示器。

- 前台程序：用于轮询按钮并执行其命令。因为按钮的变化速率相对较慢，而将按钮连接到中断还需要添加新的硬件，因此使用中断机制管理按钮没有任何意义。相反，前台程序将读取按钮值，然后使用简单的条件测试来实现命令，包括设置当前时间、设置闹铃和关闭闹铃。同时，由前台程序调用另一个程序，根据闹铃时间打开和关闭蜂鸣器。

利用中断驱动处理当前时间的程序，需要注意的一个重要问题是定时器中断发生的频率。软件实现 1 分钟的间隔是很容易的，但是以 1 分钟为周期的硬件定时器却需要大量的计数器位。所以更容易实现的方式是，使用以 1 秒为周期的定时器和用程序变量来计数每分钟的秒数。

前台代码可用 while 循环来实现：

```
while (TRUE) {
    read_buttons(button_values); /*read inputs */
    process_command(button_values); /*do commands */
    check_alarm(); /*decide whether to turn on the alarm */
}
```

循环首先使用 read_buttons() 读取按钮状态。除了从输入设备读取当前按钮值，这个例程还必须预处理按钮值，以便用户界面代码正确响应[⊖]。由于采样频率比人按下 / 释放按钮快得多，所以按钮将在几个采样周期内都保持按下状态，而这些重复的事件需要在预处理中被过滤。我们想要确保时钟对按钮的单次按压做出响应，而不是每个采样间隔发现按下状态即做出响应。如图 4.38 所示，这可以通过对按钮输入执行简单的边界检测来完成。在一个采样周期内，当按钮被按下时，按钮事件值为 1，并且在一个采样周期后变为 0，直到按钮再次被按下，然后释放时，按钮值才返回 1，并产生一个这样的脉冲。这可以由简单的双状态机来实现。

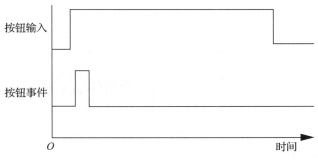

图 4.38　预处理按钮输入

process_command() 函数负责响应按钮事件。check_alarm() 函数检测闹铃时间和当前时间是否匹配，并以此决定是否需要打开蜂鸣器。check_alarm() 函数需要与命令处理的代码分开，因为当到达预设闹铃时间时，闹钟时间必须开始响应，而这与按钮输入事件并没有直接联系。

根据软件体系结构，我们需要一个连接到 CPU 的定时器，还需要将按钮连接到 CPU 总线的电路逻辑。除了对按钮输入执行边界检测之外，还必须对按钮进行除颤处理。

开始编写代码和构建硬件之前的最后一步是，为闹钟命令绘制状态转换图，用于指导软件组件的实现。

⊖　即该函数通过判断，只产生有效的按钮激活事件。——译者注

4.11.4 组件设计和测试

中断处理程序和前台程序这两个主要软件组件相对容易实现。因为中断处理程序的大多数功能都在中断进程中实现，所以该代码最好在微处理器平台上测试。而前台代码在代码开发的 PC 或工作站上测试会更容易。我们要为生成按钮压下的代码创建一个测试例程，以运行状态机，还需要模拟系统时钟的更新。试图直接通过中断处理程序来测试时钟控制可能不是一个好方法，因为这样我们不仅需要设法仿真时钟中断，还需要以秒为单位计量中断量，测试环境会很复杂而且时间会很长。所以更好的测试策略是添加更新时钟的测试代码，前台通过 while 循环来调用，也可以简化成大概每迭代 4 次就更新一次时间，以提高测试效率。

定时器可能是一个成熟的组件，可以直接采购，因此我们将专注于连接按钮、显示器和蜂鸣器接口的逻辑电路。注意：按钮需要除颤逻辑，显示器需要用寄存器来保存当前显示值，以驱动显示元件。

4.11.5 系统集成和测试

由于该系统只有少量组件，因此系统集成相对容易。测试时必须检查软件，以确保调试代码已关闭。一般可以执行三种类型的测试：第一，根据参考时钟来检查时钟的精度。第二，通过按钮进行命令测试。第三，验证蜂鸣器的功能。

4.12 设计示例：喷气发动机控制器

喷气发动机需要实时控制，以确保其对飞行员行为做出正确响应。使用 I/O 设备平衡传感器采集和驱动控制所需的计算，为我们提供了一个基于总线的系统性能分析的好例子。

4.12.1 操作原理和要求

喷气发动机的操作非常简单 [Rol15]。如图 4.39 所示，空气通过风扇进入发动机，风扇将空气推入压缩机。高度压缩的空气流入加入燃料的燃烧室，燃烧的废气通过涡轮从发动机后部排出，排出的空气驱动涡轮机运行。轴与压缩机和风扇相连，带动它们转动，以保持发动机的空气供给。风扇还提供绕过燃烧室的气流，可以提供额外的推力。压缩机一直连续运行。

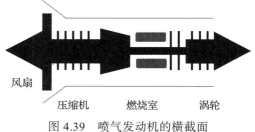

风扇

压缩机　　燃烧室　　涡轮

图 4.39　喷气发动机的横截面

喷气发动机的数字控制器被称为**全权限数字电子控制**（FADEC）。传统的喷气发动机只有一个控制装置：油门 [Gar，Liu12]。但油门无法直接感知发动机的推力，仅可以推算它的值。推力是一个关于轴速度的函数，而轴速度可以直接测量；还可以安装传感器来测量与发动机状态相关的变量，例如压力和温度。

4.12.2 规格说明

对于发动机来说，油门是飞行员对它的指令输入。油门位置称为油门解析仪角度（Throttle Resolver Angle，TRA）。典型的发动机使用两个轴，一个用于低压（N1）段，另一个用于高压（N2）段。传感器可以直接测量这两个轴的转速，通过测量值可以对发动机进行反馈控制；根据轴速度计算出推力，然后将它与指令推力进行比较。

如图 4.40 所示，我们专注于喷气发动机的简单控制算法：

- 油门解析仪角度是飞行员对喷气发动机的指令输入。
- 根据 TRA 和当前计算的推力计算出燃料流量（WF），WF 被送至燃料系统。
- 用传感器测出轴速度 N1 和 N2。
- 存储根据轴速度计算的推力结果，用于下一个控制循环中。

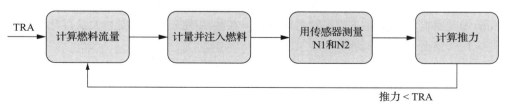

图 4.40　喷气发动机控制算法

发动机控制器的典型采样率在 10～100Hz 范围内。

4.12.3　系统体系结构

如图 4.41 所示，FADEC 的计算平台通常由 CPU 和独立的 I/O 总线（类似于第 10 章将要讨论的控制器局域网（CAN）总线）组成。CPU 总线不直接用于连接设备；CPU 总线连接到 CAN 总线，CAN 总线又依次连接到传感器和执行器。此体系结构的调度原则与 CPU 总线的调度原则相同。

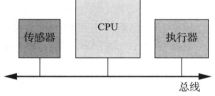

图 4.41　用于喷气发动机控制的简单计算平台

如图 4.42 所示，控制计算分为两个任务：根据 TRA 计算 WF 和根据轴速度计算推力。在接收到 TRA 之后，才能开始计算 WF。在 CPU 执行 WF 计算的同时，总线可以读取轴速度 N1 和 N2。类似地，总线将 WF 发送到燃油系统的同时，CPU 可以根据轴速度计算推力。

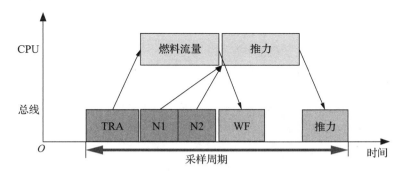

图 4.42　喷气发动机控制器中的 I/O 和计算调试

4.12.4　组件设计

可以使用喷气发动机的模型来评估控制算法。例如，C-MAPSS[Liu12] 是喷气发动机的 Simulink 模型。FADEC 软件通常采用 C 语言进行编码。控制算法的数值表示对于正确进行控制操作很重要。可以使用喷气发动机模型来评估所需的数值精度，并且可以通过软件性能分析来确定各种数据格式所需的执行时间。

4.12.5 系统集成和测试

在目标计算平台上，可以建立一个测试工具来测试软件。该工具将提供传感器数据和记录执行器数据。可以在每次运行后对结果进行评估，以检验软件的正确性。

喷气式发动机试验台必须精心设计，比如：试验台可以允许发动机远程运行；应该通过墙壁和防爆观察窗将测试间与建筑物内部分开；在测试间的外墙上安装大量百叶窗；一旦发生爆炸，百叶窗会被吹开并向外排放气体。

4.13 总结

微处理器仅仅是嵌入式计算系统的一个组件，内存与 I/O 设备同样也很重要。微处理器总线像黏合剂一样将所有组件连接在一起。嵌入式系统的硬件平台通常围绕通用平台构建，并附加适当的内存和 I/O 设备。底层监控软件在这些系统中也起着重要作用。

我们学到了什么

- CPU 总线基于握手协议而构建。
- 可用的内存组件种类很多，它们在速度、容量与其他性能上差异很大。
- I/O 设备使用逻辑电路连接到总线，使得 CPU 可以读写设备的寄存器。
- 嵌入式系统可以用各种硬件与软件方法进行调试。
- 系统级性能不仅取决于 CPU，还取决于内存与总线。
- 平台的安全性能支持安全应用的开发。

扩展阅读

Shanley 和 Anderson [Min95] 详细描述了 PCI 总线。Dahlin [Dah00] 描述了如何将触摸屏接入系统中。Collins [Col97] 描述了微处理器电路内部仿真器的设计。Earnshaw 等 [Ear97] 描述了 ARM 体系结构下的高级调试环境。

问题

Q4-1   列举通用计算平台的三个主要硬件组件。

Q4-2   列举通用计算平台的三个主要软件组件。

Q4-3   HAL 在平台中起什么作用？

Q4-4   为四次握手协议中的设备 1 与设备 2 绘制状态图。

Q4-5   描述以下信号在总线中的作用。

    a. R/W'   b. 数据就绪   c. 时钟

Q4-6   画出一个展示总线主控与设备之间四次握手的 UML 顺序图。

Q4-7   在时序图中定义以下信号类型。

    a. 变化   b. 稳定

Q4-8   画出使用以下信号的时序图（$[t_1, t_2]$ 表示以 t_1 开始，以 t_2 结束的一段时间间隔）。

    a. 信号 A 在 [0,10] 稳定，在 [10,15] 变化，在 [15,30] 稳定。

    b. 信号 B 在 [0, 5] 为 1，在 [5,7] 下降，在 [7,20] 为 0，在 [20,30] 变化。

    c. 信号 C 在 [0, 10] 变化，在 [10,15] 为 0，在 [15,18] 上升，在 [18,25] 为 1，在 [25,30] 变化。

Q4-9　为没有等待状态的写操作绘制时序图。

Q4-10　为总线上的读操作绘制时序图，其中读操作包含两个等待状态。

Q4-11　为总线上的写操作绘制时序图，其中写操作包含两个等待状态。

Q4-12　为写入四个单元的突发写操作绘制时序图。

Q4-13　为一个具有等待状态的突发读操作绘制 UML 状态图。一个状态图描述总线主控，另一个描述正在被读取的设备。

Q4-14　为具有等待状态的突发读操作绘制一个 UML 顺序图。

Q4-15　为以下过程绘制时序图。

a. 设备成为总线主控的过程。

b. 设备将总线控制权返回 CPU 的过程。

Q4-16　绘制一个展示完整 DMA 操作的时序图，包括将总线交给 DMA 控制器、执行 DMA 传输，以及将总线控制权返回 CPU。

Q4-17　为总线控制器事务绘制 UML 状态图，其中一端将 CPU 显示为默认总线主控，另一端显示可请求总线主控的设备。

Q4-18　绘制 UML 顺序图，展示总线主控的请求、授权与返回过程。

Q4-19　绘制 UML 顺序图，展示 DMA 总线事务与 CPU 上的计算并发处理的过程。

Q4-20　绘制一个描述完整 DMA 事务的 UML 顺序图，包括 DMA 控制器请求总线、DMA 事务本身以及将总线控制权返回 CPU。

Q4-21　绘制 UML 顺序图，展示通过总线桥的读操作的执行过程。

Q4-22　绘制 UML 顺序图，展示通过总线桥且具有等待状态的写操作的执行过程。

Q4-23　为包含 DRAM 刷新操作的读事务绘制 UML 顺序图。该顺序图应包含 CPU、DRAM 接口以及显示刷新操作的 DRAM 内部操作。

Q4-24　为 DRAM 读操作绘制 UML 顺序图，展示每个 DRAM 信号的活动。

Q4-25　内存控制器在计算平台中的作用是什么？

Q4-26　在选择计算平台时要考虑哪些硬件因素？

Q4-27　在选择计算平台时要考虑哪些软件因素？

Q4-28　编写一段处理断点的 ARM 汇编语言代码，它能够保存必要的寄存器，调用子程序与主机通信，并能够在从主机返回后正确执行断点处的指令。

Q4-29　假设 A/D 转换器提供的采样频率为 44.1kHz。

a. 对于每一次的采样，CPU 操作最多可以用多少时间？

b. 如果中断处理程序执行 100 条指令来获取样本并将其传递给应用程序，假设系统使用一个 20MHz 的 RISC 处理器，每个周期能够执行 1 条指令，那么这个系统可以执行多少条指令？

Q4-30　如果中断处理程序执行时间过长，并且在对该处理程序最后一次调用结束之前发生了下一个中断，这时会发生什么？

Q4-31　假设一个系统在中断处理程序中将采样的样本传递给在后台运行的 FIR 滤波器程序。

a. 如果中断处理时间过长，那么 FIR 滤波器的输出会如何变化？

b. 如果 FIR 滤波器代码运行时间过长，那么输出将如何变化？

Q4-32　假设微处理器实现了一条 ICE 指令，该指令能够发出总线信号，启动微处理器的 ICE。同时，假设微处理器允许通过边界扫描链来观察和控制所有内部寄存器。请绘制 ICE 操作的 UML 顺序图，包括执行 ICE 指令、上传微处理器状态到 ICE 以及将控制权返回微处理器程序。该顺序图还应包括微处理器、微处理器 ICE 与用户。

Q4-33 为什么嵌入式计算系统想要实现与 DOS 兼容的文件系统？

Q4-34 列举两个实现 DOS 兼容文件系统的嵌入式系统。

Q4-35 假设有一个内存系统，其中系统开销计为 O（$O = 2$），单字传输时间为 1（无等待状态），使用这个内存系统执行 1024 个单元的传输，尝试给出传输所需时钟周期总数 T 与单次突发传输字节大小 B（$1 \leq B \leq 8$）的函数关系，并画出函数曲线。

Q4-36 给定一个支持单字与突发传输的总线。单字传输需要 1 个时钟周期（无等待状态）。假设单字传输的开销是一个时钟周期（$O = 1$），一次突发传输的开销是 3 个时钟周期（$O_B = 3$）。哪种方法能更快地执行两个字的传输：两次单字传输还是一次两个字的突发传输？

Q4-37 给定一条总线，支持 2 字节带宽的单字节、双字传输（所需时钟周期相同），以及支持高达 8 字节（每次突发传输是两个 4 字节）的突发传输。这些传输类型的开销全都是一个时钟周期（$O = O_B = 1$），每个单字节或双字的数据传输开销也是 1 个时钟周期（$D = 1$）。若想发送分辨率为 1920×1080 像素（每个像素占 3 字节）的 1080P 视频帧，比较以下两种传输方案的总线传输时间。

　　a. 每次传输一个像素。

　　b. 每个像素使用一次 2 字节传输和一次单字节传输。

Q4-38 写出以下音频系统的设计参数。

　　a. 两个通道、每个通道为 16 位 / 采样、采样频率为 44.1kHz 的音频信号，确定该音频系统每秒所需处理的总字节数。

　　b. 给定总线的时钟周期为 $P = 20$MHz，假设使用非突发模式传输，且 $D = O = 1$，确定该音频系统所需的总线带宽。

　　c. 给定总线的时钟周期为 $P = 20$MHz，假设突发传输长度为 4 字节，且 $D = O_B = 1$，确定该音频系统所需的总线带宽。

　　d. 假设现在数据信号包含原始音频信号和一个比特率为 1/10 的输入音频信号的压缩版本。此时突发传输的总线带宽长度为 4，且 $P = 20$MHz，$D = O_B = 1$，那么带宽为 1 的总线是否能够处理这种组合传输的数据量？

Q4-39 设计一个基于总线的计算机系统：输入设备 I1 发送数据到程序 P1，P1 将输出发送到设备 O1。在这个系统中，是否有办法使总线传输时间与计算时间重叠？

Q4-40 创建数字签名会用到哪些硬件模块？

上机练习

L4-1 使用逻辑分析仪查看总线上的系统活动。

L4-2 如果你的逻辑分析仪能够动态分解，那么可以利用它以指令形式展示总线活动，而不再是显示简单的一串 1 和 0。

L4-3 将 LED 连接到系统总线上，以便监测它的活动。例如，使用 LED 检测总线上的读 / 写电路。

L4-4 设计将 I/O 设备连接到微处理器的逻辑接口。

L4-5 让别人故意在你的程序中引入错误，然后使用合适的调试工具来查找和纠正这些错误。

L4-6 识别平台上不同类型的总线事务，并计算最好情况下的总线带宽。

L4-7 构造一个简单的程序来访问内存的分散单元，测量内存系统带宽并与最好情况下的带宽进行比较。

L4-8 构造一个简单的程序来执行一些内存访问。使用逻辑分析仪来研究总线活动，并确定用于传输的总线模式类型。

程序设计与分析

本章要点

- 嵌入式软件中的实用组件。
- 程序模型，如数据流图和控制流图。
- 编译方法简介。
- 分析并优化程序的性能、规格和功耗。
- 如何测试程序以验证其正确性。
- 设计示例：软件调制解调器、数码相机。

5.1 引言

　　本章将详细研究创建嵌入式程序的过程，它是嵌入式系统设计的核心。如果你正在阅读本书，那么就一定对编程有一定的了解，但是设计和实现嵌入式程序与通常的编程并不一样，它比编写典型的工作站或 PC 程序更具挑战性。因为嵌入式程序代码不仅要提供丰富的功能，还要按设定的速率运行，以满足系统时限，同时还要满足内存限制以及功耗需求。在设计程序的同时满足多个设计约束是很有挑战性的，但幸运的是，现在有很多技术和工具来帮助开发人员完成程序的设计过程。此外，确保程序正确运行也是一个难点，但依然有很多方法和工具来辅助开发人员。

　　本章的讨论将专注于高级编程语言，特别是 C 语言。高级语言曾因在嵌入式微控制器中效率低下而不受重视，但如今，更好的编译器、对编译器更友好的程序设计架构、更快的处理器和内存使得高级语言被广泛应用。若编译效果不好，程序的某些部分仍需要以汇编语言来实现，但即使用汇编语言来编写嵌入式程序，以高级编程语言的形式来思考程序的功能也是很有帮助的。本章介绍的很多分析及优化技术同样适用于汇编语言编写的程序。

　　5.2 节将讨论嵌入式软件中常用的软件组件。5.3 节通过用高级编程语言实现的示例（同样适用于用汇编语言编写的程序）来介绍控制流图和数据流图。5.4 节回顾汇编和链接的处理过程。5.5 节介绍编译技术。5.6 节介绍分析程序性能的方法。接下来的三节将讨论针对嵌入式计算的优化技术：5.7 节讨论性能优化，5.8 节讨论能耗优化，5.9 节讨论存储空间优化。5.10 节讨论确保程序正确性的技术。5.11 节考虑与安全性和防危性相关的程序设计问题。最后，本章将以两个设计示例结束：5.12 节介绍软件调制解调器，5.13 节介绍数码相机。

5.2 嵌入式程序的组件

　　本节将学习嵌入式软件常用的三个结构／组件的代码：状态机、循环缓冲区和队列。状态机适合**交互式系统**（reactive system），例如用户界面；循环缓冲区和队列适合数字信号处理领域。

5.2.1 状态机

　　当程序输入是随机出现的非周期性信号时，自然而然地，系统可以被认为是对输入的反应。大多数系统的反应可以通过接收的输入及系统当前的状态来表征[⊖]，这种表征方式自然地产生了**有限状态机**（finite-state machine）的形式，以此来描述交互式系统行为。此外，如果以这种形式来表征交互式系统的行为，那么在编程时自然会以状态机的形式去实现该行为。状态机式的程序设计风格也是这种计算的高效实现。有限状态机通常首先应用于硬件设计领域。

程序示例 5.1 展示了如何使用高级编程语言实现有限状态机。

程序示例 5.1　C 语言风格的状态机

我们要实现的是一个简单的安全带控制器 [Chi94]。控制器的工作场景是：若有人坐在座椅上，但在固定时间内没有系好安全带，那么控制器将开启蜂鸣器。该系统有三个输入和一个输出。输入分别为：座椅传感器，用来感知是否有人坐下；安全带传感器，用来感知安全带是否系好；计时器，在设定的时间过去后停止计时。输出是蜂鸣器。下图是描述安全带控制器行为的状态图。

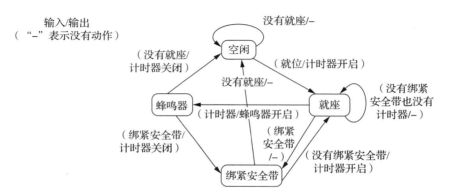

当座椅上没有人时，状态机处于空闲状态。一旦有人坐下，状态机进入就位状态并开启计时器。如果计时器在安全带系好前发生超时，则状态机进入蜂鸣状态。如果安全带在计时器超时前已系好，则状态机进入绑紧状态。当人离开座椅时，状态机回到空闲状态。

为了用 C 语言实现该状态机的行为，现假定已用变量保存了三个输入的当前值（seat，belt，time），且输出将保存在临时变量（timer_on，buzzer_on）中。使用名为 state 的变量来保存状态机的当前状态，通过 switch 语句来决定状态机在每个状态的行为。代码如下所示：

```
#define IDLE 0
#define SEATED 1
#define BELTED 2
#define BUZZER 3
        switch(state) { /*check the current state */
                case IDLE:
                if (seat){ state = SEATED; timer_on = TRUE; }
                /*default case is self-loop */
                break;
                case SEATED:
                if (belt) state = BELTED; /*won't hear the buzzer */
```

⊖　即在某个状态下，收到某种输入数据，系统必然做出某种确定的反应。——译者注

```
                      else if (timer) state = BUZZER; /*didn't put on
belt in time */
                      /*default case is self-loop */
                      break;
                      case BELTED:
                      if (!seat) state = IDLE; /* person left */
                      else if (!belt) state = SEATED; /* person still
in seat */
                      break;
                      case BUZZER:
                      if (belt) state = BELTED; /*belt is on---turn off
buzzer */
                      else if (!seat) state = IDLE; /* no one in seat--
turn off buzzer */
                      break;
              }
```

这段代码利用了"除非状态明确改变，否则保持不变"的事实，这使得自循环到相同的状态是易于实现的。该状态机可以在 while(TRUE) 的循环中永久执行或由其他代码周期性调用。无论采用哪种机制，代码必须周期性执行以便检查当前的输入，并在必要时进入新的状态。

5.2.2　循环缓冲区和面向流的程序设计

　　数据流的风格对定期传输且必须在程序运行时处理的数据有影响。应用示例 2.1 的 FIR 滤波器是经典的面向流的处理示例。对于每个数据样本，滤波器必定产生依赖前 n 项输入的输出结果。在典型工作站端的应用中，我们通常一次处理一段时间内采样的一批数据，由程序从文件中读取数据并同时计算全部的结果。在嵌入式系统中，不仅需要实时输出结果，还需要以最少的内存运行程序。

　　循环缓冲区（circular buffer）是一种数据结构，它允许程序以高效的方式处理流数据。图 5.1 展示了循环缓冲区如何存储数据流的子集。在每个时间点，算法需要获取数据流的子集并以此形成数据流的窗口。窗口随着时间滑动，抛弃不再需要的旧值并添加新值。因为窗口的大小没有改变，所以我们可以用固定大小的缓冲区保存当前数据。为了避免频繁地在缓冲区内部复制数据，该算法需要按时移动缓冲区的首端。缓冲区的尾指针指向下一个数据样本将要放置的位置。每次添加新的数据样本时，就自动删除旧数据样本，即需要抛弃的数据。当指针到达缓冲区的末端时，它便循环移动到缓冲区的首端。

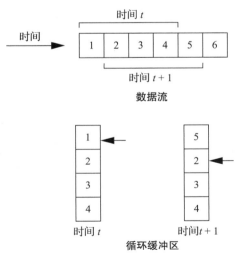

图 5.1　循环缓冲区

　　许多 DSP（Digital Signal Processor）提供寻址模式以支持循环缓冲区。例如，C55x [Tex04] 提供五个循环缓冲区起始地址寄存器（它们均以 BSA 为前缀命名）。这些寄存器允许在不遵循对齐约束的情况下放置循环缓冲区。

　　在没有特殊指令集的情况下，可以用 C 语言实现循环缓冲区。C 语言代码对理解缓冲区的操作也是很有帮助的。程序示例 5.2 以高效的方式实现了循环缓冲区。

程序示例 5.2　C 语言风格的循环缓冲区

一旦构建了循环缓冲区，就可以在其他各种程序中使用它。在本例中，我们使用数组作为缓冲区：

```
#define CMAX 6 /*filter order */

int circ[CMAX]; /*circular buffer */
int pos; /*position of current sample */
```

变量 pos 保存当前数据样本的位置。当向缓冲区中添加新值时，该变量就会移动。以下是向缓冲区添加新值的函数：

```
void circ_update(int xnew) {
    /*add the new sample and push off the oldest one */

    /*compute the new head value with wraparound; the pos
pointer moves from 0 to CMAX-1 */
    pos = ((pos == CMAX-1) ? 0 : (pos+1));
    /*insert the new value at the new head */
    circ[pos] = xnew;
    }
```

pos 的赋值需要注意循环，即在 pos 到达数组末尾时返回零。这之后将新值放入缓冲区的新位置，覆盖该位置的旧值。但是要注意，当访问数组中更高索引的值时，也会访问旧值。

现在可以写一个初始化函数。该函数将缓冲区中所有的值设为零。更重要的是，它将 pos 设置为初始值。为了便于调试，最好将第一个数据放置在 circ[0] 中。因此，我们将 pos 设置到数组的末尾，以便在添加第一个元素之前将其设置为 0：

```
void circ_init() {
    int i;

    for (i=0; i<CMAX; i++) /* set values to 0 */
        circ[i] = 0;
    pos=CMAX-1; /*start at tail so first element will be at 0 */
    }
```

我们还可以使用函数来获得缓冲区中第 i 个索引的值。此函数必须按照时间顺序（调用参数为零时返回的元素是最新的值）将索引转换为其在数组中的位置：

```
int circ_get(int i) {
    /*get the ith value from the circular buffer */
    int ii;
    /*compute the buffer position */
    ii = (pos - i) % CMAX;
    /*return the value */
    return circ[ii];
    }
```

接下来我们就可以使用 C 语言实现数字滤波器。为了理解滤波算法，现在介绍广泛使用的滤波函数的表示法。

FIR 滤波器是一种数字滤波器。多种不同的滤波器结构都可以使用如图 5.2 所示的**信号流图**（signal flow graph）表示。滤波器以某个采样率处理输入并以相同的采样率生成输出。

变量 $x(n)$ 和 $y(n)$ 是一系列数据，其中 n 是索引，用来表示该数据的采样顺序。图中的节点代表算术运算符或者延时算子。"+"节点将两个输入相加并产生输出 $y(n)$。标注为 z^{-1} 的方框是延时算子，其中符号 z 源自数字信号处理中的 z 变换，而上标 -1 意味着上述操作执行一个采样周期的延时。从延时算子发出并指向加法运算符的边被标记为 b_1，表示延时算子的输出结果与 b_1 相乘。

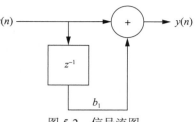

图 5.2　信号流图

生成 FIR 滤波器输出的代码如下所示：

```
for(i=0, y=0.0; i<N; i++)
        y += x[i]*b[i];
```

然而，在每个采样周期，滤波器都会接收一个新的样本。新的输入用 x_1 表示，之前的 x_1 用 x_2 表示，以此类推。x_0 直接存储在循环缓冲区中，它必须与 b_0 相乘，然后才能加到输出结果中。早期的数字滤波器内置在硬件中，通过构建移位寄存器即可实现上述操作。如果要在软件中实现类似的操作，则需要在每个采样周期内移动滤波器中所有样本值的位置。但是，通过使用循环缓冲区，移动缓冲区的头指针而不是移动数据元素，即可避免上述问题。

接下来的示例使用循环缓冲区来实现 FIR 滤波器。

程序示例 5.3　C 语言风格的 FIR 滤波器

FIR 滤波器的数据流图如下所示。

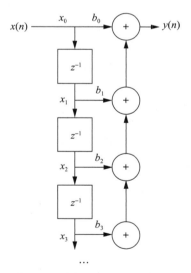

垂直排列的延时元件用于保存输入样本，最新的样本位于顶部，最旧的样本位于底部。遗憾的是，该信号流图没有明确标明所有用于操作的输入值，所以上图只是显示了在 FIR 循环操作中所使用的值 (x_i)。

在计算滤波函数时，需要匹配 b_i' 和 x_i'。随时间改变的 x' 存储在循环缓冲区中，不随时间改变的 b' 存储在标准数组中。为了使滤波函数在处理两组数据时可以使用相同的 I 值，需要以合适的顺序放置 x 数据。b 数据存储在标准数组中且将 b_0 作为首元素。当添加新的 x 值时，将该值设为 x_0 且替换缓冲区中最旧的数据。这意味着缓冲区的头指针从高向低移动，而不是之前预期的由低向高移动。

如下是 circ_update() 函数的修改版,该函数将新的样本以需要的顺序放入缓冲区中。

```
void circ_update(int xnew) {
    /*add the new sample and push off the oldest one */

    /*compute the new head value with wraparound; the pos
pointer moves from CMAX-1 down to 0 */
    pos = ((pos == 0) ? CMAX-1 : (pos-1));
    /*insert the new value at the new head */
    circ[pos] = xnew;
    }
```

同样,需要修改 circ_init() 函数,以初始化 pos = 0。但不需要修改 circ_get() 函数。给定上述函数后,滤波器自身的结构就很简单了。下面是 FIR 滤波器函数的实现代码:

```
int fir(int xnew) {
    /*given a new sample value, update the queue and compute the
filter output */
    int i;

    int result; /*holds the filter output */

    circ_update(xnew); /*put the new value in */
    for (i=0, result=0; i<CMAX; i++) /* compute the filter
function */
    result += b[i] *circ_get(i);
    return result;
    }
```

FIR 滤波器只有一种主要架构,而 IIR(Infinite Impulse Response)滤波器则根据应用的需求存在多种架构。IIR 滤波器存在多种架构的重要原因之一在于 IIR 滤波器的数值特性,即不同架构和系数配置可能使得一种架构的数值噪声明显少于另一种架构。但数值噪声超出本书的讨论范围,这里我们专注于强调缓冲问题。接下来的示例将研究一种 IIR 滤波器的实现方法。

程序示例 5.4　C 语言风格的直接 II 型 IIR 滤波器

所谓的直接 II 型 IIR 滤波器如下图所示。

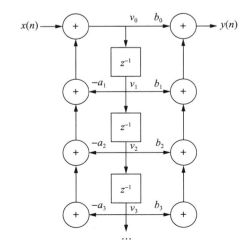

这种结构被设计用来满足缓冲区空间最小化的需求。其他类型的 IIR 滤波器具有其他优点，但对存储会有更多需求。在 FIR 滤波器中，v_i 值作为输入存储在滤波器中。在此情况下，v_0 并非输入，而是左边值之和。在与 b_0 相乘之前，v_0 就已经被存储在滤波器中，以便在随后的采样周期中可以将 v_0 移动到 v_1。

在 FIR 滤波器中使用过的 circ_update() 和 circ_get() 函数仍可以在 IIR 滤波器中使用。因此需要使用两个系数数组，一个存储 a，另一个存储 b。与 FIR 滤波器一样，系数数组使用标准 C 语言数组实现，因为它们都不随时间改变。以下是 IIR 滤波器功能的代码实现：

```
int iir2(int xnew) {
    /*given a new sample value, update the queue and compute
the filter output */
    int i, aside, bside, result;

    for (i=0, aside=0; i<ZMAX; i++)
        aside += -a[i+1] *circ_get(i);
    for (i=0, bside=0; i<ZMAX; i++)
        bside += b[i+1] *circ_get(i);
    result = b[0] *(xnew + aside) + bside;
    circ_update(xnew); /*put the new value in */
    return result;
}
```

5.2.3　队列与生产者 / 消费者系统

队列也被应用于信号处理与事件处理领域。若数据接收时间和发送时间不可预测或接收的数据总量是变化的，就可以使用队列。队列通常被称作**弹性缓冲区**（elastic buffer），第 3 章已经讲解了如何使用弹性缓冲区解决 I/O 问题。

构建队列的一种方式是链表。链表允许队列增长到任意长度。但许多应用并不希望付出动态分配内存的代价。构建队列的另一种方式是使用数组来保存全部数据。虽然一些作者认为循环缓冲区和队列是相同的，但本书使用术语循环缓冲区来代指拥有固定数量数据元素的缓冲区，而队列中的元素数量是可变的。

程序示例 5.5 给出了使用数组构建队列的 C 语言代码。

程序示例 5.5　基于数组的队列实现

设计队列的第一步是声明用于构建队列的数组：

```
#define Q_SIZE 5 /*your queue size may vary */
#define Q_MAX (Q_SIZE-1) /*this is the maximum index value into the
array */

int q[Q_SIZE]; /*the array for our queue */
int head, tail; /*indexes for the current queue head and tail */
```

变量 head 和 tail 用于标识队列的两端。

下面是队列的初始化代码：

```
void queue_init() {

    /*initialize the queue data structure */
```

```
    head = 0;
    tail = 0;
}
```

我们将 head 和 tail 初始化到相同的位置。向队尾添加元素时，tail 就自动增加 1。同样，从队首移除元素时，head 就自动增加 1。head 的值总是等于队列中第一个元素的位置（队列为空时除外）。tail 的值总是指向队列中下一个元素的位置。当到达数组末尾时，就会发生环绕以回到数组的开始，例如，当在队列 q 的最后一个位置添加元素时，tail 将指向数组中的第 0 个元素。

需要检验两种判断条件以避免出现错误情况：从空队列中移除元素以及向满队列中添加元素。对于第一种情况，队列为空的判断条件为 head==tail。对于第二种情况，如果 tail 的自增使其与 head 指向相同的位置，则队列为满。由于需要考虑环绕的情况，所以充分测试是比较困难的。

下面是将一个元素添加到队尾的代码，称为**入队**（enqueue）：

```
void enqueue(int val) {
    /*check for a full queue */
    if (((tail+1) % Q_SIZE) == head) error("enqueue onto full
queue",tail);
    /*add val to the tail of the queue */
    q[tail] = val;
    /*update the tail */
    if (tail == Q_MAX)
        tail = 0;
    else
        tail++;
}
```

下面是从队首删除元素的代码，称为**出队**（dequeue）：

```
int dequeue() {
    int returnval; /*use this to remember the value that you will
return */
    /*check for an empty queue */
    if (head == tail) error("dequeue from empty queue",head);
    /*remove from the head of the queue */
    returnval = q[head];
    /*update head */
    if (head == Q_MAX)
        head = 0;
    else
        head++;
    /*return the value */
    return returnval;
}
```

理想情况下，在每个时间周期，数字滤波器总是接收固定大小的数据量。然而，许多系统甚至信号处理系统均不适用于该模式。与此相反，这些系统需要接收的数据量可能会随时间变化，而且处理结果的输出数据量也会变化。当这样的几个系统在同一个链中执行时，一个系统的变率输出将成为另一个系统的变率输入。

图 5.3 展示了一个简单的**生产者 / 消费者系统**（producer/consumer system）框图。p1 和

p2 是执行算法处理的两个块。利用队列作为弹性缓冲区，存储 p1 和 p2 的输入数据。该队列修改系统中的控制流并存储数据。例如，如果 p2 运行得比 p1 快，那么最终 p2 将用完 q12 输入队列中的所有数据。此时，该队列将向 p2 返回空信号，且 p2 停止工作，直到有更多的可用数据。这种复杂的控制流程在第 6 章的多任务环境中更容易实现，在程序中存在嵌套过程调用时也可以有效使用队列。

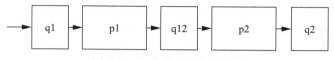

图 5.3　生产者 / 消费者系统

生产者 / 消费者中的队列可以保存统一大小的数据元素或可变大小的数据元素。在某些情况下，消费者需要知道有多少给定类型的数据元素被关联在一起[⊖]。队列也可以被重构，以保存复杂的数据类型。或者，可以将某个数据结构以字节或整数类型存储在队列中，此时第一个整数保存连续数据元素的数量[⊜]。

5.3　程序模型

本节将学习程序模型，程序模型比源代码更加通用。为什么不直接使用源代码呢？首先，一个程序存在多种类型的源代码实现——汇编语言、C 语言等，但其实仅使用一个模型就能描述它们。其次，一旦拥有这样的模型，就可以对该模型进行多种有用的分析，这与分析源代码相比要容易得多。

程序的基本模型就是**控制 / 数据流图**（Control/Data Flow Graph，CDFG），也可以用 CDFG 来构建硬件行为的模型。顾名思义，CDFG 构建了数据操作（算术及其他计算）模型和控制操作（分支跳转发生的条件）模型。CDFG 的有力之处在于其控制逻辑和数据结构的组合。为了理解 CDFG，本节从纯数据描述开始，然后扩展到控制模型。

5.3.1　数据流图

数据流图（data flow graph）是不包含条件判断的程序模型。在高级编程语言中，就是没有与条件判断相关的代码，更精确地说，就是只有入口和出口的基本块。图 5.4 给出了一个基本块。当执行 C 代码时，程序将于入口处进入该基本块并执行所有语句。

在为此代码绘制数据流图之前，需要略微修改它。变量 x 有两次赋值，即 x 在赋值语句的左侧出现了两次。为了简化后面的处理，这时需要将该代码改写成**单赋值形式**，使得变量在赋值语句的左侧仅出现一次。由于我们处理的是 C 语言的代码，假定语句是顺序执行的，那么对变量的访问就是指访问其最新的赋值。本例中的 x 在该块内未被重用（可能在其他地方使用），因此我们只需通过变量替换就能消除 x 的多重赋值。修改后的代码如图 5.5 所示。这里使用 x1 和 x2 来区分 x 的两次赋值。

⊖　需要首先传递队列的长度，以方便处理。——译者注
⊜　使用队列存储一个数据结构的序列化结果，队列头表示该数据结构的字节数，后面的每一个队列节点存储一个字节或一个整数。——译者注

```
w = a + b;
x = a − c;
y = x + d;
x = a + c;
z = y + e;
```

```
 w = a + b;
x1 = a − c;
 y = x1 + d;
x2 = a + c;
 z = y + e;
```

图 5.4 C 语言中的基本块   图 5.5 单赋值形式的基本块

单赋值形式很重要，因为它允许我们重新命名内存中的位置，并且能够确切地找到每个内存位置在代码中参与运算时的位置。作为对数据流图的介绍，现在图中使用两种类型的节点：圆形节点表示运算符，方形节点表示变量值。值节点可以是基本块的输入，例如 a 和 b；也可以是块内的赋值变量，例如 w 和 x1。单赋值形式代码的数据流图如图 5.6 所示。单赋值形式意味着数据流图是无环的，如果我们对 x 多次赋值，则第二次赋值将在图中形成一个环，环内包含 x 的变量值和用于计算 x 的运算符。在许多针对图的分析方法中，保持数据流图是无环图是很重要的。当然，知道源代码中实际是否对变量进行多次赋值也很重要，因为其中的某些赋值可能是错误的。5.5 节将采用源代码分析的手段来考察赋值是否正确。

数据流图一般以图 5.7 所示的形式绘制。图中的变量没有用节点表示，相反，变量由边来表示，并在边上标记出它们所代表的变量名。因此，变量可以由多条边来表示。然而，边是有向边，且用同一个变量表示的多条边必须来自同一个源头。数据流图使用这种形式会显得简单而紧凑。

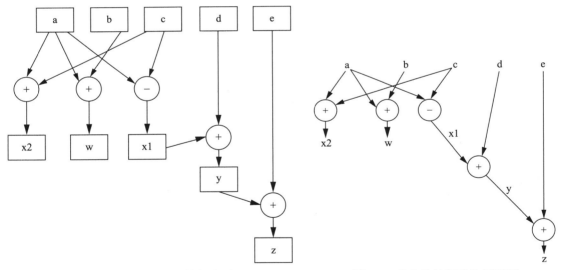

图 5.6 基本块的扩展数据流图   图 5.7 基本块的标准数据流图

采用数据流图表示代码，会使 C 语言中执行操作的顺序不那么明显，这是数据流图的优点之一。数据流图可以用来在保证结果正确的条件下对操作进行重新排序，这有助于减少流水线或缓存冲突。当操作顺序不重要时，也可以使用数据流图。数据流图定义了基本块中部分代码的执行顺序，必须确保变量先计算后使用的原则[⊖]，但是在满足这一原则的情况下通常可以有多种表达式的运算顺序。

⊖ 例如在上一个例子中，必须先完成 x1 的计算，才能用它来算 y。——译者注

5.3.2　控制 / 数据流图

　　CDFG 在数据流图的基础上增添了控制逻辑结构。基本的 CDFG 使用两种节点：**决策节点**（decision node）和**数据流节点**（data flow node）。数据流节点封装了用于表示基本块的完整数据流图。在顺序执行的程序中，使用一种决策节点就可以描述所有的控制类型。跳转 / 分支是实现所有高级控制结构的方式。

　　图 5.8 显示了一些具有控制结构的 C 语言代码以及由其构建的 CDFG 结构。图中的矩形节点表示基本块。为了简单起见，C 语言中的基本块由函数调用表示。菱形表示决策节点，菱形中的标签为决策条件，并且它的边被标记为评估决策条件的可能结果。

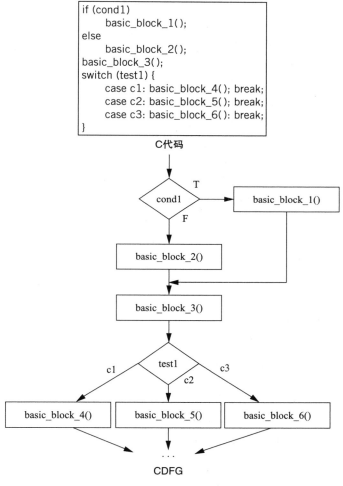

图 5.8　C 代码及其 CDFG

　　为 while 循环构建 CDFG 很简单，如图 5.9 所示。while 循环由循环条件和循环体构成，这两部分都可以用 CDFG 表示。C 语言中，可以用 for 循环来表示循环，for 循环是根据 while 循环定义的 [Ker88]。for 循环的代码：

```
for (i = 0; i < N; i++) {
    loop_body();
}
```

等价于：

```
i = 0;
while (i < N) {
    loop_body();
    i++;
    }
```

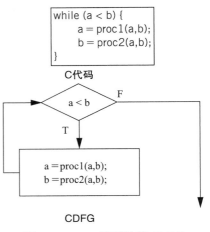

图 5.9   while 循环及其 CDFG

完整的 CDFG 模型使用数据流图来建模每个数据流节点。因此，CDFG 是分层表示的，即通过逐层展开 CDFG 可以得到一个完整的数据流图。

CDFG 的执行模式很像它所表示的程序执行模式。CDFG 不需要显式地声明变量，并假设该实现中所有变量拥有足够的内存分配。我们通过定义一个状态变量来表示 CPU 中的程序计数器（PC）。（实际上，在研究 CDFG 时，用手指就可以跟踪程序计数器的状态。）执行程序时，根据程序计数器指向的节点类型，要么执行数据流节点，要么在决策节点进行决策并指向决策后的分支。尽管数据流节点仅指定了数据流计算相关部分的执行顺序，但 CDFG 仍能够表示整个程序的执行顺序。因此在 CDFG 的执行模型中只有一个程序计数器，只能沿着图中的边顺序执行，不能并行执行。

CDFG 并不一定与高级语言的控制结构相关联，我们也可以为汇编语言构建 CDFG。跳转指令对应于 CDFG 中的非局部边。一些体系结构（例如 ARM 和多种 VLIW 处理器）都支持指令的预测执行，这可以用 CDFG 中的特殊结构来表示。

5.4   汇编、链接和加载

汇编和链接是编译过程中的最后一步，即将程序所包含的指令列表转换为二进制的字节流的映像。加载负责将程序放入存储器中，以使它可以被执行。本节通过研究基本的汇编链接技术，来了解完整的编译和加载过程。

图 5.10 展示了汇编器和链接器在编译过程中的作用。这一过程在执行各种需要的编译命令到生成可执行程序的过程中通常是隐藏的。如图 5.10 所示，大多数编译器不直接生成机器代码，而是以人类可读的汇编语言的形式创建指令级程序。生成汇编语言而不是二进制指令，使得编译器在编译过程中无须考虑细节，例如指令的格式以及指令和数据的确切地址。汇编器的工作是将符号汇编语言语句翻译为用 0 和 1 表示的**目标代码**（object code）指令。汇编器负责处理指令格式，并完成将标签转换为地址的部分任务。然而，由于程序可能由多个文件共同构建，因此确定指令和数据地址的任务最终由链接器来执行，该过程生成**可执行的二进制**（executable binary）文件。但该可执行文件不一定位于 CPU 的存储器中，除非链接器恰好直接在 RAM 中创建可执行文件。将可执行程序放入存储器中执行的程序称为**加载器**（loader）。

汇编器最简单的形式是假定汇编语言程序的起始地址已由程序员指定。这种在程序中声明的地址被称为**绝对地址**（absolute address）。然而，在许多情况下，特别是使用多个组件文件共同创建可执行文件时，在汇编之前指定所有模块的起始地址是不合理的。如果这样，就不得不在汇编前确定存储器中每个程序的长度，以及它们链接到程序中的顺序。因此，大多数汇编器允许程序员使用**相对地址**（relative address），即在文件的开头指定稍后计算汇编语言模块的起点，然后相对于模块的起始地址计算块内地址，之后链接器负责将相对地址转换为地址。

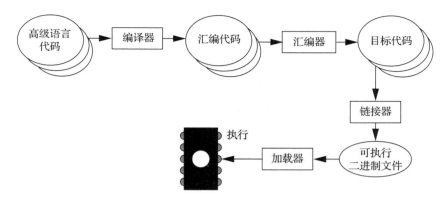

图 5.10 程序从编译到加载的过程

5.4.1 汇编器

在将汇编代码翻译为目标代码时，汇编器必须翻译操作码、格式化每条指令中的字节，并将标签翻译为地址。本节讨论如何将汇编语言翻译成二进制代码。

标签使汇编过程变得更加复杂，但它们是汇编器提供的最重要的抽象。标签使程序员（人类程序员或生成汇编代码的编译器）无须担心指令和数据的位置。它的处理需要两次遍历汇编源代码。

1.第一次扫描代码将确定每个标签的地址。

2.第二次扫描代码将使用第一次扫描后计算的标签值来组装指令。

如图 5.11 所示，每个符号的名称及其地址存储在第一次扫描时构建的**符号表**中。符号表是在遍历所有指令后构建的。假设此时已知程序中首条指令的地址。在扫描过程中，存储器的当前位置保存在**程序位置计数器**（Program Location Counter，PLC）中。尽管 PLC 这个名称与 PC 相似，但 PLC 不用于执行程序，只是为标签分配存储器位置。例如，PLC 在整个过程中只遍历代码一次，而程序计数器在循环中多次遍历代码。因此，在第一次代码遍历的开始，PLC 被设置为程序的起始地址，然后汇编器将查看第一行指令。之后，汇编器将更新 PLC 的位置（在示例中使用 ARM 汇编，因为 ARM 指令为 4 字节长，PLC 将 +4），并查看下一条指令。如果指令带有标签，则在符号表中创建一个新条目，条目中包含标签的名称和值。标签的值等于 PLC 的当前值。在第一次扫描结束时，汇编器将回到汇编语言文件的起始位置以进行第二次扫描。在第二次扫描时，一旦发现标签名，就在符号表中查找该标签，并将标签的值组装到指令中的适当位置。

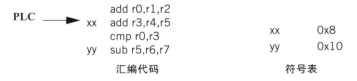

图 5.11 汇编时的符号表处理

那么如何知道 PLC 的初始值呢？最简单的方式就是指定地址。在这种方式下，汇编语言程序的起始语句中会有一条伪指令语句，它指定程序的**原点**（origin），即程序中起始地址的位置。该伪指令（例如，ARM 中）的通用名称是 ORG 语句：

```
ORG 2000
```

该语句将程序的起始地址置于 2000。其中，伪指令的参数将用来为 PLC 设置初始值（此例中是 2000），从而实现设置程序的起始地址。因为指令或数据可能会被指定在存储器中的多个位置，所以汇编器通常允许程序拥有多条 ORG 语句。

示例 5.1 展示了 PLC 在符号表生成过程中的作用。

示例 5.1　生成符号表

以如下简单的 ARM 汇编代码为例：

```
       ORG 100
label1 ADR r4,c
       LDR r0,[r4]
label2 ADR r4,d
       LDR r1,[r4]
label3 SUB r0,r0,r1
```

初始 ORG 语句告知程序的起始地址。首先，将符号表初始化为空的状态，并将 PLC 置于初始 ORG 语句处。

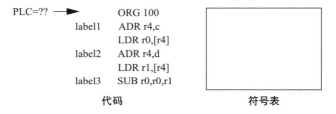

在处理 ORG 语句之前，PLC 值就在该条语句的开始处。ORG 语句告知我们将 PLC 的值置为 100。

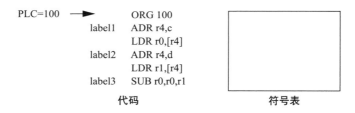

为了处理下一条语句，就需要将 PLC 移向下一条语句。但是，由于上一条语句是伪指令，不对内存产生影响，因此 PLC 值保持为 100。

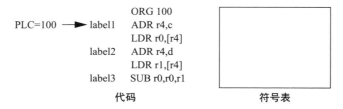

由于该语句中存在一个标签，因此将它添加到符号表中，并将该标签赋值为 PLC 的当前值。

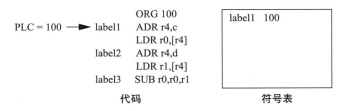

为了继续处理下一条语句，令 PLC 指向程序的下一行，并将其值增加 4，即上一条语句在存储器中的长度。

继续扫描程序并继续上述过程，直到到达结尾，此时 PLC 和符号表的状态如下所示。

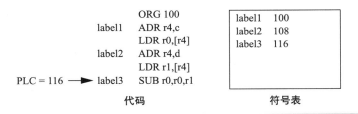

汇编器允许将标签添加到符号表，而不占用程序存储器中的空间。该伪指令的典型名称是 EQU，即 equate，表示相等。例如，以下代码中：

```
      ADD r0,r1,r2
FOO   EQU 5
BAZ   SUB r3,r4,#FOO
```

EQU 伪指令将名为 FOO、值为 5 的标签加入符号表中。如果 EQU 伪指令不存在的话，BAZ 标签的值和 FOO 的值在符号表中就是相同的，因为 EQU 不会更新 PLC 的值。此外，新标签作为常量的名称用于后续 SUB 指令中。EQU 也可用于定义符号的值，以使汇编代码更加结构化。

ARM 的汇编器支持 ARM 指令集的专用伪指令。在其他体系结构中，通过从存储器读取来将地址加载到寄存器中（以用于间接内存寻址）。而在 ARM 体系结构中，并没有可以加载有效地址的指令，因此汇编器支持采用 ADR 伪指令在寄存器中创建地址。它通过使用 ADD 或 SUB 指令来生成地址。要加载的地址可以是寄存器相对寻址、程序（PC）相对偏移寻址或者操作数寻址，但该地址必须汇编为单条指令。更复杂的地址计算必须明确地通过编程来实现○。

汇编器生成的目标文件是以二进制形式描述指令和数据的。一种常用的目标文件格式被称为通用目标文件格式（Common Object File Format，COFF），它最初是为 UNIX 而开发的，

○ 如果需要对地址进行额外的转换，如相加、计算偏移量等，不可以包含在一条指令中完成，必须由程序员显式地编程实现地址转换。——译者注

但现在也用于其他环境中。目标文件必须描述指令、数据和相关的地址信息，并且通常带有符号表，以便在后续的调试中使用。

生成中间代码而不是二进制代码，对汇编语言程序提出了新的挑战。汇编代码不使用 ORG 语句提供起始地址，而是使用伪指令来表明代码实际上是可重定位的。对 ARM 汇编器来说，默认生成中间代码。类似地，输出的目标文件也必须用中间代码来标记。我们可以将 PLC 初始化为 0，以此表示代码中的地址均相对于代码文件的起始处。但是，在使用标签生成代码时必须小心，因为此时并不知道代码存放在存储器中的实际地址。因此，必须生成可重定位的代码。我们使用目标文件格式中额外的字节将相关字段标记为可重定位，然后将标签的相对地址插入字段。因此，链接器必须修改所生成的代码，即当链接器找到一个标记为相对的字段时，便使用自身生成的地址将相对地址替换为实际地址。要理解将可重定位代码转换为可执行代码的细节，就必须先了解下一节描述的链接过程。

5.4.2　链接

许多汇编语言程序由几个较小的部分组成，而不是一个大文件。将大型程序分割为较小的文件有助于模块化地描述程序，但是需要额外的工作将这些小文件链接在一起。如果程序使用那些已经预先汇编过的库例程，那么这些库的汇编语言源代码可能并不是开源的，只能使用已汇编好的程序库，也需要将这些程序库链接在一起。**链接器**（linker）将几个较小的部分拼接起来形成程序，它处理由汇编器创建的目标文件，并修改汇编好的代码以在文件之间建立必要的链接。

一些标签在同一个文件中定义并使用，还有一些标签在一个文件中定义但在其他文件中使用，如图 5.12 所示。文件中定义标签的位置被称为**入口点**（entry point）。文件中使用标签的位置被称为**外部引用**（external reference）。加载器的主要工作是根据可用的入口点解析外部引用。由于需要知道定义和引用的连接方式，所以汇编器需要将目标文件和符号表一起传递给链接器。即使整个符号表并不被保留以用于调试，但它必须被用于描述入口点信息。在目标代码中，通过它们的符号标识符来识别外部引用。

label1	LDR r0,[r1]
	...
	ADR a
	...
	B label2
	...
var1	% 1

label2	ADR var1
	B label3
	...
x	% 1
y	% 1
a	% 10

外部引用	入口点
a	label1
label2	var1

外部引用	入口点
var1	label2
label3	x
	y
	a

文件1   文件2

图 5.12　外部引用和入口点

链接器分两阶段执行。首先，它确定每个目标文件的起始地址。目标文件的加载顺序由用户指定，通过在加载器运行时指定参数或者通过专门的**加载映射**（load map）文件来指定目标文件放入内存的顺序[一]。通过给定存储器中的文件顺序和每个目标文件的长度，很容易计算每个文件的起始地址。在第二阶段开始时，加载器将来自目标文件的所有符号表合并到单个大表中，然后编辑目标文件，将相对地址转换为绝对地址。在汇编器处理目标文件的过程中，通常会写入一些额外信息，用于识别使用了标签的语句或变量，以便在链接时快速找到这些位置并完成替换。如果在合并的符号表中找不到某个标签，那么这个标签就是未定义的，需要向用户发送错误消息。

在嵌入式系统中，将代码模块加载到内存中的控制逻辑非常重要。一些数据结构和指令（例如用于管理中断的数据结构和指令）必须被放在精确的存储位置，以便正常工作。在某些情况下，不同类型的存储器可以部署在不同的地址范围。例如，如果某些位置属于闪存[二]，另一些位置属于 DRAM，我们需要确保写入的位置属于 DRAM 的位置范围。

工作站和 PC 环境支持**动态链接库**（Dynamically Linked Library，DLL），一些复杂的嵌入式计算环境也支持。一些常用程序函数（例如 I/O 处理函数）在每个程序中都会用到，如果为系统中的每个可执行程序都加载一个副本就会造成资源浪费，因此使用动态链接库可以实现这些常用函数的共享，并允许它们在程序执行开始时被链接。程序在开始执行之前会运行一个简短的链接过程，其中动态链接器从代码库中找到所需的函数并链接到程序中。这不仅节省了存储空间，而且方便更新使用这些库的程序[三]。但是，动态链接库确实会导致程序启动前的延时。

5.4.3　目标代码设计

在设计目标代码时，必须考虑几个问题。在一个现代化的分时操作系统中[四]，这些问题有很多已经被充分考虑并解决了。但是在设计嵌入式系统时，这些问题可能需要自己来解决。

正如看到的那样，链接器允许程序员控制目标代码模块在存储器中的位置。这可能需要控制如下几种类型的数据的位置：

- I/O 设备的中断向量和其他信息必须放在特定位置。
- 必须设置内存管理表。
- 用于进程间通信的全局变量必须放在所有使用这些数据的用户都可以访问的位置。

我们可以为这些位置赋予符号名称，以便相同的软件可以在不同的处理器上运行。在不同的处理器上，这些位置可能会放在不同的地址上。软件中引用这些符号名称，不必因为处理器的变化而修改，但是链接器必须依据硬件平台给定的绝对地址来修改程序中对这些符号的引用。

许多程序应被设计为**可重入的**（reentrant）。如果一个函数在执行过程中被打断，并且打断者又一次调用了这个函数，而这种打断和重复执行不改变这些函数调用的返回结果，那么这个函数就是可重入的。如果函数改变了全局变量的值，那么当它发生重入调用时，可能会生成不同的结果。考虑如下代码：

　　㊀　此处指定多个编译后的目标文件的链接顺序，可以由链接器运行时的命令行参数确定，也可以由链接脚本确定，通常情况下我们并不关心这个顺序。——译者注。

　　㊁　NOR Flash 型闪存可以代替 ROM，提供数据读接口，但是写逻辑较复杂。——译者注

　　㊂　即可以只更新库，不更新程序，减少更新的工作量。——译者注

　　㊃　如 PC 或工作站中的分时操作系统。——译者注

```
int foo = 1;

int task1() {
        foo = foo + 1;
        return foo;
}
```

在这个简单的例子中，全局变量 foo 被修改，因此 task1() 在每次调用时会生成不同的结果。通过将 foo 作为传递参数可以避免这个问题：

```
int task1(int foo) {
        return foo+1;
}
```

5.5 编译技术

尽管在大多数情况下我们不需要亲自编写汇编代码，但仍需关心编译器所生成代码的特性：运行速度、大小以及功耗。了解编译器如何工作将有助于代码的编写，并指导编译器获得想要的汇编语言实现。本节将首先概述编译过程，然后介绍一些基本的编译方法，最后以一些更高级的优化手段作为总结。

5.5.1 编译过程

理解高级语言程序转换为指令的过程是非常有用的，例如，编译器如何对待中断处理指令，如何决定数据和指令在内存中的放置等。了解编译器如何工作也有助于了解何时不能依赖编译器。此外，由于许多应用程序对性能也很敏感，因此了解代码的生成方式有助于实现性能目标：你可以按照特定的方式编写高级代码，以确保其编译结果是所需要的指令，同时你能够识别何时必须自己编写汇编代码才能达到目标。

我们可以用一个公式来总结编译过程：

$$编译 = 翻译 + 优化$$

高级语言程序被翻译成较低级的指令形式；优化是指在简单源代码语句翻译得出的汇编代码的基础上，试图生成更好的指令序列。优化技术更多地关注程序，以确保对单条语句有益的编译决策对程序的其他部分也是必要的。

编译过程如图 5.13 所示。编译从高级语言代码开始，如 C/C++，一般情况下，首先生成汇编代码。如果试图直接生成目标代码，那么必然会重复类似汇编器的功能。汇编器是个非常复杂的程序，而且非常适合作为一个独立的程序来处理，因此一般将高级语言首先转成汇编语言。高级语言程序被解析为语句和表达式。此外，该过程会生成包含程序中所有命名对象的符号表。一些编译器可能随后执行更高级的优化，这种优化可以被看成对高级语言的修改，而与运行平台的机器指令无关。

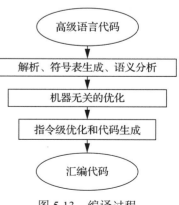

图 5.13 编译过程

简化算术表达式是硬件无关优化的一个示例。并不是所有的编译器都执行这样的优化，而且编译器可以任意地改变它们执行的硬件无关优化的组合。指令级优化旨在生成代码，这种优化直接面向实际指令或伪指令格式，伪指令格式之后会映射到目标 CPU 的指令集上。类似地，该级别的优化也允许源代码先生成简单的汇编指令，之后再进行优化，这样的方式有助于编译器的模块化设计。例如，下面的数组访问代码：

```
x[i] = c*x[i];
```

简单的汇编代码生成器将为 x[i] 生成两次寻址操作⊖，语句中出现一次就生成一次。但之后的优化阶段会将 x[i] 的地址识别为一个不需要重复的公用表达式⊖。在这种简单的情况下，可以创建一个不产生重复表达式的代码生成器，但是在生成汇编代码的同时考虑所有这些优化是非常困难的。通过首先生成简单的代码，然后再优化它的方式，就可以获得更好的代码和更可靠的编译器。

5.5.2 基本编译方法

本节将考虑翻译高级语言程序时最基本的工作，翻译过程中没有或只有很少的优化。

过程（在 C 语言中被称为函数）的翻译需要特定的代码，其中，用于调用和传递参数的代码称为**过程链接**（procedure linkage）。此外，过程还需要一种存储局部变量的方法。一旦找到了适用于目标 CPU 的过程链接方法，生成过程的其他代码就相对比较简单。在过程的定义⊜部分，需要生成用于处理过程调用和返回的代码。在每次调用过程时，我们会设置过程参数，然后进行调用。

CPU 的子过程调用机制通常不足以直接支持现代编程语言中的过程。在 2.3.3 节中已经介绍了过程堆栈和过程链接。过程链接需要提供向过程传递参数的机制，以及过程将值返回的方式，同时还需要帮助存储由过程修改过的寄存器的值。在给定的编程语言中，所有过程都使用相同的链接机制（尽管不同的语言可能使用不同的链接器）。该机制还可以用于从编译的代码中调用人工编写的汇编语言例程。

用于调用过程的信息称为**帧**（frame）。这些帧存储在堆栈上以跟踪调用的过程序列。过程堆栈通常从高地址向低地址延伸。**堆栈指针**（stack pointer，sp）定义当前帧的尾部，而**帧指针**（frame pointer，fp）定义最后一帧的尾部。从技术上来说，只有在过程执行中帧的堆栈可以延伸时，fp 才是必需的。该过程可以通过 sp 间接寻址来引用帧中的元素。当新过程被调用时，sp 和 fp 均会被修改以使另一帧入栈。除了允许传递参数和返回值外，帧还保存着局部声明的变量。在程序中访问局部变量时，编译器生成的代码实际上是对帧内的某个位置的访问，而具体的位置是通过帧指针的地址做算术运算后得到的。

正如第 2 章所见，ARM 过程调用标准（ARM Procedure Call Standard，APCS）[Slo04] 是 ARM 处理器推荐的过程链接标准。r0～r3 用于将前四个参数传递给过程，r0 也用于保存返回值。

接下来的例子将分析编译器生成的过程链接代码。

程序示例 5.6 C 语言风格的过程链接

以下是一个过程的定义：

```
int p1(int a, int b, int c, int d, int e) {
    return a + e;
    }
```

⊖ 即计算目标地址 x+i 的操作可能会进行两次。——译者注
⊖ 这条语句可以被优化为 p=x+i; *p=c* (*p);，从而减少一次地址计算的操作。——译者注
⊜ 在 C 语言中被称为声明。——译者注

该过程有五个参数，现假定其中一个参数通过堆栈传递，而其他通过寄存器传递。该过程也返回一个整型值，该值会保存在 r0 中。以下是 ARM gcc 编译器生成的代码，其中注释部分是人工添加的：

```
mov     ip, sp              ; procedure entry
stmfd   sp!, {fp, ip, lr, pc}
sub     fp, ip, #4
sub     sp, sp, #16
str     r0, [fp, #−16]      ; put first four args on stack
str     r1, [fp, #−20]
str     r2, [fp, #−24]
str     r3, [fp, #−28]
ldr     r2, [fp, #−16]      ; load a
ldr     r3, [fp, #4]        ; load e
add     r3, r2, r3          ; compute a + e
mov     r0, r3              ; put the result into r0 for return
ldmea   fp, {fp, sp, pc}    ; return
```

以下是一个调用该过程的示例：

y = p1(a,b,c,d,x);

以下是 ARM gcc 编译器针对上述调用示例生成的代码，其中注释部分是人工添加的：

```
ldr     r3, [fp, #−32]      ; get e
str     r3, [sp, #0]        ; put into p1()'s stack frame
ldr     r0, [fp, #−16]      ; put a into r0
ldr     r1, [fp, #−20]      ; put b into r1
ldr     r2, [fp, #−24]      ; put c into r2
ldr     r3, [fp, #−28]      ; put d into r3
bl      p1 ; call p1()
mov     r3, r0              ; move return value into r3
str     r3, [fp, #−36]      ; store into y in stack frame
```

可以看到编译器有时会产生额外的寄存器移动操作，但是它仍然遵循 APCS 标准。

典型应用程序中的大量代码都由算术表达式和逻辑表达式组成。理解如何编译单个表达式，是理解整个编译过程的第一步。我们将在下面的示例中展示这个过程。

示例 5.2   编译一个算术表达式

算术表达式

x = a*b + 5*(c − d)

是根据程序变量编写的。在某些机器中，我们可以直接对这些变量对应的位置执行从内存到内存的运算。但是，在另外一些机器中，如 ARM，必须首先将变量加载到寄存器，然后由寄存器进行算术运算。在这种情况下，我们不仅要为那些已知的变量分配寄存器，还要为计算的中间结果分配寄存器⊖。

该表达式的代码还可以通过遍历数据流图来构建。以下就是这个表达式的数据流图。

⊖   如计算 c-d，除了 c 和 d 需要寄存器外，计算的中间结果也要保存在一个寄存器中以参与后续运算。——译者注

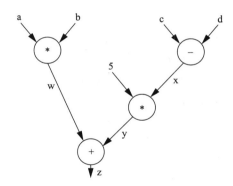

假设我们将中间值的临时变量和最终结果依次命名为 w、x、y、z。为了生成编译代码，现从树的根节点（也就是计算出最终结果 z 的地方）开始，以后序遍历的方式遍历节点。在遍历的过程中，我们生成每个节点对应的指令操作。下图就是遍历的路径：

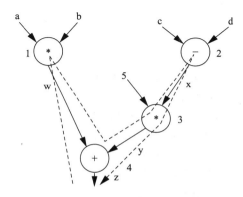

节点按照代码生成的顺序进行编号。因为数据流图中的每个节点对应于指令集直接支持的某个操作，所以我们简单地在每个节点生成指令。因为在程序开始时可以任意分配寄存器，所以从 r1 开始依次使用寄存器。以下是生成的 ARM 代码：

```
; operator 1 (*)
ADR r4,a              ; get address for a
MOV r1,[r4]           ; load a
ADR r4,b              ; get address for b
MOV r2,[r4]           ; load b
ADD r3,r1,r2          ; put w into r3
; operator 2 (−)
ADR r4,c              ; get address for c
MOV r4,[r4]           ; load c
ADR r4,d              ; get address for d
MOV r5,[r4]           ; load d
SUB r6,r4,r5          ; put z into r6
; operator 3 (*)
MUL r7,r6,#5          ; operator 3, puts y into r7
; operator 4 (+)
ADD r8,r7,r3          ; operator 4, puts x into r8
; assign to x
ADR r1,x
STR r8,[r1]           ; assigns to x location
```

在上述代码中可以进行一个显而易见的优化，即重用不再需要其值的寄存器。此例中的中间值 w、y、z 是在表达式运算结束后不再使用的变量（例如，在另一个表达式中），因为这些变量在 C 语言程序中没有命名。然而，最终结果 z 实际上可以在 C 赋值语句中使用，而且之后在程序中也可能会被再次使用。在这种情况下，我们需要知道何时不再需要寄存器中的值了，并重用那些不再使用的寄存器，以便实现使用的最大化。

作为对比，以下是 ARM gcc 编译器所生成的编译代码，其中注释部分是人工添加的：

```
ldr  r2,[fp,#-16]
ldr  r3,[fp,#-20]
mul  r1,r3,r2          ; multiply
ldr  r2,[fp,#-24]
ldr  r3,[fp,#-28]
rsb  r2,r3,r2          ; subtract
mov  r3,r2
mov  r3,r3,asl #2
add  r3,r3,r2          ; add
add  r3,r1,r3          ; add
str  r3,[fp,#-32]      ; assign
```

在前面的示例中，为了简单起见，变量是任意分配到寄存器中的。对于存在许多表达式的大程序，必须要更仔细地分配寄存器，因为 CPU 中寄存器的数量是有限的。在后面的内容中我们将会更细致地研究寄存器的分配。

控制结构也需要翻译。条件分支语句需要判断条件表达式来决定跳转的方向，但是条件表达式的计算过程也可以被视为普通的算术表达式，所以上一个示例中的代码生成技术也可以用于这些表达式，接下来的任务就是为控制跳转结构本身生成代码。图 5.14 展示了 C 语言中使用 if 语句更改控制流的简单示例，它的控制条件是 if 语句中条件判断部分的结果是真还是假，从而决定是运行前半部分还是后半部分代码。图 5.14 还展示了 if 语句的控制流图。

接下来的示例展示如何用汇编语言实现条件语句。

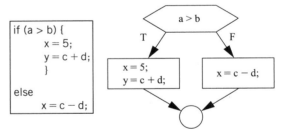

图 5.14　C 语言和控制流图中的控制流

示例 5.3　生成条件语句的代码

C 语句代码如下：

```
if (a + b >0)
        x = 5;
else
        x = 7;
```

该语句的 CDFG 如下图所示。

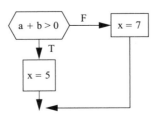

我们已经知道如何生成算术表达式的编译代码。对于控制流语句,通过遍历 CDFG 可以生成其代码。遍历 CDFG 的一条有序路径如下图所示。

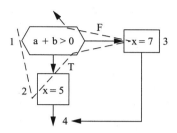

为了生成代码,必须在有向边的末尾为第一条指令分配一个标签,并给每条不直接到下一条指令的边创建一个分支,在分支点处执行的明确步骤取决于目标体系结构。在一些机器上,评估表达式生成值的条件代码可以在随后的分支语句中进行判断。在另一些目标平台上,则必须使用判断 – 分支指令。ARM 平台允许使用独立的分支语句判断条件代码的执行结果,因此可以得到如下 1-2-3 遍历路径的 ARM 代码:

```
        ADR r5,a        ; get address for a
        LDR r1,[r5]     ; load a
        ADR r5,b        ; get address for b
        LDR r2,b        ; load b
        ADD r3,r1,r2
        BLE label3      ; true condition falls through branch
; true case
        LDR r3,#5       ; load constant
        ADR r5,x
        STR r3, [r5]    ; store value into x
        B stmtend       ; done with the true case
; false case
label3  LDR r3,#7       ; load constant
        ADR r5,x        ; get address of x
        STR r3,[r5]     ; store value into x
stmtend
```

1-2 边和 3-4 边不需要分支和标签,因为它们是直线(straight-line)执行的代码。相反,1-3 边和 2-4 边则需要分支和标签。

作为对比,以下是 ARM gcc 编译器生成的代码,其中注释部分是人工添加的:

```
    ldr  r2,[fp,#-16]
    ldr  r3,[fp,#-20]
    add  r3,r2,r3
    cmp  r3,#0          ; test the branch condition
    ble  .L3           ; branch to false block if <=
    mov  r3,#5          ; true block
    str  r3,[fp,#-32]
    b    .L4           ; go to end of if statement
.L3:                   ; false block
    mov  r3,#7
    str  r3,[fp,#-32]
.L4:
```

由于表达式通常被创建为直线代码,因此需要谨慎处理它们的执行顺序。而生成条件代码则具有更高的自由度,因为分支会确保控制流走向正确的代码块。即使以不同的顺序遍历 CDFG，或在存储器中以不同的顺序放置代码块，只要分支布置合理，依然会得到有效的代码。

绘制出 while 循环的控制流图有助于了解如何将其转换为指令。

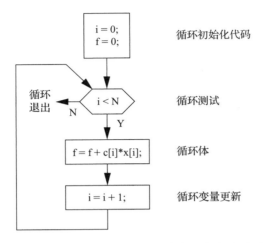

C 语言编译器可以生成汇编源代码（使用 -s 标志），某些编译器还可以将 C 语言代码与生成的汇编代码逐行对应。分析这样的代码，非常有利于学习汇编语言编程和编译原理的知识。

编译器必须将对数据结构的引用转换为对原始存储器的引用，这通常需要进行地址计算$^\ominus$。这些计算中的一些可以在编译时完成，而另外一些必须在运行时完成。

数组很有趣，因为数组元素的地址通常必须在运行时计算，这是由于数组索引可能会改变。接下来我们首先考虑一个一维数组：

a[i]

数组在存储器中的布局如图 5.15 所示。第 0 个元素作为数组的第一个元素，第 1 个元素直接位于第 0 个元素的下方，以此类推。现在为数组创建一个指向数组头部的指针，命名为 aptr，那么 aptr 就会指向 a[0]。这时，读取 a[i] 的操作可以写为：

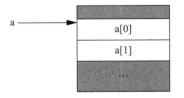

图 5.15   一维数组在存储器中的布局

*(aptr + i)

二维数组更加复杂，而且存在多种将二维数组布局在存储器中的方式，如图 5.16 所示。在**行排列**（row major）形式中，数组最右边的序号（a[i][j] 中的 j）变化最快。Fortran 语言使用与之相反的组织形式，称为**列排列**（column major）形式，即数组最左边的序号变化最快。二维数组的寻址过程更加复杂，因此，我们必须知道数组的大小。以行排列的形式为例，如果数组 a[][] 的大小是 M*N，那么可以将二维数组访问转换为一维数组访问，即

a[i][j]

$\ominus$ 将对结构或类的对象的成员的访问，转变为汇编语言中对某个内存地址的访问。——译者注

将变为

```
a[i*M + j]
```

C 语言结构体（struct）更容易进行寻址。如图 5.16 所示，结构体实现为一个连续的存储器块。结构体中的字段可以使用结构的基地址加上常量偏移量来访问。例如，如果第一个字段是 4 字节的长度，那么对第二个字段的访问为[⊖]

```
*(aptr + 4)
```

这种寻址方式通常可以在编译时完成，它只需要在执行期间获取内存位置。

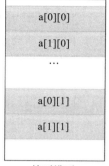

图 5.16　二维数组在存储器中的布局

5.5.3　编译器优化方法

基本的编译技术只能生成低效的代码，所以编译器使用各种算法来优化所生成的代码。

函数内联（function inlining）将函数的子程序调用替换为与函数体等效的代码。通过将函数调用的参数代入函数体内，编译器可以生成执行相同操作但没有子程序开销的代码副本。C++ 提供了一个内联（inline）限定符，允许编译器替换函数的内联版本。C 语言则允许程序员手动执行内联，或者使用预处理器——宏来定义代码主体。

外联（outlining）是内联的相反操作，即一组相似的代码段被替换为调用与之等效的函数。虽然内联消除了函数调用的开销，但增加了程序的大小。此外，内联还禁止在缓存中共享函数代码，因为内联副本是不同的代码段，它们不能由缓存中相同的代码段地址进行表示。然而，外联有时却有助于改善常用函数的缓存行为[⊜]。

循环是重要的程序结构，虽然它们在源代码中很简洁，但却经常占用大部分的计算时间。现在有许多技术可以优化循环。

一个简单但有用的转换就是**循环展开**（loop unrolling），如以下示例所示。循环展开是重要的，因为它有助于提高代码的并行度，可以供编译器在随后的阶段中进行进一步优化。

示例 5.4　循环展开

以下是一个简单的 C 语言循环：

```
for (i = 0; i < N; i++) {
    a[i]=b[i]*c[i];
}
```

该循环执行固定次数 N，它的简单的实现方式是创建并初始化循环变量 i，在每次迭代时更新 i 的值，然后判断 i 是否符合条件以跳出循环。然而，由于循环执行固定次数，所以我们可以更直接地生成代码。

如果令 N=4，那么可以用如下的直接代码来替代该循环：

⊖　假设 aptr 指向该结构体变量的起始地址。——译者注
⊜　外联函数会把功能相同的代码段变成同一段代码，因此可以节省缓存的使用，提高缓存的命中率。——译者注

```
a[0] = b[0]*c[0];
a[1] = b[1]*c[1];
a[2] = b[2]*c[2];
a[3] = b[3]*c[3];
```

上述展开代码是没有循环开销的代码，既没有迭代变量，也没有条件判断。但循环展开具有和内联函数相同的问题——可能会扰乱缓存并增加代码量。

当然，我们没必要将循环完全展开。上面的循环展开了 4 次，我们也可以只展开 2 次。展开的代码如下：

```
for (i = 0; i < 2; i++) {
    a[i*2] = b[i*2]*c[i*2];
    a[i*2 + 1] = b[i*2 + 1]*c[i*2 + 1];
    }
```

此例中，由于循环体中的两行代码之间的所有操作都是彼此独立的，所以编译器后期可能生成能够在 CPU 的流水线上高效执行的代码。

循环融合（loop fusion）将两个或多个循环融合到一个循环中。为了使这种转换合理，必须同时满足两个条件：首先，循环必须遍历相同的值；其次，若循环体一起执行，那么循环体之间不能彼此依赖。例如，如果第二个循环体中的第 i 次迭代取决于第一个循环体的第 i+1 次迭代的结果，那么这两个循环体就不能融合。**循环分离**（loop distribution）则与循环融合相反，即将一个循环分离成多个循环。

死代码（dead code）是永远不会执行的代码，它可能由程序员有意或无意地生成，也可能由编译器生成。死代码可以通过**可达性分析**（reachability analysis）来识别，即找寻可以到达的所有语句或指令。如果给定的代码片段不可达，或者只能从主程序的不可达代码段到达该代码段，那么该代码段就是可以消除的。**死代码消除**（dead code elimination）可以分析代码的可达性并剪除死代码。

寄存器分配（register allocation）是非常重要的编译阶段。给定一个代码块，需要选择存储在寄存器中的变量（声明过的变量和临时变量），以最小化所需寄存器的数量[⊖]。以下示例展示了适当分配寄存器的重要性。

示例 5.5　寄存器分配

为了使该示例短小精悍，现假设只能使用 4 个 ARM 寄存器。事实上，这样的限制并不合理，因为编程约定可以保留某些寄存器以用于特殊的目的，因而会显著减少可用通用寄存器的数量。

考虑以下 C 语言代码：

```
w = a + b; /*statement 1 */
x = c + w; /*statement 2 */
y = c + d; /*statement 3 */
```

一个简易的寄存器分配方案是：为每个变量分配一个单独的寄存器。因此需要 7 个寄存器用于保存上述代码中的 7 个变量。但是，一旦存储在寄存器中的值不再需要，我们就可以

⊖　变量放在寄存器中，可以减少内存访问操作，从而获取更好的性能，但是寄存器的数量是有限的，因此合理分配寄存器能够优化程序的性能。——译者注

通过重用寄存器来减少所用寄存器的数量。要理解如何做到这一点，就需要绘制**生命周期图**（lifetime graph），用于显示每个变量在语句中的使用情况。在如下的生命周期图中，x 轴表示 C 语言中的语句编号，y 轴表示语句中的变量。

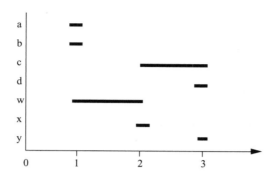

水平线从使用该变量的第一条语句开始，一直延伸到该变量最终使用的语句处。在这段水平线内，该变量的状态为 live。在每条语句中均可确定当前使用的所有变量。任一语句使用的变量数量的最大值决定了所需的寄存器的最大数量。在本例中，语句 2 需要使用 3 个寄存器——C、W、X，这满足了 4 个寄存器的约束。通过重用寄存器的方式，可以编写满足不超过 4 个寄存器需求的代码。下图展示了一个寄存器分配方案。

a	r0
b	r1
c	r2
d	r0
w	r3
x	r0
y	r3

以下是采用上述寄存器分配方案的 ARM 汇编代码：

```
LDR r0,[p_a]      ; load a into r0 using pointer to a (p_a)
LDR r1,[p_b]      ; load b into r1
ADD r3,r0,r1      ; compute a + b
STR r3,[p_w]      ; w = a + b
LDR r2,[p_c]      ; load c into r2
ADD r0,r2,r3      ; compute c + w, reusing r0 for x
STR r0,[p_x]      ; x = c + w
LDR r0,[p_d]      ; load d into r0
ADD r3,r2,r0      ; compute c + d, reusing r3 for y
STR r3,[p_y]      ; y = c + d
```

如果代码段需要比可用寄存器更多的寄存器，那么就必须暂时将寄存器中的值**溢出**（spill）到存储器中，即在寄存器中计算某些值之后，将该值临时写入存储器中，然后在随后的计算中重用这些寄存器，之后从临时位置中重新读取旧值以恢复工作。溢出寄存器存在如下几个方面的问题：需要消耗额外的 CPU 时间、增加辅助指令和数据存储器。因此，进行寄存器分配优化以避免不必要的寄存器溢出是值得的。

我们可以通过构建**冲突图**（conflict graph）来解决寄存器分配问题，并用图着色方法来求解分配方案。如图 5.17 所示，高级语言代码中的每个变量均用节点表示。如果两个节点的状态同时为 live，那么就在它们之间添加一条边。图着色问题是指求出使用最小数量的不

同颜色来对所有节点进行着色，使得任意两个相连接的节点不会使用相同的颜色[⊖]。该图展示
了使用 3 种颜色的着色方案。图着色问题是 NP- 完全问
题，但是存在高效的启发式算法，能在典型的寄存器分
配问题上给出优良解。

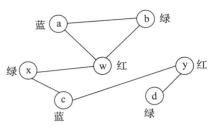

图 5.17　使用图着色方法解决
示例 5.5 的问题

生命周期分析假定当前已经确定了操作执行的顺序。
在很多情形下，操作的执行顺序是自由的。考虑如下表
达式：

$$(a + b) * (c - d)$$

该表达式必须最后进行乘法运算，但是可以先进行
加法运算或者先进行减法运算。不同的加载、存储、算术运算的顺序都会导致在流水线机器
上执行时间的不同。如果将变量的值保存在寄存器中，那么就不需要从主存中重新读取它
们，因此可以减少执行时间并压缩代码量。

接下来的例子展示了合理的**操作调度**（operator scheduling）如何提升寄存器分配。

示例 5.6　针对寄存器分配的操作调度

以下是简单的 C 语言代码段：

```
w = a + b; /* statement 1 */
x = c + d; /* statement 2 */
y = x + e; /* statement 3 */
z = a − b; /* statement 4 */
```

如果我们按照以上语句书写的顺序编译，就可以得到如下生命周期图。

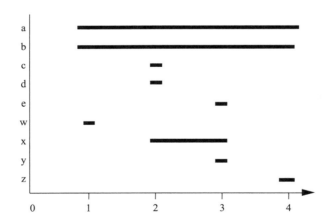

由于直到最后一条语句一直需要 a 和 b，因此语句 3 需要 5 个寄存器，即使第三行语句
只需要 3 个寄存器。如果交换语句 3 和语句 4（将它们重新编号为 39 和 49），那么寄存器就
只需要 3 个。以下是修改后的 C 语言代码及其生命周期图。

```
w = a + b; /*statement 1 */
z = a − b; /* statement 29 */
x = c + d; /*statement 39 */
y = x + e; /*statement 49 */
```

⊖　类似地，可以映射为同时为 live 状态的变量使用不同的寄存器，图着色方法可以求出所需的最小寄存器数
目和分配方案。——译者注

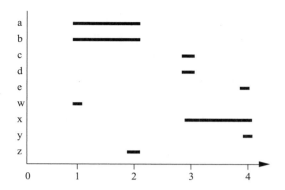

现在对两段代码的 ARM 汇编代码进行比较。这两段汇编代码均假设只有 4 个寄存器。优化前的汇编代码不需要向内存写出任何值，但必须读取 a 和 b 两次；优化后的汇编代码可以使用寄存器保存所有需要的值。

优化前的汇编代码	优化后的汇编代码
LDR r0,a	LDR r0,a
LDR r1,b	LDR r1,b
ADD r2,r0,r1	ADD r2,r1,r0
STR r2,w ; w = a + b	STR r2,w ; w = a + b
LDRr r0,c	SUB r2,r0,r1
LDR r1,d	STR r2,z ; z = a − b
ADD r2,r0,r1	LDR r0,c
STR r2,x ; x = c + d	LDR r1,d
LDR r1,e	ADD r2,r1,r0
ADD r0,r1,r2	STR r2,x ; x = c + d
STR r0,y ; y = x + e	LDR r1,e
LDR r0,a ; reload a	ADD r0,r1,r2
LDR r1,b ; reload b	STR r0,y ; y = x + e
SUB r2,r1,r0	
STR r2,z ; z = a − b	

我们可以自由选择操作的执行顺序，这是一个优势。例如，通过改变操作的执行顺序来改变寄存器的分配，从而影响变量的生命周期。

通过追踪资源的利用率可以解决调度问题。程序员不需要确切地知道 CPU 微体系结构（microarchitecture）的设计细节，只需要知道类型 1 和 2 的指令都使用资源 A，而类型 3 和 4 的指令都使用资源 B。CPU 制造商通常公开足够的关于微体系结构的信息，虽然没有提供 CPU 的内部详细描述，但这些信息已经足够程序员合理地调度指令。

我们可以在指令调度期间使用**预留表**（reservation table）[Kog81] 技术来跟踪 CPU 资源。如图 5.18 所示，表中的行表示指令执行的时间间隔，列表示需要调度的资源。调度在特定时间执行的指令之前，需要检查预留表以确定指令所需的所有资源在此时是否可用。调度指令时，需要更新预留表以标注该条指令使用的所有资源。有多种算法可以用于调度，这取决于设计的资源类型和指令类型，但是预留表可以很好地描述在解决指令调度问题时指令的状态。

我们可以通过调度指令来最大限度地提高性能。

时间	资源A	资源B
t	X	
$t + 1$	X	X
$t + 2$	X	
$t + 3$		X

图 5.18　指令调度的预留表

正如 3.6 节描述的那样，如果一条指令比流水线中的其他指令消耗更多的时钟周期，那么此时就会出现流水线气泡，从而导致性能降低。**软件流水线**（software pipelining）技术可以通过在若干循环迭代中重新排序指令的方式来消除流水线气泡。一些指令的完成需要几个周期，如果在循环迭代中，其他指令需要上述指令的执行结果，那么它就必须等待这个执行结果的产生。软件流水线直接开始下一次指令迭代，而不是使用空操作填充循环体。指令可以在循环体中的不同循环迭代中对值进行操作，比如，一些指令在第 $n+1$ 次迭代中执行，一些在第 n 次迭代中执行，还有一些在第 $n-1$ 次迭代中执行。

　　选择用于实现每个操作的指令是很重要的。用于实现相同功能的指令可能有很多，但是指令的执行时间是不同的。此外，程序中某一部分使用的指令可能会影响程序中相邻代码所使用的指令。虽然在这里并不讨论关于代码生成的具体问题和方法，但还是需要一些知识来帮助读者想象编译器在做什么。

　　图 5.19 展示了一种被称为**模板匹配**（template matching）的代码生成技术。假设我们用有向无环图（Directed Acyclic Graph，DAG）来表示待生成代码的逻辑。为了能够将指令和操作相匹配，我们也将每一条指令用相同的 DAG 表示法来表示[⊖]。为了区分代码的 DAG 和指令的 DAG，我们用阴影来填充 DAG 中的指令节点。每个节点都有成本，但是可以简单地将成本等价于指令的执行时间，或者规模、功耗等因素。在这个例子中，假设每一条指令都消耗相同的时间量，因此它们的成本都是 1。为了完成代码的转换，现在我们需要做的是用指令 DAG 去覆盖代码 DAG 中的所有节点，直到代码 DAG 被完全覆盖[⊜]。在本例中，最低成本的覆盖方式是使用乘法 – 加法指令来覆盖两个节点。如果我们首先试图使用乘法指令来覆盖底部的节点，那么就会自然而然地发现乘法 – 加法指令将产生阻塞。使用动态规划算法可以有效地寻找覆盖树的成本最低的方式，而将启发式算法扩展到 DAG 中也可以解决这类问题。

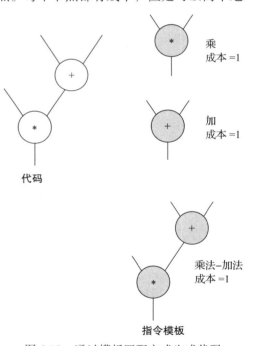

　　显然，编译器在生成汇编代码的过程中将会对程序做出明显的更改。但是，不同编译器在进行性能优化时的表现也存在很大的不同。理解编译器可以帮助程序员得到性能最好的代码。

　　学习编译器如何生成汇编代码是了解编译器如何工作的一个很好的方式。一些编译器还会对

图 5.19　通过模板匹配方式生成代码

代码部分进行注释，以帮助程序员确定源程序和汇编代码之间的对应关系。为了理解编译器，可以从仅包含几种类型语句的小例子开始学习。可以尝试不同级别的优化（大多数 C 语言编译器的编译标识是 –0）。还可以尝试使用多种方式来编写相同的算法，以查看编译器的输出如何变化。

　⊖　每一条指令的 DAG 图被称为这条指令的模板。——译者注
　⊜　这时，任何一个完全覆盖的方案就对应一种代码的汇编语言实现，我们需要找到成本最低的实现方案。——译者注

如果不能让编译器生成想要的代码，那么可能需要自己编写汇编代码。自己编写汇编代码的话，可以从头重新编写，也可以通过修改编译器的输出来编写。如果需要手动编写汇编代码，那么就必须确保它符合所有的编译器约定，比如过程调用链接。如果要修改编译器的输出，那么就应该首先确保高级语言的算法是正确的，以避免在编译器生成的代码上进行反复的调试、编辑和修改。此外，还需要在文档中清楚地标出，用高级语言编写的源代码其实并不是系统运行时所使用的代码，系统中最终使用的是编辑后的汇编代码。

5.6　程序级性能分析

因为嵌入式系统的功能必须满足实时性要求，所以我们需要知道程序的运行速度。分析程序执行时间的技术在分析功耗等特性方面也是很有帮助的。本节将研究如何通过分析程序来估计其运行时间，同时也会考察如何通过优化程序来减少执行时间，当然，程序的优化依赖于对程序的分析。

我们一定要明确的是：CPU 的性能分析方式和程序的性能分析方式是不同的。比如，CPU 时钟频率对于程序性能来说就是非常不可靠的指标。但更重要的是，CPU 能快速执行程序的某一部分，并不意味着它会以预期的速度执行整个程序。如图 5.20 所示，CPU 的流水线和缓存在整个程序的执行过程中仅能观察到一个窗口。为了理解程序完整的执行时间，必须查看程序的执行路径，这通常比流水线和缓存的窗口要长得多。流水线和缓存会影响执行时间，但执行时间却是程序的全局属性。

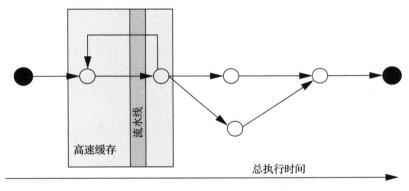

图 5.20　执行时间是程序的全局属性

虽然我们希望精确地确定程序的执行时间，但这实际上很难做到：

- 程序的执行时间通常随输入的变化而变化，因为这些输入在程序中会选择不同的执行路径。例如，程序可能会执行不同次数的循环，而且不同的分支也可能执行复杂度不同的程序块。
- 缓存对程序的性能会产生巨大的影响，而且，缓存的行为部分取决于输入程序的数据值。
- 即使在指令级别，执行时间也可能是不同的。浮点运算对数据值最为敏感，但是正常的整数执行流水线也会引起数据依赖性问题。通常，流水线中指令的执行时间不仅取决于该条指令，还取决于它周围的指令。

我们可以通过以下方式来衡量程序的性能：

- 一些微处理器制造商会为 CPU 提供仿真器（simulator）。仿真器可运行在工作站或者

PC 上，将微处理器的可执行文件与输入数据一起作为输入，并使用仿真器来仿真该程序的执行过程。其中一些仿真器除了具备模拟功能以外，还可以测量程序的执行时间。仿真显然比在真正的微处理器上执行要慢，但是也能在程序执行期间提供更多的可视化结果。需要注意的是，某些微处理器的性能仿真器并不是 100% 精确的，而且 I/O 密集型代码的仿真可能是非常困难的。

- 与微处理器总线相连的定时器可以用于测量代码段的执行性能。要测量的代码将在开始执行时复位并启动定时器，在结束执行时停止定时器。但是，在这种方案中，可测量程序的长度受定时器精度的限制。

- 逻辑分析仪可以连接到微处理器总线以测量代码段的开始时间和结束时间。这种技术依赖于代码在总线上产生的可识别事件，从而识别执行的开始和结束。可测量的代码长度受逻辑分析仪缓冲区大小的限制。

本节将研究以下三种不同类型的程序性能评估方案：

- **平均情况下的执行时间**：这是对典型数据输入的一般执行时间。显然，首先需要解决的问题是如何定义典型输入。

- **最坏情况下的执行时间**：这是程序在任意输入序列上花费的最长时间。对于必须满足时限的系统来说，这显然是很重要的。在某些情况下，导致最差情况下执行时间的输入集合是显而易见的，但在许多情况下，找到这样的输入数据也是件困难的工作。

- **最好情况下的执行时间**：这种评估在多速率实时系统中是很重要的，我们将会在第 6 章中介绍。

本节首先详细研究程序性能分析的基本方法和原理。然后，我们通过执行程序并观察行为的方法来研究基于跟踪 – 驱动（trace-driven）的性能分析。

5.6.1 程序性能分析

评估执行时间的关键在于将性能问题分割成多个小问题。程序的执行时间 [Sha89] 可被视为：

$$执行时间 = 程序路径 + 指令执行时间$$

程序路径是程序执行的指令序列（或者是程序在高级语言中表示的等价代码）；指令执行时间是基于程序路径轨迹的指令序列来确定的，还需要考虑数据依赖性、流水线行为和缓存。好在这两个问题可以相互独立地解决。

尽管可以通过高级语言的语法规则来获取程序的执行路径，但是很难从高级语言程序中获得总执行时间的精确估计，这是因为程序语句和指令之间并没有直接的对应关系。这也导致我们必须估计实际使用的存储单元和变量的数量，并且无法判断计算的中间结果是被保存下来以供重复使用还是在后续运算中重新计算，此外还有一些其他可能产生的计算偏差。因为编译器在不断优化程序，使得利用高级语言估算程序的行为变得更具挑战性。然而，某些程序性能是可以通过直接查看 C 语言代码来估计的。例如，如果程序中包含巨大且迭代次数固定的循环，或者条件语句的一个分支比另一个分支要长得多，那么至少可以得到粗略的结论：这些是更加耗时的程序段。

当然，对于性能的精确估计还需要依赖执行的指令。因为执行不同的指令需要的时间不同。此外，更困难的是，一条指令的执行时间还依赖于在它之前和之后执行的指令。

接下来的示例展示了存在数据依赖的程序路径。

示例 5.7　if 条件语句的数据依赖路径

以下是一对嵌套的 if 条件语句:

```
if ( a || b ) { /* test 1 */
    if ( c ) /*test 2 */
        { x = r * s + t; /* assignment 1 */ }
    else { y = r + s; /*assignment 2 */ }
    z = r + s + u; /*assignment 3 */
} else {
    if ( c ) /*test 3 */
        { y = r – t; /* assignment 4 */ }
}
```

我们在 if 语句的代码上标出了条件测试和赋值语句,以便识别路径。那么程序在运行时会执行什么样的路径呢? 列举所有路径的一种方式是创建一个类似真值表的表格结构。路径由 if 条件语句中的变量 a、b、c 控制。对于这些变量的任意给定值的组合,我们可以通过追踪程序来查看哪些 if 分支语句被执行以及哪些赋值语句被执行。例如当 a=1,b=0,c=1 时, test 1 的结果是 true, test 2 的结果也是 true。这就意味着程序将先执行 assignment 1,然后再执行 assignment 3。

下表是所有条件变量的组合结果。

a	b	c	路径
0	0	0	test 1 false, test 3 false: no assignments
0	0	1	test 1 false, test 3 true: assignment 4
0	1	0	test 1 true, test 2 false: assignments 2, 3
0	1	1	test 1 true, test 2 true: assignments 1, 3
1	0	0	test 1 true, test 2 false: assignments 2, 3
1	0	1	test 1 true, test 2 true: assignments 1, 3
1	1	0	test 1 true, test 2 false: assignments 2, 3
1	1	1	test 1 true, test 2 true: assignments 1, 3

注意上表中只存在 4 种互异的情况: 无赋值语句,执行赋值语句 4,执行赋值语句 2 和 3,执行赋值语句 1 和 3。这些情况对应着嵌套 if 语句的所有可能路径。该表展示了变量值的变化会导致的执行结果的变化。

对于固定迭代次数的 for 循环,列举其路径也很简单。对于代码

```
for ( i = 0; i < N; i++ )
    a[i] = b[i]*c[i];
```

循环中的赋值语句恰好执行 N 次。但是,不要忘记为了初始化循环以及测试迭代变量而执行的代码。

示例 5.8 展示了如何确定循环执行的路径。

示例 5.8　循环路径

以下是应用示例 2.1 中 FIR 滤波器的循环代码:

```
for (i = 0, f = 0; i < N; i++)
    f = f + c[i] * x[i];
```

通过检查代码的 CDFG，更容易确定执行各类语句的次数。这里再一次使用 CDFG。

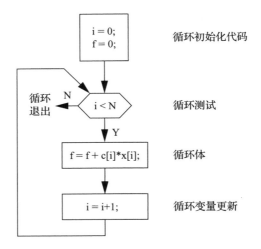

从 CDFG 中可以明确看出，循环的初始化语句块只执行一次，条件测试语句执行 N+1 次，循环体和循环变量更新各执行 N 次。

示例 5.8 非常简单：循环执行固定次数的迭代，循环体中不包含条件语句。接下来的示例对 FIR 滤波器进行了小小的修改，使得其行为更加复杂。

示例 5.9   循环中的条件行为

以下是复杂一些的 FIR 滤波器：

```
for (i=0, f=0; i<N; i++) {
    if (x[i] > 0)
        f = f + c[i] * x[i];
    }
```

结果基于 x[i] 的值有条件地进行更新。

上述代码的 CDFG 将比基础版 FIR 滤波器的 CDFG 更加复杂。

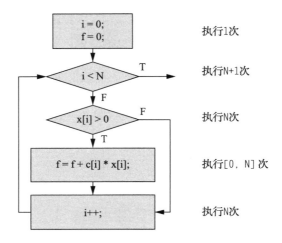

检测 x[i]>0 的 if 语句的主体执行的次数是可变的。其执行次数不超过 N 次，因为它每次循环迭代最多执行一次，但是确切执行次数取决于输入程序的数据值。在不知道输入数据值的情况下，我们不能更精确地限定该语句的执行次数。因此，只能写出代码执行时间的变化范围，下界是最好情况（所有 x[i] 的值都小于等于 0），上界是最坏情况（所有 x[i] 的值都大于 0）。

一旦知道程序的执行路径，就可以测量沿着该路径的指令的执行时间。最简单的估计是假定每条指令占用相同数目的时钟周期，这意味着只需要统计指令的条数，之后乘以每条指令的执行时间就可以获得程序的总执行时间。然而，即使忽略缓存的影响，由于下述原因，这种方案也是过于简单化的测量方案。

- 不是每条指令都花费相同的执行时间。RISC 体系结构倾向于提供统一的指令执行时间以保持 CPU 流水线的饱和状态。但正如在第 3 章中看到的，即使像 PIC16F 这样简单的 RISC 体系结构，执行某些指令的时间也是不同的。浮点指令的执行时间变化很大，比如，基本的乘法和加法指令的执行速度很快，但是某些超越函数⊖的执行可能需要数千个时钟周期。
- 指令的执行时间不是独立的。一条指令的执行时间取决于其周围的指令。例如，许多 CPU 使用寄存器旁路，以便在下一条指令中使用上一条指令的结果来加速执行指令序列。因此指令的执行时间可能取决于其目的寄存器是否用作下一次操作的源寄存器（反之亦然）。
- 指令的执行时间可能取决于操作数的值。对于可能需要用不同的迭代次数来计算结果的浮点指令来说，这显然是正确的。其他的专用指令可以执行数据相关的整数操作。

相比起第三个问题，前两个问题更容易解决，通过在表中查找指令的执行时间就可以。我们可以事先建立一张表，存储各个指令的执行时间，该表将按操作码和可能的参数值（如使用的寄存器）进行索引。为了处理相互依赖的执行时间，可以向表中添加列以考虑相邻指令的影响。由于这些影响通常受 CPU 流水线大小的限制，因此仅需要考虑一个相对较小的指令窗口来处理这种影响。但是，估算不同参数对指令执行时间产生的影响是非常困难的，因为有太多的因素可能会对执行时间产生影响，所以不实际执行程序很难获得精确的结果。幸运的是，这类执行时间变化很大的指令通常很少出现，因此对整体的影响也很小。即使在浮点程序中，大多数操作也通常是加法操作和乘法操作，它们的执行时间差异很小。

到目前为止，我们还没有考虑高速缓存（cache）的影响。由于主存储器的访问时间可能是高速缓存访问时间的 10~100 倍，所以高速缓存可通过减少指令和数据的访问时间而对指令的执行时间产生巨大影响。高速缓存的性能本质上取决于程序的执行路径，因为高速缓存的内容取决于访问的历史记录。

接下来的例子研究 FIR 滤波器中高速缓存的影响。

示例 5.10   FIR 滤波器中高速缓存的影响

以下是 FIR 滤波器的循环代码：

⊖ 超越函数是一类无法用有限项代数式表示的函数，通常需要使用级数或逼近算法来计算。——译者注

```
for (i = 0, f = 0; i < N; i++)
    f = f + c[i] * x[i];
```

f 的值保存在寄存器中，因此不需要从存储器中取出，但是 c[i] 和 x[i] 的值必须在每次迭代期间被取出。为了简单起见，现假设缓存每行有 4 个字，即 $L = 4$，如下表所示。

第0行	字0	字1	字 2	字3
第1行	字4	字5	字6	字7

还需要假设 c 和 x 数组都放置在内存中，并且它们在缓存中互不干扰。在这种情况下，读取 c 或者 x 的下一个值所需的时间取决于该字在缓存行中的位置。访问数组的第一个元素时，将导致缓存未命中并且需要 t_{miss} 个周期读入数据。后续条目可以在缓存中命中，并且只需要 t_{hit} 个周期。循环体中有四条指令，其中有两条是加载指令。由于循环体执行了 N 次，因此可以将这 N 次迭代的总执行时间写为：

$$t_{loop} = 2N + \frac{N}{L}t_{miss} + N\left(1 - \frac{1}{L}\right)t_{hit}$$

上式假定缓存行中字的数量能够整除循环迭代的数量。在通常情况下，数据不会总是这么凑巧，计算也会稍微麻烦一些。

5.6.2 测量驱动的性能分析

确定程序执行时间的最直接的方式就是在执行时直接测量。这种方式很有吸引力，但是确实存在一些缺点。首先，为了使程序执行最坏情况路径，我们必须向程序提供合适的输入。有时候，我们无法找出导致最坏情况执行路径的输入集。此外，要测量在特定 CPU 下程序的性能，就需要该 CPU 或者它的仿真器。

尽管存在这些问题，但是测量仍然是确定嵌入式软件执行时间的最常用的方式。基于理论算法的最坏情况执行时间分析已经成功应用于许多领域，比如航空控制软件，但许多系统设计工程中仍然通过测量来确定程序的执行时间。

大多数测量程序性能的方法需要将执行路径决策以及该路径的执行时间结合在一起进行分析。即在程序执行时，它会选择一条特定的路径，我们会记录这条路径并观察沿着该路径的执行时间。程序执行路径的记录称作**程序轨迹**（program trace），有时简写为**轨迹**（trace）。轨迹在其他的分析过程中也非常有效，也常被用在分析程序的缓存行为等方面。

在测量程序性能时，最大的问题在于找到给定程序的有效输入集合。这个问题需要从两方面考虑。首先，必须要确定输入值是真实有效的。我们可以通过使用基准数据集（benchmark）或者利用从正在运行的系统中捕获的数据来生成典型输入值。对于简单的程序，可以通过分析算法来确定导致最坏情况执行时间的输入。我们将在 5.10 节讲到的软件测试方法也可以用来生成一些测试值，而且这些测试值能够帮助我们确定已经测试的执行路径占程序的所有执行路径的比例。

另一个关于输入数据的问题是**软件脚手架**（software scaffolding），即用于将数据传入程序并获取数据输出的辅助代码。在设计大型系统时，很难提取出软件的某一部分，并将其独立于系统的其他部分进行测试。因此可能需要向系统软件中添加新的测试模块，用于引入测试数据并观察测试的输出。

　　我们可以直接在硬件上测量程序的性能，也可以使用仿真器来测量。这两种方法都有各自的优点和缺点。

　　分析（profiling）是分析软件性能的一种简单方法。分析器不测量执行时间，而是计算程序中的过程或者基本程序块的执行次数。分析程序的方法主要有两种：一种是修改可执行程序，添加一些指令，每当程序运行通过程序中的某点时，将内存中某个特定的变量[一]自增一次；另一种是在执行期间监测程序计数器的值[二]。这两种分析方法对程序来说增加了相对较少的开销，但可以向程序员提供一些有用的信息，例如程序在何处运行花费的时间最多。

　　物理测量需要一些额外的硬件设备。测量程序性能的最直接方式是观察程序计数器的值：当 PC 位于程序启动点时，启动定时器；在程序结束时，停止计时器。不幸的是，通常不可能直接观察程序计数器。但是，在许多情况下，可以通过修改程序，使程序能够主动地在执行开始时启动定时器并在结束时停止计时器。虽然这并不能给出关于程序轨迹的直接信息，但确实提供了执行时间。如果能够使用多个计时器，那么就可以用它们来测量程序不同部分的执行时间。

　　一些 CPU 具有自动生成轨迹信息的硬件功能。例如，Pentium 系列的微处理器会在执行分支语句时产生一个特殊的总线周期，叫作分支轨迹消息，信息中包含分支的源和 / 或目的地址 [Col97]。如果只记录分支轨迹消息，那么就大大减少了保存轨迹信息所需的内存容量，同时补全了跳转之间的程序基本块，从而重建出程序的执行路径。

　　另外一种常用的对执行时间的物理测量方式是仿真。CPU 仿真器是一个程序，它将 CPU 的存储器镜像作为输入，在实际 CPU 中执行的操作将会在存储器镜像中执行，执行的结果将存储在修改后的存储器镜像中。在实现性能分析的过程中，最重要的 CPU 仿真器是**周期精确的仿真器**（cycle-accurate simulator）。这类仿真器能够对处理器内部的执行细节进行足够详细的仿真，并能确定执行操作所需的时钟周期的确切数量。周期精确的仿真器是根据处理器工作的具体原理而设计的，它可以考虑到整个处理器的微体系结构中所有可能影响执行时间的行为。周期精确的仿真器通常比处理器本身要慢得多，但是它可以使用许多技术来使自己高速运行，最终的执行时间约为硬件本身的数百倍。仅仿真指令功能而不提供时序信息的仿真器被称为**指令级仿真器**（instruction-level simulator）。

　　周期精确的仿真器具有处理器的完整模型，包括高速缓存。因此，它可以提供关于为何程序运行速度过慢的相关信息。在下一个示例中，我们将讨论一种周期精确的仿真器，它可以用于模拟多种不同的处理器。

示例 5.11　周期精确的仿真器

　　SimpleScalar（http://www.simplescalar.com）是一个用于构建周期精确的 CPU 模型的框架。处理器的某些参数可在运行时进行配置。要构建更复杂的 CPU 模型，可以采用 SimpleScalar 的 toolkit 来构建仿真器。

　　本示例将采用 SimpleScalar 来仿真 FIR 滤波器代码的执行过程。SimpleScalar 能建模多种处理器，这里使用标准的 ARM 处理器模型。

　　本示例希望将数据作为程序的一部分，以便在测量执行时间时不必将文件的 I/O 计算在内。文件 I/O 的速度很慢，而且基本上每次读取或写入数据所需的执行时间都是不同的。因

　㊀　即内存中的一个计数器变量。——译者注
　㊁　每次当 PC 进入被分析的代码区域时，将计数器自增 1。——译者注

此，本示例通过构建一个保存 FIR 数据的数组来解决这个问题。测试程序还包含一些初始化及其他杂项代码，我们使用一个简单的循环来连续多次重复执行 FIR 滤波器[⊖]。以下是一个完整的测试程序：

```
#define COUNT 100
#define N 12

int x[N] = {8,17,3,122,5,93,44,2,201,11,74,75};
int c[N] = {1,2,4,7,3,4,2,2,5,8,5,1};

main() {
    int i, k, f;
    for (k=0; k<COUNT; k++) { /* run the filter */
        for (i=0; i<N; i++)
            f += c[i]*x[i];
    }
}
```

要启动仿真程序，需要使用专门的 ARM 编译器来编译测试程序：

```
% arm-linux-gcc firtest.c
```

下面命令行将生成用来仿真程序的可执行文件：

```
% arm-outorder a.out
```

SimpleScalar 会产生一个巨大的输出文件，其中包含大量关于程序执行的信息。由于本例是个简单的示例，因此最有用的数据是执行程序所需的模拟时钟周期总数 sim_cycle（ $25854\times$ 以周期为单位的总模拟时间）。

为了确保能够忽略程序开销的影响，我们将使用几个不同的 COUNT 值执行 FIR 滤波器，并进行比较。COUNT 的值分别是 100、1000、10000 时，执行的结果如下表所示。

COUNT	总体仿真时间（以时钟周期数计量）	滤波器一次执行的仿真时间
100	25 854	259
1 000	155 759	156
10 000	1 451 850	145

由于 FIR 滤波器程序简单，并且在很少的时钟周期内就能运行完毕，因此必须多次执行以消除程序执行的其他开销。然而，1 000 和 10 000 次滤波器的单次执行时间的差值已经小于测量值的 10%，因此可以认为这些值已经相当接近 FIR 滤波器本身的实际执行时间。

有些 CPU 提供硬件**性能计数器**，以便在执行期间跟踪与性能相关的事件。这些寄存器可用于统计诸如缓存和流水线操作等事件的数量。ARM 性能监控单元（Performance Monitoring Unit，PMU）是性能计数器系统 [ARM21] 的一个示例。

5.7　软件性能优化

本节将研究优化软件性能的若干方法，包括对循环的基本优化和针对高速缓存的优化，以及一些更通用的手段。

⊖　目的是降低初始化部分所占的时间比例，直至其小到可以被忽略。——译者注

5.7.1 循环的基本优化

由于带有循环的程序将在循环体上消耗许多运行时间，所以在程序优化过程中，循环是一个重要的优化目标。在循环优化中有三项重要的技术：**代码移动**（code motion）、**消除归纳变量**（induction variable elimination）和**强度削减**（strength reduction）。

代码移动技术将不必要的代码移动到循环体外。如果计算的结果不依赖于循环体中要执行的操作，那么就可以将其安全地移出循环体。程序员或许认为把某些计算放在循环体内将使代码更加简洁、清晰，然而这些计算事实上并不依赖于循环迭代，所以可以进行代码移动。以下是一个简单而又常见的示例：

```
for(i = 0; i <N*M; i++){
    z[i] = a[i] + b[i];
    }
```

当我们画出示例中循环的 CDFG（如图 5.21 所示）之后，哪些代码可以进行移动就显而易见了。循环边界在每一次迭代的条件测试期间都进行了计算，虽然计算的结果始终没有改变。通过将语句移动到循环体外，我们就可以避免该语句 N*M-1 次不必要的执行。

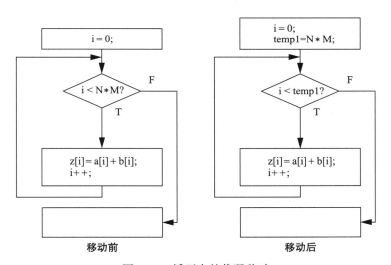

图 5.21　循环中的代码移动

归纳变量（induction variable）是由循环迭代变量衍生的变量。编译器通常引入归纳变量来实现循环。通过适当的转换，我们可以消除一些变量，并且对其余变量进行强度削减。

嵌套循环是使用归纳变量的一个很好的示例。这是一个简单的嵌套循环：

```
for(i = 0; i <N; i++)
    for(j = 0; j <M; j++)
        z[i][j] = b[i][j];
```

编译器会使用归纳变量对数组进行寻址⊖。让我们使用归纳变量和指针来重写这个 C 语言循环。随后，我们对两个数组使用一个公共归纳变量，尽管编译器可能引入两个独立的归纳变量然后再合并它们。

⊖　利用 i 和 j 计算出一个中间临时变量作为数据变量寻址的偏移量，默认情况下会为 z 和 b 分别创建一个这样的变量。——译者注

```
for (i = 0; i < N; i++)
    for (j = 0; j < M; j++) {
        zbinduct = i*M + j;
        *(zptr + zbinduct) = *(bptr + zbinduct);
    }
```

在上面的代码中，zptr 和 bptr 分别指向数组 z 和 b 的起始位置，zbinduct 是共享的归纳变量。然而，其实我们不必每次都重新计算 zbinduct。因为对数组是按顺序进行遍历的，所以可以直接把更新值加到归纳变量上：

```
zbinduct = 0;
for (i = 0; i < N; i++) {
    for (j = 0; j < M; j++) {
        *(zptr + zbinduct) = *(bptr + zbinduct);
        zbinduct++;
    }
}
```

因为在归纳变量的计算中消除了乘法操作，所以这其实是一种形式的强度削减。强度削减有助于降低循环的开销。考虑如下赋值过程：

```
y = x * 2;
```

在整数运算中，我们可以使用左移来替代乘 2 的操作（只要正确处理好溢出问题）。如果左移比乘法更快，那么我们就会采用这种替换。因为循环中通常以简单表达式作为索引，所以上述方法可以优化归纳变量的运算。我们可以根据一些简单的替换规则来实现强度削减[⊖]，而且通常情况下这些替换后的语句对原来的程序并没有什么影响。

5.7.2　面向高速缓存的循环优化

嵌套循环（loop nest）是一个套一个的循环集合。在处理数组的时候经常会用到嵌套循环。目前有许多优化嵌套循环的技术，这些方法中有很多是为提高高速缓存的性能而设计的。它们对嵌套循环进行重写，从而改变数组元素的访问顺序。这些修改可以提高代码的并行度，有助于在后续的编译器优化阶段产生更高效的并行化代码，同时也可以提高高速缓存的性能。本节将着重分析嵌套循环中高速缓存的性能。

下面来看两个面向高速缓存的嵌套循环优化示例。

程序示例 5.7　数据重排和数组补齐

我们想为以下代码优化高速缓存性能：

```
for (j = 0; j < M; j++)
    for (i = 0; i < N; i++)
        a[j][i] = b[j][i] *c;
```

假设数组 a 和 b 的大小为 M*N，其中 M=265，N=4；高速缓存包含 256 行，四路组相联，每行 4 个字。虽然在代码中不存在任何数据复用，但是，高速缓存的冲突会导致严重的性能问题，这是由于高速缓存在行内的空间复用会受到影响[⊖]。

⊖　例如使用移位来替换乘法。——译者注
⊖　高速缓存一旦失效，失效点所在行上所有的字都会被换出。——译者注

a[] 的起始地址为 1024，b[] 的起始地址为 4099。尽管 a[0][0] 和 b[0][0] 在高速缓存中没有映射在同一个字上，但是它们映射在了同一个块内。

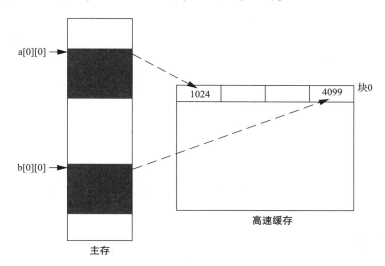

在执行过程中我们将遇到如下情况：

- 对 a[0][0] 的访问将 a[] 的前四个字读入高速缓存。
- 对 b[0][0] 的访问将导致 a 的内容被置换为 b[0][0] 前面 3 个元素以及 b[0][0] 的内容。
- 当访问到 a[0][1] 时，同一个位置的高速缓存行再一次被 a[] 的前四个元素所置换。

一旦对 a[0][1] 的访问将该行读入高速缓存中，由于接下来对 b[0][1] 的访问发生在另一行高速缓存中，所以后面两个元素将不会被置换。但是，上述情景将在访问 a[1][0] 以及之后对高速缓存的每四次迭代中再次发生。

一种消除高速缓存冲突的方法就是移动其中一个数组。我们不需要将它移动太远，例如，将 b 的起始地址移至 4100，就可以消除冲突。

然而，这种办法在复杂情况下并不奏效。移动一个数组可能又会引入与另一个数组的高速缓存冲突。在这种情况下，我们可以使用一种被称为填充（padding）的技术来消除高速缓存冲突。如果将数组的每一行都扩展为 4 个元素，而不是 3 个，并且将填充字放置在行首，那么就能够消除高速缓存冲突。这样的话，b[0][0] 在填充后就位于 4100。尽管填充操作浪费内存，但它实质上提升了内存性能。在包含多个数组和复杂访问模式的情况下，我们需要同时采用上述技术，对数组既进行位置移动又进行填充，从而最大程度地减少高速缓存冲突。

循环分块（loop tiling）将一个循环拆分为若干个嵌套循环，其中每个内部循环只操作一个数据子集。循环分块改变了数组元素的访问顺序，从而允许我们在循环执行中更好地控制高速缓存的行为。下面的例子展示了循环分块的用法。

程序示例 5.8　循环分块

下面是一个两层嵌套循环，每个循环遍历一个数组：

```
for (i=0; i<N; i++) {
    for (j=0; j<N; j++) {
        z[i][j] = x[i] * y[j];
    }
}
```

外层 i 循环的每次迭代都会用到 y[] 中的每个值。而 y[] 的值将有可能与高速缓存中的
x[][] 发生冲突。

我们可以通过将 y[] 拆分成大小为 TILE 的块来改进高速缓存的行为, 其中 TILE 的大小
刚好可以放入高速缓存:

```
for (j=0; j < N; j += TILE) {
    for (i=0; i<N; i++) {
        for (jj=0; j<TILE; jj++) {
            z[i][j + jj] = x[i] * y[j + jj];
        }
    }
}
```

在上面的代码里, 循环 i 的每次迭代仅使用 y[] 中的一个块。新加入的最外层循环用于
保证迭代所有的块, 以保证整个数组参与了运算, 并且最终结果是正确的[○]。

5.7.3   性能优化策略

本节关注更加通用的改进程序执行时间的方法。首先, 确定代码确实需要提高运行速
度。性能分析和测量将给出程序执行时间的基准, 了解整体的执行时间有助于了解程序有多
少改进空间, 而了解程序不同部分的执行时间有助于确定程序需要改进的部分。

可以通过重新设计算法来提升效率。分析程序的渐近性能 (asymptotic performance) 通
常是了解运行效率的好办法, 而提升性能的关键通常在于减少运算的数量。一条看似简单的
高级语言语句, 也许在背后隐藏了一长串拖慢算法执行速度的操作。因此, 在某些情况下,
使用简单直接的语句反而有可能是更好的实现方式。动态内存分配就是其中的一个例子, 因
为管理堆的时间开销对开发人员而言是隐藏的[○]。因此, 在实践中, 一个使用动态内存的复杂
算法往往要比使用静态分配内存的算法要慢。

最后, 还可以检查程序自身的实现, 以下是一些关于程序实现的建议:

- 尽量高效地使用寄存器。将访问同一个值的代码组织在一起, 以使这个值能够被放
  入寄存器, 并一直保留在寄存器中。
- 尽可能在内存系统中使用页访问模式。按页对内存进行读和写可以减少访问内存的
  次数。可以通过重新组织变量, 使它们尽可能地排列在一个页中并被连续访问, 从
  而增加按页访问的概率。
- 分析高速缓存的行为以找到主要的缓存冲突。我们可以通过重构代码以尽可能地减
  少以下冲突:
  - 对于指令冲突, 如果冲突的代码段较小, 那么试着对其进行重写, 以使其尽可能

○ 在这个例子中, 优化前, 对于每一个 x[i], 需要从 y[0] 一直遍历到 y[N-1], 这使得出现高速缓存失效的
   概率较大。每次 x[i] 变化, 都会再从头加载一次 y, 失效次数较多。优化后, 由于对于某一个 x[i], 只会
   从 y[j] 遍历到 y[j+TILE-1], 这个过程是可以保证在高速缓存中完成的, 而且一旦最内层循环完成, x[i]
   变化且再回到最内层时, y[j] 的访问仍然不会失效, 从而减少了访问 y 产生的失效次数。在原来的方案中,
   每一次外层循环, 内部都会因为遍历 y 产生失效。假设 x 和 y 不存在冲突, 也不和 z 有冲突, 如果只计算
   对 y 的访问产生的失效, 那么共需要失效 N*(N/TILE) 次。而在新方案中, 最内层循环只失效一次。因为
   以后在循环访问时不再失效, 所以总的失效次数是 (N/TILE)。——译者注
○ 但实际上是一个非常耗时的操作。——译者注

小到可以装入高速缓存。必要的时候也许需要直接使用汇编语言编程。如果发生冲突的代码跨度很大，那么试着对指令进行移动或者使用 NOP 指令进行填充。

- 对于标量数据（scalar data）冲突⊖，可以将数据值移动到不同的位置来减少冲突。
- 对于数组数据冲突，考虑通过移动数组或者改变对数组的访问方式来减少冲突。

5.8　程序级的能量和功率分析及优化

因为电池的续航能力十分有限，所以功耗在电池供电的系统中是尤为重要的一个设计指标。随着能源环保等问题变得日益严重，即使对于直接接入电网的系统来说，功耗也变得越来越重要。高速芯片会产生热量，所以控制功耗是提高系统可靠性、降低系统成本的重要因素。

我们能将功耗控制到什么程度？即使在极限情况下，我们也必须消耗能量来完成必要的计算。不过，可以从很多方面进行能耗控制，例如：

- 使用更高明的算法取代现有算法来减少功耗。
- 在许多应用程序中，内存访问是功耗的主要部分。通过优化内存访问，将有可能显著降低功耗。
- 在不需要时，我们可以关闭系统的部分组件，例如 CPU 的子系统、系统中的其他芯片等，这样也可以节省功耗。

优化程序功耗的第一步是了解它能够消耗多少能量。对一条指令或者一小段代码的能量消耗进行测量是可行的 [Tiw94]。如图 5.22 所示的技术，就是在一个循环中反复执行测试代码。通过测量流过 CPU 的电流，可以测量包括循环体和其他代码的一个完整循环的功耗。通过单独测量空循环的功耗（当然，要确保编译器没有将空循环优化掉），就可以根据循环整体的功耗和空循环功耗之间的差值来计算出循环体代码的能耗。

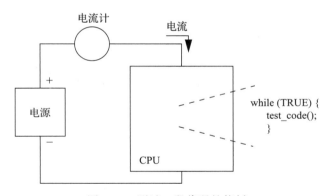

图 5.22　测试一段代码的能耗

以下是一些影响程序能耗的因素：

- 不同指令的能耗稍有不同。
- 指令的顺序会对能耗产生影响。
- 操作码类型及其操作数的位置也会对能耗有所影响。

通过选择合适的指令可以减少程序的能耗，但是对于大多数 CPU 而言，从指令操作码层次进行能耗优化的收获甚微。程序为了完成功能所需要执行的计算量是相对固定的。即使

⊖　即单个的变量。——译者注

存在更好的算法来完成计算任务，比起系统的总能耗，这一部分计算的能量优化只减少了相当小的一部分，而且还要为此付出极大的努力。由于大多数制造商并不提供处理器在指令级的详尽能耗数据，所以我们在指令级的优化能力受到了很大的限制。

对于许多应用程序而言，在设计者为降低能耗所付出的努力中，收获最大的是针对内存系统所做的工作。内存传输是迄今为止 CPU 所执行的最昂贵的操作类型 [Cat98]，一次内存传输需要消耗的能量是算术操作的几十倍甚至上百倍。因此，合理组织内存中的指令和数据将获得最大的能耗优化效果。相比而言，访问寄存器最节能，而访问高速缓存也比访问主存更节能一些。

高速缓存也是影响能耗的一个重要因素。一方面，一次高速缓存命中意味着节省一次对主存访问的能耗；另一方面，高速缓存自身也是非常耗能的，因为它是由 SRAM 而不是 DRAM 构成的。如果可以控制高速缓存的大小，我们希望在提供必要性能的前提下选择最小的高速缓存。Li 和 Henkel[Li98] 详细测量了高速缓存对能耗的影响。图 5.23 将一台运行 MPEG（一种视频编码器）的计算机的能耗分解为以下部分进行统计：CPU 中运行的软件、主存、数据高速缓存和指令高速缓存。

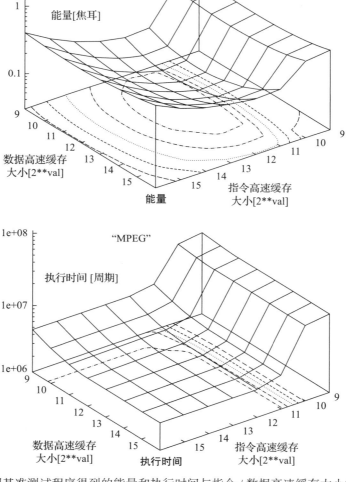

图 5.23   使用基准测试程序得到的能量和执行时间与指令 / 数据高速缓存大小的关系 [Li98]

随着指令高速缓存大小的增加，CPU 中软件的能耗有所下降，但是指令高速缓存的能耗就变成了主要能耗。诸如此类的许多基准测试表明：很多程序在能量消耗上具有拐点（sweet pot）。如果高速缓存太小，在程序运行缓慢的同时，系统会由于大量的内存访问而消耗许多电能。如果高速缓存太大，增加的大量功耗并不会带来与之相符的性能提升。但是，若高速缓存大小适中，执行时间和能耗就可以取得平衡。

我们如何优化程序以降低功耗呢？最佳的建议就是高性能＝低能耗。通常来讲，让程序运行更快的同时也就降低了能耗。

显然，程序员可以合理控制的最关键的因素就是内存的访问模式。例如，如果修改程序可以减少指令或数据高速缓存的冲突，那么内存系统的能量需求就会大幅减少。利用指令重排或者选择不同指令也能产生一定的优化效果，具体的优化程度取决于相应处理器的硬件设计，但是这两种方法的优化效果通常要比高速缓存的优化效果差。

许多之前提到的性能优化手段常常对改进能耗也有一定的作用。

Metha 等人 [Met97] 对于能量优化提出了以下补充意见：

- 适当的循环展开可以消除一些循环控制开销。然而，当循环展开过度时，线性代码的命中率会降低，从而使得功耗有所增加。
- 软件流水线减少了流水线停顿，从而减少了每条指令的平均能耗。
- 尽可能消除递归调用可以避免函数调用的开销，从而节省能量。尾递归（tail recursion）通常是可以消除的，一些编译器会自动完成这一工作。

5.9　程序大小的分析和优化

程序的内存占用是由其数据和指令的大小决定的。在最小化程序长度的过程中两者都必须要考虑。

由于数据很大程度上取决于编程风格，这就使得缩减程序大小成为可能。低效的程序常常存放许多份数据拷贝，找到并消除这些重复可以极大地节省内存，并且只会造成极小的性能损害。对于程序中的缓冲区，应该仔细确定其中的最大数据数量并以此分配数组，而不是定义一个程序永远用不到的大数组。数据有时也可以被压缩，比如把多个标志位存储在同一个字中，并通过位运算来取出它们。

一种非常简单的数据缩减技术是值复用。比如说，如果多个常量恰好有相同的值，它们就可以被映射到同一个位置。数据缓冲区往往也可以在程序的不同地方被复用。但是使用这种技术时必须十分小心，因为在程序的后续版本中，这些常量的值可能不再相同。一种更普遍适用的技术是在运行时生成数据而不是存储数据。当然，生成数据所用的代码也要占据程序的空间，但是当涉及复杂的数据结构时，使用代码生成数据可以实实在在地节省空间。

对于程序指令长度的缩减，既需要程序层面上的转换，又需要对指令进行认真选择。谨慎地将功能封装为子例程（subroutine）可以减少程序大小。其实子例程在调用和传递参数时存在额外的开销，只是在高级语言代码中没有直接体现出来，因此只有将一定规模的代码封装为子例程才有意义。对于拥有变长指令的体系结构，可以通过精心选用指令以缩减程序大小，但这或许需要将程序的关键部分用汇编语言编写。还有一种可能的情况是，对于一个相同的功能，使用一条指令会比使用一系列指令实现更有效，比如，一条乘法累加指令会比分开的几个算术操作更小且更快。

缩减程序中指令数量的一种重要技术是合理使用子例程。如果程序重复执行相同的操作，那么这些操作就自然适合作为子例程。即使操作稍有不同，也可以通过适当构造一个带参子例程来节省空间。当然，在考虑节省代码空间时，必须将子例程的链接代码计算在内。但是，使用子例程时存在额外代码，这些代码不仅存在于子例程体内，在调用子例程时也需要额外的代码来进行参数处理。某些情况下，合理选择指令也可以减少代码大小，这在使用变长指令的 CPU 中尤为突出。

一些微处理器结构支持**密集指令集**（dense instruction set），这是一种使用较短的指令格式来编码指令的特别设计。ARM Thumb 指令集和 MIPS 体系结构的 MIPS-16 指令集就是其中的两个例子。在许多情况下，支持密集指令集的微处理器也支持正常的指令集，尽管制造一个只执行密集指令集的微处理器是可行的。针对密集指令集的程序需要采用特殊的编译方式。通常情况下，程序大小与程序类型相关，但是使用密集指令集的程序通常是等效标准指令集程序长度的 70% 到 80%。

5.10 程序验证和测试

需要通过测试来保证复杂的系统能够按照预期运转。但是错误有可能很隐秘，特别是在嵌入式系统中，特殊的硬件和实时响应特性令程序开发更具挑战性。幸运的是，已经有许多可用的软件测试技术来帮助我们生成一套全面的测试集，从而确保系统可以正常工作。我们将在后文的综合设计方法中讨论验证的作用，本节将重点放在为给定程序创造一个好的测试集所需要的简单而具体的技术上。

我们必须解决的第一个问题就是进行多少测试才可以"彻底"验证程序的正确性。显然，我们不可能测试程序的每一个可能的输入组合。因为我们无法执行无限数量的测试，所以不禁要问，"彻底"的标准是什么？软件测试的一个主要贡献就是为我们提供了一个有意义的"彻底"的标准。下面这些标准不能保证我们发现所有的错误，但是通过把测试问题分解为子问题并进行分析，就能够确定所采用的测试方法是否合理，从而进行一系列的测试并将时间控制在合理的范围内。

我们可以使用两种主要的测试策略，并且可以将它们做不同的组合：

- **黑盒测试**（black-box）是指在测试时不需要了解被测程序内部结构的测试方法。
- **白盒测试**（clear-box 或 white-box）是指基于程序的内部结构进行测试的方法。

本节将研究上述两种截然不同的测试，在实际使用中它们可以相互补充。

5.10.1 白盒测试

在进行白盒测试时，从程序源代码得到的控制 / 数据流图是一个重要的工具。为了充分测试程序，我们必须同时测试它的控制操作和数据操作。

为了执行和评估这些测试，必须控制程序的变量并观察计算的结果，就像生产制造业的测试过程一样。通常，我们需要将程序修改得更利于测试。通过添加新的输入和输出，往往可以大幅度减少查找和执行测试的工作量。无论在测试什么，我们都必须在测试时完成以下三个步骤：

1. 为程序提供我们关心的测试输入。

2. 执行程序，完成测试。

3. 检查输出，确定测试是否成功。

示例 5.12 描述了可观察性和可控性在软件测试中的重要性。

示例 5.12　控制和观察程序

我们首先通过检查下面的程序来学习可控性，这是一个带有限幅器的 FIR 滤波器程序：

```
firout = 0.0; /*initialize filter output */
/*compute buff*c in bottom part of circular buffer */
for (j = curr, k = 0; j <N; j++, k++)
    firout += buff[j] *c[k];
/*compute buff*c in top part of circular buffer */
for (j = 0; j <curr; j++, k++)
    firout += buff[j] *c[k];
/*limit output value */
if (firout >100.0) firout = 100.0;
if (firout <−100.0) firout = −100.0;
```

上面的代码计算一个从循环缓冲区取值的 FIR 滤波器的输出，并限制滤波器输出的最大值（就像话筒，即使输入超载，输出仍会停在一个限制值）。如果想要测试限值代码是否工作，就必须为 firout 生成一正一负两个超出范围的值。这样的话，就必须将 FIR 滤波器的循环缓冲区用 N 个合适的值来填充。尽管有许多组值可行，但是每次测试都为滤波器建立输出依然要消耗时间。

这段代码也反映了可观察性。如果想要测试 FIR 滤波器本身，就要看 firout 在限值代码执行之前的值。我们可以用调试器在代码中设置断点来观察 firout，但这在进行大量测试的时候就显得很笨拙了。如果想要独立于限值代码来测试 FIR 的代码，就不得不添加一个可以单独观察 firout 值的机制。

要完成大规模的测试，就要付出大量劳动，但是一个在可控性和可观察性方面设计良好的程序可以减轻这一负担。

接下来的任务是确定需要使用的测试集。我们需要执行许多不同类型的测试以确保找出了大部分的已有错误。即使我们使用一种标准且彻底的测试程序，但这个标准仍然可能忽略程序的某些方面。接下来我们将介绍几种截然不同的程序测试标准。

白盒测试中最基本的概念是程序的执行路径。之前，我们在性能分析中已经讨论过路径，而这里关心的是如何确保一条路径被覆盖并实际上被执行了。如果想强制程序执行我们选择的路径来进行测试，那么通过给定合适的输入以使程序进入恰当分支就可以实现这一点。一条路径的执行同时验证了程序的控制流和数据流两个方面。在进行分支的时候检测的是控制流的正确性，而导致分支决策的计算和其他在路径上的计算则验证了数据流的正确性。

对任意程序而言，执行所有的完整路径可行吗？答案是否定的，因为程序有可能包含一个无法终止的 while 循环。这对于任何对持续流数据进行操作的程序都是一样的，因为我们不能任意指定流数据的开始和结束。如果程序总能终止，那么事实上就可以从路径图中枚举有限多的完整路径。这就带来了另一个问题：运行每一条路径都是有意义的吗？对于大多数程序而言答案是否定的，因为路径的数量非常大，特别是带有循环的程序。因此，需要仔细选择一个合适的路径子集来进行测试。

示例 5.13 描述了选择两种不同测试策略所带来的结果。

示例 5.13   选择要测试的路径

对于选择测试程序的路径集，我们至少有以下两种可行的方法：

● 将每条语句至少执行一次。

● 将分支的每条路径至少执行一次。

这两点在不含 goto 语句的结构化编程语言中是等价的，但是对于非结构化的代码则不等价。大多数汇编语言是非结构化的，而状态机则会被编码成带有 goto 语句的高级语言。

为了理解语句覆盖和分支覆盖的区别，考虑下面这个 CDFG。

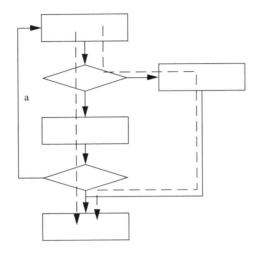

我们可以通过执行程序的两个不同路径，将每条语句至少执行一次。但是，这导致下面条件判断中的分支 a 没有被覆盖。为了确保执行 CDFG 中的每一条边，我们必须在程序中再找到一条经过 a 的执行路径，这时，这一路径没有对任何新语句进行测试，但却令分支 a 被执行了。

如何选择路径集来充分覆盖程序的行为呢？直觉告诉我们应该可以使用相对较少的路径来覆盖程序的绝大部分，而图论就可以帮助我们对所需的不同路径进行定量处理。在无向图中，可以从图的**基本路径**（basis path）组合中生成任何路径[○]。不幸的是，这一属性在诸如 CDFG 一类的有向图中并不严格成立。但是这个形式仍然可以帮助我们理解选择程序覆盖路径集的本质。术语"基本集"（basis set）来源于线性代数。图 5.24 展示了如何计算图的基本集。图可以被表示为一个**关联矩阵**（incidence matrix）。矩阵的每一行和每一列都代表一个节点，而且有边相连的一对节点间值为 1。我们可以使用标准的线性代数方法来确定图的基本集。基本集中的每一个向量都代表一条基本路径。我们可以通过将向量相加并模 2 来构成新的路径。通常，图有不止一个基本集。

基本集属性提供了测试覆盖率的一种度量方法。如果我们覆盖了所有的基本路径，就可以认为控制流已经基本覆盖了。尽管 CDFG 的有向边可能会合并一些不可行的路径，导致

○ 因此，测试完基本路径，就可以保证所有可能的路径都已经被覆盖。——译者注

基本集并不完全准确，但是它提供了一个关于测试覆盖率的客观公正的度量。

　　环路复杂度（cyclomatic complexity）[McC76] 是一种用于度量程序控制的复杂性的简单度量方式，它是基本集大小的一个上界。如果 e 为控制流图的边数，n 为节点数，p 为图的连通分量（component）数，则环路复杂度可以由以下公式给出：

$$M = e - n + 2p \tag{5.1}$$

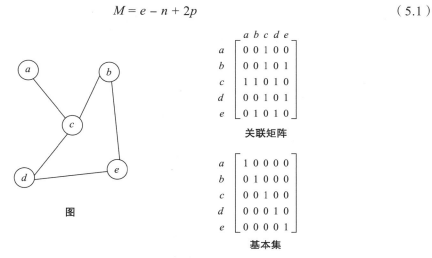

图 5.24　图的矩阵表示及其基本集

　　对于一个结构化的程序，M 可以由图中二分支的数目加 1 得到。如果 CDFG 有更高阶的分支节点，则将每个 b 路分支加上 $b-1$。在图 5.25 的例子中，计算得到的环路复杂度为 4。由于实际上图中仅有 3 条不同的路径，所以本例中的环路复杂度其实是一个保守估计的边界而不是确切边界。

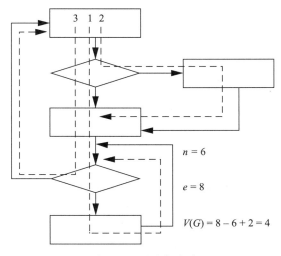

图 5.25　环路复杂度

　　环路复杂度可以用于界定代码是否难以进行测试。广泛使用的环路复杂度上界为 10[McC76，Wat96]。

　　另一种研究面向控制流测试的方法是分析控制条件语句的条件。考虑下面这个 if

语句:

```
if ((a == b) || (c >= d)) { ... }
```

这个复杂的条件可能以许多不同的方式执行。如果想要彻底地测试这个条件语句,就应该谨慎地分析这个条件语句自身的结构和执行条件,而不是仅仅考虑条件语句产生的分支。一个简单的条件测试策略被称为**分支测试**(branch testing)[Mye79]。这个策略要求每个判断的真分支和假分支,以及条件表达式中的每条简单条件至少被测试一次。

示例 5.14 演示了分支测试。

示例 5.14　基于分支测试策略的条件测试

假设以下代码是我们想要编写的:

```
if (a || (b >= c)) { printf("OK\n"); }
```

但是却被错误地写成

```
if (a && (b >= c)) { printf("OK\n"); }
```

如果我们用分支测试来检查上面的代码,其中的一个测试将会使用下列数值:a=0,b=3,c=2(令 a 为假,b>=c 为真)。在这个用例中,应该是 [0 || (3>=2)] 为真,那么代码就打印 OK,但事实上测试条件却是 [0&&(3>=2)],从而没有打印。这样测试就发现了错误。

另外一个更为复杂的条件测试策略是**域测试**(domain testing)[How82],如图 5.26 所示。域测试主要用于测试线性不等式。图中,程序要测试的条件为 j<=i+1,我们使用三个测试点来进行测试,其中两个测试点在合法取值区域内,而第三个测试点超出取值区域,但是 i 的值介于前两个测试点之间。如果在输入不等式时犯了一些常见的错误,那么这三个测试就足以发现这些错误。

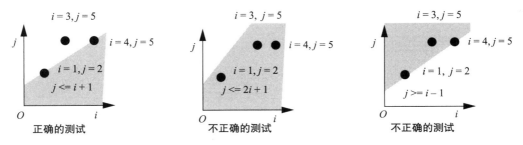

图 5.26　针对变量对的域测试

路径覆盖的一个潜在问题是用于覆盖 CDFG 的路径可能与程序的功能并没有什么相关性。**数据流测试**(data flow testing)是另外一种策略,可以通过使用定义 – 使用分析(def-use analysis)方法,选择那些和程序功能有某些关系的路径。

术语"定义"和"使用"来源于编译器中使用定义 – 使用分析来进行优化的机制 [Aho06]。当一个变量被赋值时,它的值就被**定义**了。而当它出现在赋值语句的右侧(有时称为计算使用,简写为 C-use)或者条件语句中(有时称为谓词使用,简写为 P-use)时,就被**使用**了。

变量值的定义和这个值的使用的组合，就被定义为**定义 – 使用对**（def-use pair）。图 5.27 展示了一个代码片段，其中分析了对变量 a 赋值以后的所有定义 – 使用对。可以使用迭代算法对程序进行定义 – 使用分析⊖。数据流测试是针对那些选定了的定义 – 使用对而设计用例进行测试。测试首先在定义时赋一个确定值，然后观察使用点上的结果是否是所期望的。Frankl 和 Weyuker [Fra88] 定义了一些准则，用来指导如何选择被测的定义 – 使用对，从而满足测试的完备性要求。

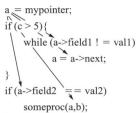

```
a = mypointer;
if (c > 5){
    while (a->field1 ! = val1)
        a = a->next;
}
if (a->field2 = = val2)
    someproc(a,b);
```

图 5.27　变量的定义和使用

我们可以为循环编写一些专门的测试。因为循环非常常见，而且是程序中的重要一环，所以开发以循环为主的测试方法是很值得的。如果迭代次数是固定的，那么测试就相对简单了。但是，许多循环的边界是运行时决定的。

首先考虑一个单循环的例子：

```
for (i = 0; i < terminate(); i++)
    proc(i,array);
```

计算出循环的所有终止条件代价太大。但是，我们至少应该尝试几种非常重要的情况：

- 跳过整个循环（如果可能的话，例如 terminate() 第一次调用返回 0）。
- 迭代一次。
- 迭代两次。
- 如果迭代次数的上界为 n（有可能是数组的最大长度），那么迭代一个远小于上界的次数。
- 测试迭代上界附近的值，比如 n-1、n 和 n+1。

我们也可能要测试如下的嵌套循环：

```
for (i = 0; i < terminate1(); i++)
    for (j = 0; j < terminate2(); j++)
        for (k = 0; k < terminate3(); k++)
            proc(i,j,k,array);
```

对于嵌套循环的测试，有许多可行的策略。需要记住的一点是，哪些循环的迭代次数是固定的，哪些是可变的。Beizer [Bei90] 建议在测试具有多个变化迭代边界的循环时使用自里向外的策略。首先，重点测试最内层的循环，此时保持外层循环仅迭代最少的次数。在内层循环得到充分测试之后，可以将内层循环固定在一个典型数量的迭代，同时对外层循环进行充分的测试。重复这个策略直到整个嵌套循环都被测试完毕。显然，嵌套循环需要大量的测试，所以插入一些测试代码来更好地控制嵌套循环是值得的。

5.10.2　黑盒测试

黑盒测试是指在不了解被测代码的情况下进行测试。单独使用时，黑盒测试很难发现程序的所有错误。但是同白盒测试结合使用之后，两者可以提供一个全方位的测试集，这是因为黑盒测试容易找出由代码结构所引起的测试中不易发现的错误。黑盒测试的确非常有效。例如，在测试一个仪器上由微控制器控制的前面板时，设计者的一个朋友同时按下了所有的按钮，然后前面板立刻就被锁定了。在日常生活中，如果把仪器倒扣在桌上就会发生这种情

⊖　多次迭代可以找到数据之间的依赖关系，如间接赋值操作等，从而得出完整的变量使用路径。——译者注

况，但是通过白盒测试却很难发现这样的错误。

黑盒测试的一个重要手段是直接从代码的设计规格说明中产生测试用例。规格说明会定义特定输入所对应的输出，所以测试应该可以产生特定的输出并评估输出结果是否满足输入。

虽然无法测试所有的输入组合，但是有一些经验规则可以帮助我们选择合理的输入集。当输入数据被限定在一个特定的范围内取值时，测试这个范围的两端就是一个很好的方案。例如，如果输入必须在 1 到 10 之间，那么 0、1、10 和 11 都是重要的测试值。我们应该同时考虑范围内和范围外的值，即测试值既要取范围内的，也要取范围外的。除了边界情况测试，对非法值也应该进行测试。

随机测试（random test）是一种黑盒测试，其中输入值是通过一个给定的分布随机生成的。先单独计算所需的值，然后应用到输入上。为了使随机测试的结果具有统计意义，需要进行大量测试，同时，这种测试的用例也很容易生成。

回归测试（regression test）是一种非常重要的测试手段。在系统设计的早期阶段或者之前版本中创建的测试用例，应当被保存并用于测试系统的最新版本。显然，除非系统规格改变了，否则新的系统应该能通过所有的旧测试用例。在一些情况下，旧错误会重新回到系统中，比如，无意中安装了一个旧版本的软件模块。即使不是简单的版本错误，由于回归测试的用例是为以前的代码设计的，因此可能会以一种不同的方式来运行新完成的代码，并且有可能发现不同的错误。

对于一些嵌入式系统，尤其是数字信号处理系统，需要进行数值分析。为了节约硬件成本，信号处理算法经常以有限范围的运算实现。可以生成一些极端值来测试系统的数值精度。这些测试往往由一些原始公式生成，而并不参考源代码。

5.10.3　功能性测试

对系统进行多少测试才足够？ Horgan 和 Mathur [Hor96] 评估了两个著名程序——Tex 和 awk 的覆盖率。他们对这两个经过多年开发和大量测试的程序进行了功能性测试，最终得到如图 5.28 所示的代码覆盖率统计。列表示测试覆盖率的各种类型："块"代表基本块，"判定"代表条件判断，"谓词使用"代表变量在谓词逻辑（判定）中的使用，"计算使用"代表非谓词计算的变量使用。这些结果至少说明功能性测试并没有完全覆盖代码，而且，能够显式地为不同代码片段生成测试的技术，对于提升代码的覆盖率非常必要。

	块	判定	谓词使用	计算使用
TeX	85%	72%	53%	48%
awk	70%	59%	48%	55%

图 5.28　Tex 和 awk 功能性测试的代码覆盖率

方法论技术对于理解测试质量是非常重要的。例如，如果保持每天对错误数量进行追踪，那么随着时间的推移，你收集的数据将会呈现每页代码平均错误数量的变化趋势，以及每种测试方法检查出的错误数量等。第 7 章将更详细地讨论质量控制的相关方法论。

一种分析测试覆盖率的有趣办法是**错误注入**（error injection）。首先，在当前代码中加入一些错误，并记住添加的位置，然后对修改过的程序进行测试。通过记录测试发现的人为添加的错误数量，可以衡量其发现未知错误的有效性。这一方法假设刻意注入的错误与通过编程疏漏而自然产生的错误是类似的。如果错误的发现太容易或者太困难，或者仅仅需要几种不同类型的测试就可以发现，那么错误注入的结果可能就不具有参考性。当然，最后一定要使用正确的代码，而不是添加了错误之后的代码。

5.11　防危性和安全性

软件测试和消除错误是构建安全代码的重要方面。但是对于安全软件，除了测试之外还有一些重要的方法，并且一些安全相关的错误需要引起足够的重视。关于安全编程的全部内容超出了我们的讨论范围，很多书籍中会专门研究这一内容 [Gra03，Che07]，在这里我们仅仅讨论几种重要的技术。

缓冲区溢出（buffer overflow）是一种常见的攻击手段。如果程序读取外部数据并填充到缓冲区中，而读入的数据量超出了为缓冲区分配的空间，就可能对内存的其他部分进行修改。通过这些修改，攻击者可以插入接下来会被程序执行的指令，从而接管程序。在操作数组的时候应该仔细检查缓冲区的边界并对边界加以限制。

没有被诸如 0 一类的已知值初始化的缓冲区也可能导致安全漏洞。缓冲区使用的内存通常是在执行过程中从其他地方回收的。内存中存放的旧值可能包含对攻击者有用的信息。如果缓冲区在使用前没有初始化，这些信息就可以被攻击者获取。Graff 和 van Wyck [Gra03]描述了这样一种情况：一系列的错误导致一个未初始化的缓冲区被系统密码文件的一部分所填充，这些数据最终会被输出到软件的配置信息中。尽管这个错误没有导致任何已知问题，但是这样的软件可能导致后门攻击，从而允许攻击者侵入系统。

我们经常需要将代码从外部安装到嵌入式平台上，这时就需要确保代码来自受信任的源，若安装的代码来自恶意代理，将可能导致恶意软件进入平台。CA（Certification Authority）[Koh78] 组织负责管理代码提供者的可信度。代码提供者向 CA 付费申请**证书**。证书包括代码提供者的源标识符及其加密密钥，并带有有效期信息。证书可以用于分发代码，这使得攻击者很难假冒代码提供者。代码的接收者可以检查源标识符以确保它来自预期的源，然后使用关联的密钥解密代码或消息。

代码签名（code signing）将签名证书与代码本身的数字签名相结合，以创建具有可验证源的代码模块。代码签名过程如图 5.29 所示。首先，使用**加密哈希函数**（cryptographic hash function）来创建程序的**哈希**或**摘要**。哈希是由精心设计的哈希函数所生成的程序的压缩形式，通过哈希函数很容易生成摘要，但根据哈希值反推原始输入则非常困难。SHA 哈希算法是加密哈希函数 [NIS15] 的一种，然后使用公钥密码对该摘要进行加密，签名者使用私钥来生成加密版本，每个人都可以使用公钥进行解密。原始程序、其加密摘要、用于生成摘要的公钥以及签名证书随后被打包以创建签名程序。

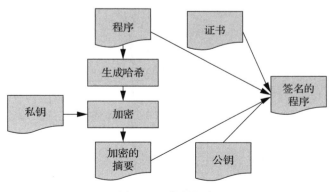

图 5.29　代码签名

程序的签名可以在执行前进行检查，如图 5.30 所示，使用公钥对加密的摘要进行解密。它应该与程序生成的哈希值相同，如果两者不匹配，则表示该代码在发送方签名后已被修改，是不可信任的。

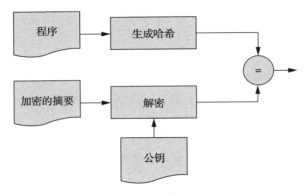

图 5.30　签名验证

一些程序可能会使用密码对用户进行身份验证，例如，在对某些系统参数进行修改前要求登录。需要注意的是，密码应该以加密的形式进行存储。

5.12　设计示例：软件调制解调器

本节将设计一个在物联网节点中使用的简单调制解调器。在开始设计调制解调器之前，我们先阐述如何通过电话信号或电话线来传输数字数据。然后我们将分析规格说明书，并讨论体系结构、模块设计和测试。

5.12.1　操作原理和需求

1200 波特的调制解调器使用的是**频移键控**（Frequency-Shift Keying，FSK）技术。键控一般指莫尔斯编码类型的键控。如图 5.31 所示，FSK 方案利用不同频率的正弦波对 0 和 1 进行传输。相比用在电路上的传统高低电平，正弦波更适合在模拟电话线路上进行传输。01 比特构成了调制解调器的特有声效。高速调制解调器与 1200 波特率的 FSK 方案兼容，并且采用一种协议来确定应该使用的传输速率和协议。

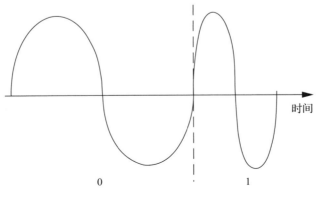

图 5.31　频移键控

　　图 5.32 解释了将音频输入转换为比特流的方案。模拟输入在采样后将流传送到两个数字滤波器（例如 FIR 滤波器）。一个滤波器通过代表 0 范围内的频率，并过滤掉 1，另一个滤波器则相反。滤波器的输出被发送到检波器，它计算过去 n 个样本信号的平均值。当能量达到阈值时，相应的比特就被检测出了。

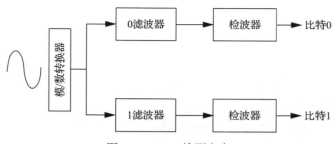

图 5.32　FSK 检测方案

　　假设我们以 8 位字节为单元发送数据。发送和接收调制解调器要提前对一个比特的传输时长（即波特率）进行统一。但是发送器和接收器在物理上是分开的，因此无法以任何手段同步。接收器不知道发送器什么时候开始发送字节，此外，即使接收器确实检测出了数据的发送，发送器和接收器的时钟频率也可能不一致，从而导致两者的不同步。在上述两种情况下，为了减少错误，我们会使用传输时长更长的那个器件的波形。

　　接收过程如图 5.33 所示。接收器通过等待一个开始位（一般为 0）来检测字节传输的开始。通过测量起始位的长度，接收器知道在何处寻找第一个比特。然而，由于接收器可能对比特的开始部分有些许误判，所以它不能立即尝试检测，而是在比特的预计中间部分开始运行检测算法。

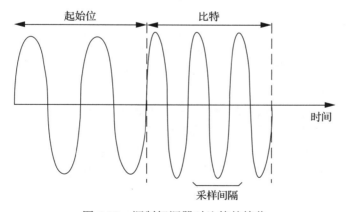

图 5.33　调制解调器对比特的接收

　　调制解调器不包括电话线的硬件接口或者用于拨号的软件。我们假设调制解调器将模拟音频输入和输出用于发送和接收，其工作就是生成用于传输的波形，并以远低于 1200 波特的速度运行，以简化实现。此外，我们不会实现调制解调器到主机的串行接口，而只是将发送器的信息放在内存中，同时将接收器的数据也保存在内存中。基于以上假设，现在来完成需求表。

名称	调制解调器
目标	一个固定波特率的频移键控调制解调器
输入	模拟声音输入、重置按钮
输出	模拟声音输出、LED 比特显示屏
功能	发送器：发送微处理器内存中的数据，数据以 8 位字节为单位存储。每个字节需要发送长度为一个比特的起始位。 接收器：自动检测字节并将结果存储在内存中
性能	1200 波特
制造成本	主要取决于微处理器和电话链路
功率	由标准电源提供交流电
物理尺寸和重量	足够小和轻，适合桌面使用

5.12.2　规格说明

　　该调制解调器的基本类如图 5.34 所示。其中包括用于线路输入和输出的物理类，以及发送器和接收器类。

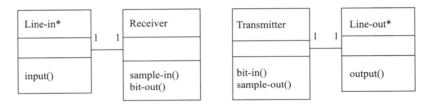

图 5.34　调制解调器的类图

5.12.3　系统体系结构

　　调制解调器由一个小的子系统（采样中断处理程序）和两个主要子系统（发送器和接收器）组成。其中，需要两个采样中断处理程序，一个用于输入，另一个用于输出，但是它们都非常简单。由于发送器更加简单，所以我们先考虑它的软件体系结构。

　　产生能够长期保持稳定的波形的最好方法是**查表法**（table lookup），如图 5.35 所示，软件振荡器可以用于生成周期信号，但是数值问题却限制了它的精度[⊖]。图 5.35 展示了带有采样点的波形图以及对应的 C 语言代码。查表法可以与插值法结合以产生高分辨率的波形。由于没有反馈，它比振荡器更精确，同时又不会消耗过多的内存。调制解调器所需的样本数可以通过对模 / 数转换器和采样代码的实验来获得。

　　接收器的结构相对而言就比较复杂了。图 5.32 所示的滤波器和检波器可以使用循环缓冲区来实现。这种实现方法需要一个能够识别比特的状态机。而状态识别器需要使用计时器，根据比特位的起点来确定何时开始和停止计算滤波器输出的平均值，然后在恰当的间隔期确定该比特的值。它同时也能够检测到起始位并使用计数器对该起始位进行测量。由于接收器的时间点与样本有关，所以它的采样中断处理程序自然也就是计时器的两倍。

　　硬件结构就相对简单了，仅包括模 / 数、数 / 模转换器以及计时器。此外，实现算法的内存需求也相对较小。

⊖　浮点数的精度有限，不足以表示想要的波形数据的精度，或者不足以描述横轴上的具体时间点的信息。——译者注

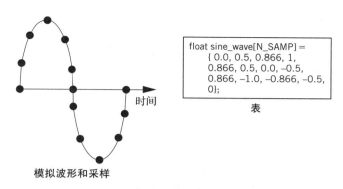

```
float sine_wave[N_SAMP] =
    { 0.0, 0.5, 0.866, 1,
    0.866, 0.5, 0.0, –0.5,
    0.866, –1.0, –0.866, –0.5,
    0};
```
表

模拟波形和采样

图 5.35　查表法所生成的波形

5.12.4　组件设计和测试

因为时间敏感的代码仅仅与数据采样有关，所以发送器和接收器的功能逻辑基本可以通过主机平台进行比较全面的测试。发送器的输出相对容易校验，尤其是将数据用曲线表示时会更加一目了然。为了测试接收器的代码，可以设计一个测试程序，为接收器代码输入正弦信号以检测它的比特识别率。在测试接收器的操作之前，应该首先测试比特检波器。但是，如果接收器是使用库函数实现的，那么在主机上测试时会遇到一个潜在的问题：如果在实现滤波器时使用了面向目标处理器的 DSP 库，那么在主机上测试时就必须找到或构建一个替代库。而且，接收器在移植到目标系统后必须被重新测试，以确保它能够与相应的库函数适配并能够正常工作。

需要注意的是，接收器的处理时间不能太长，以免超过它的截止时限。由于大量计算都在滤波器中进行，所以在实现阶段的早期就可以对总的计算时间进行估计。

5.12.5　系统集成和测试

测试调制解调器系统有两种方法：用调制解调器的发送器向接收器发送比特，或者将两台不同的调制解调器连接起来⊖。最终的测试是连接两台不同的调制解调器，特别是由不同人设计的调制解调器，这样可以确保不会有兼容性问题或错误产生。单机测试——在电信产业中也被称为**回环测试**（loop-back）——更简单一些，并且适合作为调试解调器测试的第一步⊜。进行回环测试的方法有两种：第一种，使用一个共享变量直接将发送器数据传送到接收器；第二种，使用音频线将模拟信号输出连接到模拟信号输入，在这种测试方法中也可以插入信号噪声来测试检波算法的适应性。

5.13　设计示例：数码相机

本节将设计一个简单的静态数码相机（Digital Still Camera，DSC，简称数码相机）。动态数码相机又叫摄影机（video camera），与数码相机有一些相似之处，但在许多方面都有所差异，尤其是对流媒体的处理方式截然不同。我们将在第 8 章学习设计一个摄影机的子系统。

⊖　一台负责发送，另外一台负责接收，验证收到的数据与发送的是否匹配。——译者注
⊜　由一台机器同时完成收发工作，并判断收发数据是否匹配。——译者注

5.13.1 操作原理和需求

要了解数码相机，首先必须知道数码拍照的过程。用现代数码相机拍照有许多步骤：

1. 确定光圈和焦距。
2. 捕获图像。
3. 显影图像。
4. 压缩图像。
5. 生成并存储图像文件。

除拍摄照片之外，相机还要在拍照的同时执行几个重要的操作，例如更新相机的电子显示，等待用户按下按钮以更改相机当前操作等。此外，相机还需要提供一个浏览器，以使用户可以浏览存储的照片。

许多图像相关术语源自传统胶片摄影技术，拍摄数码相片的过程与拍摄胶卷相片是相似的，都需要设置光圈、快门、焦距等若干参数，即使执行这些决策的步骤有很大不同。这些步骤中可能会有许多变化，但是基本的过程对于所有数码相机来说是一样的。下面是几个有用的术语：图像被划分为**像素**（pixel），像素的亮度通常被称为**亮度**（luminance），彩色像素中某种颜色的亮度被称为**色度**（chrominance）。

相机可以使用感光元件的数据来驱动曝光设定过程。可行的算法有很多，但思路大同小异，都是从测试曝光开始，并使用一些搜索算法来选择最终的曝光度。在曝光设定过程中，也会使用许多不同的度量来判断曝光度，最简单的度量方法就是计算像素亮度值的平均值。相机可以针对图像中的若干个像素点进行评估，也可以计算图像的**直方图**（histogram）。直方图是按亮度将像素进行桶排序之后得到的。256 个桶是直方图的常用分辨率。相比于单一的平均值，直方图能带给我们更多信息。例如，通过观察亮度两端桶的值可以判断是否有太多像素过度曝光或者欠曝光。

对焦有三种主要方法：主动测距对焦、相位对焦以及反差对焦。主动测距对焦会发送一个脉冲，然后测量反射脉冲以及传播延时来确定距离。早期的自动对焦系统（如 Polaroid SX-70）使用超声波进行测距，但是现在更常使用的是红外线。相位对焦比较透镜两侧进入的光线，以实现光学测距。反差对焦根据非对焦图像没有对焦图像边缘亮度锐利这一关键信息进行自动调整，以找到合适的焦距。最简单的反差对焦算法可用于自动计算图像上某个固定点的焦距，这就需要摄影师移动相机，使这个自动对焦点位于一个合适的边缘上。

现代相机主要使用两种感光元件 [Nak05]：电荷耦合器件（CCD）和互补金属氧化物半导体（CMOS）。在我们的示例中，这两者对于数码相机的设计而言没有区别。

图像显影包括把图像变成可用的格式以及改善其质量。对彩色图像最基本的操作是对每个像素进行全彩插值。大多数感光元件使用**滤色阵列**（color filter array）来捕获彩色图像，其中每个滤色器仅覆盖一个像素。滤色器通常只捕获红、绿或蓝之一，并以二维数组的方式进行排列。这种滤色阵列由 Bayer 首次提出 [Bay76]，因此又被称为 **Bayer 模式**，并且至今仍然被广泛使用。如图 5.36 所示，Bayer 模式由两个绿色、一个蓝色和一个红色的 2×2 矩阵构成。其中绿色像素较多是因为人眼对绿色最为敏感，所以 Bayer 就将其作为一个简单的亮度信号。由于每个感光像素仅捕获一种颜色，所以像素的其他两种颜色需要通过插值来获得。这一过程被称为 **Bayer 模式插值**（Bayer pattern interpolation）或**去马赛克**（demosaicing）。最简单的插值算法是求平均值，也可以使用低通滤波器。例如，我们可以通过插值来计算绿色像素 G2.1 的缺失值：

$$R2.1 = (R1.0 + R1.1) / 2$$
$$B2.1 = (B1.1 + B1.4) / 2$$

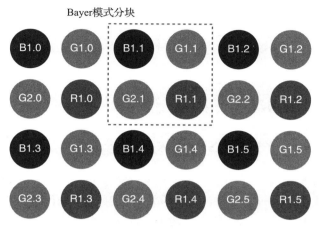

图 5.36　以 Bayer 模式分布的滤色阵列

我们可以使用更多信息来对缺失的绿色值进行插值。比如，与红色像素 R1.1 相关的绿色值可以由四个临近的绿色像素进行插值：

$$G1.1 = (G1.1 + G2.1 + G2.2 + G1.4) / 4$$

然而，这种简单的插值算法会在边缘产生色晕。有一些更加复杂的算法可以在保持图像质量的同时最小化色晕。

显影过程还可以确定并校正场景中的**色温**（color temperature）。不同光源是由不同颜色的光组成的，颜色可以被描述为发射某种频率辐射的黑体的温度。人类的视觉系统会自动对色温进行校正。比如，我们不会注意到荧光灯发出的光是微绿色的。但是，没有经过色温校正的照片就会显示出场景中的这种光源颜色。现在已经有一系列不同的算法来确定色温，色度直方图集合就经常被用于判断色温。一旦确定了颜色校正，就可以将其应用到图像的每个像素。

在拍照过程中，许多相机也使用**锐化算法**（sharpening algorithms）来减少像素化产生的影响。同样也有许多不同的锐化算法可以使用，这些算法使用滤色器对相邻像素的集合进行处理。

一些相机提供 RAW 格式的图像，其中包含未经处理的像素值。RAW 模式输出的数据允许用户使用复杂的算法和程序进行离线处理，并人工显影。尽管存在通用 RAW 文件格式，但大多数相机厂商仍然使用自有的 RAW 格式。同样，也存在诸如 TIFF[Ado92] 一类的未压缩图像文件格式。

图像压缩可以减少图像存储所需的空间。一些**无损压缩**（lossless compression）算法可以在不损失图像信息的情况下进行压缩。然而，大多数图像使用**有损压缩**（lossy compression）进行存储。有损压缩算法会损失图像的信息，所以解压过程无法还原图像的原始副本。科学家已经开发出了许多压缩算法，用于在不明显影响图像质量的情况下，尽量减少图像的存储体积。最常见的压缩算法是 JPEG[CCI92]（Joint Photo-graphic Experts Group，联合图像专家组）。JPEG 标准已经扩展为 JPEG2000，但是原来的 JPEG 仍然被广泛使用。虽然 JPEG 标准中规定了大量的参数选项，但是并不需要将它们全部实现。

如图 5.37 所示，典型的 JPEG 图像压缩过程包含 5 个主要步骤：

1. 色彩空间转换
2. 像素降采样
3. 基于分块的离散余弦变换（DCT）
4. 量化
5. 熵编码

图 5.37　典型的 JPEG 压缩过程

　　我们把这个过程称为典型过程是因为该标准允许多种变形。第一步彩色图像转换的目的是进行图像格式优化，这一步几乎没有失真。色彩可以由若干**色彩空间**（color space）即若干种颜色组合成的集合来表示，色彩空间中的这些颜色可以组合出限定范围内的所有颜色。我们使用红/绿/蓝（RGB）三种颜色的滤波来表示颜色，很容易建立这三种颜色的色彩空间。为了进行压缩，我们将其转换为 $Y'C_RC_B$ 色彩空间：Y' 是亮度通道，C_R 是红色通道，C_B 是蓝色通道。这两个色彩空间之间的转换由 JFIF 标准定义 [Ham92]：

$$Y' = + (0.299 \times R'_D) + (0.587 \times G'_D) + (0.114 \times B'_D)$$
$$C_R = 128 - (0.168736 \times R'_D) - (0.331264 \times R'_D) + (0.5 \times R'_D)$$
$$C_B = 128 - (0.5 \times R'_D) - (0.418688 \times R'_D) - (0.081312 \times R'_D)$$

　　在 $Y'C_RC_B$ 格式下，C_R 和 C_B 通常通过像素降采样来压缩。其中，4∶2∶2 的降采样模式是指将 C_R 和 C_B 仅在水平方向上缩减为原来分辨率的一半，而 4∶2∶0 的降采样模式则在水平和垂直方向都将分辨率缩减一半。像素降采样减少了所需的数据量，并且由于人类视觉系统对色度的敏感度较低，所以这种方式是可行的。我们将对三个颜色通道 Y'、C_R 和 C_B 分别进行处理。

　　像素完成颜色通道转换后，接下来被划分为 8×8 的**块**（术语"块"在 JPEG 标准中特指 8×8 的像素信息矩阵），对每个块都应用离散余弦变换（Discrete Cosine Transform，DCT）。DCT 是一种频域变换，将原来的块转换成一个 8×8 的**变换系数**（transform coefficient）矩阵。这一过程是可逆的，也就是说原始块中的数据可以根据变换系数重建出来。DCT 本身并不造成信息的丢失。为了优化 DCT 的计算，出现了很多高度优化的算法，特别是针对 8×8 的 DCT。

　　压缩损失发生在量化步骤。这一步会改变 DCT 产生的系数矩阵，以减少信息所需占用的存储空间。由于一些图像特征在 DCT 后变得更容易识别，所以量化过程针对的是 DCT 后的矩阵而不是原来的像素矩阵。具体而言，DCT 是根据**空间频率**（spatial frequency）对块进行划分，量化过程通常会丢弃块中的高频部分。这一策略可以在保持图像质量的前提下显著减小数据集的大小。

　　可以将量化过程描述为一个 8×8 的**量化矩阵**（quantization matrix）$\boldsymbol{Q}$。使用量化矩阵中的 $Q_{i,j}$，可以将 DCT 因子 $G_{i,j}$ 量化为 $B_{i,j}$：

$$B_{i,j} = \mathrm{round}\left(\frac{G_{i,j}}{Q_{i,j}}\right)$$

JPEG 标准允许多种不同的量化矩阵，如下所示是一个广泛使用的典型矩阵：

$$\begin{bmatrix} 16 & 11 & 10 & 16 & 24 & 40 & 51 & 61 \\ 12 & 12 & 14 & 19 & 26 & 58 & 60 & 55 \\ 14 & 13 & 16 & 24 & 40 & 57 & 69 & 56 \\ 14 & 17 & 22 & 29 & 51 & 87 & 80 & 62 \\ 18 & 22 & 37 & 56 & 68 & 109 & 103 & 77 \\ 24 & 35 & 55 & 64 & 81 & 104 & 113 & 92 \\ 49 & 64 & 78 & 87 & 103 & 121 & 120 & 101 \\ 72 & 92 & 95 & 98 & 112 & 100 & 103 & 99 \end{bmatrix}$$

利用量化矩阵进行量化处理后，得到的新矩阵右下角的系数会出现大量的零。因为矩阵右下角的系数代表更高的空间频率（也能够描述图像中更精细的细节），所以将这部分变为零可以消除块中一些更精细的细节。

量化操作本身并不会缩小图像表示的大小，但是采用熵编码（无损编码）重新对量化过的块编码可大幅度减少使用的比特数。JPEG 允许使用多种熵编码算法，其中最常用的就是霍夫曼编码。霍夫曼编码以表的形式将固定长度的比特映射为不同长度。在编码时，不对矩阵中的系数本身进行编码，而是编码当前系数值与前一个值之间的差异。此外，还有许多不同形式的其他编码方式，例如，使用**基线顺序**（baseline sequential）算法为一个块编码，然后使用**基线渐进**（baseline progressive）算法对每个块对应的系数进行编码。

从矩阵中读取系数值的过程如图 5.38 所示，以"之"字形方式进行读取。这种方式沿对角线从左上角开始读取到右下角，也就是从最低的空间频率读向最高的空间频率。如果细节部分在水平和垂直方向上的损失量相同，那么为零的因子也就会呈对角线分布。在这种情况下，之字形的方式增加了零因子序列的长度，而一长串零字符在编码时仅需要占用很少的位数。

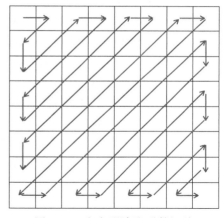

图 5.38　之字形读取系数矩阵

5.13.2　规格说明

图 5.39 给出了数码相机的需求表。

名称	数码相机
目标	使用 JPEG 压缩的数码相机
输入	图像传感器，快门
输出	显示屏，存储卡
功能	确定光圈和焦距，捕获图像，进行 Bayer 插值，JPEG 压缩，存储至文件系统
性能	2 秒内完成照相
制造成本	大约 75 美元
功率	两节 AA 电池供电
物理尺寸和重量	4in × 4in × 1in，轻于 4 盎司（约为 10cm × 10cm × 2.5cm，110 克）

图 5.39　数码相机需求表

数码相机必须符合一系列的标准。这些标准一般会规定相机的输出格式。但是在遵守标准的同时，也允许在具体实现上保留一些自由度。

标签图像文件格式（Tagged Image File Format，TIFF）[Ado92] 经常被用于存储未压缩的图像，尽管它也提供一些压缩方式。而基线 TIFF 格式是一种基础的格式标准，可以自由设定图像尺寸、每像素比特数、压缩以及图像存储方面的属性。

JPEG 标准本身提供了多种配置选项，这些选项还可以进行组合。生成压缩图像的操作集合称为**图像处理**。JFIF 标准 [Ham92] 是一个被广泛使用的文件交换格式。它与 JPEG 标准兼容，但对一些条目进行了更加详细的限定。

可交换图像文件格式（Exchangeable Image File Format，EXIF）标准被广泛用于图像文件信息的进一步扩展。如图 5.40 所示，EXIF 文件包含多种类型的数据。

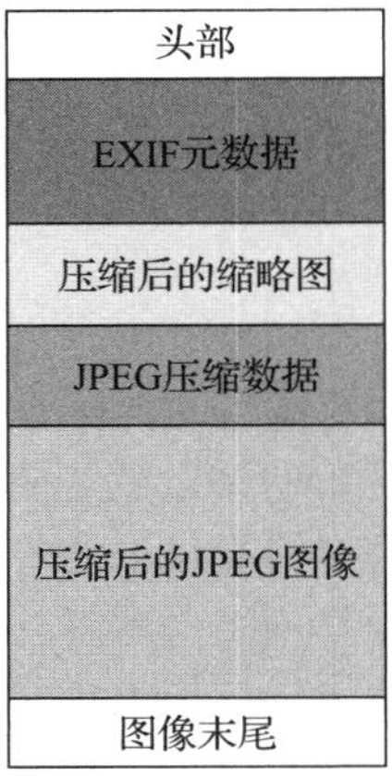

- 元数据（metadata）段提供许多不同的信息，包括日期、时间、地点等，它被定义为属性/值对。EXIF 文件并不需要包含所有可能的属性。

- 缩略图（thumbnail）是用于快速显示的小文件版本。它被广泛用于在相机的小屏幕上显示图像，以及在桌面计算机上更快地展示图像。一般将缩略图存储起来以避免每次重新生成，从而节省了计算时间和能量。

- JPEG 压缩数据时会使用各类表，比如用于熵编码的码表和量化表等。

- 压缩后的 JPEG 图像数据本身会占据文件大部分的空间。

完整的图像存储处理过程由相机文件设计规则（Design rule for Camera File，DCF）[CIP10] 进行定义。DCF 规定了三个主要的步骤：JPEG 压缩、EXIF 文件生成以及 DOS 文件分配表（FAT）图像文件存储。此外，它还规定了文件存储的一系列细节信息：

- DCF 图像的存储目录建立在存储卡根目录上，名称为 DCIM（Digital Camera IMages）。

- DCIM 中的子文件夹名由八个字符构成，前三个字符为数字，范围为 100 至 999，表示目录序号，剩余的五个字符需要由大写字母构成。

- DCF 中的文件名为八个字符，前四个字符为大写字母，接下来四个为 0001 至 9999 的四位数字。

- DCF 中的基本文件使用 EXIF（第二版）格式。这个标准给出了 EXIF 中的一系列属性。

数码打印命令格式（Digital Print Order Format，DPOF）[DPO00] 为用户提供了打印选定相片的标准途径。打印命令可以来自相机、计算机或者其他设备，然后被发送到照片冲洗机或者打印机上。

即使是一个简单的傻瓜相机（point-and-shoot camera），也会提供许多设置和模式。其中两个最基础的操作是显示实时图像预览和捕获图像。

图 5.41 展示了显示操作的流程图。在正常操作下，相机不断地显示来自图像传感器的最新图像。当图像捕获完成后，显示屏就会显示刚刚捕获的图像的缩略图。

图 5.40　EXIF 文件的结构

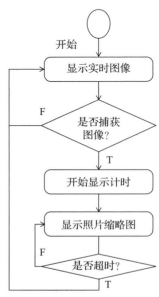

图 5.41　显示操作的流程图

图 5.42 展示了拍照的流程图。半按快门进行曝光和对焦。一旦完全按下快门，图片就被捕获、显影、压缩并存储。

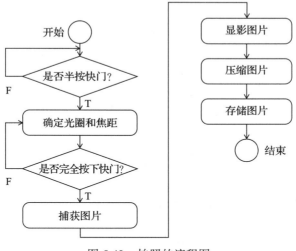

图 5.42　拍照的流程图

5.13.3　系统体系结构

基于一个可以提供基本拍照程序和相机操作的控制器来完成数码相机的基本体系结构设计。这个控制器通过调用若干其他单元来完成每个处理过程的不同步骤。

图 5.43 展示了数码相机中的基本类。其中，Controller 类实现相机操作的流程控制。Buttons 和 Display 类提供了物理用户界面的抽象。Image sensor 类抽象了对传感器的操作。Picture developer 类提供拼接、锐化等算法。Compression unit 类用于生成压缩过的图像数据。File generator 类负责压缩过后的文件生成。File system 模块执行基本的文件功能。此外，相机也可能提供 USB 或者火线一类的通信端口。

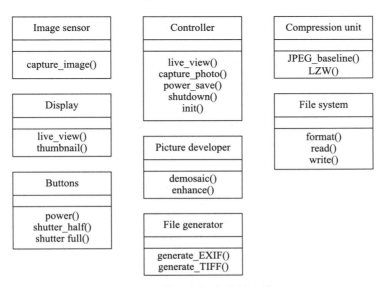

图 5.43　数码相机中的基本类

图 5.44 展示了数码相机硬件的典型框图。虽然对于一些相机，系统控制和图像处理使用同一个处理器，但是更多的相机对于这两个任务使用独立的处理器。其中，DSP 可以是可编程的，也可以是定制硬件。

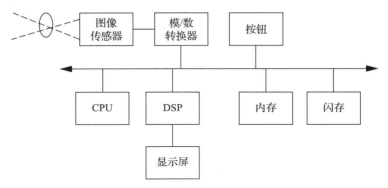

图 5.44　数码相机的计算平台

拍照的顺序图如图 5.45 所示。该图将基本的操作映射到硬件体系结构的单元上。

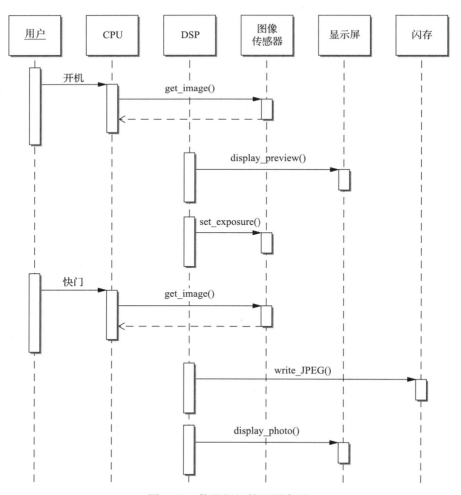

图 5.45　数码相机拍照顺序图

缓冲区的设计在数码相机中是非常重要的，它可以影响拍照的速率、能量消耗以及相机的成本。在处理过程的不同阶段存在图像的不同版本：图像传感器中的原始图像，显影过的图像，压缩后的图像数据，以及存储的文件。其中绝大部分数据被缓存在系统 RAM 中。显示部分可能有独立的内存，以保证足够的性能。

5.13.4 组件设计和测试

诸如 JPEG 和 FAT 这样基于标准的组件，可以使用现成的模块来实现。特别是 JPEG 压缩可以通过特定的硬件实现。DCT 加速器也很常见。一些数码相机可以通过硬件生成一个图像的完整 JFIF 文件。

拍照过程中的多个缓冲点可以简化测试。测试用的输入文件可以由测试脚手架导入缓冲区，然后将输出缓冲区的内容与参考输出进行对比来完成测试。

5.13.5 系统集成和测试

缓冲区有助于简化系统集成，但是要注意确保各个缓冲区不会在系统主存中重叠。

通过将传感器数据替换为像素流也可以进行一些测试。最终测试应该使用目标图像，以便对诸如锐化和色彩保真度的质量进行判断。

5.14 总结

程序在嵌入式系统设计中是一个非常基础的单元，它通常包含互相紧密协作的代码。我们关注的不仅仅是程序的功能，还有性能、能耗等多个指标，因此我们还需要了解程序是如何被创造出来的。因为现代编译器无法执行诸如"将运行时间编译到 1μs 之内"的指令，所以我们必须能够对程序的速度、能耗和空间进行优化。而之前我们关于计算机体系结构的认识对于执行这些优化至关重要。此外，我们也需要对程序进行测试以确保它能够执行我们想要的功能，而其中的一些测试技术对于程序性能优化也是有用的。

我们学到了什么

- 我们可以使用数据流图对无循环的代码进行建模，使用 CDFG 对完整的程序进行建模。
- 编译器执行大量的任务，如生成控制流、为变量分配寄存器、建立例程链接等。
- 牢记性能优化公式：执行时间 = 程序路径时间 + 指令执行时间。
- 内存和高速缓存优化对于性能优化非常重要。
- 功耗优化与性能优化密切相关。
- 优化程序大小是可行的，但是不要指望出现奇迹。
- 程序可以进行黑盒测试（在无法获取代码的情况下），也可以进行白盒测试（在能够获取代码的情况下测试代码结构）。
- 代码签名可用于验证软件。

扩展阅读

Aho、Sethi 和 Ullman[Aho06] 撰写了关于编译器的经典文章，Muchnick[Muc97] 从细节上描述了更高级的编译器技术。关于 ATOM 系统的一篇文章 [Sri94] 介绍了收集追踪信息的检测程序。此外，Cramer 等人 [Cra97] 描述了 Java 语言的 JIT 编译器。Li 和 Malik[Li97D]

描述了一种静态分析程序性能的方法。Banerjee[Ban93,Ban94] 描述了循环变换。Beizer 的两本书，一本介绍了基本的功能和结构性测试技术 [Bei90]，另一本介绍了系统层面的测试技术 [Bei84]。这两本书都以很好的文笔对软件测试进行了翔实的介绍。Lyu[Lyu96] 提供了一份对于软件可靠性的高质量调查报告。Walsh[Wal97] 描述了如何在 ARM 处理器上实现软件调制解调器。

问题

Q5-1 用 C 语言实现四次握手的状态机。

Q5-2 用 C 语言实现循环缓冲区函数，该函数接收新的数值，将其存入循环缓冲区，然后返回缓冲区内所有数据的平均值。

Q5-3 用 C 语言编写一个生产者 / 消费者程序，该程序先从一个输入队列读取一个值，从另一个输入队列读取另一个值，然后将两个值的和存入一个独立的输出队列中。

Q5-4 对于下面的每个基本块，将其用单赋值值形式重写，然后画出数据流图。

```
a. x = a + b;      b. r = a + b − c;    c. a = q − r;      d. w = a − b + c;
   y = c + d;         s = 2 *r;            b = a + t;         x = w − d;
   z = x + e;         t = b − d;           a = r + s;         y = x − z;
                      r = d + e;           c = t − u;         w = a + b − c;
                                                              z = y + d;
                                                              y = b *c;
```

Q5-5 画出以下代码片段的 CDFG。

```
a.  if (y == 2) {r = a + b; s = c − d;}     b. x = 1;
    else r = a − c                             if (y == 2) {r = a + b; s = c − d; }
                                               else { r = a − c; }

c.  x = 2;                                   d. for (i = 0; i <N; i++)
    while (x <40) {                             x[i] = a[i]*b[i];
        x = foo[x];
    }

e. for (i = 0; i <N; i++) {
       if (a[i] == 0)
           x[i] = 5;
       else
           x[i] = a[i]*b[i];
   }
```

Q5-6 为下列程序写出每一行代码生成结束时汇编器符号表的内容。

```
a.  ORG 200          b.  ORG 100          c.  ORG 200          d.  ORG 100
p1: ADR r4,a         p1: CMP r0,r1        S1: ADR r2,a         L1: ADR r1,a
    LDR r0,[r4]          BEQ x1               LDR r0,[r2]          LDR r0,[r1]
    ADR r4,e         p2: CMP r0,r2        S2: ADR r2,b         L2: ADR r1,b
    LDR r1,[r4]          BEQ x2               LDR r2,a             LDR r1,a
    ADD r0,r0,r1     p3: CMP r0,r3            ADD r1,r1,r2     L3: CMP r0, r2
    CMP r0,r1            BEQ x3                                L4: BEQ L19
    BNE  q1
p2: ADR r4,e
```

Q5-7 假设链接器对给定的目标文件进行单次扫描来找出并解析外部引用。每个目标文件都按照下面给出的顺序进行处理，找到所有外部引用，然后在以前加载的文件中搜索解析这些引用的标签。请问这个链接器可以根据表中的外部引用和入口点成功加载程序吗？

目标文件	入口点	外部引用
o1	a, b, c, d	s, t
o2	r, s, t	w, y, d
o3	w, x, y, z	a, c, d

Q5-8　判断以下程序是否是可重入的。

a. `int p1(int a, int b) {`
  　`return( a + b);`
  `}`

b. `int x, y;`
  `int p2(int a) {`
  　`return a + x;`
  `}`

c. `int x, y;`
  `int p3(int a, int b) {`
  　`if (a >0)`
  　　`x = b;`
  　`return a + b;`
  `}`

Q5-9　程序示例 5.3 中的 FIR 滤波器代码是否可重入？为什么？

Q5-10　给出下列数据流图中操作的执行顺序。如果其中多个操作可以任意排列，那么就以集合的形式表示为 {a + b, c−d}。

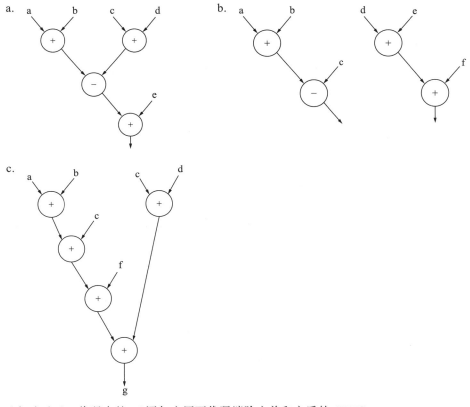

Q5-11　画出对下面 C 代码中的 if 语句应用死代码消除之前和之后的 CDFG。

```
#define DEBUG 0
proc1();
if (DEBUG) debug_stuff();
switch (foo) {
    case A: a_case();
    case B: b_case();
    default: default_case();
    }
```

Q5-12   按下列要求展开循环。

a. 展开为两次运算的循环

b. 展开为三次运算的循环

```
for (i = 0; i <32; i++)
    x[i] = a[i] *c[i];
```

Q5-13   对下列代码片段恰当地使用循环合并或者循环分布。确定你的方法，然后写出修改后的代码。

```
a. for (i=0; i<N; i++)
        z[i] = a[i] + b[i];
    for (i=0; i<N; i++)
        w[i] = a[i] − b[i];
c. for (i=0; i<N; i++) {
        for (j=0; j<M; j++) {
            c[i][j] = a[i][j] + b[i][j];
            x[j] = x[j] *c[i][j];
        }
        y[i] = a[i] + x[j];
    }
```

```
b. for (i=0; i<N; i++) {
        x[i] = c[i]*d[i];
        y[i] = x[i] *e[i];
    }
```

Q5-14   对下面例子中的代码可以应用代码移动吗？为什么？

```
for (i = 0; i <N; i++)
    for (j = 0; j <M; j++)
        z[i][j] = a[i] *b[i][j];
```

Q5-15   对于 Q5-4 中的每个基本块，当它们按照代码所示的顺序执行时，确定完成这些操作所需要的最少寄存器数量。假设所有计算值都在基本块外使用，所以无法消除任何赋值。

Q5-16   对于 Q5-4 中的每个基本块，确定需要最少寄存器数量的执行顺序。然后给出确定过程中每一种情况下所需要的寄存器数量。假设所有计算值都在基本块外使用，所以无法消除任何赋值。

Q5-17   画出示例 5.6 中代码片段的数据流图。为图中的节点指定执行顺序，使得执行操作所需的寄存器数量不超过四个。请解释你是如何根据数据流图的结构得出解决方案的。

Q5-18   假设所有语句的执行时间都相同，所有分支的概率也相同，请给出下列每段代码的最长路径。

```
a.  if (i <CONST1) { x = a + b; }
    else { x = c − d; y = e + f; }
```

```
b. for (i = 0; i <32; i++)
        if (a[i] <CONST2)
            x[i] = a[i] *c[i];
```

```
c. if (a <CONST3) {
        if (b < CONST4)
            w = r + s;
        else {
            w = r − s;
            x = s + t;
        }
    } else {
        if (c > CONST5) {
            w = r + t;
            x = r − s;
            y = s + u;
        }
    }
```

Q5-19 对于下面的每段代码，列出每条赋值语句至少执行一次所需要的变量值集合。要运行到所有的赋值语句，可能需要将代码独立运行多次。

a. `if (a > 0)`
```
        x = 5;
   else {
        if (b < 0)
             x = 7;
   }
```

b. `if (a == b) {`
```
        if (c > d)
             x = 1;
        else
             x = 2;
        x = x + 1;
   }
```

c. `if (a + b > 0) {`
```
        for (i=0; i< a; i++)
             x = x + 1;
   }
```

d. `if (a − b == 5)`
```
   while (a > 2)
        a = a − 1;
```

Q5-20 假设所有语句的执行时间都相同，所有分支的概率相同，而且总是取第一个分支，请给出下列每段代码的最短路径。

a. `if (a >0)`
```
        x = 5;
   else {
        if (b < 0)
             x = 7;
   }
```

b. `if (a == b) {`
```
        if (c > d)
             x = 1;
        else
             x = 2;
        x = x + 1;
   }
```

Q5-21 对于下面的程序和流程图，每个基本块的执行时间分别为：B1=6 个周期；执行 if 分支则 B2=2 个周期，否则 B2=5 个周期；执行 if 分支则 B3=3 个周期，否则 B3=6 个周期；B4=7 个周期；B5=1 个周期。

a. 流程图中每个基本块的最多执行次数是多少？

b. 流程图中每个基本块的最少执行次数是多少？

c. 程序的最长和最短执行时间（以时钟周期计）分别是多少？

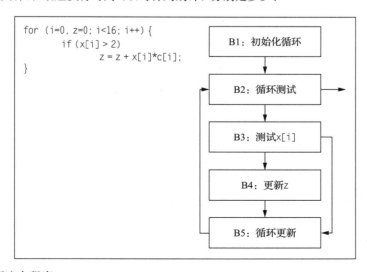

Q5-22 对于下面这个程序：
```
for (i=0, z=0; i<16; i++) {
     z = z + x[i]*c[i];
}
```

一次高速缓存失效占用 6 个时钟周期，而缓存命中占用 2 个时钟周期。假设 x 和 c 不产生高速缓存冲突，z 和 i 存储在寄存器中。如果高速缓存行有 W 个字，对于 $2 \leqslant W \leqslant 8$，请画出在全部 16 次循环迭代过程中数组访问（即 x 和 c 的访问）所需的总周期数 T_a。

Q5-23 写出下列每个条件语句的分支测试。

a. `if ((a > 0) && (b < 0)) f1();`

b. `if ((a == 5) && !c) f2();`

c. `if ((b || c) && (a != d)) f3();`

Q5-24 假设下面的循环代码的运行环境如下：高速缓存容量为 1K 个字，每行四个字。

```
For (i = 0; i < 50; i++)
    for (j = 0; j < 4; j++)
        x[i][j] = a[i][j] * c[i];
```

a. x 和 a 在内存中如何分布才会在每次内循环体执行时产生一个冲突失效？

b. x 和 a 在内存中如何分布才会在每四次内循环体执行时产生一个冲突失效？

c. x 和 a 在内存中如何分布才能避免产生冲突失效？

Q5-25 解释为什么编写被测代码的人不能去编写白盒程序测试。

Q5-26 给出以下每个代码段的 CDFG 的循环复杂度。

a.
```
if (a < b) {
    if (c < d)
        x = 1;
    else
        x = 2;
} else {
    if (e < f)
        x = 3;
    else
        x = 4;
}
```

b.
```
switch (state) {
    case A:
        if (x = 1) { r = a + b; state = B; }
        else { s = a - b; state = C; }
        break;
    case B:
        s = c + d;
        state = A;
        break;
    case C:
        if (x < 5) { r = a - f; state = D; }
        else if (x == 5) { r = b + d; state = A; }
        else { r = c + e; state = D; }
        break;
    case D:
        r = r + 1;
        state = D;
        break;
}
```

c.
```
for (i = 0; i < M; i++)
    for (j = 0; j < N; j++)
        x[i][j] = a[i][j] * c[i];
```

Q5-27 使用条件分支测试策略确定下面每条语句的测试集。

a.
```
if (a < b || ptr1 == NULL) proc1();
else proc2();
```

b.
```
switch (x) {
    case 0: proc1(); break;
    case 1: proc2(); break;
    case 2: proc3(); break;
    case 3: proc4(); break;
    default; dproc(); break;
}
```

```
c. if (a < 5 && b > 7) proc1();
   else if (a < 5) proc2();
   else if (b > 7) proc3();
   else proc4();
```

Q5-28 找出以下每段代码的所有定义 – 使用对。

a.
```
x = a + b;
if (x < 20) proc1();
else {
     y = c + d;
     while (y < 10)
          y = y + e;
}
```

b.
```
r = 10;
s = a – b;
for (i = 0; i < 10; i++)
     x[i] = a[i] *b[s];
```

c.
```
x = a – b;
y = c – d;
z = e – f;
if (x < 10) {
     q = y + e;
     z = e + f;
}
if (z < y) proc1();
```

Q5-29 对于 Q5-28 中的每个代码段，设计变量的值，使得每个定义 – 使用对至少操作一次。

Q5-30 假设使用随机测试的方法对 FIR 滤波器程序进行测试，那么怎样才能知道被测程序在正确运行？

Q5-31 认证在签名代码中起到什么作用？

上机练习

L5-1 比较一个中等大小程序的源代码和汇编代码（大多数 C 编译器会提供一个汇编选项以生成汇编代码，例如 gcc 中的 -S）。你能在汇编代码中追踪高级语言的语句吗？你能找到在汇编代码中所做的优化吗？

L5-2 用 C 代码编写一个 FIR 滤波器程序。然后用仿真器或者通过测量在微处理器上运行的时间，来测量滤波器的执行时间。接着改变 FIR 滤波器的抽头（tap）数量，并测量执行时间，找出执行时间与滤波器大小的函数关系。

L5-3 用 C++ 并利用类编写一个 FIR 滤波器程序。将尽可能多的函数实现为内联函数，最后测量滤波器的执行时间并与 C 版本的执行时间进行比较。

L5-4 利用软件技术为一个程序生成轨迹，并利用这个轨迹来分析程序的高速缓存行为。

L5-5 使用一个周期精确的 CPU 仿真器来确定程序的执行时间。

L5-6 测量你的微处理器运行一段简单代码的功耗。

L5-7 使用软件测试技术来确定周期精确仿真器的输入序列在程序中的执行情况。

L5-8 针对一个中等规模的程序生成一个功能性测试集。用以下两种方式之一来评估你的测试覆盖率：让其他人独立找出错误，然后查看你的测试可以发现其中的多少错误（以及有多少测试发现了人工检查没有发现的错误）；或者在代码中注入错误，然后查看你的测试可以发现其中的多少错误。

进程和操作系统

本章要点
- 进程抽象模型。
- 进程间上下文切换。
- 实时操作系统（RTOS）。
- 进程间通信。
- 任务级性能分析与功耗。
- 设计示例：发动机控制单元。

6.1 引言

尽管简单的应用可以通过在微处理器上编写一小段代码来实现，但是很多应用仍然非常复杂，以至于编写一大段程序也无法满足需求。当多个操作需要在不同的时间运行时，单个程序就会变得太过复杂且不实用，其结果就是成为"代码大杂烩"[⊖]，使得程序的性能和功能都难以验证。

本章将研究两个基本概念——**进程**（process）和**操作系统**（Operating System，OS），以便在微处理器上创建复杂的应用程序。将两者结合起来使用就可以在多个任务之间切换处理器的状态。其中，进程简洁明了地定义正在执行的程序的状态，而操作系统则提供进程间切换执行的机制。

这两种机制使得我们能够构建功能更加复杂的应用程序，并且能以更加灵活的方式满足时间约束。诸如以不同速率发生的事件、间歇性事件等，使得对时间的要求更加复杂，这就促使我们使用进程和操作系统来构建嵌入式软件。要完成复杂的时序任务，就会向程序中引入极其复杂的控制，但是使用进程对功能进行划分并将进程间切换所需的控制封装在操作系统中，可以帮助我们实现在进程中以相对简单的控制来满足时间约束。

我们尤其关注**实时操作系统**（Real-time Operating System，RTOS），因为它具备满足实时性要求的能力。实时操作系统在进行资源分配时会充分考虑时间的限制。相比之下，通用操作系统通常使用公平性之类的标准来进行资源分配。如果在不考虑时间的情况下将 CPU 资源平均分配给所有进程，很容易导致进程错过截止时限。

在下一节中，我们将介绍进程的概念。6.2 节分析为什么需要建立多进程运行环境。6.3 节关注 RTOS 如何实现进程。6.4 节介绍抢占式实时操作系统。6.5 节研究如何开发满足进程实时性要求的调度算法。6.6 节介绍进程间通信的一些基本概念。6.7 节研究实时操作系统的性能问题。6.8 节简要介绍各种实时操作系统。6.9 节以发动机控制单元为设计示例，介绍其功能和原理。

⊖ 指堆砌在一起的缺少逻辑性和内聚力的代码。——译者注

6.2　多任务和多进程

第 5 章研究了程序设计，而实时操作系统允许多个程序同时运行，能够帮助我们构建更加复杂的系统。进程和任务就是多任务系统这样一个复杂系统的基本构件，就如同 C 函数和代码模块是程序的基本构件。

许多嵌入式计算系统并非只有一个功能，也就是说，环境会导致模式的改变，从而引起嵌入式系统截然不同的表现。例如，在设计电话答录机时，我们将电话录音和操作用户控制面板定义为不同的任务，因为它们在逻辑上执行不同的操作，而且必须以不同的速率运行。

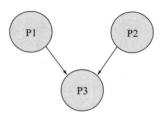

术语**任务**（task）在实时计算中以几种不同的方式使用，在这一章中我们用它来表示一组可以通信的实时程序。图 6.1 是一个**任务图**（task graph），图中展示了一个由 3 个子任务构成的任务，图中的箭头表示数据依赖。P3 在接收到 P1 和 P2 的结果后才能开始运行，而 P1 和 P2 可以并行执行。

图 6.1　由三个子任务构成的任务

进程（process）是指程序的一次执行。如果运行一个相同的程序两次，那么就创建了两个不同的进程。每个进程都有自己的状态，这不仅包括它的寄存器值，还包括它所占有的内存。在有些操作系统中，存储管理单元用于保证每个进程都位于独立的地址空间；而在另一些操作系统尤其是轻量级 RTOS 中，进程运行于相同的地址空间。我们通常将这种共享相同地址空间的进程称为**线程**（thread）。

为了理解为什么将应用程序划分为任务会影响程序的结构，首先考虑一个例子——如何基于第 3 章实现的压缩算法构建一个独立压缩单元。假设设计出来的压缩设备如图 6.2 所示，设备两端都被连接到串行端口。这个设备的输入为一串未压缩的字节流，输出为基于预定义压缩表在输出串行线上产生的一串压缩后的比特流。这种设备可以用于压缩发送到调制解调器的数据。

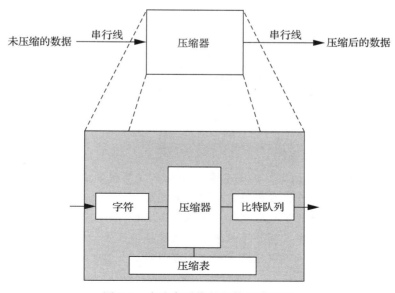

图 6.2　多速率系统的文件压缩引擎

在设计系统时总是会有以不同速率收发数据的需要。例如，在一个发送周期当中，程序可能发出第一个字节的 2 个比特，接着发出第二个字节的 7 个比特。这些速率的变化会很明显地反映到代码结构中。可以编写不规则、笨拙的代码来解决这个问题，但是一个更好的解决方案是构造一个输出比特队列，然后将比特以 8 位为一组从队列中取出，并传入串行端口。除了设计一个简洁的数据结构以简化代码的控制之外，我们还必须做的是保证以合适的速率来处理输入和输出数据。例如，如果花费太多时间来打包以及发送输出字符，那么就可能丢失某些输入字符。解决时间约束问题是极具挑战性的。

这里设计的文本压缩设备是速率控制问题的一个简单例子。机器上的控制面板可以控制不同类型的输入速率，即**异步输入**（asynchronous input）。例如，假设压缩设备的控制面板包含一个可以禁用或启用压缩的模式切换按钮，当禁用压缩时，输入文本可以毫无变化地通过设备传到输出端。我们显然不知道用户何时可能按下压缩模式按钮，所以压缩字符与按钮按下是异步输入事件。

然而，众所周知，按钮按下的速率远低于收到字符的速率，因为人不可能以哪怕是低速串行线的速率重复按压按钮。在处理每个字节的输入和输出数据的同时检查按钮状态，可能需要向程序中引入一些非常复杂的控制代码。采样按钮状态太慢会导致机器完全错过按钮按压，而采样太过频繁会导致机器不能正确压缩数据。一种解决方案是在主压缩循环中引入一个计数器，压缩循环每执行 n 次，检查输入按钮的子例程就被调用一次。但是当压缩循环或者按钮处理例程的执行时间变化很大时，这个解决方案就会失效——无论压缩还是按钮处理，如果其中一个任务的执行时间明显变长，就会导致另一个任务的执行时间晚于预期时间，这样可能导致数据丢失。所以我们需要独立地处理这两个不同的任务，并对每个任务采用不同的时间约束。进程可以支持这种控制机制。

异步输入是事件示例之一，我们将在 6.5.8 小节详细分析事件的时间。

这两个例子说明了时间约束和执行速率的需求给编程带来的一些主要问题。当编写代码可以一次满足不同的时间约束时，任何一种解决方案所需的控制结构都会很快变得非常复杂。更糟糕的是，这种复杂的控制不论是功能特性还是时间特性通常都很难验证。

6.3   多速率系统

当必须处理多计算速率，同时又要满足时间约束时，会使实现代码变得更加复杂。多速率嵌入式计算系统很常见，如在汽车发动机、打印机、手机等的系统中，某些操作需要周期性执行，并且每个操作都有不同的执行速率。

应用示例 6.1 解释了汽车发动机需要多速率控制的原因。

应用示例 6.1   汽车发动机控制

最简单的汽车发动机控制器，例如基本的摩托车发动机的点火控制器，只执行一个任务，即替代原来的机械配电盘，在合适的时间对火花塞进行点火。火花塞必须在燃烧周期的某个特定时刻被点燃，但是为了获取更好的性能，活塞移动与火花塞之间的相位关系应该随发动机速度的变化而变化。微控制器可以感测发动机转轴位置，并可以使火花点燃的时机随发动机速度的变化而变化。点燃火花塞是一个周期性过程（但是请注意，这个周期取决于发动机的运行速度）。

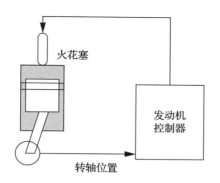

现代汽车发动机的控制算法更为复杂，因此对于微处理器的需求也更为严格。汽车发动机必须严格满足尾气排放和燃料利用率等要求（美国有相应法律对此做出了规定），同时，也要满足顾客对性能的要求，包括在寒冷和炎热环境下易于启动、维护成本低等。

汽车发动机控制器使用额外的传感器，包括油门踏板位置传感器和用于控制尾气排放的氧气传感器。此外，它们还使用多模式控制方案。例如，一种模式用于发动机预热，一种模式用于定速巡航，另一种模式用于爬陡坡，等等。但是大量的传感器和模式也增加了任务的数量。其中，速率最高的任务仍然是火花塞点火。节流阀装置⊖必须被定期采样并按需做出动作，尽管不需要像转轴装置和火花塞那样频繁。氧气传感器的响应要比节流阀慢得多，所以根据氧气传感器调整燃料空气混合比的计算频率也相对较低。

发动机控制器接收决定发动机状态的多种输入，并控制两个基本的发动机参数：火花塞点火时机和燃料空气混合比。发动机控制周期性进行计算，但是不同输入和输出的周期是在几个数量级的时间内变化的。Marley 早期发表的一篇关于汽车电子设备的论文 [Mar78] 描述了发动机的输入和输出速率，如下表所示。

变量	操作完成时间（ms）	更新周期（ms）
发动机点火时间	300	2
节流阀	40	2
气流	30	4
电池电压	80	4
燃料流	250	10
回收废气	500	25
开关组状态	100	50
空气温度	数秒	500
气压	数秒	1000
点火 / 驻留	10	1
燃油调节	80	4
化油器调整	500	25
模式执行器	100	100

发动机控制器必须处理的最快速率的事件间隔为 2ms，最慢速率为 4s，速率变化范围为 3 个数量级。

⊖ 与油门相关。——译者注

6.3.1 进程的时间约束

应用程序会给进程施加几种不同类型的时间约束，而一组进程的时间约束会严重影响其可用的调度类型。调度策略必须定义它要使用的时间约束的类型，以确定该调度方法是否能够有效地用于目标进程。在更详细地研究调度之前，我们先概述在嵌入式系统设计中用到的进程时间约束的几种类型。

进程有两个重要的时间约束：**起始时间**（initiation time）和**截止时限**（deadline）。图 6.3 展示了这两个约束的不同定义方式。起始时间（也叫释放时间）是进程从阻塞态进入就绪态的时刻。根据定义，非周期性进程是由事件触发的，这个事件可以是外部数据到达，或者是另一个进程计算的数据已经就绪。起始时间通常从事件开始测量，虽然系统可能希望进程在事件发生的某个时间间隔之后变为就绪态。对于一个周期性执行的进程，一般有两种可能情况。在简单的系统中，进程可能在周期开始时变为就绪态。稍微复杂的系统可能会将起始时间设置为数据到达的时间，一般是周期开始后的某个时间。

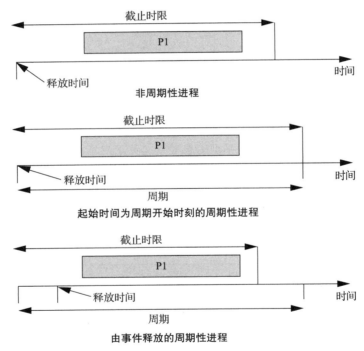

图 6.3　起始时间和截止时限的定义示例

进程截止时限指定的是计算必须完成的时刻。非周期性进程的截止时限通常从起始时间开始测量，因为那是唯一合理的时间参考。周期性进程的截止时限通常设定在周期结束之前的某一时间。正如我们将在 6.5 节中看到的，一些调度策略会做出简化假设，认为截止时限就是周期结束的时间。

速率约束也相当常见，它指定了必须以多快的速率启动进程。进程的**周期**（period）是指两次连续成功执行之间的时间。例如，数字滤波器的周期可以被定义为对输入信号的两次成功采样之间的时间间隔。进程的**速率**（rate）就是周期的倒数。在多速率系统中，每个进程都以自己的速率执行。

对于周期性进程，最常见的情况是起始时间的间隔等于周期。然而，进程的流水线执行使其起始时间间隔可以小于周期。图 6.4 显示了在具有 4 个 CPU 的系统中的进程执行情况。在图中，通过下标区分程序 P1 的多个执行实例的起始时间。在这种情况下，起始时间间隔等于周期的四分之一。即使在单 CPU 系统中，进程的起始时间速率也有可能小于周期。如果进程执行时间明显小于周期，那么就可以在稍微偏移原始程序的起始时间处（进程执行结束后），启动进程的下一个执行实例。

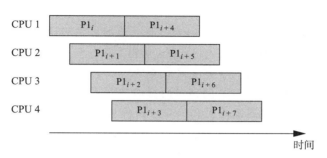

图 6.4　具有高起始时间速率的进程序列

提起一组进程时，我们经常谈论这组进程的**超周期**，即进程周期的最小公倍数。之后我们将看到，超周期是分析多进程调度问题时所需要处理的时间间隔的长度。

周期描述的是任务的预期行为，同时我们也希望研究它的实际行为。我们将进程的**响应时间**（response time）定义为进程完成的时刻。如果调度能满足约束，那么响应时间将在进程周期的结束之前。响应时间仅部分依赖于进程的**计算时间**（computation time），即花费在执行上的时间。在多任务系统中，进程可能会发生中断以允许其他进程运行，所以在考虑一个进程的响应时间时，必须同时考虑分配给所有其他进程的 CPU 时间。

我们也关注任务的**抖动**（jitter），即在任务完成过程中对执行时间所发生的变化的容忍度。抖动在很多应用程序中都极其重要，比如，在多媒体的播放中合理设置抖动值可以避免音频间隙或者图像模糊；在机器的控制中，合理的计算抖动值有助于确保在正确的时机施加控制信号。

如果一个进程错过截止时限会发生什么？违反时间约束的实际影响取决于具体应用：在汽车控制系统中，结果将是灾难性的，而在电话系统中错过截止时限可能仅仅是造成线路的短暂静音。设计系统时，需要考虑在错过截止时限时应采取的一系列动作。这时安全强相关的系统会尽力采取弥补措施，例如采取近似数据或者切换到特殊的安全模式。但是安全性不那么重要的系统可能仅采取简单的措施以避免坏数据在系统中继续扩散，例如在电话线路中插入静音，或者完全忽略这个故障。

即使这些模块在功能上正确，但它们的时间行为也可能引起重大的执行错误。应用示例 6.2 描述了航天飞机软件中的定时问题，该问题最终导致航天飞机的首次发射被推迟。

应用示例 6.2　航天飞机的软件错误

Garman[Gar81] 描述了一个导致美国航天飞机首次发射延迟的软件问题。幸好这个问题没有引起人员伤亡，而且在重置计算机后飞机能够继续发射。然而，这次错误却是严重且出乎意料的。

航天飞机的主要控制系统被称为主航空电子软件系统（Primary Avionics Software

System，PASS），它使用四台计算机监控事件，并通过四台机器进行投票以确保容错。允许这四台计算机中的一台机器出故障，此时仍然有三台机器能够进行投票，所以还是能够通过多数表决确定操作程序。但是如果有两台或者更多机器出现故障，那么控制权就会被移交给第五台计算机，即备用飞行控制系统（Backup Flight Control System，BFS）。BFS 与 PASS 使用相同的计算机、需求、编程语言和编译器，但它的开发组织与 PASS 不同，以保证在方法性上不会出现两个系统同时出现故障的错误。从 PASS 到 BFS 的切换是由航天员控制的。

　　在正常操作期间，BFS 会监听 PASS 计算机的操作，这样，它就能够对航天飞机的状态进行跟踪。然而，当 BFS 认为 PASS 影响数据获取时，它就会停止监听。这样可以防止 PASS 的故障在无意中破坏 BFS 的状态。PASS 使用异步、优先级驱动的软件架构。如果高优先级进程花费了过多时间，那么操作系统就会跳过或者推迟低优先级进程的处理。相反，BFS 使用时间片系统，为每个进程分配固定的时间量。因为 BFS 监控 PASS，所以 PASS 上的临时过载[⊖]会导致 BFS 状态混乱。因此，在后来的设计中更改了 PASS，使其行为与备份系统更加匹配。

　　在航天飞机尝试发射的那天早上，BFS 无法与主系统同步。BFS 认为 PASS 系统上出现的数据与实际状态不一致，因此停止监听 PASS 的行为。这导致 PASS 和 BFS 的处理都晚于遥测数据。发生上述情况的原因就是系统错误计算了自己的起始时间。

　　在对系统跟踪数据和软件进行大量分析之后，最终确定是软件的一些微小改动导致了问题的产生。首先，在这次事故发生大概两年前，用于初始化数据总线的子例程被修改。这个例程是在计算开始时间之前运行的，它在计算中引入了一个额外的但又未被注意的延迟。大概一年后，在尝试解决这个问题时又改变了一个常数。这些变化导致时间问题发生的概率为 1/67。而一旦时间问题出现，计算机上几乎所有的计算都会被延迟一个周期，导致发射时出现的失败。在测试中这些问题很难被检测到，因为这类检测要求运行所有的初始化代码。许多测试都是从使用已知配置开始的，以节省运行启动代码所需的时间。并且，对这些程序的修改不会明显地影响执行时间，因此没有引起开发人员的足够关注。

　　当进程之间彼此传递数据时，它们之间的时间约束可能会受到限制。图 6.5 展示了一组存在数据依赖的进程。在一个进程变为就绪态之前，它所依赖的所有进程都必须已完成且将数据发送给它。数据依赖定义了进程执行的部分顺序——P1 和 P2 可以以任意顺序执行（或者交替执行），但它们都必须在 P3 之前完成，P3 必须在 P4 之前完成，而所有进程都必须在周期结束之前完成。数据依赖必须形成一个有向无环图（DAG），因为在周期性执行的系统中很难处理数据依赖中的环。

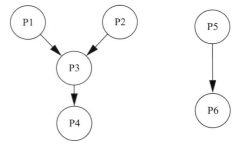

图 6.5　进程之间的数据依赖关系

　　以不同速率运行的进程之间的通信很难用数据依赖表示，因为来自源进程的数据与送往目的进程的数据之间没有一对一的关系。但是，不同速率进程之间的通信是非常常见的。图 6.6 显示了 MPEG 音频 / 视频解码器中三个组件之间的通信需求。其中，进入解码器的数据是系统格式的，即一种音频和视频数据混合编码的格

　　⊖　即执行高优先级的进程用的时间过长而无法响应 BFS 的监听信号。——译者注

式。系统解码器进程将数据分离为音频和视频数据，并将其分配给相应的进程。多速率通信
必然是单向的，例如，系统进程向视频进程写入数据，但
是这时还必须为从视频进程返回系统进程的通信提供单独
的通信机制。

图 6.6　不同速率进程间的通信

6.3.2　CPU 使用效率度量标准

除了应用程序的特性，我们需要对 CPU 的使用效率
进行基本的度量。最简单且最直接的度量标准就是**利用率**（utilization）：

$$U = \frac{\text{CPU 完成有用工作的时间}}{\text{CPU 所有可用的时间总和}} \tag{6.1}$$

利用率是 CPU 完成有用计算的时间与 CPU 总可用时间的比值。这个比值介于 0 和 1 之
间，1 意味着所有可用的 CPU 时间都被用于做有用计算。利用率通常用百分数表示，并且
通常在任务集的超周期内计算。

6.3.3　进程状态和调度

操作系统的首要工作是决定接下来要运行的进程，选择运行进程顺序的这项工作通常被
称为**调度**（scheduling）。

进程有三个基本**调度状态**：**阻塞**（waiting）、**就绪**（ready）、**运行**（executing）。操作系
统认为一个进程只能处于这三个基本调度状态之一，且在任一时间有且仅有一个进程在
CPU 上执行。如果 CPU 上没有有用工作要做，那么就安排一个执行空操作的空闲（idling）
进程。任何可以执行的进程都处于就绪态，操作系统在就绪的进程中选择下一个将要执行的
进程。然而，进程可能并不总是在就绪态。例如，一
个进程可能正在等待来自 I/O 设备或者另一个进程的
数据，或者被设置为由一个定时器触发运行而所设定
的时间还未到，这样的进程就处于阻塞态。图 6.7 展
示了进程状态之间的转换关系。当进程没有接收到所
需的数据或者已在当前周期内完成所有的任务时，它
就会进入阻塞态。当进程收到所需的数据或者进入一
个新的周期时，它就会进入就绪态。当进程拥有所需
的所有数据并已准备好运行，并且调度程序选择它为
下一个要运行的进程时，这个进程才可以进入运
行态。

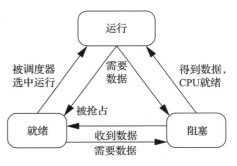

图 6.7　进程的调度状态

调度策略（scheduling policy）定义如何从就绪态进程的集合中选择进入运行态的进程。
每个多任务操作系统都需要设定某种类型的调度策略。选择正确的调度策略不仅能保证系统
满足所有的时间约束，还对实现系统功能所需的 CPU 计算能力具有深远的影响。

调度策略在处理的时间约束以及它们的 CPU 使用效率方面差异很大。利用率是评估调
度策略的关键度量标准之一。我们会发现即使忽略上下文切换开销，进程集的某些类型的时
间约束也使得我们无法将 100% 的 CPU 执行时间都用于有用任务。尽管如此，在时间约束
相同的情况下，一些调度策略的 CPU 利用率还是会高于其他调度策略。策略的优劣取决于
被调度进程所需的时间特性。

除利用率之外，我们还必须考虑**调度开销**（scheduling overhead），即除上下文切换开销之外，选择下一个执行进程所需的执行时间。一般而言，调度策略越复杂，在系统操作过程中实现它所花费的 CPU 时间也就越多。通常情况下虽然复杂调度策略的开销更高，但能够实现更高的 CPU 理论利用率。最终确定调度策略时必须既考虑理论利用率，又考虑实际调度开销。

6.3.4　运行周期性进程

我们需要找到一种易用的编程技术，允许我们以不同速率运行周期性进程。为了简单起见，我们将进程看作子例程，在下面的讨论中称之为 p1()、p2() 等。我们的目标是以系统设计者确定的速率运行这些子例程。

以下是一个非常简单的程序，能够重复运行进程对应的子例程：

```
while (TRUE) {
    p1();
    p2();
}
```

这个程序存在几个问题。首先，它不能控制进程执行的速率——该循环会尽可能快地执行，一旦前一次迭代结束，新的迭代就会开始。第二，所有进程都以相同的速率运行。

在考虑多速率之前，要先让进程以可控的速率运行。不难想到，可以通过精心设计代码来控制执行速率：首先确定一次迭代中需要执行的有效指令的执行时间，然后使用无用操作（NOP 指令）来填充循环，使得一次迭代的执行时间与所期望的周期相等。20 世纪 70 年代，一些视频游戏中出现了这种方式的设计，但我们应该尽量避免这种技术。如同我们在第 3 章中看到的，现代处理器很难准确确定执行时间，即使是简单处理器也会有时间特性的变化。程序中出现的条件判断语句使得对执行时间的控制变得更加困难，难以保证循环在每次迭代时消耗相同的执行时间量。此外，如果程序的任何一部分发生变化，那么整体的时间方案也必须被重新评估。

定时器是控制循环执行的一种更加可靠的方式。我们可以使用定时器生成周期性的中断。假设现在定时器中断处理程度要调用 pall() 函数。那么下面这段代码就会在定时器中断后将每个进程各执行一次：

```
void pall() {
    p1();
    p2();
}
```

但是如果一个进程运行时间过长会发生什么呢？定时器中断会导致 CPU 的中断系统屏蔽其他中断（至少在一部分处理器上是这样的），所以直到 pall() 子程序返回后其他的中断才会继续被响应。结果就导致下一次迭代开始延迟。这是一个严重的问题，我们需要进一步细化分析后才能将其解决。

接下来的问题是以不同的速率执行不同的进程。如果有几个定时器，那么就可以将每个定时器设置为不同的速率。然后用一个函数囊括以某个特定速率运行的所有进程：

```
void pA() {
    /* processes that run at rate A */
    p1();
```

```
        p3();
    }
    void pB() {
        /* processes that run at rate B */
        p2();
        p4();
        p5();
    }
    ...
```

上述方法是可行的，这项工作需要使用多个定时器，但是可能并没有足够的定时器来支持系统所需的所有速率。

一种替代的解决方法是使用计数器来划分定时器的速率。比如，如果进程 p2() 必须以 p1() 速率的 1/3 运行，那么就可以使用以下代码：

```
static int p2count = 0; /* use this to remember count across timer
    interrupts */
void pall() {
    p1();
    if (p2count >= 2) { /* execute p2() and reset count */
        p2();
        p2count = 0;
    }
    else p2count++; /* just update count in this case */
}
```

使用这种解决方案，我们可以实现一个进程以其他某个进程速率的简单倍数来执行。然而，当速率之间的比值不是一个定值时，计数进程就会变得更加复杂，而且更容易出现错误。

下面的示例说明了在 PIC16F 中协作多任务的处理方法。

程序示例 6.1　PIC16F887 中的协作多任务

我们使用定时器 0 建立一个时间基准。定时器的周期设置为执行所有任务所需的时间。标志 TOIE 启用定时器 0 中断。当定时器完成计时后，就会产生一个中断，并设置 TOIF。定时器的中断处理程序会将全局变量 timer_flag 置 1。

```
void interrupt timer_handler() {
    if (TOIE && TOIF) { /* timer 0 interrupt */
        timer_flag = 1; /* tell main that the next time period has
            started */
        TOIF = 0; /* clear timer 0 interrupt flag */
}
```

主程序首先初始化定时器和中断系统，将定时器设置为所需的周期。然后在每个周期开始时使用 while 循环来运行任务：

```
main() {
    init(); /* initialize system, timer, etc. */
    while (1) { /* do forever */
        if (timer_flag) { /* now do the tasks */
            task1();
```

```
                    task2();
                    task3();
                    timer_flag = 0 ; /* reset timer flag */
                }
            }
        }
```

为什么不直接将任务放入定时器处理程序中呢？我们想要确保任务在一次迭代中完成。如果任务在 timer_handler() 中执行，但是它的运行时间超过了一个设定的周期，那么定时器就将再次中断并停止前一次迭代的执行。这样的话被中断的任务就可能处于不一致的状态。

6.4　抢占式实时操作系统

抢占式实时操作系统（preemptive RTOS）解决了存在于协作式多任务系统中的根本问题，它能够按照系统设计者提出的时间约束执行进程。准确满足时间约束的最可靠方式是构建一个抢占式操作系统，并使用**优先级**控制在给定时间内运行哪个程序。我们将使用这两个概念来构建一个基本的实时操作系统，并使用 FreeRTOS[Bar07] 作为示例操作系统，FreeRTOS 可以在很多不同平台上运行。

6.4.1　两个基本概念

为了使操作系统能够工作，需要引入两个基本概念。第一，引入抢占来替代 C 函数调用以控制执行。第二，引入基于优先级的调度作为编程者控制进程运行顺序的方法。下面我们依次解释这些基本概念，并在下一节中介绍它们在 FreeRTOS.org 中如何实现。

为了充分利用定时器，我们必须改变对进程的印象，即打破高级编程语言中的假设[⊖]。我们将创建新的例程，使得在程序的任何一个点都能从一个子例程跳到另一个子例程。通过这些设定，我们就能根据系统的时间约束在任何需要的时候在函数之间进行移动。

图 6.8 是操作系统抢占式执行的例子。我们想在两个进程之间共享 CPU。在操作系统中，**内核**（kernel）决定运行哪个进程，它定期被定时器激活。定时器周期的长度被称为**时间片**（time quantum），它是控制 CPU 活动的最小时间增量。内核决定接下来选择哪个进程并使该进程运行。在下一次定时器中断时，内核可能会选择相同的进程，也可能选择另一个进程去执行。

请注意，这里对定时器的使用不同于上一节对定时器的使用。之前，我们使用定时器控制循环迭代，一个循环迭代包括几个进程完整的执行过程。这里，时间片通常小于任何一个进程的执行时间。

内核如何决定接下来运行哪个进程？我们不能将所有时间都花费在内核上且过多占用完成有用工

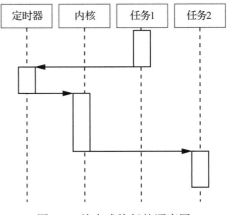

图 6.8　抢占式执行的顺序图

⊖　即一个函数一旦被调用就会一直执行到函数返回，才会调用下一个函数。——译者注

作进程的时间，那么就需要一个可以快速执行的机制：为每个任务都分配一个数字优先级，那么内核就可以依此来设计调度方案。内核首先查看进程及其优先级，观察哪些进程能够执行（一些进程可能因为正在等待数据或者某个事件而不能执行），然后选择已就绪的进程中优先级最高的来执行。这种机制既灵活又快速。

6.4.2　进程和上下文

在进程完成之前，内核如何进行进程之间的切换呢？进程既不是 C 函数，也不是子例程，是不能通过 C 语言层级的机制来实现的。我们必须使用汇编语言实现进程之间的切换。定时器中断使得控制权从当前执行进程转移到内核，汇编语言可以用于保存和恢复寄存器。类似地，我们可以使用汇编语言恢复我们想要的任何进程的相关寄存器，而不是从被定时器中断的进程中恢复寄存器。定义进程的一组寄存器称为它的**上下文**（context），从进程的一个寄存器集切换到另一个寄存器集就被称为**上下文切换**（context switching）。保存进程状态的数据结构被称为**记录**（record）。

理解进程和上下文的最好方式是深入分析 RTOS 的实现。我们将以 FreeRTOS.org 内核为例，在本章中，我们将分析运行于 ARM7 AVR32 平台的 7.0.1 版本。

在 FreeRTOS.org 中，进程被称为任务（task）。

我们从最简单的情况开始，即初始状态为稳态（steady state）：一切都已经初始化，操作系统正在运行，定时器中断也已准备好随时可以响应。图 6.9 展示了 FreeRTOS.org 中的顺序图。该图显示了应用程序任务、硬件定时器和内核中所有涉及上下文切换的函数：

- 在定时器的每一个时钟片段（tick）结束时，vPreemptiveTick() 都会被调用。
- SIG_OUTPUT_COMPAREIA 响应定时器的中断并使用 portSAVE_CONTEXT() 交换当前任务的上下文。
- vTaskIncrementTick() 用于更新时间，vTaskSwitchContext() 用于选择一个新的任务。
- portRESTORE_CONTEXT() 用于换入新的上下文。

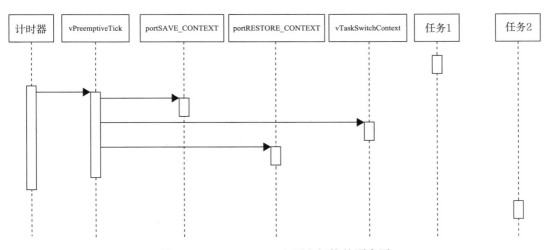

图 6.9　FreeRTOS.org 上下文切换的顺序图

以下是 portISR.c 文件中 vPreemptiveTick() 的代码：

```
void vPreemptiveTick( void )
{
    /* Save the context of the current task. */
    portSAVE_CONTEXT();

    /* Increment the tick count - this may wake a task. */
    vTaskIncrementTick();

    /* Find the highest priority task that is ready to run. */
    vTaskSwitchContext();

    /* End the interrupt in the AIC. */
    AT91C_BASE_AIC->AIC_EOICR = AT91C_BASE_PITC->PITC_PIVR;;

    portRESTORE_CONTEXT();
}
```

这段例程必须要做的首要事情就是保存被中断任务的上下文。为了实现这个目标，它使用例程 portSAVE_CONTEXT()。之后执行一些事务管理，例如用 vTaskIncrementTick() 递增定时器计数。然后使用例程 vTaskSwitchContext() 决定接下来要执行的任务。在一些事务管理之后，使用 portRESTORE_CONTEXT() 恢复被 vTaskSwitchContext() 所选择任务的上下文。portRESTORE_CONTEXT() 的动作将控制权转移到所选择的任务，这里并不使用标准的 C 返回机制。

在 portmacro.h 文件中，portSAVE_CONTEXT() 的代码被定义为一个宏（macro function），而不是 C 函数。让我们看一下这段实际执行的汇编代码：

```
    push   r0
    in     r0, __SREG__
    cli
    push   r0
    push   r1
    clr    r1
    push   r2
; continue pushing all the registers
    push   r31
    lds    r26, pxCurrentTCB
    lds    r27, pxCurrentTCB + 1
    in     r0, __SP_L__
    st     x+, r0
    in     r0, __SP_H__
    st     x+, r0
```

进程的上下文包含 32 个通用寄存器、PC、状态寄存器，以及堆栈指针 SPH 和 SPL。寄存器 r0 首先被保存，因为它是用来保存状态寄存器的。编译器假设 r1 被置为 0，因此在保存 r1 的旧值之后才会执行上下文切换操作。大多数例程只简单地进行寄存器压栈操作。为清晰起见，我们对一些寄存器压栈进行了注释。接下来，内核会存储堆栈指针。

以下是在 tasks.c 文件中定义的 vTaskSwitchContext() 代码（去除了一些包含可选代码的预处理指令）：

```
void vTaskSwitchContext( void )
{
    if( uxSchedulerSuspended ' = ( unsigned portBASE_TYPE ) pdFALSE )
    {
```

```
            /* The scheduler is currently suspended - do not allow a
     context switch. */
            xMissedYield = pdTRUE;
     }
     else
     {
            traceTASK_SWITCHED_OUT();

            taskFIRST_CHECK_FOR_STACK_OVERFLOW();
            taskSECOND_CHECK_FOR_STACK_OVERFLOW();

            /* Find the highest priority queue that contains ready tasks. */
            while( listLIST_IS_EMPTY( &( pxReadyTasksLists
     [ uxTopReadyPriority ] ) ) )
              {
                configASSERT( uxTopReadyPriority );
                --uxTopReadyPriority;
              }

            /* listGET_OWNER_OF_NEXT_ENTRY walks through the list, so
     the tasks of the
            same priority get an equal share of the processor time. */
            listGET_OWNER_OF_NEXT_ENTRY( pxCurrentTCB,
     &( pxReadyTasksLists [ uxTopReadyPriority ] ) );

            traceTASK_SWITCHED_IN();
            vWriteTraceToBuffer();
     }
 }
```

这个函数相对简单，它通过遍历整个任务列表来确定优先级最高的任务。

与 portSAVE_CONTEXT() 一样，portRESTORE_CONTEXT() 例程在 **portmacro.h** 文件中定义，并使用宏来实现汇编语言代码的嵌入。以下就是 portRESTORE_CONTEXT() 的底层汇编代码：

```
    lds   r26,  pxCurrentTCB
    lds   r27,  pxCurrentTCB + 1
    ld    r28,  x+
    out   __SP_L__, r28
    ld    r29, x+
    out   __SP_H__, r29
    pop   r31
; pop the registers
    pop   r1
    pop   r0
    out   __SREG__, r0
    pop   r0
```

这段代码首先加载了新任务的堆栈指针地址，然后获取堆栈指针寄存器的值，最后恢复通用寄存器和状态寄存器。

6.4.3 进程和面向对象设计

我们将以进程作为组件来设计系统。本节研究使用 UML 描述进程的方式以及如何在面向对象设计中将进程作为组件来使用。

在 UML 中通常将进程表示为**活动对象**（active object），即具有独立控制分支的对象。定义活动对象的类通常称为**活动类**（active class）。图 6.10 是一个 UML 活动类的例子。它具有类的所有基本特征，包括名称、属性、操作，同时也提供一组用于进程间通信的信号。信号是在进程之间异步通信时传递的对象。6.6 节将更详细地描述信号。

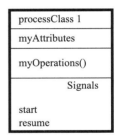

在描述系统时，我们可以将活动对象和正常对象结合起来。图 6.11 展示了一个简单的协作图，它使用对象作为两个进程之间的接口；在数据被发送到 master 进程之前，p1 使用对象 w 操作其数据。

图 6.10　UML 的一个活动类

图 6.11　结合活动对象和正常对象的协作图

6.5　基于优先级的调度

操作系统的基本任务是在计算系统中的程序之间进行资源分配，以满足这些程序的资源需求。显然，CPU 是最稀缺的资源，所以调度 CPU 是操作系统最重要的任务。本节将研究操作系统的结构，操作系统如何调度进程以满足性能要求，调度中的资源共享和其他问题，面向低功耗的调度方法，以及调度算法的前提假设。

在通用操作系统中常见的调度算法是**轮转**（round-robin）。所有进程都在一个列表中，并依次调度。它通常与抢占（preemption）相结合，以使任何一个进程不会占据所有的 CPU 时间。轮转调度提供了一种公平的方式，通过这种方式，所有进程都得到了执行的机会。然而，它不能保证任何一个任务的完成时间。随着进程数量的增加，所有进程的响应时间也随之增加。相比之下，实时系统中的公平概念包括的却是时序特性[⊖]和对截止时限的满足[⊜]。

在 RTOS 中选择下一个执行进程的常用方式是基于进程的优先级。每一个进程都被分配一个优先级，即一个整数值。被选到的下一个要执行的进程是在所有就绪进程集中优先级最高的那个进程。示例 6.1 中展示了如何使用优先级调度进程。

示例 6.1　优先级驱动的调度

在这个例子中，我们将采用以下简单的规则：

- 每个进程都拥有一个固定的优先级，该优先级在执行过程中不会发生变化。但事实上，更复杂的调度模式会改变进程的优先级以控制后续过程。
- 选择优先级最高（1 为最高的优先级）的就绪进程执行。
- 进程将继续执行直到它已经完成或者被优先级更高的进程抢占。

定义一个拥有以下三个进程的简单系统，如下表所示。

⊖　按照特定的顺序保持其前后关系。——译者注
⊜　在指定的时间内必须响应或者必须执行完成某段程序。——译者注

进程	优先级	执行时间
P1	1	10
P2	2	30
P3	3	20

除了描述进程的一般属性外，我们还需要了解环境设置。假设 P2 在系统启动时就已经就绪，P1 的数据在时间 15 时到达，P3 的数据在时间 18 时到达。

一旦知道了进程的属性和环境，在系统的整个执行过程中就可以使用优先级去确定运行哪个进程。

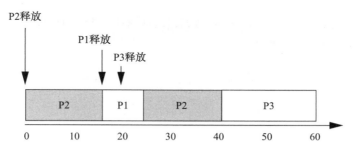

当系统开始执行时，P2 是唯一就绪的进程，所以选择 P2 执行。在时间 15 时，P1 变为就绪态，因为 P1 的优先级更高，所以它会抢占 P2 并开始执行。由于 P1 是系统中优先级最高的进程，所以它能一直执行到结束。P3 的数据在时间 18 时到达，但是它不能抢占 P1，甚至当 P1 完成时，P3 也不能运行，因为 P2 处于就绪态而且具有比 P3 更高的优先级。所以只有在 P1 和 P2 都完成后，P3 才可以执行。

6.5.1　单调速率调度

由 Liu 和 Layland[Liu73] 提出的**单调速率调度**（Rate-Monotonic Scheduling，RMS）是为实时系统开发的最早的调度策略之一，而且现在仍然被广泛应用。RMS 为进程分配固定的优先级，因此被称为**静态调度策略**（static scheduling policy）。事实证明，这种固定的优先级在多数情况下能够有效地实现进程的调度。

有关 RMS 的理论被称为**单调速率分析**（Rate-Monotonic Analysi，RMA）。该理论使用了一个相对简单的系统模型，如下所述：

- 所有进程都在单个 CPU 上周期性运行。
- 忽略上下文切换时间。
- 进程之间没有数据依赖。
- 进程执行时间是常数。
- 每个进程的截止时限都在周期的结尾处。
- 总是选择拥有最高优先级的就绪进程执行。

单调速率分析的主要结论是：能够得出一个相对简单的最优化调度策略。优先级依据周期的长短进行分配，周期最短的进程被赋予最高的优先级。这种固定优先级的调度策略是对进程静态优先级的最优分配，它可以提供最高的 CPU 利用率，同时保证所有的进程都能满足截止时限。示例 6.2 描述了一个单调速率调度。

示例 6.2　单调速率调度

下表是一组进程集及其特性。

进程	执行时间	周期
P1	1	4
P2	2	6
P3	3	12

应用 RMA 的规则，我们赋予 P1 最高的优先级，P2 中间的优先级，P3 最低的优先级。为了理解所有进程在各个周期内的所有交互情况，我们需要构建一个长度等于所有进程周期最小公倍数的时间轴，在本例中，其长度为 12。在最小公倍数的周期时间内的整个调度被称为**调度展开**（unrolled schedule）。

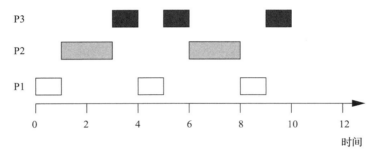

三个进程的周期都从时间 0 时开始。P1 的数据率先到达，因为 P1 是优先级最高的进程，它可以立刻开始执行。在一个时间单元之后，P1 完成并离开就绪态直至下一个周期开始。在时间 1 时，P2 作为优先级最高的就绪进程开始执行。在时间 3 时，P2 完成，P3 开始执行。P1 的下一次迭代在时间 4 开始，并且它在该时间点中断了 P3。P3 在 P1 和 P2 的第二次迭代之间又获得了一个执行的时间单元，但是 P3 直到 P1 第三次迭代之后才能完成。

下面考虑另一种情况，假设这些进程的执行时间如下表所示，但它们的截止时限还和前面一样。

进程	执行时间	周期
P1	2	4
P2	3	6
P3	3	12

在本例中，我们可以发现没有可行的能够保证调度的优先级分配方案。虽然每个进程本身的执行时间都明显少于其周期，但是进程的组合也可能需要超过所有可用的 CPU 周期。例如，在 12 个时间单元的时间间隔内，我们必须执行 P1 三次，并消耗 6 个单元的 CPU 时间；执行 P2 两次，这时也需要消耗 6 个单元的 CPU 时间；执行 P3 一次，此时需要 3 个单元的 CPU 时间。CPU 时间单元总数为 6+6+3=15，超过了可用的 12 个时间单元，这就明显超过了可用的 CPU 容量。

Liu 和 Layland[Liu73] 证明了 RMA 优先级分配是最优的临界时刻分析方法。进程的**临**

界时刻（critical instant）被定义为在执行过程中任务具有最大响应时间的时刻，**临界间隔**（critical interval）是任务具有最大响应时间的完整时间间隔。很容易证明在 RMA 模型下，对于任一进程 P，其临界时刻发生在它已经就绪而且所有更高优先级进程也都已就绪时——如果我们使任一更高优先级的进程进入阻塞态，那么 P 的响应时间就会下降。

我们可以使用临界时刻分析来确定对于系统而言是否存在可行调度。对于示例 6.2 的第二组执行时间，不存在可行的调度。临界时刻分析也意味着优先级应该按周期顺序进行分配。令两个进程 P1 和 P2 的周期分别为 τ_1 和 τ_2，计算时间分别为 T_1 和 T_2，其中 $\tau_1 < \tau_2$。我们可以推广示例 6.2 的结果以展示在两种情况下两个进程的总 CPU 需求。在第一种情况下，让 P1 具有较高的优先级。在最坏的情况下，我们在 P2 的周期中执行 P2 一次，并尽可能多地在相同的间隔内执行 P1 的迭代。因为在单个 P2 的周期内可以执行 $[\tau_1 / \tau_2]$ 次 P1 的迭代，忽略上下文切换开销，所需的对 CPU 时间的约束为：

$$\left\lfloor \frac{\tau_2}{\tau_1} \right\rfloor T_1 + T_2 \leqslant \tau_2 \qquad (6.2)$$

另一方面，如果赋予 P2 较高的优先级，那么临界时刻分析告诉我们，在最坏情况下，必须在 P1 的一个周期内执行所有的 P1 和 P2：

$$T_1 + T_2 \leqslant \tau_1 \qquad (6.3)$$

存在满足第一个关系式而不满足第二个的情况，但是不存在第二个关系式能满足而第一个不能被满足的情况。可以归纳为，对于任意大小的进程集，具有较短周期的进程应该被赋予较高的优先级。也能够证明，如果可行调度存在，那么这个调度总能由 RMS 分析得到。

但是，坏消息就是，虽然 RMS 是最优的静态优先级调度，但它不能使系统 100% 地利用可用的 CPU 周期。对于一个 n 个任务的集合，总的 CPU 利用率为：

$$U = \sum_{i=1}^{n} \frac{T_1}{\tau_1} \qquad (6.4)$$

对于 RMS 调度下有两个任务的任务集，CPU 利用率 U 有一个最小上界，为 $2 \times (2^{1/2}-1) \cong 0.83$。换言之，CPU 将有至少 17% 的时间是空闲的。事实上空闲时间是由于优先级被静态分配造成的；我们在下一节将看到一些动态优先级调度策略，它们能够实现更高的 CPU 利用率。当有 m 个任务且任意两个周期之间的比率小于 2 时，处理器的最大利用率为：

$$U = m(2^{1/m} - 1) \qquad (6.5)$$

当 m 接近无穷大时，CPU 利用率（任务的周期之间仍要满足刚才提到的"小于二倍"的约束关系）逐渐接近 $\ln 2 = 0.69$，这时 CPU 将会有 31% 的时间是空闲的。我们可以将处理器利用率 U 作为判断某个调度问题能否用 RMS 进行求解的简单标准。

对于一个系统，考虑这样一个 RMS 调度的示例：其中 P1 的周期是 4 个时间单元，执行时间是 2 个时间单元；P2 的周期是 7 个时间单元，执行时间是 1 个时间单元；这些任务在相对周期上满足前面提到的"小于二倍"的约束关系。进程的超周期为 28，所以这个进程集的 CPU 利用率为 $\dfrac{[(2 \times 7) + (1 \times 4)]}{28} = 0.64$，小于边界值 $\ln 2$，因此简单推断认为 RMS 方法是可用的。

RMS 的实现非常简单，图 6.12 是基于操作系统的定时器中断实现的 RMS 调度程序的 C 代码。代码仅按照优先级顺序扫描进程列表，并选择优先级最高的就绪进程运行。因为优先级是静态的，所以在系统开始执行之前，可以按照优先级对进程进行排序。最终，该调度程序的渐近复杂度为 $O(n)$，其中 n 是系统中进程的数量。这段代码假设进程不是动态创建的。如果需要支持动态创建进程，可以使用进程链表替代数组，但渐近复杂度仍然相同。RMS 调度程序拥有较低的渐近复杂度和较短的实际执行时间。在进行单调速率分析时假设上下文切换开销为 0，这会使 RMS 系统的实际执行时间与分析时间之间存在差异。这种算法高效执行的特性有助于消除这种估算差异。

```c
/* processes[] is an array of process activation records,
   stored in order of priority, with processes[0] being
   the highest-priority process */
Activation_record processes[NPROCESSES];

void RMA(int current) { /* current = currently executing
process */
  int i;
  /* turn off current process (may be turned back on) */
  processes[current].state = READY_STATE;
  /* find process to start executing */
  for (i = 0; i < NPROCESSES; i++)
     if (processes[i].state == READY_STATE) {
         /* make this the running process */
         processes[i].state == EXECUTING_STATE;
         break;
     }
}
```

图 6.12　单调速率调度的 C 代码

6.5.2　最早截止时限优先调度

最早截止时限优先（Earliest Deadline First，EDF）是另一种著名的调度策略，也是由 Liu 和 Layland[Liu73] 提出的。它是一种动态优先级调度，会在执行期间基于起始时间改变进程优先级。因此，它可以实现比 RMS 更高的 CPU 利用率。

EDF 策略也非常简单，与 RMS 不同的是，它会在每个时间片都更新进程的优先级。EDF 是根据截止时限分配优先级的：优先级最高的进程是距离截止时限最近的进程，优先级最低的进程是距离截止时限最远的进程。一旦 EDF 重新计算完优先级，其调度过程就同 RMS 一样，即选择优先级最高的就绪进程执行。

示例 6.3 用实际数据说明了 EDF 调度的过程。

示例 6.3　最早截止时限优先调度

假定有下列进程。

进程	执行时间	周期
P1	1	3
P2	1	4
P3	2	5

周期的最小公倍数为 60，CPU 的利用率为 $\frac{1}{3}+\frac{1}{4}+\frac{2}{5}=0.9833333$，这一利用率对于 RMS 来说还是太高，但这一点可以通过 EDF 调度策略来解决。下面是 EDF 调度时间表。

时间	正在运行的进程	截止时限	时间	正在运行的进程	截止时限
0	P1		30	P1	
1	P2		31	P3	P2
2	P3	P1	32	P3	P1
3	P3	P2	33	P1	
4	P1	P3	34	P2	P3
5	P2	P1	35	P3	P1, P2
6	P1		36	P1	
7	P3	P2	37	P2	
8	P3	P1	38	P3	P1
9	P1	P3	39	P1	P2, P3
10	P2		40	P2	
11	P3	P1, P2	41	P3	P1
12	P3		42	P1	
13	P1		43	P3	P2
14	P2	P1, P3	44	P3	P1, P3
15	P1	P2	45	P1	
16	P2		46	P2	
17	P3	P1	47	P3	P1, P2
18	P3		48	P3	
19	P1	P2, P3	49	P1	P3
20	P2	P1	50	P2	P1
21	P1		51	P1	P2
22	P3		52	P3	
23	P3	P1, P2	53	P3	P1
24	P1	P3	54	P2	P3
25	P2		55	P1	P2
26	P3	P1	56	P2	P1
27	P3	P2	57	P3	
28	P1		58	P3	
29	P2	P1, P3	59	Idle	P1, P2, P3

在这个展开的时间表末尾剩下一个时间片，这与我们早先计算的 CPU 利用率为 59/60 相一致。

Liu 和 Layland 还证明了 EDF 可以实现 100% 的利用率，如果 CPU 利用率（与 RMA 的计算方式相同）小于或等于 1，那么就存在一个可行的调度方案。

EDF 的实现比 RMS 代码更复杂。图 6.13 简述了一种 EDF 的实现方法。主要问题在于如何保持进程按照到达截止时限的剩余时间进行排序——因为进程到达截止时限的时间在执行期间是变化的，我们不能同 RMS 一样，将进程预先排序并放入数组。为了避免在每一次变化时都对整个记录集进行重排序，我们构建一个二叉树来保持排序记录并逐步更新排序。在每个周期结束时，我们重新调整记录在树中的位置以保证仍然是一棵有序的二叉树。这个过程可以实现为将树中最后一个叶结点删除后重新添加到树根，然后再调整，这是树的一种标准操作技术[注]。在每个周期结束时，我们必须按照顺序遍历每个进程并更新它们的优先级，同时也需要用链表将任务链接起来，在遍历的过程中调整链表的指针，以便沿着链表以截止时限递增的顺序遍历所有记录。链表使我们很容易从一个任务节点找到另一个任务节点，这样比遍历树以找到下一个任务节点更加节省时间。在成功构建出记录的顺序列表之后，就能以与 RMS 类似的方式选择下一个要执行的进程。然而，动态排序增加了整个调度过程的复杂性。排序列表的每次更新都需要 $O(n \log n)$ 步。EDF 代码也明显比 RMS 代码更复杂。

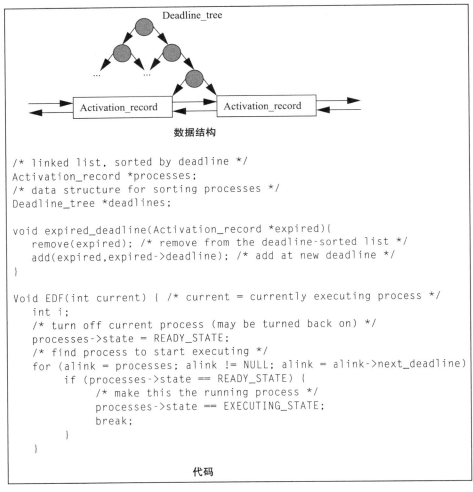

图 6.13　最早截止时限优先调度的 C 代码

6.5.3 RMS 与 EDF 的比较

EDF 可以调度某些 RMS 不能调度的任务集，如下面的例子所示。

示例 6.4   RMS 对比 EDF

假设有如下示例。

	C	T
P1	1	3
P2	2	4
P3	1	6

这个任务集的超周期为 12。下面是尝试使用 RMS 和 EDF 来调度这些任务的图示。

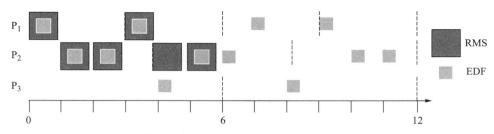

EDF 成功调度了这些任务，并且 CPU 的利用率达到了 100%。相比之下，RMS 在时间 6 时错过了 P3 的截止时限。

6.5.4 共享资源、互斥锁和信号量

进程不仅需要对内存进行读写操作，可能还需要与 I/O 设备进行通信，或者使用共享内存位置与其他进程进行通信。但是在处理**共享资源**（shared resource）时必须特别小心。

考虑这样一种情况，I/O 设备上有一个标识位，进程可以检测这个标识位，也可以修改它的值，但当其他进程想访问该设备时，可能就会出现问题。如果来自两个任务的组合事件对设备以错误顺序操作，就会产生**临界时序竞争**（critical timing race）或**竞争条件**（race condition）引起的操作失误。在图 6.14 所示的情况中：

1. 任务 1 读取标志位，读取到其值为 0。

2. 任务 2 读取标志位，读取到其值为 0。

3. 任务 1 将标志位置 1，并向 I/O 设备数据寄存器写入数据。

4. 任务 2 也将标志位置 1，并向设备数据寄存器写入自己的数据，从而覆盖了来自任务 1 的数据。

在这种情况下，两个任务都认为它们对设备执行了写入操作，但实际上任务 1 的写操作并没有完成，而是被任务 2 覆盖了。

为了防止这类问题发生，我们需要控制某些操作发生的顺序。例如，我们需要确保一个任务已经完成了 I/O 操作，才能允许其他任务对同一 I/O 设备进行操作，这可以通过将敏感代码段封装到一个不会被中断的、能够连续执行的临界区中来实现。

我们使用**互斥锁**（mutual exclusion，简写为 mutex）保护临界区，如图 6.15 所示。互斥锁

在每个任务进入其临界区之前被调用。在本示例中，任务 1 首先调用并获取互斥锁，互斥锁随
之改变状态以记录其已被占用。当任务 2 请求使用互斥锁时，因为任务 1 已经占用，所以任务
2 需要一直等到任务 1 释放互斥锁。此时，任务 2 继续执行临界区，然后在完成时释放互斥锁。
许多操作系统允许创建几个具有不同名称或标识符的互斥锁，以允许管理多个临界区。

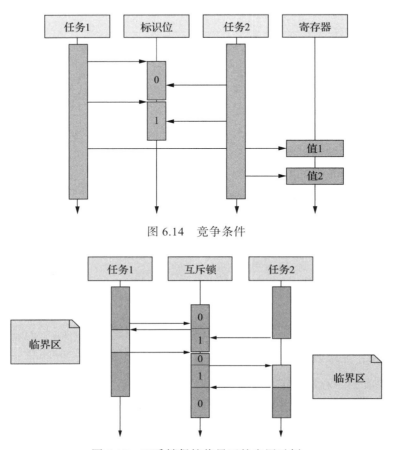

图 6.14　竞争条件

图 6.15　互斥锁保护临界区的应用示例

　　当一个资源有多个副本可用时，**信号量**（semaphore）很有用。术语信号量来源于铁路调
度，铁路中的共享轨道区段就是由信号标识保护的，当可以安全进入该段轨道时，就使用信
号量来示意。信号量包含两个属性：一是名称，根据不同的名称我们可以在系统中创建多个
信号量；二是计数，用来跟踪正在使用的资源的数量。按照惯例，信号量操作用 P() 和 V()
两个函数实现。P() 操作用于获取信号量，如果资源可用，该资源的计数就会递增。V() 操
作用于释放资源，会递减资源计数。如果计数等于可用的最大资源数，执行 P() 操作会等
待，直到使用 V() 操作释放一个资源时才会返回。

　　为了实现互斥锁和信号量，微处理器总线必须支持**原子读 / 写**（atomic read/write）操作，
许多微处理器都支持这类操作。这类指令首先读取一个内存位置，然后将其设置为一个指定
值[一]，并返回测试结果。如果这个位置已经被设置[二]，那么这个指令操作不会改变什么，指令会

　　[一]　通常非零值表示锁已被占用。——译者注
　　[二]　即这个位置的值与要设置的指定值相同。——译者注

返回 false。如果该位置没有被赋值，则指令返回值为 true，并且将该位置设置为指定值。此外，总线支持该原子操作不会被中断。

程序示例 6.2 详细描述了 ARM 的原子读 / 写操作。

程序示例 6.2　比较和交换操作

SWP（交换）指令在 ARM 中用来实现原子比较和交换：

```
 SWP  Rd,Rm,Rn
```

SWP 指令需要三个操作数：将 Rn 指向的内存位置的值加载到 Rd 中，然后将 Rm 的值保存到 Rn 指向的位置。当 Rd 和 Rm 是相同的寄存器时，该指令变成交换寄存器值和在 Rd/Rn 所指向的地址位置存储的值。

```
            ADR r0, SEMAPHORE    ; get semaphore address
            LDR r1, #1
GETFLAG     SWP r1,r1,[r0]       ; test-and-set the flag
            BNZ GETFLAG          ; no flag yet, try again
HASFLAG     ...
```

例如，代码序列首先将常量 1 加载到 r1，将信号量 FLAG1 的地址加载到寄存器 r0，然后读取信号量到 r1，并将值 1 写到信号量中。紧接着这段代码测试从内存中获取的信号量是否为零：如果为零，则信号量空闲，我们就可以进入以 HASFLAG 为标签的临界区；如果非零，则循环尝试再次设置该标记，以获得信号量。

通过使用 test-and-set 指令可以实现信号量。P() 操作使用 test-and-set 指令重复测试内存块上保存锁变量的位置，直到锁可用 P() 操作才会退出，而一旦锁可用，test-and-set 指令就会自动将锁设置为指定的值（非零值）。因此只要 P() 操作返回，进程就可以在受保护的内存块上工作。而 V() 操作会将锁置 0，以允许其他进程通过使用 P() 函数来访问临界区。

临界区在实时系统中会引起一些问题。因为在临界区内中断系统是关闭的，所以定时器不能触发中断，其他进程也就不能开始执行。内核中也有自己的临界区，在这些临界区中，中断程序和其他进程也是不能执行的。

6.5.5　优先级反转

共享资源导致了一个新的微妙的调度问题：低优先级进程可能会通过把持资源而阻塞高优先级进程的执行，这种现象被称为**优先级反转**（priority inversion）。示例 6.5 展示了这个问题。

示例 6.5　优先级反转

假设有一个拥有三个进程的系统：P1 的优先级最高，P3 的优先级最低，P2 的优先级介于 P1 和 P3 之间，并且 P1 和 P3 使用相同的共享资源。进程按如下顺序转为就绪态：

- P3 转为就绪态并进入临界区，占据共享资源。
- P2 转为就绪态并抢占 P3。
- P1 变为就绪态。P1 能够抢占 P2，但它只有进入共享资源的临界区拿到资源后才会开始运行。当下由于无法进入临界区，P1 无法执行。

为了让 P1 继续执行，P2 必须全部完成，这时 P3 恢复执行并完成临界区。只有当 P3 完成并退出临界区时，P1 才能继续执行。

处理优先级反转问题的最常见的方法是**优先级继承**（priority inheritance）：当任何进程请求操作系统的临界资源时，就提升它的优先级，这样该进程的优先级就暂时变得高于可能使用该资源的任何其他进程。这可以确保一旦该进程获得资源就可以继续执行，以使它能够完成使用所获临界资源的工作，然后将资源返回给操作系统，供其他进程使用。而一旦进程使用完临界资源，它的优先级就降回到正常值。

6.5.6 低功耗调度

将功耗也考虑进来作为一个调度的因素，我们可以对 RMS 和 EDF 进行一定的调整。虽然这是一个更具挑战的问题，但是我们已经可以通过将基于优先级的实时调度 [Qua07] 与 DVFS（Dynamic Voltage and Frequency Scaling）融合，以找到一个优化的解决方案。

将 EDF 和 DVFS 结合相对来说比较简单。临界间隔决定了任务处理可用的最长时间。我们首先找到临界间隔最大的任务，通过设置时钟速率以满足这个任务的性能要求，然后选择临界间隔第二的任务，并为其设置时钟速率，接着继续这样的操作直到整个超周期都被覆盖。

很不幸，将 RMS 与 DVFS 相结合的分析是一个 NP 完全问题。但是，可以使用启发式方法来计算一个既满足截止时限又能降低能耗的较好的调度时间表。

6.5.7 对模型假设的进一步分析

我们对于 RMS 和 EDF 的分析做了很多强假设。这些假设使得分析的过程更易于处理，但是分析预测的结果可能不足以支撑实际情况。因为一个错误的预测可能会导致系统错过关键的截止时限，因此了解这些假设的后果是十分重要的。

单调速率调度假设在进程间没有数据依赖。在示例 6.6 中可以看到，了解数据依赖有助于提高 CPU 的利用率。

示例 6.6 数据依赖和调度

数据依赖意味着进程的某些组合永远不可能发生。看下面的例子 [Mal96]。

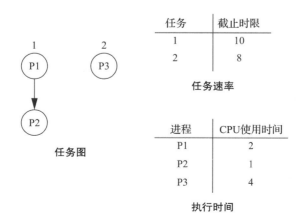

任务	截止时限
1	10
2	8

任务速率

进程	CPU使用时间
P1	2
P2	1
P3	4

执行时间

任务图

我们知道 P1 和 P2 不能同时执行，因为 P1 必须在 P2 开始之前完成。此外，因为 P3 具有更高的优先级，所以在每次的迭代中，它不会同时抢占 P1 和 P2。如果 P3 抢占了 P1，那么 P3 就会在 P2 开始前完成；如果 P3 抢占 P2，那么它在那次迭代中就不会干扰 P1。因为我们知道进程的某些组合不能在同一时间就绪，所以实际情况对 CPU 的极限性能的要求要小于所有进程同时就绪时对 CPU 的要求。

我们做的一个重要简化是，假定上下文切换没有时间开销。一方面，这显然是错误的，因为我们必须执行指令保存和恢复上下文，并且必须执行额外的指令实现调度策略。另一方面，上下文切换的实现必须高效，即不能影响性能。上下文切换时间不为零带来的影响必须在特定实现的背景下仔细分析，以确保理想调度策略的预测足够准确。在示例 6.7 中可以看到，上下文切换实际上可能导致系统错过截止时限。

示例 6.7　调度和上下文切换开销

下面是一组进程及其特性。

进程	执行时间	截止时限
P1	3	5
P2	3	10

首先，在假设上下文切换时间为零的情况下，找到一个调度时序。下图是在数据序列到达时满足所有截止时限情况下的一个可行调度。

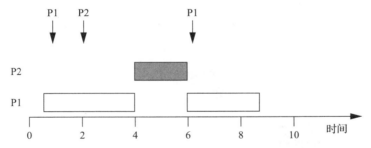

现在假定启动进程的总时间为一个时间单元，其中包括上下文切换和调度策略评估以决定运行哪个就绪进程。很容易发现，对于上述数据到达序列不存在可行调度，因为我们需要总共 $2T_{P1} + T_{P2} = 2 \times (1+3) + (1+3) = 11$ 个时间单元执行一次 P2 和两次 P1。

在大多数实时操作系统中，上下文切换只需要几百条指令，对 RMS 这样简单的实时调度程序来说仅需要很少的开销。这些小的时间开销不太可能造成严重的调度问题。问题一般会出现在速率最高的进程中，而这类高速率的进程在通常情况下往往是最关键的。完全检查所有截止时限是否都满足非零上下文切换时间，就需要检查所有可能的进程调度，包括每次抢占或者进程启动时的上下文切换时间。为了简单起见，假设每个进程的上下文切换次数是相同的，并用平均上下文切换次数来计算 CPU 利用率，至少可以估算出系统大致的 CPU 负荷。

Rhodes 和 Wolf[Rho97] 开发了一种 CAD 算法，可以精确地预测上下文切换产生的影响，从而给出确切的进程调度时间表。在他们的算法中，处理器上的进程有两种实现模式：

中断驱动（interrupt driven）和轮询（poll）。虽然轮询进程仅引入较小的开销，但是它不能像中断驱动进程一样快速响应事件。此外，因为在微处理器上添加中断级通常会增加逻辑控制的开销，所以除非在必要的时候，否则我们不考虑使用中断驱动进程。他们的算法考虑了轮询或中断引入的开销，从而为进程计算出准确的调度序列，然后使用启发式方法为进程选择合适的实现模式。启发式算法的主要思路是以轮询方式开始执行所有的进程，然后将那些错过截止时限的进程改为中断驱动模式。接着通过反复的改进步骤，尝试使用中断驱动进程的不同组合来消除截止时限越界。这些启发式方法将最大限度减少以中断方式实现的进程的数量。

我们做的另一个重要假设是进程执行时间是恒定的，但实际并非如此——数据依赖的行为和缓存效应会导致进程运行时间发生较大的变化。当多个程序共享同一个高速缓存时，并没有有效的手段能够保障某一特定程序的性能。高速缓存的状态取决于所有在高速缓存中执行的程序状态的乘积，这就使得多进程系统的状态空间在单个程序状态空间的基础上以指数级增长。我们将在 6.7 节中更详细地讨论这个问题。

6.5.8　事件和偶发任务

一个事件，如非周期性输入，需要用一个**偶发任务**（sporadic task）进行处理。一般来说，该任务在活跃状态时将与周期性任务以及其他偶发任务一起调度。关于偶发任务的调度，首先要考虑的问题是它的响应时间 [Aud93]。

示例如图 6.16 所示，τ_3 是偶发任务，在这个例子中，它的优先级低于 τ_1 和 τ_2。三个任务的截止时限分别为 D_1、D_2、D_3。τ_3 在 τ_2 执行的过程中被触发，造成对 τ_2 执行的干扰。τ_3 开始执行后，τ_1 会干扰其执行。τ_3 的总响应时间是

$$R_3 = C_3 + B_3 + I_3 \qquad (6.6)$$

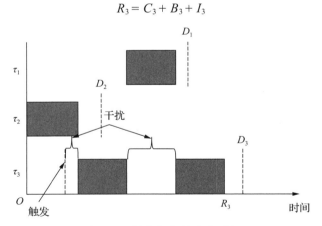

图 6.16　偶发任务的响应时间

其中 R_3 是 τ_3 的总响应时间，C_3 是 τ_3 的计算时间，B_3 是 τ_3 由于优先级设定而被其他任务阻塞的时间，I_3 是 τ_3 的总干扰时间。虽然 C_3 是已知的，但 B_3 和 I_3 取决于较高优先级任务的调度。为了完成与任务截止时限相关的计算，我们可以在该事件可能发生的时间和它的截止时限所在的这段给定时间间隔内，分析响应时间的构成。但这种分析没有考虑在最坏情况下的时间计算。

正如我们在 RMA 中看到的，计算任务 τ_i 的干扰时间取决于它在周期内执行的次数。如

果用 $hp(i)$ 表示优先级高于 τ_i 的任务，那么：

$$I_i = \sum_{j \varepsilon hp(i)} \left\lceil \frac{R_j}{T_j} \right\rceil C_j \tag{6.7}$$

其中 T_j 是 τ_j 的执行时间。响应时间如下所示：

$$R_i = C_i + \sum_{j \varepsilon hp(i)} \left\lceil \frac{R_j}{T_j} \right\rceil C_j \tag{6.8}$$

在该时间间隔内，采用优先级继承机制，阻塞时间 B_i 可以由低优先级任务的最长临界区长度确定，可以对响应时间公式进行扩展，以考虑任务触发时间中的抖动。

6.6　进程间通信机制

进程之间经常需要相互通信，因此操作系统提供了**进程间通信机制**（interprocess communication mechanism），它是进程抽象概念的一部分。

一般来说，进程发起通信的方式可以是**阻塞式**（blocking）的或**非阻塞式**（nonblocking）的。在阻塞式通信中，进程一旦发送完信息就进入阻塞态，直到接收到响应后才执行其他操作。非阻塞通信允许进程在发送通信后继续执行。两种通信类型都是非常有用的。

进程间通信有两种主要的类型：**共享内存**（shared memory）和**消息传递**（message passing）。两者在逻辑上是等价的——给定其中任何一个，可以构建并实现另外一个。但对于某些程序的编写来说，使用其中一个可能比另一个更容易。此外，硬件平台的差异可能会使其中一个比另一个更容易实现或者效率更高。

6.6.1　共享内存通信

图 6.17 展示了如何在一个基于总线的系统中使用共享内存实现通信。假设有两个组件，比如 CPU 和 I/O 设备，通过一个共享内存位置进行通信。在 CPU 上进行软件设计时，已经预设好共享内存的地址并从中读取信息；在设备端，也可以实现将共享内存中的信息加载到 I/O 设备相应的寄存器中。如图所示，如果 CPU 想要向设备发送数据，它就会向共享内存写入数据。然后 I/O 设备从该内存读取数据。这里的读和写都是标准操作，可以被封装到函数接口中。

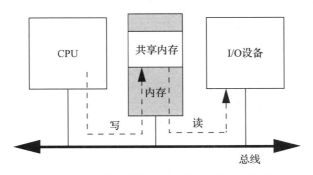

图 6.17　在同一总线上实现的共享内存通信

示例 6.8 利用共享内存实现了一种实用的通信机制。

示例 6.8   将弹性缓冲区用作共享内存

应用示例 3.4 中的文本压缩器是使用共享内存的一个很好的示例。如下图所示，文本压缩器使用 CPU 压缩输入文本，然后用 UART 将压缩文本发送到串行总线。

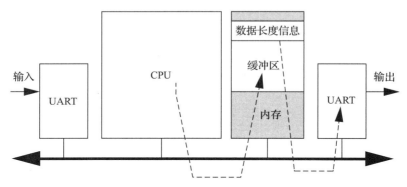

输入数据以恒定速率到达且容易管理。但是由于输出数据以可变的速率传递，所以就需要用弹性缓冲区存放这些数据。CPU 和输出 UART 共享一块内存区域——CPU 向缓冲区写入压缩字符，UART 根据需要将它们移至串行总线。因为缓冲区中的比特数量不断发生变化，所以压缩和传输进程还需要数据长度信息。在这种情况下，协作就变得很简单——CPU 在缓冲区的一端写入，UART 在另一端读取。唯一的问题是确保 UART 不会使缓冲区越界[⊖]。

6.6.2   消息传递

消息传递通信机制是共享内存模型的一种补充。如图 6.18 所示，每个通信实体都有自己的消息发送 / 接收单元。消息不在通信链路上存储，而是存储在端点的发送器 / 接收器中。相比之下，共享内存通信是一个被用作通信设备的内存块，所有数据都存储在通信链路 / 内存中。

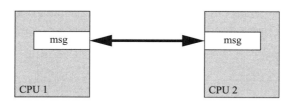

图 6.18   消息传递通信

对于每个程序单元相对独立、各自自主运行的应用程序，单元间的通信非常适合使用消息传递机制。例如，家庭控制系统中的每个家用设备——灯、恒温器、水龙头、电器等，都有一个微控制器。这些设备间的通信相对较少，此外，它们的物理间距也足够大，所以我们自然不会想要为它们创建一个中心共享内存用于数据通信。很自然地，我们会想到在这些设备之间传递通信数据包以实现设备之间的协作。在许多未配备外部存储器的 8 位微控制器中，通信通常由消息传递来实现。

⊖   越界包括两种可能的情况：缓冲区的数据过多，超过了内存的预设范围，导致 CPU 中新产生的数据无法写入；或者缓冲区中没有数据而 UART 错误地读取了无效信息。——译者注

队列（queue）是消息传递的常见形式，它使用 FIFO（First In-First Out，先进先出）规则保存消息记录。FreeRTOS.org 系统提供了一组关于队列的函数。它允许创建或删除队列，以满足系统对队列数量的需求。xQueueHandle 是描述队列的数据类型，可以使用 xQueueCreate 创建队列对象：

```
xQueueHandle q1;
q1 = xQueueCreate(MAX_SIZE,sizeof(msg_record)); /* maximum number of
records in queue, size of each record */
if (q1 == 0) /* error */
...
```

这个队列是使用 xQueueCreate() 函数创建的。

使用 xQueueSend() 将消息放入队列，使用 xQueueReceive() 从队列中接收消息：

```
xQueueSend(q1,(void *)msg,(portTickType)0); /* queue, message to
send, final parameter controls timeout */
if (xQueueReceive(q2,&(in_msg),0); /* queue, message received,
timeout */
```

这些函数中的最后一个参数决定了队列在操作完成之前可以等待的时间。在发送的情况下，队列可能必须等待某一消息从队列中发出以腾出空间。在接收的情况下，队列需要等待数据到达。

6.6.3　信号

另一种在 UNIX 中经常使用的进程间通信的形式是**信号**（signal）。信号很简单，因为除了信号本身，它不会传递其他数据。信号类似于中断，但它完全由软件创建。信号是由进程产生的，并由操作系统传送给另一个进程。

UML 信号实际上是 UNIX 信号的一般形式。UNIX 信号只是一个状态码（condition code）信息，不能带有其他任何参数，而 UML 信号是一个对象。因此，它可以携带参数作为对象属性。图 6.19 显示了 UML 中信号的使用。其中，类的 sigbehavior（）负责抛出信号，在图中由 <<send>> 标识这一行为。信号对象用 <<signal> 原型标识。

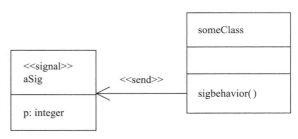

图 6.19　UML 信号的使用示例

6.6.4　信箱

信箱是一种简单的异步通信机制。一些硬件架构中定义了信箱寄存器。这些信箱有固定位数，可以用于短消息的通信。我们也可以使用信号量来实现信箱，并使用主存进行信箱内容的存储。有些非常简单的信箱版本，信箱一次只保存一条消息，使用这样的信箱时，进程间通信需要遵守一些重要的原则[○]。

为了使信箱发挥最大的作用，我们希望它包含两项属性：消息本身和信件就绪标志。当消息被放入信箱时，信件就绪标志为真；当消息被移出信箱后，标志就被清除。这里假设每

○　例如，发送方在发送信息之前一定要确认接收方已处理了上一条消息。——译者注

条消息只有一个确定的收件人。下面是将消息放入信箱的简单函数，假设对于所有消息，系统中仅使用一个信箱：

```
void post(message *msg){
        P(mailbox.sem); /* wait for the mailbox */
        copy(mailbox.data,msg); /* copy the data into the mailbox */
        mailbox.flag = TRUE; /* set the flag to indicate a message
          is ready */
        V(mailbox.sem); /* release the mailbox */
}
```

下面是从信箱中读取消息的函数：

```
boolean pickup(message *msg){
        boolean pickup = FALSE; /* local copy of the ready flag */
        P(mailbox.sem); /* wait for the mailbox */
        pickup = mailbox.flag; /* get the flag */
        mailbox.flag = FALSE; /* remember that this message was
          received */
        copy(msg, mailbox.data); /* copy the data into the caller's
          buffer */
        V(mailbox.sem); /* release the flag———can't get the mail if
          we keep the mailbox */
        return(pickup); /* return the flag value */
}
```

为什么需要使用信号量来保护读操作？如果不这样做，pickup()可能会收到一个消息的第一部分和另一个消息的第二部分。在pickup()中的信号量确保了post()不能在pickup()的内存读取操作之间交错进行。

6.7 评估操作系统性能

调度策略无法表明一个正在运行多个进程的实际系统的所有性能。我们在调度策略分析中做了一些假设以简化分析的过程：

- 我们假设上下文切换没有时间开销。虽然当上下文切换时间远小于进程执行时间时，忽略上下文切换时间通常是合理的，但上下文切换在某些情况下可能会明显增加延迟。
- 我们在很大程度上忽略了中断。从请求中断到设备服务完成之间的延迟是实时系统的关键性能参数。
- 假设我们知道进程的执行时间。事实上，程序执行时间不是一个简单的数字，而只能将其限定在最坏情况执行时间与最好情况执行时间之间。
- 我们可能在与其他进程隔离的情况下确定进程的最坏情况执行时间或最好情况执行时间。但是，事实上，它们在缓存中相互影响。进程之间的缓存冲突可能会导致进程的执行时间发生很大的变化。

我们需要检验所有这些假设的有效性。

上下文切换时间取决于几个因素：

- 必须被保存的 CPU 上下文的数量。
- 调度程序的执行时间。

调度程序的执行时间当然会受编程人员的实现方式影响。然而，调度策略的选择也会影响确定下一个要运行的进程所需的时间。我们将调度策略的复杂性看作被调度任务数量的函数。例如，轮转调度虽然不能保证满足截止时限，但它是一种恒定时间的调度算法，调度算法本身的执行时间与进程数量无关，是一个不依赖于任务数量的常数，因此轮转调度通常被认为是一个复杂度为 $O(1)$ 的调度算法。相比之下，EDF 调度需要对截止时限进行排序，所以是一个复杂度为 $O(n \log n)$ 的算法。

实时操作系统的 **中断延迟**（interrupt latency）是指从设备发出中断信号到设备所请求操作完成之间的时间。相比之下，在讨论 CPU 中断延迟时，我们仅关心从中断在硬件中触发到开始执行中断处理程序所花费的时间。如果中断未及时得到处理，数据可能会丢失，所以中断延迟是非常关键的。

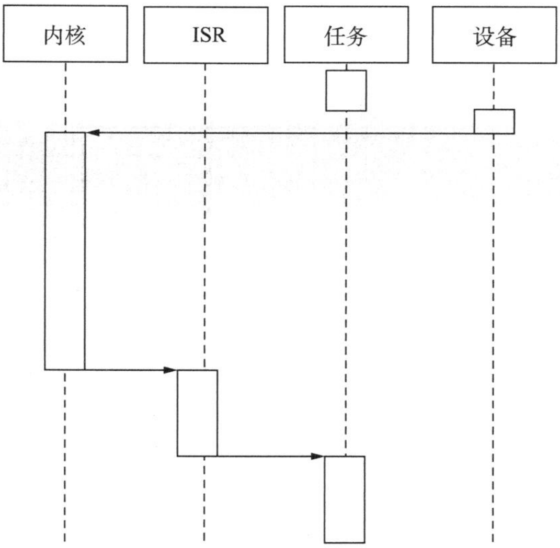

图 6.20 展示了 RTOS 中断延迟的顺序图。其中，一个任务被设备中断，而中断由内核响应，这里可能需要完成保护模式的转换操作。一旦内核开始处理中断，它就调用中断服务例程（Interrupt Service Routine，ISR），在设备上执行所需的操作。一旦 ISR 执行结束，任务就可以恢复执行。

中断延迟会受到硬件和软件中若干因素的影响：

图 6.20　RTOS 中断延迟的顺序图

- 处理器中断延迟。
- 中断处理程序的执行时间。
- RTOS 调度造成的延迟。

选定硬件平台后，处理器中断延迟就确定了。这通常不是影响总延迟的主要因素。假设中断处理程序代码没有设计不当，则中断处理程序的执行时间取决于硬件设备在中断过程中必须执行的操作。这就使得 RTOS 调度延迟成为影响中断延迟的关键因素，当操作系统没有为低中断延迟做专门的设计和优化时，这种影响就更加严重。

RTOS 中造成中断处理程序的执行被推迟的原因有两种。第一，内核中的临界区会阻止 RTOS 执行中断。由于临界区不能被别的程序打断，所以信号量代码必须关闭中断。一些操作系统的临界区执行时间很长，使得中断处理在很长的周期内都不能执行。Linux 就是这种现象的一个示例——Linux 最初并非为实时操作而设计，所以中断延迟不是主要关注的问题。较长的临界区可以提高某些类型工作负载的性能，因为它减少了上下文切换的数量。然而，长临界区会对中断的响应产生非常严重的影响。

图 6.21 展示了临界区对中断延迟的影响。如果设备在临界区内中断，那么内核就必须等待这个临界区完成之后才能处理中断。临界区越长，潜在延迟就越大。临界区也是造成调度抖动的一个重要因素，因为设备可能在进程执行的不同时间点中断，可能在不同时间点命中临界区，从而导致可能产生的调度延迟也有很大的差异。

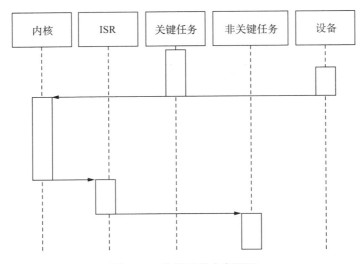

图 6.21　临界区的中断延迟

第二，较高优先级的中断可能会导致较低优先级的中断被延迟。硬件中断处理程序是作为内核的一部分运行的，而不是用户态线程。中断的优先级由硬件决定，而非 RTOS。此外，任何一个中断处理程序都能抢占所有的用户线程，因为中断是 CPU 基本操作的一部分，这也是由硬件决定的。我们可以通过将中断处理划分为两段不同的代码来降低硬件抢占的影响。第一段是非常简单的代码，通常被称为**中断服务处理程序**（Interrupt Service Handler，ISH），执行响应设备所需的最基本的操作。所需处理的其余部分，包括更新用户缓冲区或其他更复杂的操作，由用户模式线程执行，这个线程被称为**中断服务例程**（Interrupt Service Routine，ISR）。因为 ISR 作为线程运行，所以 RTOS 可以使用其标准策略来确保系统中的所有任务都能获得所需的资源[⊖]。

一些 RTOS 提供了模拟器或其他工具来查看系统中进程的操作。这些工具不仅会显示每一个进程的信息，还会显示上下文切换时间、中断响应时间和其他开销。这种视图在功能调试和性能调试中都很有帮助。

许多实时系统都是基于没有高速缓存的假设来设计的，即使高速缓存实际上存在。这是非常保守的假设，因为系统架构师缺乏分析高速缓存性能影响的工具。因为他们不知道高速缓存会在哪里引起问题，所以被迫做出没有缓存的简化假设，结果就是设计硬件的过程中过度地消耗资源，使得硬件的计算能力大于实际所需要的。但是，正如经验告诉我们的，精心设计的高速缓存会显著提升单个程序的性能，适当大小的高速缓存会使微处理器更快地运行一组进程。通过分析高速缓存的影响，我们可以更好地利用可用硬件。

Li 和 Wolf[Li99] 开发了一种模型，用于估计共享缓存的多个进程的性能。在该模型中，一些进程可以在高速缓存中预留区域，这意味着只有特定进程可以驻留在高速缓存的保留分区中，而其他进程共享剩余部分的高速缓存。我们一般希望仅对性能关键进程使用高速缓存分区，因为高速缓存保留分区浪费了有限的高速缓存空间。要估算系统的性能，构建调度方法时不仅要考虑进程的执行时间，还要考虑高速缓存的状态。高速缓存共享部分中的每个进程都由二进制变量进行标识：如果进程存在于高速缓存中则变量被设置为 1，如果不存在则

⊖　即将 ISR 作为一个普通线程来管理，按照截止时间、优先级、内存需求等参数进行管理。——译者注

为 0。每个进程还具有与总执行时间相关的三个特征：假设没有高速缓存、具有典型的高速缓存，以及所有代码始终驻留在高速缓存中。代码始终驻留在高速缓存中是不切实际的，但可以用它来求出所需调度时间的下限。在构建调度方法期间，我们可以查看当前缓存状态，以判断在此调度中是否应该在该时间点使用无缓存或典型缓存情况下的执行时间。如果另一个进程需要缓存，缓存内进程也可能被换出缓存，此时也需要同步更新缓存状态。虽然这个模型很简单，但是它提供了更加真实的性能估计，而不是假定高速缓存不存在或是完美的。示例 6.9 展示了如何使用高速缓存管理提高 CPU 利用率。

示例 6.9　高速缓存对调度的影响

假设有包含下列三个进程的系统。

进程	最坏情况 CPU 时间	平均情况 CPU 时间	周期
P1	3	2	5
P2	2	1	5

当进程未驻留在高速缓存中时，进程运行会更慢一些（例如，进程的第一次执行）。当进程驻留在高速缓存中时，其运行会更快。如果我们能够合理地安排进程的内存地址，那么它们就可以在高速缓存中互不影响，此时它们的执行如下图所示。

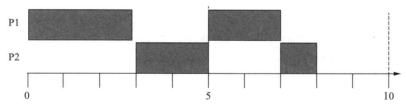

每个进程的第一次执行都以最坏情况下的执行时间运行。在第二次执行中，每个进程都在高速缓存中，所以运行花费的时间更少，在周期末剩余了额外的时间。

6.8　POSIX 实时操作系统示例

本节将介绍用于 UNIX 风格的操作系统及其支持的实时操作系统[⊖]的 POSIX（Portable Operating System Interface）标准。

POSIX 是由 IEEE 计算机协会创建的 UNIX 操作系统的一个版本。兼容 POSIX 的操作系统是源代码兼容的——假设应用程序仅使用 POSIX 标准函数，那么在一个新的 POSIX 平台上，应用程序的源代码不需要修改就可以编译和运行。虽然 UNIX 最初并不是作为实时操作系统而设计的，但是 POSIX 已经扩展到支持实时需求。许多 RTOS 都符合 POSIX 标准。POSIX 作为一个模型，能够很好地描述 RTOS 的基本技术。POSIX 标准有很多可选项，对于一个特定操作系统的实现，不必支持所有可选项。POSIX 的可选项是否存在由 C 语言预处理变量确定。例如，如果定义了 _POSIX_FOO 预处理变量，则 FOO 可选项将可用。所有这些可选项都定义在系统 include 文件 unistd.h 里。

POSIX 标准涵盖大量的操作系统和应用程序，但是并不是每个功能都有用，对一个应

⊖　如 Linux。——译者注

用程序有用的功能可能不适用于另一个应用程序。由于它的功能通常会在内存和性能方面产生开销，因此适当选择功能对于资源有限的设备来说很重要。POSIX 支持两种对实时系统很重要的机制 [Gal92]：线程和实时调度。

POSIX 支持多进程，这是许多大型系统运行的方式。然而，这些进程会产生大量的内存管理开销。对于较小的实时应用程序，POSIX 提供了线程机制，在 include 文件 pthread.h 中 [Ope18]。应用程序可以在一个进程中创建多个并发执行的线程，这些并发线程共享同一个进程的内存空间。

POSIX 支持两种实时调度机制：一种用于进程，另一种用于线程 [Har03]。进程和线程都可以使用三种调度策略中的一种：SCHED_FIFO、SCHED_RR 和 SCHED_OTHER。SCHED_FIFO 和 SCHED_RR 都提供固定优先级和抢占式调度。SCHED_FIFO 的名称很容易令人误解，其实它是一个严格的基于优先级的调度策略，在该调度策略下，进程会一直运行，直到被抢占或者终止。术语 FIFO 简单来说是指在同一优先级内，进程以先来先服务的顺序运行。

注意进程和线程可能使用不同的调度器，这会引起一种称为争用作用域的现象。全局调度作用域忽略进程调度指令，将所有的线程一视同仁，只在线程级别进行调度；混合调度作用域首先调度进程和全局线程，然后调度每个进程内的本地线程。

POSIX 对互斥锁的支持位于 include 文件 pthread.h 中 [Ope18]。使用 pthread_mutex_init() 函数创建互斥锁，返回一个指向 pthread_mutex_t 类型结构的指针。可以使用 pthread_mutex_lock() 函数锁定互斥锁，如果互斥锁已经被锁定，该函数将阻塞互斥锁。如果互斥锁已经被锁定，调用函数 pthread_mutex_trylock() 将立即返回。函数 pthread_mutex_unlock() 用于解锁互斥锁。

Linux 操作系统作为嵌入式计算平台变得越来越流行。Linux 是一个开源的兼容 POSIX 的操作系统。然而，Linux 最初并非为实时操作而设计的 [Yag08，Hal11]。某些版本的 Linux 可能会出现长中断延迟，主要原因是内核中的长临界区会延迟中断处理。现在已经提出了两种改善中断延迟的方法。**双内核**（dual-kernel）方法将一个**专用内核**（co-kernel）用于实时进程，而标准内核用于非实时进程。所有中断都必须通过专用内核处理，以确保实时操作可预测。另一种方法是提供优先级继承的内核补丁，以减少许多内核操作的延迟。这些功能可以通过激活 PREEMPT_RT 模式来启用。

6.9　设计示例：发动机控制单元

本节将设计一个简单的发动机控制单元（Engine Control Unit，ECU）。该单元能够根据从运行中的发动机获取的若干测量值来控制燃油喷射式发动机的运行。

6.9.1　操作原理和需求

我们将为简单的燃油喷射式发动机设计一个基本的发动机控制器 [Toy]。如图 6.22 所示，节流阀是指令输入。发动机会检测节流阀、RPM（每分钟转速）、进气量和其他变量。发动机控制器计算喷油器脉冲宽度和点火控制信号。在这个设计示例中不会计算真正的发动机所需要的所有输出，而是仅关注几个基本要素。此外，还忽略了发动机运行的不同模式，如预热、怠速、巡航等。多模式控制是发动机控制单元的主要优点之一，但在此我们仅关注一种模式，以说明多速率控制中的基本概念。

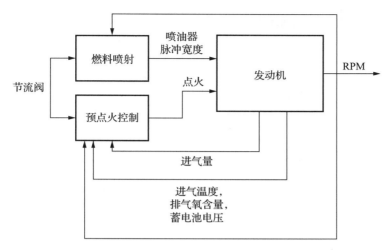

图 6.22   发动机框图

ECU 的需求如图 6.23 所示。

名称	发动机控制单元（ECU）
目标	燃油喷射式发动机的发动机控制器
输入	节流阀、RPM、进气量、进气管压力
输出	喷油器脉冲宽度、点火提前角
功能	用节流阀、RPM、进气量、进气管压力的函数计算喷油器脉冲宽度和点火提前角性能
性能	喷油器脉冲以 2ms 的周期更新，点火提前角以 1ms 的周期更新
制造成本	约 50 美元
功率	由发动机发电机供电
物理尺寸和重量	约 4 英寸 ×4 英寸，小于 1 磅（1 英寸 =0.0254 米，1 磅≈0.453 千克）

图 6.23   发动机控制器需求

6.9.2 规格说明

如应用示例 6.1 所示，发动机控制器必须处理以不同速率发生的进程。图 6.24 显示了不同信号的更新周期。

信号	变量名称	输入 / 输出	更新周期（ms）
节流阀	T	输入	2
RPM	NE	输入	2
进气量	VS	输入	25
喷油器脉冲宽度	PW	输出	2
点火提前角	S	输出	1
进气温度	THA	输入	500
排气氧含量	OX	输入	25
蓄电池电压	$+B$	输入	4

图 6.24   发动机控制器中的数据周期

我们使用 ΔNE 和 ΔT 分别表示 RPM 和节流阀位置的变化。控制器计算两个输出信号：喷油器脉冲宽度 PW 和点火提前角 S[Toy]。首先计算这些变量的初始值：

$$PW = \frac{2.5}{2NE} \times VS \times \frac{1}{10 - K_1 \Delta T} \qquad (6.9)$$

$$S = k_2 \times \Delta NE - k_3 VS \qquad (6.10)$$

然后，控制器对这些初始值进行修正：

- 随着进气温度（THA）在发动机预热期间的增加，控制器会减少喷射的持续时间。
- 随着节流阀的打开，控制器会暂时增加喷射频率。
- 控制器基于排气管的含氧传感器（OX）的读数上下调节喷射的持续时间。
- 喷射持续时间随蓄电池电压（$+B$）的下降而增加。

6.9.3　系统体系结构

图 6.25 所示为发动机控制器的类图。两个主要进程为 Pulse-width 和 Advance-angle，分别用于计算火花塞和喷油器的控制参数。

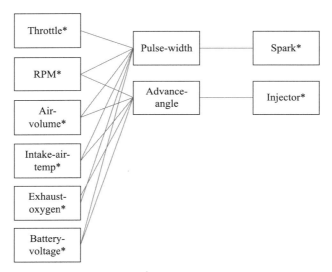

图 6.25　发动机控制器的类图

控制参数依赖于某些输入信号的变化。我们会使用物理传感器类来计算这些变化值，而且每次变化值都必须以变量采样率更新。为了简单起见，更新的过程实现为一个以相应的更新速率运行的周期性任务。图 6.26 所示为节流阀传感过程的状态图，这个过程会保存节流阀当前值以及节流阀值的变化。我们可以使用相似的控制流来计算其他变量的变化。

图 6.27 所示为喷油器脉冲宽度的状态图，图 6.28 所示为点火提前角的状态图。每种情况下，都是分两个阶段计算变化值：首先计算初始值，然后修正初始值。

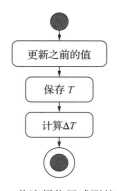

图 6.26　节流阀位置感测的状态图

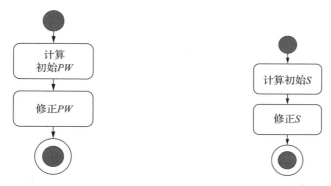

图 6.27　喷油器脉冲宽度的状态图　　图 6.28　点火提前角的状态图

然而，Pulse-width 和 Advance-angle 进程不会产生驱动点火和喷油器的波形。点火和喷油器的控制信号波形必须与发动机的当前状态严格同步。喷油器喷射的动作和火花塞点火的动作必须在发动机循环中恰当的时刻准时触发，选择触发时机时需要考虑发动机的当前速度以及控制参数。

一些发动机控制器平台可以提供生成高速率、可变波形的硬件单元，其中一个例子就是 MPC5602 D[Fre11]。MPC5602 D 使用 PowerPC 作为主处理器。它的增强型模块化 I/O 子系统（ehanced Modular I/O Subsytem，eMIOS）能够提供 28 个由定时器控制的 I/O 通道，每个通道都可以执行多种功能。输出脉宽和频率调制缓冲模式能够自动生成波形，其周期和占空比可以通过在 eMIOS 中写入寄存器来改变。然后，由输出通道硬件处理波形的时序细节。

由于这些对象必须以不同速率更新，所以必须使用 RTOS 控制它们的执行。依据 RTOS 的延迟不同，我们可以将 I/O 功能分为中断服务处理程序和线程。

6.9.4　组件设计和测试

对各种任务进行编码时必须要满足 RTOS 进程的要求。在任务执行期间维护的变量（例如状态变量的更改）必须被分配并保存在适当的内存位置。任务周期在 RTOS 初始化阶段设置。

因为一些输出变量取决于状态的变化，所以应该使用多种输入变量序列来测试这些任务，以确保基本和修正运算都能正确执行。

汽车工程师协会（SAE）制定了几个汽车软件标准：J2632 用于 C 代码编码实践，J2516 用于软件开发生命周期，J2640 用于软件设计需求，J2734 用于软件验证和确认。

6.9.5　系统集成和测试

发动机在运行过程中会产生大量的电噪声，这会对数字电路的工作状态产生影响。系统工作环境的温度变化幅度很大，发动机运行期间温度很高，而发动机启动之前可能温度很低。在实际发动机上进行测试时，必须保证发动机控制器可以承受发动机室的恶劣环境。

6.10　总结

由于需要满足复杂的时间要求，特别是对于多速率系统，我们不得不使用进程这个抽象概念。使用单个程序来满足多速率下所有进程的截止时限是非常困难的，因为这时程序的控制结构会变得难以理解。进程封装了计算状态,使我们很容易在不同计算之间进行切换。

操作系统封装了用以协调进程的复杂控制。用于确定进程间 CPU 控制权转移的方案被称为调度策略。一个好的调度策略在许多不同的应用中都是同样有效的,同时又能够使 CPU 的可用计算能力得到有效的利用。

然而,对于复杂应用程序来说,要实现 100% 的 CPU 利用率是非常困难的。由于数据到达和计算时间的不确定性,保留一些时钟周期来满足最坏情况是非常必要的。一些调度策略确实可以达到比其他策略更高的 CPU 利用率,但是通常是以不可预测性为代价——它们无法保证所有截止时限都能得到满足。预先知道应用程序的特性,有助于在满足截止时限的同时提高 CPU 利用率。

我们学到了什么

- 进程是执行的单个线程。
- 抢占是将 CPU 执行权从一个进程转移到另一个进程的行为。
- 调度策略是确定要运行哪个进程的一组规则。
- 单调速率调度是一种简单但是功能强大的调度策略。
- 进程间通信机制使得数据能够在进程间可靠地传递。
- 调度分析通常忽视某些真实世界的影响。在设计系统时,进程之间的缓存交叉复用是要考虑的一个最重要的因素。

扩展阅读

Gallmeister[Gal95] 以通俗易读的方式对 POSIX 及其实时方面的内容进行了全面的介绍。Liu 和 Layland[Liu73] 在一篇文章中介绍了单调速率调度,这篇文章也成为实时系统分析和设计的基础。Liu[Liu00] 编著的一本书提供了对实时调度的详细分析。

问题

Q6-1   确定以下系统中发生的活动以及它们的运行速率。

    a. DVD 播放器

    b. 激光打印机

    c. 飞机

Q6-2   列举一个既需要周期性计算,又需要非周期性计算的嵌入式系统。

Q6-3   一个音频系统以 44.1kHz 的速率采样。以何种速率采样系统的前面板,才既能够简化系统调度的分析,又能够为用户前面板的请求提供合适的响应?

Q6-4   绘制操作系统中进程的 UML 类图。这个进程类应该包括一个典型进程所需的必要属性和行为。

Q6-5   绘制一个任务图,其中 P1 和 P2 分别处理不同的输入,然后都将结果传递到 P3 以进行下一步处理。

Q6-6   计算下列任务集的 CPU 利用率。

    a. P1:周期 =1s,执行时间 =10ms;P2:周期 =100ms,执行时间 =10ms。

    b. P1:周期 =100ms,执行时间 =25ms;P2:周期 =80ms,执行时间 =15ms;P3:周期 =40ms,执行时间 =5ms。

    c. P1:周期 =10ms,执行时间 =1ms;P2:周期 =1ms,执行时间 =0.2ms;P3:周期 =0.2ms,执行时间 =0.05ms。

Q6-7　对于使用定时器中断进行上下文抢占式切换的系统，什么因素会影响它的周期下限？

Q6-8　对于使用定时器中断进行上下文抢占式切换的系统，什么因素会影响它的周期上限？

Q6-9　进程调度中就绪态和阻塞态之间的区别是什么？

Q6-10　在 [0，1ms] 的时间间隔内，一组进程状态变化的过程如下表所示，P1 优先级最高，P3 优先级最低。绘制一个 UML 顺序图，显示在该时间间隔内所有进程的状态。

t	进程状态
0	P1 = 阻塞，P2 = 阻塞，P3 = 执行
0.1	P1 = 就绪
0.15	P2 = 就绪
0.2	P1 = 阻塞
0.3	P1 = 就绪，P2 = 就绪
0.4	P1 = 阻塞
0.5	P2 = 阻塞
0.6	P3 = 阻塞
0.8	P2 = 就绪，P3 = 就绪
0.9	P2 = 阻塞

Q6-11　给出下列情况的示例。

a. 阻塞式进程间通信

b. 非阻塞式进程间通信

Q6-12　对于下列周期性进程，为支持所有截止时限的组合，我们必须运行检测的最短时间间隔是多少？

a.

进程	截止时限
P1	2
P2	5
P3	10

b.

进程	截止时限
P1	2
P2	4
P3	5
P4	10

c.

进程	截止时限
P1	3
P2	4
P3	5
P4	6
P5	10

Q6-13　假设在单个 CPU 系统上执行以下周期性进程。

进程	执行时间	截止时限
P1	4	200
P2	1	10
P3	2	40
P4	6	50

　　　　我们能否将 P1 的另一个实例添加到系统中，并使用 RMS 满足所有截止时限？

Q6-14　给定运行在单个 CPU 上的下列周期性进程集（P1 优先级最高），当所有进程都使用 EDF 调度时，P3 的执行时间 x 的最大可能值是多少？

进程	执行时间	截止时限
P1	1	10
P2	3	25
P3	x	50
P4	10	100

Q6-15 一组周期性进程使用 RMS 进行调度，其中 P1 优先级最高。进程执行时间和周期如下，请说明每个进程在临界时刻的进程状态。

a. P1   b. P2   c. P3

进程	时间	截止时限
P1	1	4
P2	1	5
P3	1	10

Q6-16 已知周期性进程的执行时间和周期（P1 优先级最高），说明在下列每个进程的一个周期内，较高优先级进程执行所需要的 CPU 时间。

a. P1   b. P2   c. P3   d. P4

进程	时间	截止时限
P1	1	5
P2	2	10
P3	2	25
P4	5	50

Q6-17 对于下列周期性进程：

a. 使用 RMS 策略调度进程

b. 使用 EDF 策略调度进程

在每一种情况下，计算出时间间隔等于所有进程周期最小公倍数的调度序列。P1 具有最高优先级，时间从 $t = 0$ 开始。

进程	时间	截止时限
P1	1	3
P2	1	4
P3	1	12

Q6-18 对于下列周期性进程：

a. 使用 RMS 策略调度进程

b. 使用 EDF 策略调度进程

在每一种情况下，计算出时间间隔等于所有进程周期最小公倍数的调度序列。P1 具有最高优先级，时间从 $t=0$ 开始。

进程	时间	截止时限
P1	1	3
P2	1	4
P3	2	6

Q6-19 对于下列周期性进程：

a. 使用 RMS 策略调度进程

b. 使用 EDF 策略调度进程

在每一种情况下，计算出时间间隔等于所有进程周期最小公倍数的调度序列。P1 具有最高优先级，时间从 $t = 0$ 开始。

进程	时间	截止时限
P1	1	2
P2	1	3
P3	2	10

Q6-20 对于下列周期性进程，所有进程的截止时限都是 12。

a. 对于给定的到达时间，使用标准单调速率调度（不考虑数据依赖性）来调度进程。

b. 考虑数据依赖的情况下调度这些进程，CPU 利用率会降低多少？

进程	执行时间
P1	2
P2	1
P3	2

Q6-21 对于以下周期性进程，找出一个有效的调度序列。

a. 使用标准 RMS。

b. 为每一个上下文切换添加一个时间单元的开销。

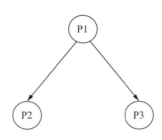

进程	时间	截止时限	进程	时间	截止时限
P1	2	30	P4	5	60
P2	5	40	P5	1	15
P3	7	120			

Q6-22 对于以下给定的周期性进程和截止时限：

a. 使用 RMS 调度进程。

b. 使用 EDF 进行调度，并比较 EDF 与 RMS 所需要的上下文切换的次数。

进程	时间	截止时限
P1	1	5
P2	1	10
P3	2	20
P4	10	50
P5	7	100

Q6-23　如果想要减少两个进程中计算最密集部分之间的高速缓存冲突，那么可以通过哪两种方法控制进程在高速缓存中占用的位置？

Q6-24　一个系统有两个进程 P1 和 P2，其中 P1 优先级较高。它们共享一个 I/O 设备 ADC。如果 P2 从 RTOS 获得 ADC，P1 变为就绪态，那么 RTOS 如何使用优先级继承来调度进程？

Q6-25　解释中断服务例程和中断服务处理程序在中断处理中的作用。

Q6-26　简要解释 RTOS 设计中的双内核方法。

上机练习

L6-1　使用你最喜欢的操作系统编写代码，创建一个进程，根据可用的输出设备，在屏幕上输出"Hello, world！"或使 LED 闪烁。

L6-2　构建一个小型串行端口设备，根据写入串行端口的最后一个字符点亮 LED。接着再创建一个基于键盘输入点亮 LED 的进程。

L6-3　为 I/O 设备编写驱动程序。

L6-4　为你最喜欢的 CPU 编写上下文切换代码。

L6-5　在操作系统上测量上下文切换开销。

L6-6　对于在使用 RMS 的操作系统上运行的 CPU，尽可能使 CPU 利用率达到 100%。改变数据到达时间，以测试系统的鲁棒性。

L6-7　对于在使用 EDF 的操作系统上运行的 CPU，尽可能使 CPU 利用率接近 100%。尝试各种数据到达时间，确定进程集对环境变化的敏感程度。

L6-8　测量高速缓存冲突对实时执行时间的影响。首先，建立一个测量实时进程执行时间的系统。然后，向系统中添加一个后台进程。为了比较，进行两次实验：第一次后台进程不做任何事情；第二次后台进程执行一些操作，使尽可能多的缓存项失效。

系统设计技术

本章要点
- 深入探究设计方法、需求、规格说明和系统分析。
- 系统建模。
- 正式和非正式的系统规格说明描述方法。
- 可靠性、安全性和防危性。

7.1 引言

本章主要分析创建复杂嵌入式系统所需的技术。目前为止,本书中给出的设计示例都属于小型系统,以便描述一些重要的概念。然而,由于嵌入式系统的功能性规格说明非常丰富,而且必须满足成本、性能等方面的要求,所以大多数真正的嵌入式系统设计本身是非常复杂的。那么在设计大型系统时就需要借助方法论来指导我们进行设计决策。

7.2 节将更详细地介绍设计方法。7.3 节研究对系统功能进行非正式描述的用例和需求分析方法。7.4 节讨论更规范地表述系统建模与功能的技术。7.5 节进一步介绍系统分析和体系结构设计。7.6 节侧重于从可靠性方面讨论安全性和防危性。

7.2 设计方法

本节将研究一套针对嵌入式计算系统的完整的**设计方法**(design methodology),也可称之为**设计流程**(design process)。我们将从设计方法的基本原理开始,然后研究几种不同的方法。

7.2.1 为什么需要设计方法

设计流程是非常重要的,因为如果没有它,我们就无法准确实现想要制作的产品。研究构建产品所必需的步骤似乎是多余的,但事实上,每个人在构建产品的过程中都有自己的设计流程,只是某些人不善于表达出来。如果你是独自设计嵌入式系统,按自己的工作习惯进行即可。但是当几个人共同完成一个项目时,就需要对谁做什么以及如何做等问题达成一致。明确流程在协同工作时非常重要。许多嵌入式计算系统极其复杂,无法由一个人独立设计和构建,所以我们必须考虑设计流程。

设计流程最显而易见的目标就是构建一个实用的产品。典型的产品规格说明包括功能(如喷气发动机控制器)、制造成本(如零售价格必须低于 200 美元)、性能(如必须在 2 秒内启动)、功耗(如必须在不充电的情况下运行 12 小时)以及其他一些属性。当然,除功能、性能、功耗之外,设计流程还有一些其他的重要目标:

- 上市时间。消费者总是期待产品具有新的特色功能。所以率先面世的产品更有可能赢得市场,甚至为后代产品设置用户偏好。一些产品的可盈利市场周期是 3～6 个月,所以如果产品晚于三个月推出,那么将永远无法盈利。对于某些类别的产品,不仅仅要和竞争对手竞争，还要和时间赛跑。举个例子，计算器大多是在秋季开学前出售。如果错过了市场窗口，那么就需要再等待一年才能到下一个销售旺季。

- 设计成本。许多消费产品对成本很敏感。工业买家也越来越关心成本。系统的设计成本不等于生产成本——工程师的工资、设计中使用的计算机的成本等都会计入销售价格。在某些情况下，设计好的嵌入式系统只需要生产一种或几种成品，这时设计成本就在制造成本中占主导地位。但是，当上市时间的压力导致团队规模变大的时候，设计成本也会变得很重要。

- 质量。消费者不仅希望自己购买的产品又快又便宜，也希望它能够正确运行。一个制造出劣质产品的设计方法最终会被市场淘汰。所以，从设计工作开始到最后获得一个高质量的产品为止，都必须明确地处理好产品的正确性、可靠性和可用性。

在一些外部和内部因素的驱使下，设计流程会随着时间而发生改变。外部因素的变化包括消费者的变化、需求的变化、产品的变化，以及可用组件的变化等。内部因素在于设计师渐渐学会如何把事情做得更好，有人转到其他项目的同时，又有新人加入这个项目，以及公司被收购重组，新的企业文化形成等。

软件工程师会花费大量时间来思考软件的设计流程。其中大多数都是思考诸如数据库等大型软件的设计流程，但实际上嵌入式应用程序也是需要软件设计流程的。

好的设计方法对构建正常工作的系统至关重要。交付有缺陷的系统总是会引起消费者的不满。在类似医疗系统和汽车系统这样的应用中，错误甚至会造成危及用户生命的严重安全问题。7.6.1 节将更加详细地讨论有关质量的话题。以下三个示例讨论了软件错误是如何影响航天任务的。

示例 7.1　火星气候观测者（Mars Climate Observer）的失踪

1999 年 9 月，美国设计的用来探究火星的无人驾驶航天器（名为火星气候观测者）失踪了——它很可能是在过于接近火星之后，因在火星大气层中急剧升温而爆炸。根据 *IEEE Spectrum* 和特约编辑 James Oberg 的分析，这艘航天器过于接近火星是由一系列问题造成的 [Obe99]。从嵌入式系统的角度来看，首要问题应当被归结为需求问题。洛克希德·马丁公司（一家专门制作航天器的承包商）为喷气推进实验室（Jet Propulsion Laboratory，JPL）计算一些飞行控制器的相关数值。虽然 JPL 要求计算以牛顿为单位，但没有向洛克希德·马丁公司指明这一点。洛克希德·马丁公司的工程师最终以磅力为单位返回数值。这种差异导致轨道调整比预计的大 4.45 倍。这个错误在软件配置过程中没有被检查出来，手动检查也没有发现。虽然当时对航天器轨迹存在担忧，但还是没有及时发现航天器位置计算中的错误。

示例 7.2　新视野号（New Horizons）通信中断

新视野号是美国宇航局（NASA）的探测器，它在接近木星飞行的过程中经历了一段长达 81 分钟的无线电通信中断 [Klo15]。经过追查分析，此次中断是因为新视野号的命令序列中存在一个计时错误。

示例 7.3　光帆号（LightSail）文件溢出错误

文件溢出错误导致光帆号卫星在运行轨道上发生故障 [Cha15]。由于设计时的疏漏，光帆号的遥测数据文件可能会超出为其分配的内存，但是这个错误在发射前的测试中并没有被发现，因为该文件溢出错误只有在操作大约 40 小时后才会发生，而光帆号在测试时却没有运行这么长的时间。在这种情况下，8 天后的一条宇宙射线导致卫星的计算机重置，才使得机器能够重新开始工作。为了避免错误再次发生，这台机器必须每天被重启一次。

7.2.2　嵌入式计算系统设计方法

设计方法（**设计流程**）是在设计过程中应该遵循的一系列步骤。其中一些设计步骤可以由工具来完成，如编译器或 CAD 系统；另外一些步骤可能需要通过手动完成。本节将讨论设计流程的基本特征。

其他领域（如网站或金融交易）所采用的设计方法可能无法满足嵌入式计算系统所需的所有特性和约束。**瀑布**（waterfall）模型是一种早期的软件设计方法，它从需求分析开始到体系结构、编码、测试和维护，仅允许相邻阶段之间的局部反馈。瀑布模型被认为缺乏灵活性，不适应大型现代软件系统的开发过程。**敏捷**（agile）模型通常用于设计面向消费者的软件，它们通常无法提供实时系统所需的文档和测试方案。

V 模型 [ISO18B] 被定义为支持汽车开发的安全设计方法，并被广泛用于实时嵌入式系统。如图 7.1 所示，该方法采用自顶向下的设计和自底向上的验证。自底向上的验证阶段与自顶向下的设计阶段相对应，以便从最小到最大单元对设计进行验证。V 模型所采用的分层设计流程，也适用于整个系统设计中的硬件和软件设计过程。

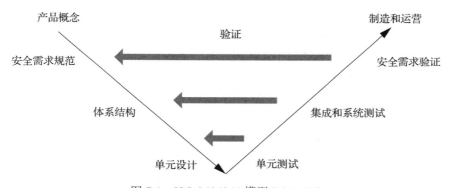

图 7.1　ISO 26262 V 模型 [ISO18B]

事实上，许多复杂的嵌入式系统都是用更小的系统构建的。对于一个完整的系统，可能需要设计关键的软件组件、现场可编程门阵列（FPGA）等，而这些组件又可以通过设计更小的组件来完成。设计流程遵循系统中的抽象层次，从最抽象的完整的系统设计流程到单个组件的设计流程。流程的实现阶段本身就是一个从规格说明到测试的完整过程。在一个如此大的工程中，每个流程可能会交给不同的人员或小组去处理，而一个小组的工作又依赖于其他小组的成果。一个设计组件的小组从处理更高抽象层的小组那里得到需求，而更高抽象层小组的工作则依赖于每个组件小组的设计和测试质量。良好的沟通在如此大的工程中至关重要。

7.3   需求分析和规格说明

在设计一个系统之前，必须知道我们要设计的是什么。我们需要收集各种来源的信息，以确定系统所需的特征。我们还需要以其他设计团队成员可以使用的方式体现这些特征。

需求（requirement）是对系统期望特性的描述：系统行为的某些方面、响应能力、成本等。**规格说明**（specification）是系统的一组完整需求。然而，需求和规格说明指向的是系统的外部行为，而不是它的内部结构。

我们有**功能性**和**非功能性**两种类型的需求。功能性需求指明系统必须要做到什么，如快速傅里叶变换（FFT）计算。而非功能性需求是其他的一些属性，包括物理尺寸、成本、功耗、设计时间、可靠性等。

我们通常从非正式的交流开始，确定系统的基本需求。然后，对这些特性进行细化，以形成一个完整的规格说明。

7.3.1   需求获取

应该如何确定需求呢？如果产品是一个系列的延续，那么很多需求就很好理解了。但即使是最一般的产品升级，和客户进行交流也是非常有价值的。在一个大公司中，市场或者销售部门会做大量工作来询问客户需求，但令人惊奇的是，有相当数量的公司会直接让设计师与客户进行交流。通过直接与客户交流，设计师能够得到有关客户想要的产品的原始需求，这有助于设计师更加了解客户需求，以及得到更清晰、更有用的需求信息。此外，与客户交流还包括开展调查、组织专题讨论小组，或者挑选特定客户来测试实体模型或者原型产品。

最终的体系结构必须是完整的、正确的，而需求分析的非正式方法可以帮助我们开始设计流程。**CRC 卡**（CRC card）方法是一种广泛使用的而且能够有效帮助设计师分析系统结构的方法。CRC 是三个单词的首字母，这三个单词表达了该方法想要定义的概念：

- 类（class）定义数据和功能的逻辑分类。
- 职责（responsibility）描述每个类要做什么。
- 协作者（collaborator）是与给定类一起工作的其他类。

CRC 卡方法要求人们在索引卡上书写信息。示例卡片如图 7.2 所示，上面留有空间，可以写下类名、职责和协作者，以及其他信息。CRC 卡方法的核心在于将信息写在卡片上，然后讨论并不断改进这些信息，直到对结果满意为止。

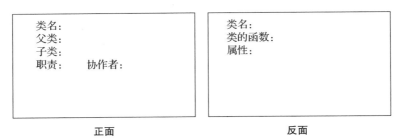

图 7.2   CRC 卡片的布局

这项技术看上去像是一种设计计算机系统的原始方法，但是，它有许多重要的优点。首先，对于非计算机专业的人来说建立 CRC 卡是很容易的。在系统的设计阶段，得到相应领域专家的建议尤为重要（例如，汽车设计者对于汽车电子设备的建议或人体工程学专家对于应用设计的建议)。CRC 卡方法不那么正式,因此不会使非计算机专业人员感到困惑,从而可以使他们专注于专业领域的信息。其次,它还可以帮助计算机专业人员,因为 CRC 卡方法鼓励计算机专业人员进行分组工作,并一起分析方案。CRC 中使用的走查(walkthrough)过程对于研究系统中不易理解的设计和决策是非常有用的。这种非正式的技术对于基于工具的设计和编码是非常有价值的。如果需要使用工具来帮助实施 CRC 卡方法,那么可以使用软件工程的工具自动生成 CRC 卡。

在深入学习 CRC 卡方法之前,让我们先更详细地回顾一下 CRC 中的概念。我们对类很熟悉,它能对功能进行封装。类可以表示现实世界的一个对象,或者描述为帮助构建系统而单独创建的一个辅助对象。类既具有内部状态,也具有函数接口;其中函数接口用于描述类的功能。而职责集合正是函数接口的非正式描述,注意,职责提供类的接口而不是内部实现。而且,职责可能用英语来对类进行非正式描述,而不是用编程语言来描述。类的协作者简单来说就是与类一起执行任务的其他类,也就是被类调用或者调用类来帮助完成自己的工作的其他类。

当面向对象的程序设计者查看 CRC 卡时,类这个术语可能会产生一些误导。在此方法中,类的使用实际上更像是面向对象(Object Orient,OO)编程语言中的对象——CRC 卡中的类用于表示系统中的真实参与者。但是,CRC 卡中的类很容易转换成面向对象设计中定义的类。

对 CRC 卡的分析可以由一个团队来执行。你可以单独进行分析,也可以与其他人一起讨论,从而更加充分地利用 CRC 卡的优点。在开始使用 CRC 卡设计系统体系结构之前,需要使用图 7.2 所示的基本格式来准备大量的空白 CRC 卡。在团队中工作时,你会填写一些这样的卡片,但随着系统设计的推进,你可能会丢弃大量卡片并重新填写。CRC 卡是一种非正式方法,但是使用它来分析系统时必须要遵循以下步骤。

1. 形成类的初始列表。填写类名以及类功能的描述。类可以表示真实世界的对象或者体系结构对象。标识一个类属于哪种类型(例如在属于真实世界对象的类旁边标记一个星号)是很有帮助的。每个人都可以负责处理系统的一部分,但团队成员在开发过程中应该相互讨论,以确保没有丢失类或者创建重复的类。

2. 编写职责和协作者的初始列表。职责列表有助于更详细地描述类要做什么。协作者列表应该根据类之间的关系来建立。职责和协作者都将在后面的阶段进行细化。

3. 创建一些使用场景。使用场景描述系统要做什么。对这些场景的描述可能开始于某种类型的外部激励,用于确定现实世界中相关对象之间的关联关系。

4. 场景走查。这是本方法的核心。在演练过程中,团队中的每个人代表一个或多个类。场景需要通过表演来模拟:组员说出他所代表的类正在做什么,然后要求其他类去执行操作,等等。例如,用组员的移动表示数据传输,这有助于系统操作的可视化。在演练过程中,所有已创建的信息,包括类、类的职责和协作者,都可以进行针对性的更新和优化。在这个过程中,类会被创建、销毁或者修改。此外,你也会发现很多场景本身的错误。

5. 优化类、职责和协作者。这部分的一些工作在演练过程中就已经完成了,但是在场景演练之后可以进行第二次优化。从更长远的角度来看,这有助于对 CRC 卡进行更全局的更改。

6. 添加类关系。一旦 CRC 卡优化完成,父类和子类的关系应该会变得更清晰,此时就可以将其添加到卡片中。

一旦拥有 CRC 卡，就可以使用它们实现系统体系结构设计。在某些情况下，最为有效的实现方法是将 CRC 卡作为实现者的直接来源材料，如果能让设计者参与到 CRC 卡的制作过程中，效果将更好。在其他情况下，你可能希望用 UML 或另一种语言，更加正式地描述在 CRC 卡分析期间得到的信息，然后使用这些正式描述作为系统实现的设计文档。示例 7.4 就展示了对 CRC 卡方法的运用。

示例 7.4　电梯系统的 CRC 卡分析

让我们对电梯系统进行 CRC 卡分析。首先，我们需要以下一组基本类：

- **现实世界类**。电梯升降厢、乘客、楼层控制、升降厢控制和升降厢传感器。
- **体系结构类**。升降厢状态、楼层控制读取器、升降厢控制读取器、升降厢控制发送器、调度器。

对于每一个类，分别为其列出了初始状态的职责和协作者。（星号 * 用来标识哪些类表示现实世界中的对象。）

类	职责	协作者
电梯升降箱*	上下移动	升降厢控制、升降厢传感器、升降厢控制发送器
乘客*	按楼层控制按钮和升降厢控制按钮	楼层控制、升降厢控制
楼层控制*	传输楼层请求	乘客、楼层控制读取器
升降厢控制*	传输升降厢请求	乘客、升降厢控制读取器
升降厢传感器*	感知升降厢位置	调度器
升降厢状态	记录当前升降厢的位置	调度器、升降厢传感器
楼层控制读取器	楼层控制和系统剩余部分之间的接口	楼层控制、调度器
升降厢控制读取器	升降厢控制和系统剩余部分之间的接口	升降厢控制、调度器
升降厢控制发送器	调度器和升降厢之间的接口	调度器、电梯升降厢
调度器	基于请求向升降厢发送命令	楼层控制读取器、升降厢控制读取器、升降厢控制发送器、升降厢状态

下面是一些使用场景，其中定义了电梯系统的基本操作以及一些例外情况：

- 一名乘客在某一楼层请求电梯升降厢，当电梯到达时进入，然后在升降厢中请求另一楼层，当电梯到达所请求楼层时，乘客走出电梯。
- 一名乘客在某一楼层请求电梯升降厢，当电梯到达时进入，然后在升降厢中请求升降厢当前所在楼层。
- 当一名乘客正在乘坐电梯时，另一名乘客请求电梯升降厢。
- 两人在不同楼层同时按下楼层按钮。
- 两人在不同电梯升降厢同时按下升降厢控制按钮。

此时，我们需要找一组人来演练这些场景，并确保它们是合理的。通过走查，你需要确认这些类、职责、协作者和场景是否有意义。你如何修改它们来改善系统的规格说明？

7.3.2　从需求到规格说明

一份好的规格说明应该满足以下几方面的测试 [Dav90]：

- 正确性。需求不能错误地描述客户想要什么。此外，正确性也包括避免过度要求，即不应该加入确实不必要的条件。
- 明确性。需求文档应该以一种简单通用的语言清晰表述。
- 完整性。应该包括所有的需求。
- 可验证性。对于每一个需求都应该有一种高效的手段来验证最终产品是否满足需求。举例来说，一个要求系统包装"有吸引力"的需求，如果对吸引力没有一致的定义，那么这个需求就很难验证。
- 一致性。一条需求不应该与其他需求相矛盾。
- 可更改性。需求文档应该结构化，在不破坏一致性、可验证性等情况下，当需求改变时，应该能对需求文档进行修改。
- 可追溯性。每条需求都应该可以通过以下几种方式被追溯。
- 我们应该可以回溯需求而得知每条需求为什么存在。
- 我们应该可以回溯某个需求被建立之前的参考文档（例如市场备忘录），来理解它们与最终需求之间的关联。
- 我们应该可以通过回溯来了解每一条需求是如何在实现过程中得到满足的。
- 我们应该可以回溯系统的实现过程以了解各个实现是用来满足哪一条需求的。

7.3.3　验证规格说明

需求和规格说明在设计过程的早期生成，验证的目的是确保规格说明能正确捕获用户的需要。

验证规格说明是非常重要的，一个很简单的原因是在后期修复规格说明中的错误要花费很大的代价。图 7.3 显示了设计过程中修复错误的代价是如何随着过程的深入而增长的。我们仅以瀑布模型为例，但它同样适用于任何其他设计流程。系统中的错误存在越久，修复错误的代价就越大。如果一个编码错误直到系统部署时才被发现，那么就必须对现有系统进行召回和重新编程，等等。但是，如果在流程的更早阶段出现了错误，而同样是直到系统部署时才被发现，那么所花费的成本将更多。在规格说明阶段引入的错误直到维护阶段才被发现，这将导致整个系统需要重新设计，而不仅仅是用软件更新的发布来解决问题。提前发现错误至关重要，因为这样可以防止将有问题的产品发布给客户，最大限度地降低设计成本，并缩短设计时间。虽然一些规格说明阶段的错误可能在详细设计阶段才能显现出来（例如，当某些需求的结果被更好地理解时），但是在需求和规格说明生成阶段就消除错误也是有可能的，这当然也是设计人员所期望的。

验证规格说明的目的是确保它们满足 7.3.2 节中给出的创建需求的标准，包括正确性、完整性、一致性等。验证实际上是创建需求和规格说明工作的一部分。有些技术可以用在创建需求和规格说明的过程中，以帮助你更好地理解需求和规格说明；有些技术可以应用在已完成的需求草稿上，生成的结果可以用来修正规格说明。

对于最终用户，**原型**（prototype）是一个有用的工具。原型系统至少可以让最终用户看到、听到、感受到系统的重要特性和功能，而不是简单地从整体、技术角度向他们阐述系统。当然，由于设计工作还未完成，原型无法包括全部的系统功能。用户界面部分特别适合原型设计和用户测试。可以使用设定好的数据或随机生成的数据模拟系统的内部操作。原型能够帮助最终用户评判许多功能和非功能性需求，例如数据显示、运算速度、尺寸、重量等。某些编程语言——有时称为**原型语言**（prototype language）或**规格说明语言**（specification language）——特别适合原型设计。一些非常高级的语言（例如信号处理领域的 Matlab）可以用于完成功能属性的验证，比如验证要执行的数学函数的正确性，但不能用于诸如验证运行速度之类的非功能属性。**既存系统**（preexisting system）也可以用于帮助最终用户表达需求。让最终用户指出对现有系统的喜欢和不喜欢之处，比让他们抽象地评价一个新系统要容易得多。在一些情况下，可以基于既存系统来构建新系统的原型。

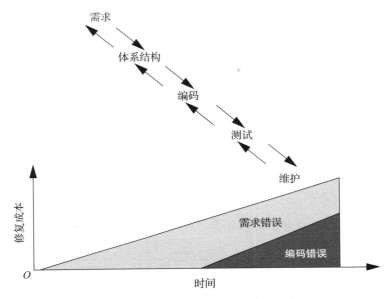

图 7.3   存在越久的错误修复代价越高

审核工具在验证一致性、完整性等方面能够发挥重大作用。对场景的走查可以帮助设计人员补充规格说明的细节，并确保它的完整性和正确性。

在某些情况下，**形式化方法**（formal method）（即利用数学证明的设计技术）也可以用于验证规格说明。证明的过程可以手动进行，也可以自动进行。在一些情况下，根据规格说明证明某些情况是否可能发生是很重要的。自动证明对于某些规格说明简单但行为会随时间推移而变得复杂的复杂系统特别有效。例如，很多复杂协议都是通过形式化验证证明其正确性的。

7.4 系统建模

本节将介绍一些高级的规范技术以及这些技术的使用方法。7.4.1 节介绍基于模型的设计，7.4.2 节研究了两种 UML 建模扩展。

7.4.1 基于模型的设计

基于模型的设计（model-based design）方法 [Kar03] 已经成为信息物理系统的重要设计方法。由于它对物理设备和嵌入式计算系统采取了统一视角，因此比传统设计流程更全面。

基于模型的设计方法利用了一系列能够将信息物理系统的描述编译为一组构件的工

具，包括软件、计算平台和物理生产组件。由于信息物理系统广泛存在于各个领域，期望一个工具集适用于所有应用程序的构建是不现实的。因此，出现了用于特定领域设计的专用工具。

设计师还开发了**特定领域建模语言**（Domain-Specific Modeling Language，DSML），这种特定语言专供领域专家（如飞机或汽车设计师）使用。DSML 可以同时体现系统的功能和非功能特性，可用于以下几个方面：

- 信息物理系统规格说明可以被仿真，比如，通过生成 Simulink 模型。
- 通过设定一系列的参数以表达设计过程中的可变量，通过探索这些参数取值的组合，探索可能的设计方案。
- 可以通过给定的设计参数选项的取值，进行复杂系统的综合实现。

这些工具的集成确保了所实现的系统与高级仿真及原始规格说明一致。

示例 7.5 描述了一个用于飞机的安全关键性系统的真实规格说明。这种规格说明技术被用来确保该飞机系统的正确性和安全性，它也可以用于许多其他的应用，特别是控制结构复杂的系统。

示例 7.5　TCAS II 规格说明

交通警示与防撞系统（Traffic Alert and Collision Avoidance System，TCAS）II 是一个应用于飞机的防撞系统。飞机中的 TCAS 单元可以基于各种信息追踪附近其他飞机的位置。如果 TCAS 判断可能发生空中碰撞，它就会使用语音提示给出规避碰撞的建议。例如，如果 TCAS 认为上方飞机对自己造成了威胁，而且下方有足够的飞行空间，系统就会播放提前录制好的警示音"下降！下降！"。TCAS 可以实时做出复杂的决策，以保证飞机的安全。一方面，它必须尽可能多地探测潜在的碰撞事件（在传感器数量有限的制约条件下）。另一方面，它必须尽可能少地发出错误警示，因为它推荐的紧急躲避动作本身对飞机而言就有潜在的危险。

Leveson 等人 [Lev94] 制定了 TCAS II 系统的规格说明。在这里我们不罗列整个规格说明，只涵盖它的要点。设计者用 RSML 语言编写 TCAS II 规格说明，并使用改进版本的状态图表示法来描述状态，以使状态的输入和输出都非常明确。基本的状态表示法如下图所示。

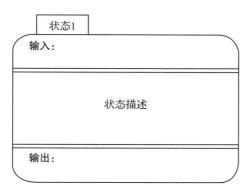

他们还使用一条转换总线来展示所有的状态，以及所有（或几乎所有）状态之间的相互转换。例如，在下图中，状态 a、b、c、d 可以转换到任意其他的状态。

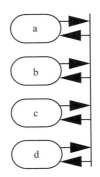

防撞系统（Collision Avoidance System，CAS）的顶层描述相对比较简单，如下图所示。

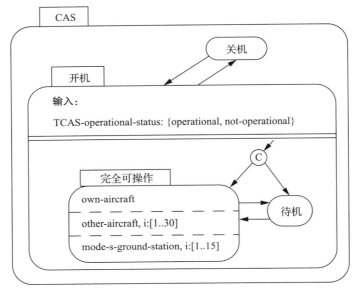

该图规定系统拥有"关机"和"开机"状态。在"开机"状态，系统可能处于"待机"或者"完全可操作"模式。在"完全可操作"模式下，三个组件可以并行运行并通过 AND 状态来指定。这三个组件分别为：一个追踪本架飞机状态的子系统，一个追踪至多 30 架其他飞机状态的子系统，以及一个追踪至多 15 座能够提供雷达信息的 S 型地面基站的子系统。

接下来的图给出了 Own-Aircraft 的 AND 状态的规格说明。同样，飞机 Own-Aircraft 的行为是一些子行为的 AND 组合。Effective-SL 和 Alt-SL 状态是控制系统灵敏度等级（Sensitivity Level，SL）的两种方式，每种状态都代表不同的灵敏度等级。系统的灵敏度取决于飞机距离地面的高度，以及其他一些因素。Alt-Layer 状态将垂直空间分层，并在此状态下追踪当前层。Climb-Inhibit 和 Descend-Inhibit 状态分别用于有选择的禁止上升（在高海拔地区实现可能会有困难）和下降（距离地面越近越危险）。类似地，Increase-Climb-Inhibit 和 Increase-Descend-Inhibit 状态用于禁止高速上升和下降。由于 Advisory-Status 状态比较复杂，在此不做详述。

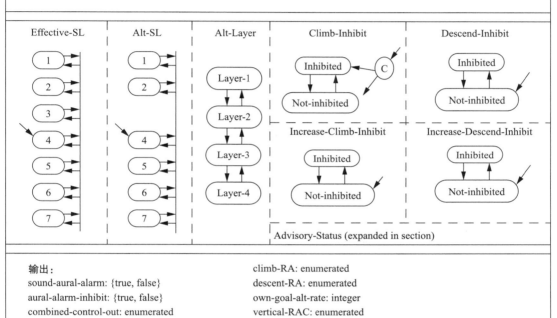

7.4.2　UML 建模扩展语言

UML 配置文件（UML Profile）中定义了一些特性，可以用于系统建模和实时嵌入式计算系统设计。这些建模扩展语言提供了系统和嵌入式概念的标准表述方式。我们将以一个简单的发动机控制单元为例，说明这些建模扩展语言的特点。

系统建模语言（SysML）[OMG17] 是一种基于 UML 但用途广泛的系统工程语言。SysML 定义了九种类型的图，部分类型与 UML 中的定义一致，也有一些新的类型是SysML 定义的。外框对于 UML 图而言是可选部分，而 SysML 图都必须有外框，所有SysML 图都有一个定义好的缩写。其中序列图（sd）、状态机图（STM）、包图（pkg）和用例图（uc）与在 UML 中的使用方式是相同的。

SysML 支持两类模块图：**模块定义图**（block definition diagram，bdd）定义了在体系结构中使用的模块的类型，**内部模块图**（internal block diagram，ibd）定义了模块内部各组成部分之间的关系。图 7.4 展示了发动机控制单元的模块定义图，它包括三个模块或子系统：

发动机传感器、控制律计算模块和发动机执行器。图 7.5 展示了相应的内部模块图。

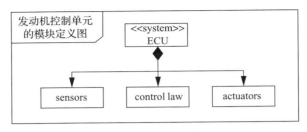

图 7.4   SysML 模块定义图

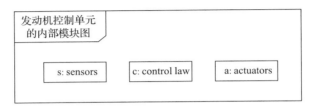

图 7.5   SysML 内部模块图

活动图（activity diagram，act）是对象控制流与对象数据流的结合，用于描述模块的行为。图 7.6 展示的行为较为简单：控制流使用状态机构造来描述，而发动机温度值的对象则显示信息流。

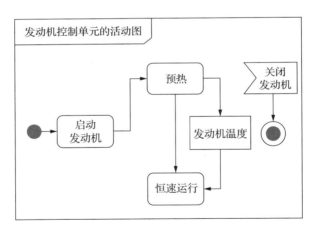

图 7.6   SysML 活动图

需求图（requirement diagram，req）和**参数图**（parametric diagram，par）是 SysML 新增的图。图 7.7 展示了一个简单的需求图，包括一个功能性需求和一个非功能性需求。图 7.8 展示的是参数图，图中的模块用于定义表示为输入和输出的参数之间的关系。

SysML 还支持用表来描述元素之间的关系。

MARTE[OMG19] 指的是实时和嵌入式系统的建模和分析（modeling and analysis of real-time and embedded system），它提供了专门用于实时和嵌入式系统设计领域的几类图表。

非功能属性建模（Non-Functional Properties modeling，NFP）模块用于获取系统的非功能属性。**时间建模**（Time modeling，Time）模块用于对定时和时序进行建模。图 7.9 给出的简单序列图具有 MARTE 定时约束，并且通过给出一个范围（图中的 cpmin 到 cpmax）来表示时间的约束。时间约束有多种类型，包括没有时间约束的因果模型、部分存在时间约束的同步模型，以及具有严格实时约束的物理模型等。

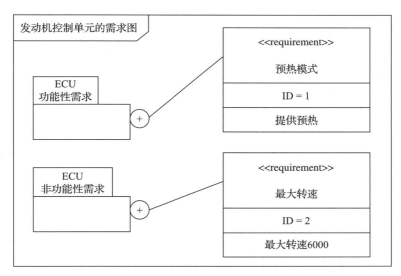

图 7.7　SysML 需求图

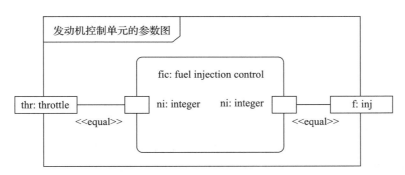

图 7.8　SysML 参数图

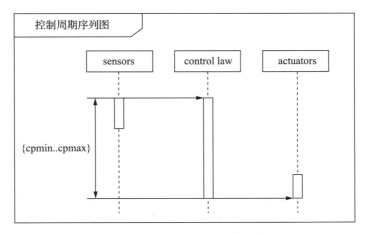

图 7.9　具有 MARTE 定时约束的序列图

MARTE 还支持对分配决策的描述。

分配建模（Allocation modeling，Alloc）模块支持将功能和操作指定给特定资源来完成。图 7.10 展示了一个对象图，其中包括两个层次的分配建模约束：从功能模块到 RTOS 抽象层，再到计算平台。

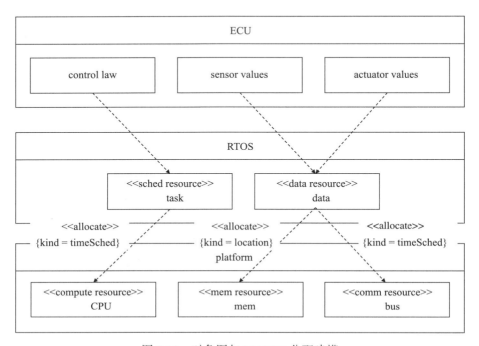

图 7.10   对象图与 MARTE 分配建模

高级应用建模（High-Level Application Modeling，HLAM）配置文件用于描述定量和定性特征。**详细资源建模**（Detailed Resource Modeling，DRM）配置文件提供**软件资源建模**（Software Resource Modeling，SRM）和**硬件资源建模**（Hardware Resource Modeling，HRM）。

通用定量分析建模（Generic Quantitative Analysis Modeling，GQAM）配置文件用于描述两种类型的评估：软件任务集的可调度性分析，以及性能分析（通常通过统计数据的特征来表示，如峰值、平均值、方差等）。MARTE 可调度性分析配置文件可以支持时间约束和可调度性的分析，以及时序对系统设计参数的敏感性分析。可调度性涉及工作负载、违反实时约束的表现形式、系统中的计时工具，以及系统的资源（如 RTOS 调度器）等。**性能分析建模**（Performance Analysis Modeling，PAM）配置文件用于描述最佳效能和软实时系统。

7.5   系统分析和体系结构设计

本节研究如何将规格说明转换为体系结构设计。我们已经介绍过一些转换技术，本节主要研究全局系统体系结构的转换：7.5.1 节讨论嵌入式计算系统的常见设计模式，7.5.2 节讨论体系结构的事务级建模。

7.5.1   设计模式

设计模式（design pattern）解决的是某一类重复发生的工程问题。设计模式的价值在于收集对一类问题的最佳实践，并借助这些最佳实践确定正在完成的任务的体系结构。嵌入式体系结构的设计模式可能会考虑以下几个方面：计算平台、操作分配、计算调度和数据传输。

微控制器提供了嵌入式计算中最基本的设计模式之一。单个处理器通过总线连接到内存和 I/O 设备，线程在 RTOS 的控制下运行。微控制器的单芯片特性简化了许多设计决策：将CPU、内存和 I/O 配置为一个整体，片上通信通常比片外通信在时间成本和能耗方面更低。

异构多处理器片上系统（MPSoC）则更为复杂。MPSoC 包括多个处理器，其中一些可能是编程能力有限的加速器。MPSoC 中可能还包括多个内部通信网络。

网络控制系统（networked control system）通常指单总线系统。它与微控制器（CPU、存储器、I/O、总线）共享相同的结构，但 CPU、存储器等组件被嵌入多个芯片，并且可能分布在很大的物理空间中。这时，网络中的数据传输问题就成为设计的重点。

其他几种用于网络控制的设计模式具有更复杂的拓扑结构。例如，单元型（unit）拓扑会将对某一特定操作的处理限制在其物理空间内，功能体系结构型拓扑包含若干相关功能的组合，共享型结构会将多个不同的功能组合成一个单元，区域体系结构则将计算资源按其物理位置进行分组。我们将在第 9 章中探讨这些体系结构，并讨论它们在汽车和飞机中的应用。

7.5.2　事务级建模

将规格说明提炼为体系结构还需要几个因素，包括功能、实时性能、功耗等。利用中间抽象的概念将有助于我们管理设计过程，以及存在此消彼长关系的竞争约束。在传统的抽象描述中，在硬件设计中使用的是**寄存器传输级设计**（register transfer design）[⊖]，它是一种时钟周期精确模型。相应地，在软件设计中，我们以线程为模型描述代码逻辑。而中间抽象使用的是**事务级模型**（transaction-level model）[Cai03]。**事务**（transaction）指的是并发实体（软件线程或硬件单元）间的通信。对于事务的建模，我们可以根据需要设计不同的精度，为设计优化提供路径：

- 无时间模型（在 MARTE 术语中称为因果关系）保留事务的偏序，但不提供执行时间信息。无时间模型仅支持功能级调试。
- 总线精确模型（在 MARTE 术语中称为同步）提供了事务的精确定时模型，通常根据总线规格和对软件执行时间的估算，确定总线事务的估计时间。
- 周期精确模型（在 MARTE 术语中也称为同步）以精确到时钟周期的计时，对通信、软件和硬件进行建模。

SystemC[IEE12] 是一个 C++ 库，支持模拟和并发进程的协同，如嵌入式软件和硬件。OCCN 框架 [Cop04] 是建立在 SystemC 之上的建模和仿真环境。

7.6　可靠性、防危性和安全性

产品或服务的质量可以通过它在多大程度上实现了预期功能来评判。导致产品质量不高的原因可能有很多，比如生产制造不精细、组件设计不合理、体系结构不完整以及对产品需求的理解不充分等。

⊖　即在硬件层面关注的是对寄存器的赋值和寄存器状态的改变。——译者注

在评估现代嵌入式计算系统时，传统的仅满足消费者需求的质量观念是远远不够的。**可靠性**（dependability）、**防危性**（safety）和**安全性**（security）是评估一个系统是否令人满意的重要度量标准。这三个概念相关但又不同。可靠性是测量系统无故障情况下运行时间长度的定量术语 [Sie98]。防危性和安全性可以用可靠性指标来衡量。所有这些术语都与质量相关。

5.10 节中介绍的软件测试方法可以解决质量相关的需求，但对于可靠性、防危性和安全性的追求必须贯穿到整个设计流程中。比如，不能忽视的一点是，适当的需求和规格说明是决定质量的重要因素。如果系统难以设计，那么就很难保证它最终能够正常运行。客户可能想要一些听起来不错，但实际上并不会增加系统整体实用性的特性。在许多情况下，拥有过多特性只会使设计和实现过程更容易产生错误，而且在面对恶意攻击时，难以通过改善设计来解决这些问题。

本节将更加详细地回顾这些相关概念。7.6.1 讨论质量保证技术，7.6.2 节介绍一种质量管理方法——设计审查，7.6.3 介绍几种面向安全的方法，7.6.4 重点讲述一个安全性的示例。

7.6.1 质量保证技术

质量保证（quality assurance）是指保证产品在可靠性、安全性、防危性以及其他方面能够满足使用要求，这里可以是非正式的要求也可以是形式更严格的要求。国际标准化组织（ISO）创建的 ISO 9000 质量标准广泛应用于各行各业，其中也包括嵌入式硬件和软件。为特定产品（例如木质结构梁）开发的标准可以指定该产品特有的指标，例如梁必须能够承载的负载。但是，即便是 ISO 9000 这样广泛的标准也不能涵盖每个行业的所有细节。因此，ISO 9000 只适用于创建产品或服务的方法。ISO 9000 是一个针对流程的标准，涉及整个组织机构的管理以及在设计和制造过程中采取的各个步骤。

本书对 ISO 9000 不进行详细描述，但有一些书籍 [Sch94；Jen95] 描述了如何在软件开发中使用 ISO 9000 标准。在此，我们基于 ISO 9000 对质量管理提出以下几个观点：

- 过程至关重要。随意开发会导致随意和低质量的产品。了解创建高质量产品所要遵循的步骤是确保实际执行所有必要步骤的关键。
- 文档很重要。文档有几个作用：创建描述过程的文档有助于参与者理解过程，文档有助于内部质量监测小组确保实际执行所有的必要过程，文档还有助于外部人员（客户、审计师等）了解过程及其实现。
- 沟通很重要。质量最终还是依赖于人。好的文档有助于人们了解整个质量过程。组织中的人员不仅应该了解他们的具体任务，还应该了解他们的工作如何影响整个系统的质量。

存在多种用于验证系统设计并确保质量的技术。这些技术可以是手动的，也可以是基于工具的，其中手动技术在实践中出乎意料地有效。7.6.4 节将讨论设计审查机制，这其实是一个讨论设计的会议，通过这个会议能够非常有效地识别错误。第 5 章描述的许多软件测试技术都是可以手动执行的，通过跟踪程序可以确定所需的测试用例。基于工具的验证方法在管理复杂设计中产生的大量信息时特别有效。测试用例生成程序可以将许多生成测试集的苦差事自动化。跟踪工具可以帮助确保已经执行过的各个步骤。设计流程工具可以将其他工具运行设计数据的过程自动化。

指标对于质量控制过程是很重要的。要了解系统是否达到高级别质量，我们必须能够度量系统的各个方面和设计过程。我们可以度量系统本身的某些特性，例如程序的执行速度或测试模式的覆盖情况，也可以度量设计过程的某些特性，例如发现错误率等。

这些质量保障技术（无论是基于工具的还是手动的）必须贯穿在整个过程当中。过程的细节由若干因素决定，包括：所设计的产品类型（例如，视频游戏、激光打印机、航空交通管制系统等），所要制造的单元的数量，可用设计时间，公司已有的管理惯例与新的流程管理规范融合时的复杂程度，以及许多其他因素。ISO 9000 的一个重要作用是帮助组织研究整个过程以提高质量，而不是在某些看起来重要的特殊时间段突击解决问题。

评价一个组织的软件开发过程质量的方法有很多，其中一种众所周知的方法是由卡内基·梅隆大学软件工程研究所 [SEI99] 开发的**能力成熟度模型**（Capability Maturity Model，CMM）。CMM 提供了一个用于评判组织的模型，该模型根据组织的成熟度将其划分为以下五个级别。

1. *初始级*。过程组织很不完善，缺乏明确定义的步骤。项目的成功取决于个人的努力，而不是组织本身。

2. *可重复级*。该级别提供基本的跟踪机制，使管理层能够了解成本、调度以及正在开发的系统与其设计目标的匹配程度。

3. *已定义级*。管理过程和工程过程都被文档化和标准化。所有项目的过程都是按照文档规定的和被认可的标准方法来执行的。

4. *已管理级*。在该级别能够精确且细致地度量开发过程和产品质量。

5. *优化级*。这是成熟度的最高级别，这一阶段使用详细度量得到的反馈来持续改进组织过程。

软件工程研究所发现，世界各地很少有组织能达到持续改进的最高级别，而相当多的组织在初始级的混乱过程中运作。然而，CMM 提供了一个基准，组织可以通过该标准来评判自己，并使用这些信息进行改进。

7.6.2　设计审查

设计审查（design review）[Fag76] 是质量保证过程中的关键步骤。它是在设计过程早期发现错误的一种简单、低成本的方法。设计审查其实就是团队成员讨论设计，并且评审系统组件工作情况的会议。有些错误在会议准备阶段就会被发现，因为这时设计人员被迫对设计进行仔细思考。而其他错误会由参加会议的人员发现，因为他们能注意到设计人员可能没有发现的问题。通过在设计早期发现错误，并防止这些错误遗留到实现阶段，可以减少完成可交付系统所需的时间。设计审查还可以提高实现的质量，并使后期的设计调整更容易实现。

一次设计审查用以评审系统的一个特定组件，评审小组成员包括以下几类：

- *设计者*。被审查组件的设计者当然是设计过程的核心。他们将自己设计的组件提交给团队的其他成员进行审查和分析。
- *评审负责人*。评审负责人协调会前准备、设计审查和会后跟进。
- *评审记录人*。评审记录人负责记录会议内容，以便设计者和其他人员知道需要解决的问题。
- *评审听众*。评审听众需要了解并研究被审查的组件。听众自然包括该项目组的其他成员，他们最好是被评审组件的使用者。来自其他项目的听众也常常会发表有价值的观点，并可能注意到该团队成员忽略的问题。

设计审查过程在会议之前就已经开始了。设计团队要在会前准备一组用于描述被评审组件的文档（如代码清单、流程图、规格说明等）。这些文档在会议之前分发给评审小组的其他成员，以使每个人都有时间熟悉这些材料。评审负责人协调会议时间并负责分发讲义等。

在会议期间，评审负责人的职责是确保会议顺利进行，评审记录人负责记录会议内容，设计者负责展示组件设计。设计者对被评审的组件采用自顶向下的表述通常效果更好，即从需求和接口描述开始，然后是组件的整体结构和细节，最后是测试策略。听众应该在这些信息每个层面的细节中寻找各类问题，例如：

- 设计团队对组件规格说明的观点是否与整个系统规格说明一致？或者，设计团队是否误解了某些内容？
- 接口规格说明是否正确？
- 组件内部体系结构是否合理？
- 组件中是否存在编码错误？
- 测试策略是否恰当？

这些条目由评审记录人记录下来，并用于会后跟进工作。设计团队应该纠正错误，并解决会议中提出的问题。在修复错误的过程中，设计团队应该对所做的修改进行记录。评审负责人协调设计团队，以确保设计团队对问题做出更改，并将更改结果反馈给会议听众。如果所做更改比较容易理解，那么对于做出的更改编写一份书面报告就可以了。但如果在评审期间发现的错误涉及组件的重新设计，那么就需要为新的实现召开一个新的设计审查会议。在整个过程中，应该尽可能保持参与评审会议的人员不变，这样可能对过程管理和质量控制更有帮助。

7.6.3 面向防危性的设计方法

我们从一个例子开始，该例子描述了计算机控制的医疗系统中的一个严重安全问题。医疗设备类似于航空电子，是一个安全关键性应用；不幸的是，在这种医疗设备的设计错误还没被发现并找到解决方法之前，它就导致了一些死亡事件。现在我们使用规格说明技术来理解这个例子中的软件设计问题。

示例 7.6　Therac-25 医学影像系统

Therac-25 医学影像系统造成了 Leveson 和 Turner 所说的"迄今为止最严重的计算机相关事故（至少在非军事事故和被公认的事故中是这样的）"[Lev93]。在已知的六起事故中，Therac-25 释放大量辐射，导致了死亡和重伤。Leveson 和 Turner 分析了 Therac-25 系统和这些事故发生的原因。

Therac-25 由 PDP-11 微型机控制。该微型机负责控制辐射枪，从而给病人发射一定量的辐射。同时，它也运行一个显示主要用户界面的终端。该机器的软件由一名程序员经过多年时间用 PDP-11 汇编语言开发完成。软件主要包括四部分：存储数据、调度程序、任务集和中断服务。系统中的三个主要任务为：

- 治疗监控任务，用于控制和监控八个治疗阶段的设置、启动和服务过程。
- 伺服任务，用于控制辐射枪、机器的动作等。
- 管理任务，负责检查系统的互锁状态和边界限制。边界限制检查决定了一些系统参数是否超出预设的极限值。

Therac-25 的代码相对比较粗糙，它的软件允许多个进程访问共享内存，但是除了共享变量之外，Therac-25 再没有一个同步机制，针对共享内存的 test-and-set 操作并没有独立开来。

让我们仔细分析一下那些引起了一系列事故的软件问题。Leveson 和 Turner 从相关软件逆向推导出规格说明，并建立了以下结构：

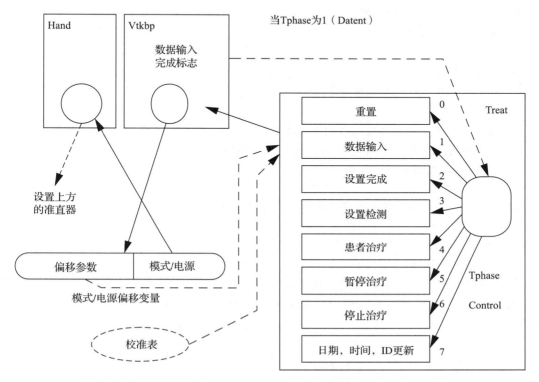

- Treat 是治疗过程的监控任务，分为八个子程序（重置、数据输入等）。
- Tphase 是控制当前执行哪一个子程序的变量。Treat 在每一个子程序执行之后再重新调度自己。
- 数据输入子程序根据数据输入完成标志这一共享变量与键盘输入任务进行通信，并根据该标志的值决定何时结束数据输入模式而进入设置检测模式。
- 模式/电源偏移变量是一个共享变量，它的高位字节装载数据输入子程序所使用的偏移量参数，低位字节装载 Hand 任务使用的模式/电源偏移量。

当机器运行时，要求操作员输入模式/电源变量值（某一种模式下电源设置为默认值），但之后操作员可以对模式和电源进行单独编辑。软件行为是与时间相关的。如果键盘处理程序在操作员改变模式和电源变量值之前设置了"完成"变量，那么数据输入任务就不会检测到模式/电源的改变——而一旦 Treat 离开数据输入子程序，在治疗期间它就不会再次进入数据输入子程序。然而，并行运行的 Hand 任务会应用新的模式/电源值。显然，该软件没有包含检测不一致数据的操作。

在模式/电源变量值设置好之后，软件向数/模转换器发送参数，然后调用磁铁设置子程序来设置偏转磁铁。磁铁设置大概要花费 8 秒，并由延时子程序提供控制软件的延时。由于数据输入、磁铁设置和延时的编码方式，用户对参数的更改可能会在屏幕上显示出来，但是在延时的 8 秒内数据输入子程序却无法响应该参数的改变。因此就发生了这样一起事故：

操作员初次输入模式 / 电源值之后进入命令行，并在 8 秒内对模式 / 电源进行了更改，从而导致数据输入子程序没有响应参数的改变。由此可以看出，这个错误取决于操作员的打字速度。操作员的操作会随时间而变得越来越快、越来越熟练，所以越有经验的操作员越可能引发该错误。

Leveson 和 Turner 强调，糟糕的设计方法和有缺陷的体系结构是导致事故发生的根源：

- 设计者进行的防危特性分析非常有限。例如，在没有明显证据的情况下，就把某类特定错误判定为小概率事件。
- 没有使用备用机械系统来检查机器的操作（例如利用机械装置测试辐射能量，一旦超过安全范围就采取应急处理措施），尽管这样的备用机制在更早期的机器模型中早已使用。
- 程序员基于不可靠的编码风格来编写复杂的程序。

总之，Therac-25 的设计者进行的测试是不充分的，他们没有进行足够强度的模块测试或者形式化分析来保障系统的质量。

目前已经开发出一些方法来专门处理安全关键性系统的设计，而且其中一些已经被行业组织广泛接纳为标准。面向安全的方法是对前面讲到的设计方法的补充，通过应用已经被证明有效的技术来提高最终系统的安全性。

可靠性通常取决于一些只能用统计学模型描述的隐藏特性，其中**可用性**（availability）描述的是系统能够持续正确运行到达某个时间的概率。对可靠性（dependability）的详细描述超出了本节讨论的范围，在此给出可依赖性（reliability）的通用模型，通常用指数分布模型描述：

$$R(t) = e^{-\lambda t} \tag{7.1}$$

参数 λ 表示单位时间内系统产生故障的次数。

面向安全的方法通常包括以下三个阶段：

- 危害分析。危害分析用于确定可能发生的安全相关问题的类型。
- 风险评估。风险评估是指分析危害的影响，比如损害的严重程度或可能性。
- 风险消减。风险消减是指通过修改设计来提高系统对已识别危险的响应。

针对安全关键性系统的设计已经形成了若干标准。这些标准中有许多都是针对专门应用领域的，比如航空或者汽车。这些标准包含对不同抽象层次的安全性设计要求，比如其中一些针对设计的早期阶段，而另外一些针对编程阶段。

ISO 26262 [ISO18A] 是关于汽车电气和电子系统功能安全管理的标准。该标准描述了如何评估危险，确定减少风险的方法，以及追踪最后交付产品的安全性需求。危害分析和风险评估的结果用于形成汽车安全完整性等级（Automotive Safety Integrity Level，ASIL）[ISO11C]。其中事件的危害等级是根据预计损伤程度做出的分类，暴露等级是针对人暴露于事件的可能性做出的分类，而可控性等级是根据人为了控制危害能够做出反应的程度做出的分类。

DO-178C [RTC11] 为空运软件提供安全相关的流程。危害分析将每种故障触发条件分配到一个**软件级别**（software level）：A 为毁灭性的，B 为危险的，C 为较大的，D 为较小的，E 为无影响的。该标准要求生成的安全相关需求在软件实现和测试过程中是可追踪的。

美国汽车工程师学会（Society of Automotive Engineers，SAE）制定了若干用于汽车软件的标准：J2632 适用于 C 语言代码的编程软件，J2516 适用于软件开发生命周期，J2640 适用于软件设计需求，J2734 适用于软件验证和确认。

目前已经开发出一些编程标准，用于增加特定软件的可靠性。编程标准必然对应于特定的编程语言，但是参照编程标准的一些具体示例有助于了解它们在可靠性和质量保证中的作用。

美国汽车工业软件可靠性协会（Motor Industry Software Reliability Association，MISRA）制定了一系列用于汽车和其他关键系统的软件编程标准：MISRA C:2012 [MIS13] 是一个 C 编程语言标准的升级版本，而 MISRA C++ [MIS08] 是一组 C++ 的标准。这些标准都给出了关于用编程语言编写程序的指导方针和规则。MISRA 还把这些特定准则融入整个系统的开发方法中，即将这些准则明文规定为软件流程的一部分。

MISRA C 标准给出了一组常见的指导方针，其中有一些是通用要求（如要求代码的可追溯性），而其他一些比较具体（如代码应该没有编译错误）。此外，它还给出了一组更特殊的规则。例如，项目不应该包括不可访问代码或者"死代码"。（不可访问代码永远不会被执行，而"死代码"可以被执行但没有效果。）还有，所有函数类型都要求用函数原型的形式给出。C 语言的早期版本不要求程序声明函数的参数或者返回值的数据类型，而 C 之后的版本则创建函数原型来包含类型信息。这条规则就要求必须使用函数原型的形式给出函数类型。

这些标准需要通过工具来实施。依靠人工方法（例如设计审查）来执行这些标准中的大量细节将是非常烦琐的。目前已经开发出商业工具来专门检查这些规则，并能够自动生成报告以记录设计过程。

CERT C [Sea14] 是 C 语言程序编码的标准，它不直接以嵌入式系统为目标。CERT C 的规则可以分为 14 类，包括内存管理、表达式、整数、浮点数、数组、字符串和错误处理之类的内容。而 ISO/IEC TS 17961 [ISO13] 是用于 C 语言安全编码的标准。

7.6.4　安全性

安全关键性系统也必须是具有保密性的系统。保存了用户的账号信息并能够接入互联网的设备很可能会成为一种攻击途径，但攻击也可能更多地来自间接途径。

气隙的失效（air gap myth）⊖就是漏洞的主要来源之一。在现代嵌入式计算系统中，增强安全性的直接方法是构造一个使设备无法直接接入互联网的气隙，然而这种想法是幼稚且不现实的。各种各样的设备和技术都可以作为载体将感染带入嵌入式处理器。

下面这个例子将讨论针对信息物理系统的首次网络攻击——震网病毒（Stuxnet）。被攻击的系统未直接接入互联网，但它仍然被成功攻击。

示例 7.7　震网病毒

震网病毒的命名主要源于对伊朗核加工设施的一系列攻击 [McD13，Fal10，Fal11]。伊朗核加工设施没有直接连接到互联网，而是使用气隙与外界进行连接隔离。但是，该设施的计算机被感染是由于工人使用了在连接外部机器时已经感染病毒的 USB 设备，他们用这些被感染的 USB 存储设备上携带的软件工具，在核处理设施的计算机上执行标准的软件操作。

⊖　这里气隙是一种很形象的说法，指的是两个计算机系统之间存在一定的间隙，更常见的说法是物理隔离。——译者注

　　震网病毒专门袭击一种特殊类型的可编程逻辑控制器（Programmable Logic Controller，PLC），该 PLC 专门用于控制核处理设备中的离心机。PLC 使用 PC 编程，而感染震网病毒的 PC 会执行两个动态链接库来攻击 PLC 软件，其中一个用于识别攻击 PLC 的代码（这个过程被称为**指纹识别**），另一个用于修改 PLC 的程序。

　　震网病毒通过修改 PLC 编程软件来对离心机产生错误操作。攻击代码对核处理设备结构和被攻击的离心机是具备一定了解的。震网病毒使用**重放**来隐藏攻击：首先记录在非故障行为期间离心机的输出信息，然后在恶意操作离心机的同时对外重放所记录的正确输出。此外，震网病毒还修改了 PLC 编程软件，用以隐藏 PLC 修改痕迹。

　　这些袭击对核处理设施造成了大范围的破坏，严重损害了其运转能力。

　　Graff 和 van Wyck [Gra03] 推荐了一些方法论的步骤来帮助提高程序的保密性。评估可能的威胁以及这些威胁造成的风险是程序设计过程早期的一个重要步骤。程序的**攻击面**（attack surface）是程序可以被攻击的位置和用例的集合。一些应用程序天然具有很小的攻击面，而其他一些应用程序则本身就具有更大的攻击面。正如我们将在第 9 章看到的，汽车的远程信息处理接口就提供了较大的攻击面。一旦识别出风险，可以使用几种方法来消减风险，如避免在特殊情况下使用应用程序、执行检查以限制风险等。从程序操作中寻找那些异常的、看起来可能有风险的操作可以帮助我们识别潜在的缺陷。

7.7　总结

　　系统设计从全面视角看待正在设计的应用程序和系统。为了确保设计出一个可用的系统，我们必须理解应用及其需求。许多技术（例如面向对象的设计）可以用于从系统的原始需求来创建有用的体系结构。在整个设计过程中，通过度量设计流程，我们可以更清楚地理解错误来自哪里、如何修复它们以及怎样避免未来再次引入这些错误。

　　我们学到了什么

- 设计方法和设计流程可以以多种不同的方式组织。
- 使需求明确化的方法有多种。
- 系统建模有助于体现系统的功能性与非功能性特性。
- 可靠性、防危性和安全性是嵌入式系统的相关特性，也是设计过程中需要重点考虑的问题。

扩展阅读

　　Pressman [Pre97] 对软件工程进行了全面介绍。Davis [Dav90] 对软件需求的相关知识进行了综述。Beizer [Bei84] 研究了系统级的测试技术。Leveson [Lev86] 对软件安全进行了很好的介绍。Schmauch [Sch94] 和 Jenner [Jen95] 都描述了软件开发的 ISO 9000 标准。由 Chow [Cho85] 编辑的教程包含若干关于软件质量保证的重要早期论文。Cusumano [Cus91] 描述了大量美国和日本的软件生产企业的工作模式。

问题

Q7-1　需求文档可能存在以下几种问题，请提供存在这些问题的实例。

　　a. 不明确

b. 不正确

c. 不完整

d. 无法验证

Q7-2　一份设计糟糕的规格说明是如何导致低质量代码的？糟糕的规格说明必然导致糟糕的软件吗？

Q7-3　设计审查的主要阶段有哪些？

Q7-4　请举一个可靠性测量的例子。

Q7-5　在 Therac-25 中发现了哪些安全相关的功能性错误？

Q7-6　在 Therac-25 中发现了哪些安全相关的非功能性错误？

Q7-7　在 Therac-25 中发现安全相关问题的方法是什么？

Q7-8　如何使用重放攻击来攻击汽车？

上机练习

L7-1　绘制图表，展示一个你最近设计的项目的开发步骤。

L7-2　找到一个你所感兴趣的系统的详细描述，然后用自己的话描述该系统是做什么的以及如何工作的。

物联网系统

本章要点
- IoT（物联网）= 传感器 + 无线网络 + 数据库。
- 针对 IoT 设备的无线网络。
- 针对 IoT 系统的数据库设计。
- 设计实例：智能家居。

8.1 引言

物联网（Internet of Things，IoT）（或者称为 Internet of Everything）是一个新名词，但是它所描述的概念已经经历了数十年的发展。帕洛阿尔托研究中心的 Mark Weiser 创造了术语**普适计算**（ubiquitous computing），用来描述一系列智能和互联的设备，以及这些设备可以承载的应用。摩尔定律使得我们能够不断改进这些早期的设备：现代 IoT 设备能够提供更强大的计算和存储能力，它们可以以更低的能耗运转，同时价格更低廉。无线通信技术的发展也使得这些设备之间、设备与传统通信系统之间能够进行更有效的通信。毋庸置疑，这些改进促进了 IoT 设备、系统以及应用的大量涌现。

本章将会描述 IoT 系统设计中的一些基本概念。我们首先对 8.2 节中使用 IoT 技术的应用进行研究，接着在 8.3 节中讨论 IoT 系统体系结构。8.4 节研究了几种网络技术，这是 IoT 系统设计中的核心概念。在 8.5 节中，我们将看到两种用于在 IoT 系统中组织信息的数据结构：数据库和时间轮（timewheel）。最后，8.6 节中以 IoT 智能家居为例进行讨论。

8.2 IoT 系统应用

物联网系统是一种软实时网络嵌入式计算系统。IoT 系统通常包括标签、传感器之类的输入设备，也可能包括一些输出设备，如电动机控制器、电子控制器、显示器等。这些物联网设备可以是数据处理设备（显示器、按键）和信息物理设备（温度传感器、摄像机）的组合体。

物联网系统有多种不同的应用场景：
- 为仓库中的每一个货物添加一个计算机可读的识别码，从而实现用计算机系统跟踪物品的库存。
- 用户能够通过手机或计算机上的用户界面控制一个复杂的设备，比如一台仪器。
- 用一组传感器监控环境中发生的活动和产生的变化，并利用数据分析算法从传感器数据中提取有用的信息。例如，运动传感器系统可以监控并分析一名运动员或一组运动员的活动，智能建筑系统可以监控并调整建筑物的温度和空气质量。

对于人体我们可使用的设备包含三类：人体内的**植入**（implanted）设备，穿戴在人体外的**可穿戴**（wearable）设备，以及完全与人体分离的**环境**（environmental）传感器（例如安装在墙上）。这种分类对于其他物体也是适合的。因此，我们使用同一组描述设备的术语：**内**

部的（interior）、**外部的**（exterior）和**环境的**（environmental）。

存在各种用于人体的内部设备或者植入式设备，如心率传感器、神经传感器等。对于物体而言，也有内部的传感器，它们同样发挥着重要的作用，如发动机温度传感器等。智能手环是人体外部传感器的一个例子。环境传感器存在多种不同的形式，如门传感器、摄像机、气象传感器等。

示例 8.1　挂壁式相机

网络摄像机（IP camera）是指通过互联网连接传输数字视频的摄像机（老式的视频摄像机是通过电缆传输模拟视频信号的）。这些摄像机通常以 H.264 格式传输视频，也可能使用动态 JPEG 格式，即静态帧序列。许多摄像机还提供静态图像模式。全方位移动变焦（Pan-Tilt-Zoom，PTZ）摄像机可以水平移动（平移）、垂直移动（倾斜）以及变焦。有些摄像机使用半球形反射镜来捕获全景图像。

基于射频识别（Radio-Frequency IDentification，RFID）技术的设备是物联网设备的一个重要分支。RFID 标签可用于提供物理对象的标识号，以及可能的其他信息。许多 RFID 标签是只读的：在安装前，RFID 标签由单独的机器进行编程；在使用中，RFID 标签仅能够响应读取请求，返回它们被编程好的标识。一些标签在使用时也可以在无线传输控制下进行写入。

RFID 标签通信的常见使用方法可以分为两种。第一种是**无源的**（passive），即标签只有在接收到请求时才进行传输。另一种是**有源的**（active），这类标签除了会响应请求外，还会定期进行传输。

我们也把没有内部电源的 RFID 标签叫作无源标签，这类无源标签所有的能量都来自外部。需要注意的是，无源设备不一定都是无源的，有的无源设备也会配置一个辅助电池，但仍然只能进行无源通信。RFID 标签可以使用天线来接收射频能量，并能够将一些能量存储在电容器中，然后使用这些能量来操作无线电接收和传输数据。

RFID 标签可以在几个不同的频段和不同的距离范围内进行操作。一些标签只能在几厘米的范围内使用，而另一些却可以读取数十米之外的数据。

一些 RFID 标签使用电子产品代码（Electronic Product Code，EPC）[GS114] 作为标识码。EPC 可以用于为物理对象分配唯一的名称。

8.3　IoT 系统体系结构

我们通常将 IoT 系统分为**边缘**和**云**两个部分：边缘设备是系统的应用设备之一；来自边缘设备的数据会发往互联网服务器远程进行处理，这个互联网服务器就是云设备。

我们用公式来描述几种 IoT 系统的设计模式，每个模式都有自己的相关用例。最简单的设计公式就是智能设备：

$$IoT\ 智能设备 = 互连的设备 + 网络 + UI（用户界面）$$

在这种情况下，通信节点用于支持设备通过网络连接到用户界面，使得用户可以控制设备和访问设备的状态。图 8.1 显示了一个智能设备的 UML 序列图。在这个场景中，用户界面运行在诸如智能手机类的设备上，通过集线器发送和接收消息，与智能设备进行交互，并可以检查智能设备的状态，或者向智能设备发送命令。

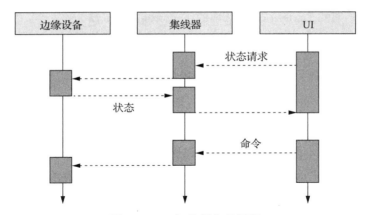

图 8.1　IoT 智能设备的用例

适用于分布式传感器系统的 IoT 设计公式更加复杂：

IoT 监控系统 = 传感器 + 网络 + 数据库 + 仪表盘

IoT 监控系统的例子包括智能家居、智能建筑或者智慧城市。图 8.2 展示了一个用例。传感器通过集线器将数据传输到数据库。运行在云端的数据分析程序从传感器数据流中提取有用的信息。这些分析结果通过仪表盘界面呈现给用户。**仪表盘**（dashboard）是一种数据呈现方式，能够提供系统状态、重要事件等概览信息。

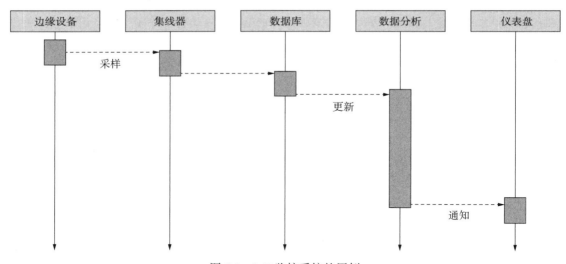

图 8.2　IoT 监控系统的用例

IoT 网络也可以用于控制系统，如图 8.3 所示。

IoT 控制系统 = 传感器 + 网络 + 数据库 + 控制器 + 执行器

无线传感器网络可以将传感器测量结果发送到云端控制器，然后云端控制器发送命令到边缘网络的执行器。控制算法可以是诸如电动机控制器的传统周期性算法，也可以是用于房屋或建筑物能源管理的事件驱动控制器。

　㊀　仪表盘是指用于呈现数据分布及变化规律的 UI。——译者注

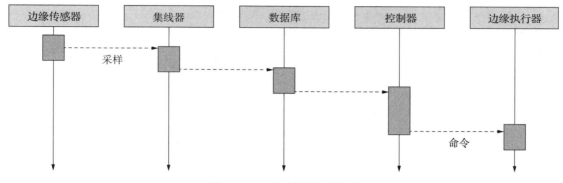

图 8.3　IoT 控制系统的用例

8.4　IoT 网络

网络是 IoT 系统的关键组成部分，无线网络相比于有线网络能够支持更大范围的传感器应用。本节将从回顾网络的基本概念开始，包括 OSI（Open System Interconnection）模型和互联网协议（Internet Protocol，IP），然后描述 IoT 系统中无线网络的一些基本概念。最后介绍四种广泛使用的无线网络：蓝牙和低功耗蓝牙（Bluetooth Low Energy，BLE），IEEE 802.15.4 和 ZigBee，WiFi，LoRa。

8.4.1　OSI 模型

网络是一种复杂的系统。理想情况下，它们能够提供高层次的服务，同时隐藏来自系统其他组件的数据传输细节。为了帮助理解和设计网络，国际标准化组织（ISO）开发了一个被称为**开放式系统互联**（OSI）模型的七层网络模型 [Sta97A]。理解 OSI 的各层将有助于理解真实网络的细节。

如图 8.4 所示，OSI 模型的七层旨在覆盖广泛的网络及其用途。有些网络可能不需要某几层的服务。更高的层可能缺失，或者中间层可能不需要。然而，任何数据网络都应该放入 OSI 模型的框架里。

OSI 模型包括七个层次的抽象，因此被称作七层模型：

- **物理层**（PHY）：物理层定义系统之间接口的基本属性，包括物理连接（插头和电线）、电气性能、电气和物理组件的基本功能，以及交换比特的基本过程。

应用层	终端接口
表示层	数据格式
会话层	应用对话控制
传输层	连接
网络层	端到端服务
数据链路层	可靠数据传输
物理层	机械的，电的

图 8.4　OSI 模型层

- **数据链路层**：这层的主要任务是进行单个链路上的错误检测和控制。然而，如果网络需要跳跃多个数据链路，那么数据链路层不定义多跳间的数据完整性机制，而只定义单跳内的数据完整性机制。数据链路层可以分为两个子层：用于控制访问权限的媒体访问控制（MAC）层和逻辑链路控制（LLC）层。逻辑链路控制层封装了网络协议，管理错误检查和帧同步。

- **网络层**（NWK）：这层定义基本的端到端数据传输服务。网络层在多跳网络中尤其重要。

- **传输层**：传输层定义面向连接的服务，确保以正确的顺序传输数据，并且无差错地跳跃多个链路。这一层也试图优化网络资源利用率。

- **会话层**：会话层提供了针对网络上的终端用户之间交互服务的控制机制，例如数据分组和检查点。
- **表示层**：这层定义数据交换格式，并提供面向应用程序的转换工具。
- **应用层**：应用层提供网络和终端用户程序之间的应用程序接口。

虽然嵌入式系统看似太过简单而不需要使用 OSI 模型，但实际上该模型是非常有用的。即使是相对简单的嵌入式网络也要提供物理层、数据链路层和网络层服务。越来越多的嵌入式系统需要提供互联网服务，也就意味着要求实现 OSI 模型中的全部功能。

8.4.2 IP

互联网协议（Internet Protocol，IP）[Los97，Sta97A] 是互联网上的基础协议。它提供无连接、基于数据包的通信。工业自动化长期以来一直使用基于互联网的嵌入式系统。使用互联网的信息设备正迅速成为 IP 在嵌入式计算中的另一个应用。术语互联网通常意味着通过 IP 连接起来的计算机全球网络。但使用 IP 也可以建立一个独立的网络，而不必接入全球互联网。

IP 不是定义在一个特定的物理实现上的，它是一个**网络互连**（internetworking）的标准。在标准中，我们认为网络数据包是由其他一些底层网络负责传输的，如以太网。一般来说，一个网络数据包从源到目的地址将经过几个不同的网络。IP 允许数据通过这些网络从一个终端用户无缝传输到另一个终端用户。IP 和单个网络之间的关系如图 8.5 所示。IP 工作在网络层，当节点 A 要向节点 B 发送数据时，应用层的数据经过几层协议栈后到达 IP。IP 通过创建数据包路由到目的地址，这些数据包紧接着到达数据链路层和物理层。在几种不同类型的网络中传输数据的节点被称为**路由器**（router）。路由器的功能位于 IP 层，由于它不运行应用程序，所以不需要达到 OSI 模型中网络层以上的层。一般来说，一个数据包可能要通过几个路由器才能到达目的地址。在目的地址，IP 层把数据交付给传输层并最终交付给接收方应用层。在数据通过协议栈各层的过程中，IP 数据包的数据会被封装成适合每一层的数据包格式。

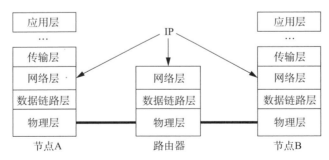

图 8.5 互联网通信中协议的使用

IP 数据包的基本格式如图 8.6 所示。数据包头和有效数据载荷长度都是可变的，但它们的总长度最大为 65 535 字节。

IP 地址是一个编号（在 IP 的早期版本中是 32 位，在 IPv6 中是 128 位）。IP 地址通常的形式是 xxx.xxx.xxx.xxx。用户和应用程序通常通过域名访问互联网节点，例如 foo.baz.com，这些域名通过调用**域名服务器**（Domain Name Server，DNS）转换为 IP 地址，DNS 是建立在 IP 之上的更高层的服务之一。

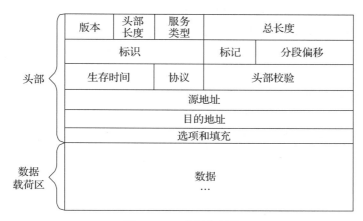

图 8.6　IP 数据包结构

IP 在网络层工作，这表明它不能保证数据包会被送达目的地址。此外，就算是已经到达目的地址的数据包也可能不是按顺序到达的。这被称为**尽力服务路由**（best-effort routing）。因为数据路由可能会变化很快，而后续的数据包又会沿着完全不同的路径传递，传输延迟也会不同，所以 IP 的实时性能很难预测。当嵌入式系统中部署的是一个小型网络时，可以通过仿真或其他方法来评估网络的实时性能，因为输入的可能性是有限的。但是互联网的性能可能受到全球用户使用模式的影响，所以本质上它的实时性能就变得难以预测。

互联网也提供在 IP 之上的更高层的服务，**传输控制协议**（Transmission Control Protocol，TCP）就是其中之一。它提供面向连接的服务，确保数据以正确的顺序到达，并且使用确认协议以确保数据包到达。因为许多更高层的服务建立在 TCP 之上，所以基础的协议通常被称为 TCP/IP。

图 8.7 展示了 IP 和更高层的网络服务之间的关系。从图中可以看到，以 IP 为基础，TCP 提供用于批量文件传输的**文件传输协议**（File Transport Protocol，FTP）、用于万维网服务的**超文本传输协议**（Hypertext Transport Protocol，HTTP）、用于收发电子邮件的**简单邮件传输协议**（Simple Mail Transfer Protocol，SMTP），以及用于虚拟终端的**远程登录协议**（Telnet）。**用户数据报协议**（User Datagram Protocol，UDP）是另一个单独的传输层协议，它是**简单网络管理协议**（Simple Network Management Protocol，SNMP）的基础。SNMP 能够提供简单的网络管理服务。

FTP	HTTP	SMTP	Telnet	SNMP
TCP				UDP
IP				

图 8.7　互联网服务栈

8.4.3　IoT 网络的概念

不是所有设备都会连接到互联网。尽管互联网可以与计算机系统充分融合并提供服务，但它无法适用于所有类型的设备。很多 IoT 设备通过非 IP 网络进行通信，这些非 IP 网络有时被称为**边缘网络**（edge network）。如图 8.8 所示，设备可以使用负责 IoT 网络和互联网之间转换的**网关**（gateway）连接到互联网。

IoT 网络与传统网络不同，它们不需要显式的设置和管理。**自组织网络**（ad hoc network）由一组节点自组织而成。节点为彼此提供路由消息，而不依赖于单独的路由器或其他网络设备。

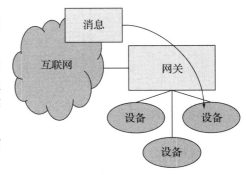

图 8.8　互联网和局域网之间的网关

我们可以从功能性特征和非功能性特征两方面来评估 IoT 网络：

- 它能否提供足够的安全性和隐私保护能力？
- 通信所需要的能量有多少？很多 IoT 网络设备只能依靠纽扣电池维持长时间的运转，我们称这些网络为**超低能量**（Ultra Low Energy，ULE）网络。
- 网络中增加设备的成本是多少？

自组织网络应该提供以下几种服务：

- **认证**：确定节点是否有资格连接到网络。
- **授权**：检查一个给定节点是否有权访问网络上的信息。
- **加密和解密**：用于提供安全性。

网络的**拓扑结构**（topology）描述的是网络内部的通信结构。在 OSI 模型中，两个节点之间是通过一条链路直接连接的。在不直接连接的两个节点之间通信需要经过若干跳。无线 IoT 网络的拓扑结构受几个因素的影响，包括无线电的覆盖范围和拓扑管理的复杂性。图 8.9 展示了几个 IoT 网络拓扑的例子：**星形网络**（star network）使用中心集线器，所有其他节点通过中心集线器进行通信；**树形网络**（tree network）的结构更加复杂，但在一对节点之间仍然只提供一条通信路径；**网状网络**（mesh network）是一种通用的结构。

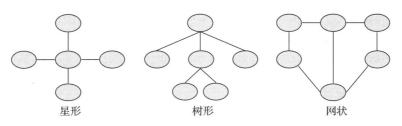

星形　　　　　　树形　　　　　　网状

图 8.9　IoT 网络拓扑示例

一旦网络要对节点进行认证，就必须执行一些管理（housekeeping）功能将新节点并入网络。**路由发现**（routing discovery）用于确定新节点和其他节点之间的数据包将使用的路由。路由发现首先在网络中寻找到达目标节点的路径，由节点广播一条消息，请求路由发现服务并记录接收到的响应，然后接收节点将它们自己的路由发现请求广播出去，这个过程将持续到请求到达目标节点为止。找到了若干条路由后，网络会基于对路径开销的评估选择其中的一条（或者多条）路径。路径开销的计算包括跳数、传输所需的能量以及每条链路上的信号质量。

如图 8.10 所示，路由发现会为每个节点生成一张路由表。当一个节点需要发送消息到另一个节点时，它会查询路由表以确定路径上的第一个节点，被确定的节点继续查询自己的路由表来确定下一跳，这个过程将一直继续到数据包到达目的地址为止。

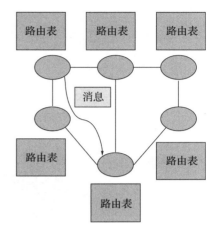

许多 IoT 网络同时支持**同步**（synchronous）通信和**异步**（asynchronous）通信。同步通信通常是周期性的，例如语音或采样数据。我们经常使用术语**服务质量**（Quality of Service，QoS）来描述带宽和同步数据周期性特征。为了按照服务质量要求的特性提供同步数据服务，网络需要为通信预留带宽。许多网络通过执行**准入控制**（admission control）来处理同步传输的请求，并确定网络是否有可用带宽用于支持请求。例如，如果已有太多的同步通信流而没有剩余足够的带宽来支持所请求的连接，那么请求就可能会被拒绝。

图 8.10　通过一个网络的路由数据包

无线网络同步通信的一个挑战是各个节点之间的同步。许多无线网络使用**信标**（beacon）来提供同步通信。如图 8.11 所示，信标是来自一个节点的数据包，用于标记通信间隔的开始。两个信标之间的时间通常被分为两段，其中一个用于同步数据包，而另一个用于异步数据包。在同步的时间段内，节点会使用同步通信协议进行数据交互。

图 8.11　信标传输

通信所需的能量是电池供电的无线网络的一个关键问题。能量需求可以以两种方式表示：焦耳或瓦特。电荷量则以安培小时来表示。安培小时这一度量指标可以被转化为使用电源电压表示的能量。

对于要考虑空闲时间、传输长度或其他因素的特定用例，通常要对能耗进行评估。我们可以使用 3.7.2 节中的电源状态机来计算无线网络的能耗，用例可以描述为在电源状态机中的状态迁移路径。如图 8.12 所示，给定在每种状态下花费的时间和该状态下的能耗，我们可以计算出一个用例的能耗。

8.4.4　蓝牙和低功耗蓝牙

蓝牙（Bluetooth）诞生于 1999 年，最初用于电话应用，如手机的无线耳麦。而现在蓝牙被应用于将各种设备连接到主机系统。**低功耗蓝牙**（Bluetooth Low Energy，BLE）也用到了"蓝牙"这个名称，但却是一个完全不同的设计。

经典蓝牙（Classic Bluetooth）[Mil01] 是一种已经被熟知的原始标准，运行于 ISM（Industrial，Scientific，and Medical）无线电频段。ISM 频段在 2.4GHz 的频率范围，而且世界各地对于 ISM 频段的使用都不需要许可。然而，在对 2.4GHz 的使用方法上有一些限制，例如带宽通道被限制为 1MHz，并且只能使用跳频扩频。

由于较小的物理尺寸，蓝牙网络通常被称为**微微网**（piconet）。微微网一般由一个主设备和几个从属设备组成。从属设备可以是活动状态，也可以是休眠状态。一个设备可以是多个微微网的从属设备。

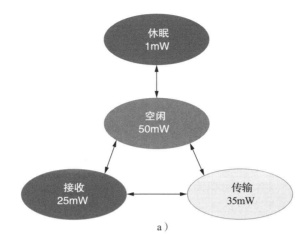

步骤	状态	时间	能量
1	休眠	1ms	1nJ
2	空闲	10ms	0.5nJ
3	接收	50ms	1.25nJ
4	传输	50ms	1.75nJ
5	接收	50ms	1.25nJ
6	传输	50ms	1.75nJ
			总计 = 6nJ

b）

图 8.12　一个无线电能量消耗分析的例子。a）无线电能量状态机。b）基于用例的能量分析

蓝牙的软件栈可以分为三组：**传输协议**（transport protocol）、**中间件协议**（middleware protocol）、**应用程序**（application）。

传输协议组包括以下组成部分：

- 无线电层提供数据的物理传输方法。
- 基带层定义蓝牙的空中接口[⊖]。
- 链路管理器执行设备配对、加密和链路属性的协商。
- 逻辑链路控制和适配协议（Logical Link Control and Adaptation Protocol，L2CAP）层提供一个简化的更高层传输的抽象。它将大的数据包分割成蓝牙数据包，协商所需的服务质量并执行准入控制。

中间件组包括以下组成部分：

- RFCOMM 层提供一个串行端口类型的接口。
- 服务发现协议（Service Discovery Protocol，SDP）提供一个网络服务目录。
- IP 协议，以及 TCP 和 UDP 等基于 IP 的服务。

⊖　空中接口是指基站和移动电话之间的无线传输规范，定义每个无线信道的使用频率、带宽、接入时机、编码方法以及越区切换。——译者注

- 各种各样的其他协议，比如用于红外线和电话控制的红外线数据协议（IrDA）。

应用程序组包括各种采用蓝牙技术的应用程序。

每个蓝牙设备都被分配一个 48 位的蓝牙设备地址。根据跳频扩频通信的要求，每个蓝牙设备都有自己的蓝牙时钟，用于同步在同一个微微网的无线电信号。当蓝牙设备成为微微网的一部分时，它会根据主设备时钟调整自己的操作。

网络上的传输在主设备和从属设备之间交替进行。基带支持两种类型的数据包：

- **面向连接的同步**（Synchronous Connection-Oriented，SCO）数据包用于面向服务质量的数据流，比如声音和音频。
- **无连接的异步**（Asynchronous ConnectionLess，ACL）数据包用于不提供服务质量保障的数据流。

SCO 数据流的优先级高于 ACL 数据流。

低功耗蓝牙（Bluetooth Low Energy，BLE）（Hey13），顾名思义，是用来支持极低功耗的无线电操作的。BLE 的常见使用场景是使用纽扣电池供电且需要超长工作时间的无线电设备。BLE 是蓝牙标准的一部分，但在一些基本方面不同于经典蓝牙。例如，BLE 在物理层使用与经典蓝牙不同的调制机制。但是，BLE 与经典蓝牙也有一些共同特性和组件，例如 L2CAP 层。

尽量减少无线电开启时间是降低能耗的关键。BLE 采用了一些方法来最小化无线电开启时间，比如，在链路级别将数据包设计得相对较小。此外，BLE 协议支持无需长时间连接的通信。

广播（advertising）是用于支持低能耗运行的一种通信形式。设备可以发送广播数据包，也可以监听广播数据包。广播可以用来发现设备或广播信息，一些简短的通信可以完全通过广播来完成。如果设备之间需要更长时间的通信，低功耗蓝牙也支持建立连接的通信方式。

图 8.13 显示了 BLE 链路层的状态机。扫描状态允许设备监听来自其他设备的广播数据包：被动扫描只是监听，而主动扫描除了监听之外，还会发送请求来得到额外信息。广播状态对应于正在传输广播数据包的设备。广播状态或者初始状态均可切换到已连接状态。与经典蓝牙一样，连接中的设备不是主设备就是从属设备。所有状态都可以切换到待机状态。

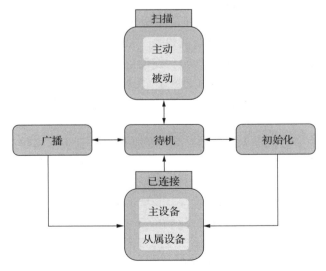

图 8.13　低功耗蓝牙链路层状态机

BLE 主机控制器接口（Host Controller Interface，HCI）提供了一些与主机通信的接口：UART 提供简单的通信功能，5 线 UART 在 3 线 UART 的基础上增加了连接建立和确认方面的功能，USB 用于提供高速通信通道，安全数字输入 / 输出（Secure Digital Input Output，SDIO）用于中等速度的通信。

属性协议层（Attribute Protocol Layer）提供了一种机制，允许设备创建特定的应用程序协议以满足特定的数据通信和管理需求。**属性**（attribute）一般由三部分组成：**句柄**（handle），用于标识属性的名称；**类型**（type），依据**全局唯一标识符**（Universally Unique Identifier，UUID）集进行分类；以及属性的**值**（value）。大多数 BLE 设备中使用的 UUID 是依据**蓝牙基础 UUID**（Bluetooth Base UUID）的集合建立的，这是一个数量有限的集合，并且只有几种类型：服务 UUID、单位、属性类型、特征描述符以及特征类型。

属性存放在由属性服务器维护的**属性数据库**（attribute database）中。属性客户端可以使用**属性协议**（attribute protocol）查询数据库。每台设备仅有一个属性数据库，每个属性都具有如下权限：可读、可写或可读写。属性也可以受身份验证和授权的保护。

可以使用一组属性来定义协议的状态机。状态机的状态和状态间的转换关系可以存储为属性，当前状态、输入和输出也可以表示为属性。

通用属性配置文件层（Generic Attribute Profile Layer，GATT）为所有 BLE 设备定义了一套基本的属性。通用属性配置文件的主要目的是定义设备发现的过程，以及客户端和服务器之间的交互过程。

BLE 提供保密性机制。两个设备的首次通信被称为**配对**（paring）。在这个过程中，使用**短期密钥**（short-term key）来向设备发送**长期密钥**（long-term key）。长期密钥存储在数据库中，这一过程称为**绑定**（bonding）。连接发送的数据可以使用 AES 标准进行加密。

8.4.5　802.15.4 和 ZigBee

ZigBee 是一种使用广泛的基于 IEEE 802.15.4 标准的个人区域网（PAN）：802.15.4 定义了 MAC 层和 PHY 层；ZigBee 基于这些定义，提供了一些面向应用的标准。

802.15.4 [IEE06] 可以在一些不同的无线电频段工作，包括 ISM 以及其他频段。该标准专为无电池系统或那些几乎不消耗电池能量的系统而设计。

802.15.4 支持两种类型的设备：**全功能设备**（Full-Function Device，FFD）和**简化功能设备**（Reduced-Function Device，RFD）。全功能设备可以用作设备、协调器或 PAN 协调器，而简化功能设备只能用作设备。设备可以使用星形拓扑或点对点拓扑组成网络。对于星形拓扑网络，将 PAN 协调器用作集线器；点对点网络也具有 PAN 协调器，但通信可以不经过 PAN 协调器。

802.15.4 网络中的通信基本单元是帧，其中包括地址信息、差错纠正码（校验和）、数据有效载荷，以及其他一些信息。网络也可以选用超帧（superframe）作为基本单元。超帧被划分为 16 个槽，这些槽分为活跃部分和不活跃部分，两者交替出现。超帧的第一个个槽被称作**信标**（beacon），用于同步网络中的节点，并携带网络的识别信息。为了支持 QoS（保障服务质量）和低延时操作，PAN 协调器将超帧的部分槽贡献给 QoS 或低延时操作，这些槽不会发生争用。

PHY 层负责无线电的激活、无线链路的管理、数据包的发送和接收等功能。它有两个主要组成部分：PHY 数据服务和 PHY 管理服务。物理层的接口被称为物理层管理实体服务访问点（Physical Layer Management Entity Service Access Point，PLME-SAP）。这个标准使用载波监听多路访问冲突避免机制（Carrier Sense Multiple Access with Collision Avoidance，CSMA-CA）。

MAC 层负责处理帧以及其他一些功能。它还提供数据加密和其他应用于应用程序以提供保密性功能的机制。MAC 层包括 MAC 数据服务和 MAC 管理服务，它的接口被称为 MAC 层管理实体服务访问点（MLME-SAP）。

ZigBee [Far08] 在 802.15.4 PHY 层和 MAC 层之上又定义了两层：NWK 层提供网络层服务，APL 层提供应用层服务。

ZigBee 的 NWK 层负责组织网络、管理设备进出网络的入口 / 出口以及路由。NWK 层有两个主要的组成部分：**NWK 层数据实体**（NWK Layer Data Entity，NLDE）负责提供数据传输服务，**NWK 层管理实体**（NWK Layer Management Entity，NLME）负责提供管理服务。**网络信息库**（Network Information Base，NIB）负责存储一系列常量和属性，还定义了设备的网络地址。

NWK 层提供三种类型的通信：广播、多播和单播。广播信道上的每个设备都会接收到广播消息；多播消息则是被发送到一组设备；单播消息是默认的通信类型，被发送到单个设备。

网络中的设备可能会以许多不同的拓扑结构组织起来。网络拓扑结构在一定程度上取决于那些可以彼此进行物理通信的节点，但是拓扑还可能由其他因素决定。在一般情况下，消息在网络中需要经过多跳才能到达目的地址。ZigBee 协调器或路由器执行路由过程，以确定设备通信过程中贯穿网络的路径。路径的选择由以下几个因素决定：跳数或链路质量。NWK 层限制了给定帧允许的跳数。

ZigBee 的 APL 层包含**应用程序框架**（application framework）、**应用程序支持子层**（Application Support Sublayer，APS）和 **ZigBee 设备对象**（ZigBee Device Object，ZDO）。应用程序框架可管理多个**应用程序对象**（application object），每一个对象都对应于不同的应用程序。APS 提供从 NWK 层到应用程序对象的服务接口。ZigBee 设备对象提供 APS 和应用程序框架之间的额外接口。

ZigBee 定义了大量**应用程序配置文件**（application profile），这些配置文件定义了特定的应用。**应用程序标识符**（application identifier）由 ZigBee 联盟发布。应用程序配置文件中包含一组**设备描述**（device description），用于描述设备特征和状态。设备描述中的一个元素还指向由一组属性和命令组成的**簇**（cluster）。

8.4.6　WiFi

802.11 标准又被称为 WiFi [IEE97]，最初被设计用于便携式设备和移动应用设备，如笔记本电脑。原始标准已经被多次扩展，以便在各个不同频段提供更高性能的链接。在超低能耗网络成为重要目标之前它就已经被设计出来了，但是新一代 WiFi 的设计旨在实现高效的能源管理，并且实现极低的运行时功率水平。

WiFi 支持自组织网络。**基本服务集**（Basic Service Set，BSS）是指两个或两个以上相互通信的 802.11 节点。**分布系统**（Distribution System，DS）能够与基本服务集相连接。**扩展服务集**（Extended Service Set，ESS）网络能够提供更大规模的链路。BSS 可以与 ESS 相关联，两者可以相互重叠，也可以在物理上完全独立。**门户**（portal）能够将无线网络连接到其他网络。

WiFi 网络提供了一组服务。最基本的服务是从源到目的地址的消息**分发**（distribution）。**集成**（integration）是指向门户分发来自另一个网络的消息。**关联**（association）是指一个站点和一个接入点的关系，再关联（reassociation）是指将一个关联移动到不同的接入点，结束关联（disassociation）是指关联被终止。每个站点必须提供认证、结束认证、隐私和 MAC 服务数据单元（MAC Service Data Unit，MSDU）传输服务。DSS 必须提供关联、结束关联、分发、集成和再关联。

802.11 的参考模型将物理层分为两个子层：**物理层汇聚协议子层**（Physical Layer Convergence Protocol，PLCP）和**物理介质相关子层**（Physical Medium Dependent，PMD）。它们与 PHY 子层管理实体进行通信。MAC 子层与 MAC 子层管理实体进行通信。两个管理实体都与站点管理实体进行通信。

MAC 层还提供以下几种服务：

- 异步数据服务。该服务是无连接的而且是尽力而为的服务。
- 安全性。安全服务包括保密、认证和访问控制。
- 严格顺序服务。各种因素都会导致到达目的地址的数据包乱序。该服务可以确保更高层能够严格按照数据包的传输顺序看到数据包。

下面的例子描述了一个低功耗的 WiFi 设备。

示例 8.2   高通 QCA4004 低功耗 WiFi

QCA4004 [Qua15] 是一款专为低功耗操作而设计的 WiFi 设备。它能在 2.4GHz 和 5GHz 两种频段工作。低功耗特性包括具有快速唤醒时间的节电模式。该芯片可以通过 GPIO 或者 I²C 连接到设备上。

8.4.7 LoRa

LoRa 是远距离（long range）的英文缩写。采用 LoRa 技术的网络具有低功耗和广域覆盖的特点，更加适用于物联网系统。术语 LoRa 主要指基于扩频的物理层调制技术。LoRaWAN 是在 LoRa 物理层的基础上发展出来的一种网络协议，可以充分发挥其物理层的优势。LoRa 提供异步协议，允许设备在需要时发送数据，以减少空闲期间的功耗。

8.5 数据库和时间轮

本节将讨论用于组织 IoT 系统中的信息的机制。**数据库**（database）在许多应用程序中用于存储信息集合。由于 IoT 系统通常实时操作设备，所以可以使用**时间轮**（timewheel）来管理系统的时间行为。

8.5.1 数据库

IoT 网络使用数据库管理和分析来自 IoT 设备的数据。IoT 数据库通常被存储在云端，当我们不仅要存储数据还要利用这些数据进行计算时尤其如此。为了了解如何使用数据库，我们首先需要考虑如何将数据放入数据库，然后考虑如何从数据库中提取数据。

传统的数据库模型是**关系数据库管理系统**（Relational Database Management System，

RDBMS）[Cod70]。术语"关系"来自数学：关系是一个域值集合和一个范围值集合的笛卡儿积。

如图 8.14 所示，关系数据库中的数据被组织成表格的形式。表格的行代表**记录**（record），有时称为元组 (tuple)。表格的列称为**字段**（field）或**属性**（attribute）。表格中有一列（或几列）被用作**主键**（primary key）——每条记录的主键字段具有唯一的值，并且每个主键值能唯一地标识其他列的值。示例中的 devices 表定义了一组设备，编号字段是该表的主键。device_table 表记录了读取设备的时间数据。每条记录都有自己的主键，叫作签名（signature）。因为这些记录也包含记录数据的设备编号，所以我们可以使用设备的编号字段在 device_data 表中查找记录。

devices

名称	编号（主键）	地址	数据类型
door	234	10.113	binary
refrigerator	4326	10.117	signal
table	213	11.039	MV
chair	4325	09.423	binary
faucet	2	11.324	signal

记录

device_data

签名（主键）	设备	时间	值
256423	234	11:23:14	1
252456	4326	11:23:47	40
663443	234	11:27:55	0

图 8.14　数据库中的表

数据库通常包含多张表，数据库中一组表的定义被称为数据库的**模式**（schema）。数据库的需求分析是确定给定应用程序需要什么数据的过程，与面向对象程序设计的过程类似。

从逻辑的角度来说，消除冗余是维护数据库中数据的关键。如果一个数据存储在两张不同的表中（或在一个表的两个不同列中），那么数据的任何变化都必须记录在它的所有副本中。如果数据的一些副本被更改了，而另一些没有变，那么返回的值将取决于所访问的副本。在实践中，冗余数据可以缩短访问时间；数据库管理系统可以执行这种类型的优化，而不需要数据库设计者刻意使用冗余模式。

数据库设计者对表的描述并不一定反映数据在内存或磁盘上的组织方式。数据库管理系统可以执行一系列的优化来减少存储需求或者提高访问速度。关系模型并不对表中的记录进行排序，这给了数据库管理系统更多的自由，以选择最有效的格式来存储数据。

数据库范式（normal form）是帮助我们创建数据库的规则，可以消除数据库冗余以及可能会在数据库管理中引发错误的其他类型的问题。数据库设计中已经有许多不同的范式规则，我们这里只讨论其中的一部分。**第一范式**（first normal form）是指每一列都只包含一个值，每列中的值都是不可分割的原子值，且每条记录都具有相同数量的字段。

第二范式（second normal form）在遵循第一范式的基础上，要求一条记录所有其他列记录的值对主键有完全依赖关系。如果数据库不遵循第二范式，那么数据库中就会存在重复信息。例如，一个符合第二范式的示例数据库有两个表：一个表中的记录包含传感器名称、网络地址和物理位置，另一个表中的记录包含传感器名称、读取时间和值。名称/时间对构成第二个表的主键。如果第二个表的记录还包括传感器物理位置，那么它就不符合第二范式，因为传感器位置不依赖于读取的名称/时间。更新传感器物理位置就需要更新多条记录。

第三范式（third normal form）在遵循第二范式（因此也服从第一范式）的基础上，要求非键列是独立的。例如，一个符合第三范式的数据库有两个表：一个表包含传感器名称和传感器型号，另一个表包含传感器型号和传感器类型（运动、视频等）。如果数据库被改为单条记录包含传感器名称、型号和类型，那么它就不符合第三范式，因为由传感器型号可以推断出传感器类型。

对信息的请求被称为**查询**（query）。用户不直接处理表，相反，他们使用一种查询语言进行请求，这种语言被称为**结构化查询语言**（Structured Query Language，SQL）。查询的结果就是满足查询的记录集。一个查询可能会产生多条记录。在图 8.14 的例子中，我们使用以下查询可以请求所有的 device_data 记录：

```
select from device_data where device = 234
```

结果是两条记录。

一类常见的查询是把来自多个表的信息组合起来，这样的操作被称为**连接**（join）。连接在数学上可以被描述为行的笛卡儿积。表之间的关系可以分为以下几种不同的类型：

- 一对一，一个表中的一条记录正好对应另一个表中的一条记录，如传感器和该传感器的网络地址。
- 一对多，一个表中的记录与另一个表中的多条记录相关，如传感器和该传感器的一组读数。
- 多对多，一个表中的一组记录与另一个表中的一组记录相关，如一组传感器和该组传感器的一组读数。

数据库管理系统的任务是有效地执行"连接"所描述的逻辑操作。如果已知某类查询会频繁发生，那么 DBMS 就会优化该类查询的内部表示；这种优化不改变模式，而是以对用户隐藏的特定格式表示数据。

除了连接之外，还可以使用其他类型的关系。其中，**投影**（projection）用来消除关系中的一些列，比如，通过删减与所查询请求字段无关的列来进行消除。**约束**（restriction）用来消除表中的一些行，比如，通过约束可以要求数据库系统只返回姓氏以 A 开头的字段。

关系模型的替代模型是**无模式**（shemaless）或 noSQL 数据库。"无模式"这一术语有些用词不当，这是因为数据还是被存储为记录，只是不了解这些记录的格式。数据被存储在数组的集合或者表中，数据库设计者用软件方法来访问并修改这些数据库记录。**JavaScript 对象表示法**（JavaScript Object Notation，JSON）[ECM13] 常被用来描述无模式数据库的记录。JSON 语法使用两个基本的数据结构来构建对象：名称/值对、值的有序列表。

8.5.2　时间轮

时间轮用于在 IoT 系统中按事件发生的顺序处理事件，这在控制设备时显得尤为重要。

例如，在指定的时间开灯、关灯。事件驱动模拟器使用时间轮来控制模拟事件的处理顺序。我们也可以使用时间轮来管理 IoT 系统中设备的时间行为 [Coe14]。

如图 8.15 所示，时间轮是输入和输出事件的有序列表。当输入事件到达时，它们按照顺序进入队列。同样，当对输出事件进行调度时，它们将以正确时间顺序被放置在队列中。

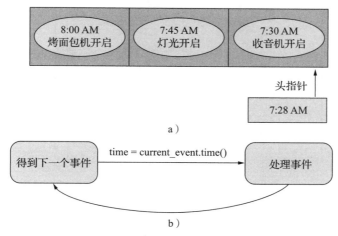

图 8.15　时间轮的结构。a）时间轮队列。b）UML 状态图

图 8.15 还提供了一个时间轮操作的 UML 状态图，它从队列头部取出事件，当到达事件中指定的时间时，该事件就被处理。

一个系统可以有一个或多个时间轮。中央时间轮可用于管理整个 IoT 系统的活动。在更大型的网络中，可以在网络中分布多个时间轮，其中每个时间轮都负责跟踪本地的活动。

8.6　示例：智能家居

智能家居（smart home）是指配备了多种传感器的房屋，这些传感器可以监测家中的活动并帮助管理房屋。智能家居可以提供以下几种类型的服务：

- 远程控制灯和电器，或使其自动运行。
- 能够提高自然资源有效利用率的能源和水资源管理。
- 监控居住者的活动。

智能家居对于老年人或者有特殊需求的人群 [Wol15] 来说特别有用。例如，它可以通过分析活动来确保居住者的日常事务一切正常，还可以将居住者的活动情况同步给他的亲人、护理人员和专业的医疗机构。执行这些任务不仅需要运行传感器，还需要分析传感器数据以提取事件和模式。智能家居系统可以提供以下三种类型的输出：

- 居住者的活动报告。
- 异常活动的警报。
- 居住者和护理人员该采取何种行动的建议。

图 8.16 显示了一个典型的智能家居的布局。住宅中安装有几个摄像头，用于监控公共区域。此外，还安装了其他类型的传感器，用于跟踪居住者的活动：门传感器监测人何时通过门，但并不能判断出这个人的身份，甚至无法知道他们是进入还是离开；水龙头上的传感器可以监测人何时使用浴室或厨房水槽；电源插座传感器监测人何时使用电器。智能家居系统

也可以对电器和设备进行控制：开启和关闭灯光；管理暖气和空调；开启和关闭消防装置等。

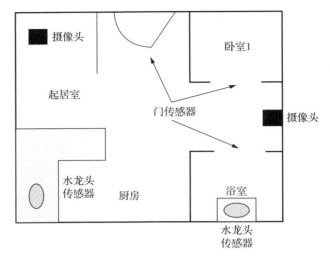

图 8.16   智能家居中的 IoT 网络

图 8.17 显示了如何使用传感器监测居住者的活动。居住者离开卧室，穿过走廊到洗手间，使用水龙头后走到客厅，然后打开电视。这些活动都可以由传感器进行监控。比如在走廊上安装摄像头，就可以使用计算机视觉算法识别走廊中的人，并跟踪他们从一个房间到另一个房间的活动，而其他传感器仅提供间接信息。分析算法可以使用统计方法来推断同一个人是否可能引起所有这些事件。例如，在房子其他区域的某人不能迅速赶过来并促发这一系列事件。

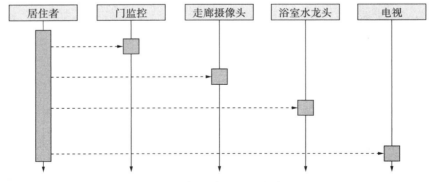

图 8.17   分析智能家居中居住者的活动

图 8.18 显示了智能家居如何监控居住者的活动。居住者使用控制台设置灯光开启的两个条件：每当有人经过居住者的门口时，或在指定的时间。在此用例中，居住者稍后经过门口，所以灯被打开了一段时间。灯也会在指定的时刻自动开启。

图 8.19 显示了智能家居的对象图。传感器和集线器组成网络，控制台是主要的用户界面。数据分两个阶段进行处理：管理室内设备及时运行的时间轮负责对传感器的读数和事件进行处理；不是所有的传感器读数都是长期有效的，用于长期分析的传感器事件被交付给数据库，数据库可以驻留在云端并且支持各种分析算法来读取数据。

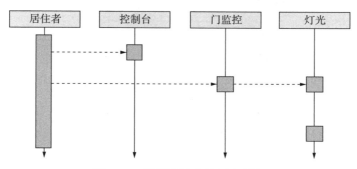

图 8.18 智能家居中的灯光开启

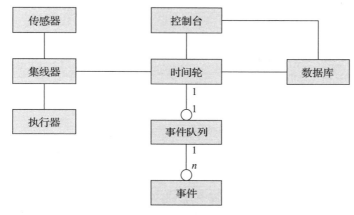

图 8.19 智能家居的 UML 对象图

8.7 总结

IoT 系统利用低成本且可以接入网络的设备来构建复杂的网络。许多不同的网络都可以用于构建 IoT 系统，很多实际的系统会将多个网络结合起来。数据库通常用于管理 IoT 设备的信息，时间轮用于管理系统中的事件。

我们学到了什么

- IoT 系统将边缘设备接入网络，并用软实时的方法管理这些设备的信息。
- 蓝牙、ZigBee 和 WiFi 都可以用于将 IoT 设备连接到网络上。
- 数据库可以用于存储和管理 IoT 设备的信息。
- 时间轮可以用于管理网络中面向时间的活动。

扩展阅读

Karl 和 Willig 讨论了无线传感器网络 [Kar06]。Serpanos 和 Wolf 讨论了物联网系统 [Ser18]。Farahani [Far08] 描述了 ZigBee 网络；Heydon [Hey13] 描述了低功耗蓝牙网络。

问题

Q8-1 使用 OSI 模型对下列蓝牙层进行分类：

a. 基带

b. L2CAP

c. RFCOMM

Q8-2 使用图 8.12 中的无线电能量状态机确定下列用例中所使用的能量：

a. 空闲 1s，接收 10ms，空闲 0.1s，传输 5μs

b. 休眠 1min，接收 50ms，空闲 0.1s，接收 100ms

c. 休眠 5min，传输 5μs，接收 10ms，空闲 0.1s，传输 10μs

Q8-3 设计一个数据库表的模式，用于记录动作传感器的激活次数。

Q8-4 设计一个数据库表的模式，用单个表记录几个不同动作传感器的激活次数。

Q8-5 给定一个初始为空的时间轮。该时间轮对事件进行处理，并且每个事件都具有一个生成时间和一个释放时间。给出每个事件在其生成时间被接收后，时间轮的状态（事件和它们的顺序）。时间以 mm:ss（分钟：秒）的形式表示。

a. e1：生成 00:05，释放 00:06

b. e2：生成 00:10，释放 20:00

c. e3：生成 01:15，释放 10:00

d. e4：生成 12:15，释放 12:20

e. e5：生成 12:16，释放 12:18

上机练习

L8-1 使用蓝牙将简单的传感器（比如电子眼）连接到数据库。

L8-2 使用温度传感器和运动传感器测定房屋中有人时的平均温度。

L8-3 为智能教室设计数据库模式，确定该智能教室的功能特性，并设计相应的数据库模式以支持这些特性。

汽车和飞机系统

本章要点
- 汽车和飞机中的网络控制。
- 车载网络。
- 汽车中的安全和防危设计。

9.1 引言

汽车和飞机是复杂嵌入式计算系统的绝佳例子。因为我们对此有真实的生活体验,而且知道它们是做什么的。它们是大规模工业的产物,而且是安全关键性实时分布式嵌入式系统的实例。

我们从讨论汽车用例开始,9.2 节介绍汽车中的嵌入式系统用例,9.3 节讨论汽车和飞机中的网络控制,9.4 节详细介绍应用于汽车中的几种网络,9.5 节研究汽车的安全和防危问题。

9.2 汽车中的嵌入式系统用例

自微处理器问世以来,汽车一直是嵌入式计算机的重要应用市场。自动驾驶汽车的出现增强了嵌入式计算在汽车中的作用。

9.2.1 汽车中的网络物理系统

汽车和飞机都属于网络物理系统,软件为物理设备提供实时控制。

图 9.1 展示了汽车网络和汽车中的三个主要子系统,这三个子系统分别是动力系统、传动装置和防抱死制动系统(Antilock Braking System,ABS),而且每一个都是由处理器控制的机械系统。首先,机械系统的所有子系统在机械上都是耦合的:
- 动力系统提供动力以驱动车轮。
- 传动装置将发动机的旋转动能机械地转化为最有利于车轮的形式。
- ABS 系统控制如何将制动器应用到四个车轮,并且可以单独控制每个车轮上的制动。

现在来考虑相关处理器的作用:
- 发动机调节器通过油门接收司机的指令,此外还接收几个测量值。根据指令和测量值,就可以确定每次发动机循环的点火时间和燃料燃烧时间。
- 传动装置控制器确定何时变速。
- ABS 通过刹车踏板接收司机的刹车指令,还从车轮得到关于转速的测量值。它可以开启和关闭每个车轮上的刹车,以维持每个车轮的牵引力。

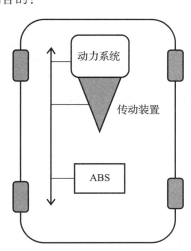

图 9.1 汽车网络中的主要组成部分

这些子系统需要相互通信以完成相关工作：

- 发动机调节器在换挡期间可以改变点火时间，以减少换挡时的冲击。
- 传动装置控制器必须从发动机调节器接收油门位置，从而为传动装置确定合适的换挡模式。
- ABS 在制动时会告知传动装置何时应移动齿轮进行切换。

除了点火时间控制，其他任务都不需要以系统中的最高速率执行。通过交换相对少量的信息就可以实现期望的效果。

飞机电子设备被称为**航空电子设备**（avionics）。航空电子设备和汽车电子设备间最根本的区别在于**认证**（certification）过程。任何永久连接到飞机的设备必须经过认证。正式量产的飞机需要经过双重认证：首先，在设计过程中需要通过一次认证，这被称为**型号认证**（type certification）；然后，在每一架飞机的生产制造过程中还需要通过一次认证。认证过程是航空电子设备架构比汽车电子设备系统更保守的主要原因。

9.2.2 辅助驾驶系统和自动驾驶

驾驶自动化系统有多种复杂的设计等级，可以实现辅助驾驶或自动驾驶。一次完整的旅行通常涉及几种不同的驾驶方式：驶离泊车位、在街道上低速行驶、快速长距离行驶和停车。术语**高级驾驶辅助系统**（Advanced Driver-Assistance System，ADAS）涵盖驾驶自动化系统的许多功能。有些汽车采用传感器识别障碍物，提供泊车辅助，还有一些汽车具有自动泊车功能。当前方车辆行驶速度更慢时，自适应巡航控制会调整车速。紧急制动可以避免碰撞。自动驾驶是指驾驶自动化系统对车辆实施的更复杂的操控。驾驶自动化有不同的等级，对应不同的系统复杂度。国际自动机工程师学会（SAE International）定义了以下驾驶自动化等级：

- 0 级，无驾驶自动化。
- 1 级，驾驶辅助。驾驶自动化系统能够连续执行车辆横向或纵向运动控制子任务，但不能同时执行这两个子任务，其中一项任务需要由驾驶员来完成。
- 2 级，部分自动驾驶。驾驶自动化系统能够连续执行横向和纵向车辆运动控制。驾驶员应观察目标和事件，并监督驾驶自动化系统。
- 3 级，有条件自动驾驶。驾驶自动化系统能够连续执行特定动态驾驶任务。驾驶员能响应来自系统的请求并接管操控，响应与性能相关的系统故障。
- 4 级，高度自动驾驶。驾驶自动化系统能够执行动态驾驶任务，执行动态驾驶任务接管，在这个过程中不需要驾驶员响应或者干预。
- 5 级，完全自动驾驶。驾驶自动化系统在所有环境或情况下，持续执行所有动态驾驶任务，无须用户应响应干预请求。

9.3 汽车和飞机中的网络控制系统

汽车和飞机都属于**网络控制系统**（networked control system），这是一种具有处理器和 I/O 设备，能够执行控制功能的计算机网络。控制系统将测量到的控制动作组成一个闭环，并且能够实现实时响应。使用一个微处理器和一些 I/O 设备可以构建一个简单的控制系统，但是复杂的机器需要的是基于网络的多个系统的协同控制。网络具有几个重要用途。首先，与单个 CPU 相比，网络可以将更多的计算能力应用于系统。其次，许多控制应用要求控制器与受控设备在物理上邻近，这样控制器才能提供快速响应。如果控制器在物理上被放置在远离受控机器的位置，那么往返控制器的通信时间可能会干扰其正确控制设备的能力。网络允许将许多控制器放置在它们所控制部件（如发动机、制动器等）的附近，同时允许它们合作参与车辆的整体控制。

现代汽车可能包含一百多个处理器，用以执行数以亿记的代码 [Owe15]。现代飞机安装的软件很少，这在很大程度上是因为需要经过认证。然而，现代飞机仍然依靠计算机和网络执行飞行操作。车载网络上的数据用途各异，从关键的车辆控制到导航和乘客娱乐。自动驾驶对车辆的计算平台提出了更高的要求 [Liu17]。自动驾驶车辆通常会使用很多不同类型的传感器，它们执行的感知任务包括定位、目标检测和目标跟踪。基于传感器获取的结果，自动系统需要预测在汽车周围监测到的移动目标的行为，规划向目的地移动的路径，并在环境发生变化时避开障碍物。

9.3.1　网络设备

在汽车和航空航天系统中，连接到网络的设备使用不同的术语。**电子控制单元**（Electronic Control Unit，ECU）广泛应用于汽车设计。缩略语 ECU 最初是指发动机控制单元（Engine Control Unit），但该术语的含义后来扩大到车辆中的任何电子单元。**线路可更换单元**（Line Replaceable Unit，LRU）广泛应用于飞机，该单元在维护期间可以被轻易地拔出和更换。

接下来的两个例子描述了为汽车系统设计的 ECU：一个用于车门和照明等车身电子设备，另一个用于发动机控制。

示例 9.1　英飞凌（Infineon）XC2200

XC2200 系列处理器 [Inf12] 在汽车设计中有多种应用，其中一款就是为车身控制而设计的，如控制照明、门锁、雨刷等。车身控制模块包含 16/32 位处理器 [Inf08]、电子可擦除可编程 ROM（EEPROM）、静态 RAM（SRAM）、模数转换器、脉冲宽度调制器、串行通道、光源驱动系统以及网络连接。

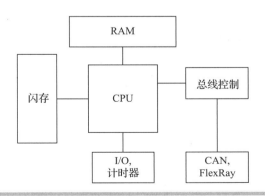

示例 9.2　飞思卡尔（Freescale）MPC5676R

MPC5676R[Fre11B] 是用于动力传动系统的双处理器平台。

两个主处理器都采用 Power Architecture Book E 系列体系结构，并且在用户模式与

PowerPC 兼容。它们提供用于信号处理的短向量指令。每个处理器都具有 16K 数据缓存和指令缓存。时序处理单元可用于生成和读取波形。主处理器还支持 CAN、LIN 和 FlexRay 网络接口。

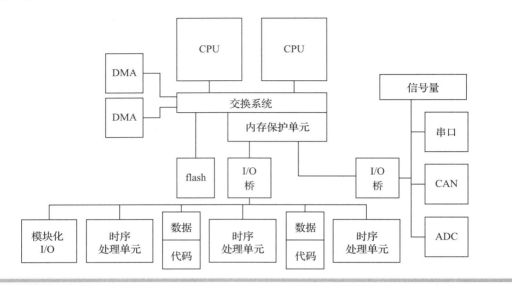

9.3.2 车载网络体系结构

图 9.2 展示了汽车网络的两种体系结构。汽车中传统的网络组织结构被称为**域体系结构**（domain architecture）[Vem20]。ECU 可以提供很多功能，包括发动机控制、制动、娱乐等。通过网络，ECU 与其控制的每个设备相连。

区域体系结构（zone architecture）是一种新兴的技术方案，并且有望取代域体系结构。区域体系结构在车内的不同位置设置了多个**分区网关**（zonal gateway），它们连接到**中央网关**（central gateway）。每个设备都连接到距离它最近的分区网关。因此，每个分区网关可以执行几种不同类型的功能[⊖]。

区域体系结构已经成为一种简化汽车布线的方法。汽车中的电线通常被编成**线束**（harnesses）。从重量上看，汽车的线束通常是仅次于车身和发动机的第三重的部件 [Kla19]，也是汽车中第三昂贵的部件。将设备连接到附近的网关可以大大减少线束的长度和成本。

航空电子系统的传统体系结构 [Hel04] 为每个功能（人工地平仪、发动机控制、飞行翼面等）提供了单独的 LRU。

基于总线的系统则更加复杂。例如，波音 777 航空电子设备 [Mor07] 由一系列机架构成，每个机架都包括一组核心处理器模块（Core Processor Module，CPM）、I/O 模块和电源。CPM 可以实现一个或多个功能。模块通过称为 SAFEbus 的总线连接，机架使用称为 ARINC 6210 的串行总线连接。

航空电子设备的分布式框架是**联邦网络**（federated network）。在这种体系结构中，某个功能或者某组功能共享一个网络，网络共享这些功能交互所需的数据。联邦体系结构的设计使得一个网络的故障不会干扰其他网络的运行。

⊖ 即分区网关并不是以功能为分区标准，而是以传输距离为分区标准。——译者注

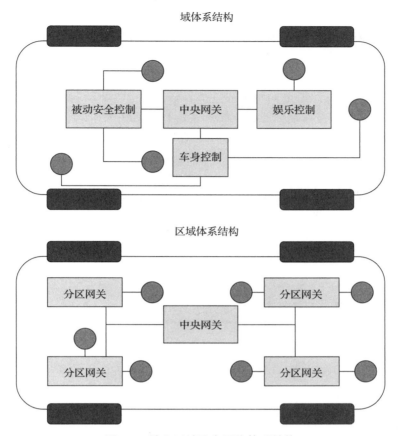

图 9.2　域和区域汽车网络体系结构

Genesis 平台 [Wal07] 是用于航空电子设备和安全关键系统的下一代体系结构，它被用于波音 787 Dreamliner。与联邦体系结构不同，它不需要应用程序组和网络单元之间的一一对应。相反，Genesis 使用了虚拟化技术，在航空电子应用中定义了一个虚拟系统，然后将其映射到可能具有不同拓扑结构的物理网络上。

9.4　车载网络

与局域网这种固定位置的网络相比，车载网络通常具有相对较低的带宽。但是，车载网络的计算任务被有序组织，使得每个处理器都只需要发送相对少量的数据给其他处理器，就可以完成系统工作。我们首先来看一看 CAN 总线，它被广泛应用于汽车中，在飞机中也有一些应用，然后简要分析其他的车载网络。

9.4.1　CAN 总线

控制器区域网络（Controller Area Network）或 **CAN 总线** [Bos07] 是为汽车电子设备而设计的，并于 1991 年首次正式应用于汽车产品中。CAN 网络由一组通过 CAN 总线连接的电子控制单元组合而成。ECU 使用 CAN 协议相互传递信息。CAN 总线可以用于安全关键操作，如防抱死制动系统；它也被用于对安全性要求不那么严格的应用，如乘客相关的设备。CAN 很好地满足了汽车电子设备的一些苛刻要求，如高可靠性、低能耗、低重量和低成本等。

　　CAN 有几种变体，其中被称为高速 CAN 的版本使用位串行通信，并以高达 1Mb/s 的速率在最长可达 40m 的双绞线上运行。当然，它也可以使用光纤链路。CAN 总线协议支持在总线上连接多个主控设备。

　　如图 9.3 所示，CAN 总线上的每个节点都有自己的电气驱动器和接收器，用于以线与（wire-AND）的方式将节点连接到总线。如果总线上的任意一个节点试图下拉总线（使得它发送的 0 覆盖其他节点发送的 1），那么总线上的驱动电路就将总线下拉到 0；这种总线电压状态（逻辑 0）被称为**显性**（dominate）[Wat17]。如果没有节点下拉总线，则总线电压保持高电位，这种状态被称为**隐性**（recessive）。当所有节点都发送 1 时，就称总线处于隐性状态。只要有一个节点发送 0，总线就处于显性状态。在网络上传送的数据被封装在数据包中，这个数据包被称为**数据帧**（data frame）。

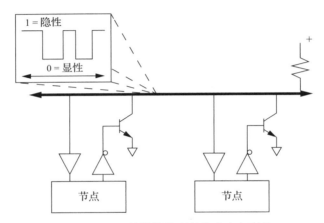

图 9.3　CAN 总线的物理结构和电气结构

　　CAN 是一种同步总线，所有发送器必须同时发送，以便总线仲裁。节点通过监听总线上的位转换，使其自身与总线同步。数据帧中的第一位用于帧的同步。在每一帧中，节点还必须使其自身与后续的转换保持同步。

　　CAN 数据帧的格式如图 9.4 所示。数据帧以 1 开始，以连续的 7 个 0 结束。（数据帧之间至少有三个字段的间隔。）数据包中的第一个字段包含数据包的目的地址，即仲裁字段（arbitration field）。其中，目的地址标识符长 11 位。如果数据帧用于从被标识符指定的设备请求数据，那么紧随的远程传输请求（Remote Transmission Request，RTR）位就被设置为 0。当 RTR=1 时，数据包用于向目的标识符写入数据。控制字段包含 1 个标识符扩展和 4 位长度的数据字段，标识符扩展和数据字段中间用 1 进行分隔。数据字段占据 0～8 字节，具体长度取决于控制字段给出的值。在数据字段之后的循环冗余校验码（Cyclic Redundancy Check，CRC）用于进行错误检测。确认字段用于供目标接收者标识帧是否被正确接收。发送方在确认字段的 ACK 槽中放入一个隐性位（1），如果接收方检测到错误，则它强制该值变为显性（0）。如果发送方在总线上的 ACK 槽中发现了 0，它就知道必须重传数据包。ACK 槽之后是 1 位分隔符，后面跟着帧结束字段。

　　CAN 总线的仲裁控制技术被称为具有消息优先级仲裁的载波侦听多路访问（Carrier Sense Multiple Access with Arbitration on Message Priority，CSMA/AMP）。CAN 鼓励使用数

据推送的编程风格。因为网络节点同步发送，所以它们同时开始发送标识符字段。当一个节点想要发送隐性位，但在标识符中监听到显性位时，它就停止发送。在仲裁字段结束时，网络中只剩下一个发送器。标识符字段可以用作优先级标识符，此时全 0 标识符具有最高优先级。

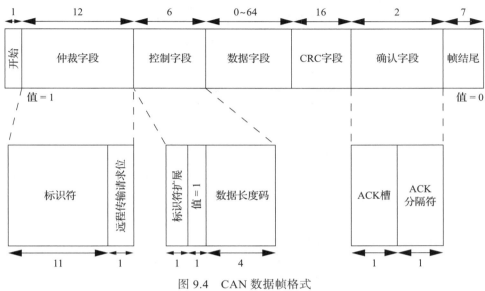

图 9.4　CAN 数据帧格式

远程帧用于从另一个节点请求数据。请求方将 RTR 位设置为 0 以指定远程帧；此外，它还指定零数据位。在标识符字段中被指定的节点将响应具有请求值的数据帧。注意，远程帧无法发送参数。例如，不能使用标识符指定设备，然后提供参数以说明想从该设备获取的数据值。为了区分不同的请求，只能使得每个可能的数据请求都必须具有自己的标识符。

任何在总线上检测到错误的节点都可以生成错误帧。当检测到错误时，节点用错误帧中断当前传输，错误帧由错误标志字段和紧随的 8 位隐性错误分隔符字段组成。错误分隔符字段允许总线返回休止状态，以使数据帧重新传输。总线也支持超载帧（overload frame），超载帧是帧间休止期发送的特殊错误帧。超载帧表明节点超载，而且不能再处理下一个消息。当连续出现多达两个超载帧时，节点就会延迟下一帧的传输，以给予足够时间使该节点从超载中恢复过来。CRC 字段用于检测消息的数据字段的正确性。

如果发送节点没有接收到对于数据帧的确认，那么它就应该重新发送数据帧，直到数据被确认。这个操作对应于 OSI 模型中的数据链路层。

图 9.5 显示了典型 CAN 控制器的基本结构。控制器实现了物理层和数据链路层。因为 CAN 是总线，所以它不需要网络层服务去建立端到端连接。协议控制块负责确定何时发送消息，何时由于仲裁缺失而必须重新发送消息，以及何时应接收消息。

9.4.2　其他汽车网络

时间触发体系结构（time-triggered architecture）[Kop03] 也是一种用于网络控制系统的体系结构，并且能够提供更可靠的通信延时保障。时间触发体系结构上的事件依据实时性需求而组织。因为网络上的设备需要时间来响应通信事件，所以时间被建模为一个稀疏系统。

活跃的通信事件间隔中穿插着空闲周期。此模型确保即使各设备间的时钟不同，网络上的所有设备仍能维持系统中事件的顺序。

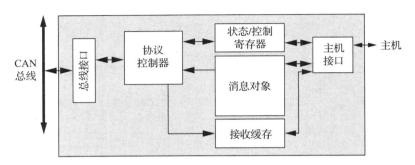

图 9.5　CAN 控制器的结构

FlexRay 网络 [Nat19] 被设计用作汽车的下一代系统总线。它能够提供确定性通信，并且数据传输速率高达 10M/s，同时具有容错能力。总线上的通信围绕通信周期而设计，分为静态段与动态段两部分。静态段（static segment）专用于已确定通信时间的事件，这些事件的通信时序已由设计者设置的时间表确定。一些设备可能没有固定的通信周期，只需要使用间发性通信，那么它们可以利用动态段（dynamic segment）来处理这些事件。

局域互联网络（Local Interconnect Network，LIN）总线 [Bos07] 用于连接小区域范围内的组件，如一个家庭中的所有组件。该总线的物理媒介是一根单线，可为至多 16 个总线用户提供最高 20kb/s 的数据速率。总线上的所有事务都由主设备发起，并由帧响应。用于网络中的软件通常由 LIN 描述文件生成，文件中描述了网络用户、生成信号和帧等信息。

一些总线已经用于为乘客提供娱乐功能。蓝牙正在成为汽车中与音频播放器和电话等消费电子设备交互的标准配置。

面向媒体的系统传输（Media Oriented Systems Transport，MOST）总线 [Bos07] 是专为娱乐和多媒体信息而设计的通信机制。基本 MOST 总线以 24.8Mb/s 的速率运行，并被称为 MOST 25，同时，50Mb/s 和 150Mb/s 的版本也已经被开发出来了。MOST 最多支持 64 个设备，它们在网络中被组织为环形结构。

数据分通道进行传输。控制通道传送控制数据和系统管理数据。同步通道用于发送多媒体数据。MOST 25 最多提供 15 个音频通道。异步通道可以提供高数据速率，但不能像同步通道那样提供服务质量保证。

汽车以太网（automotive ethernet）是指汽车中使用的以太网的所有变体。100BASE-T1 标准是汽车以太网常用版本的一个例子。信号通过非屏蔽双绞线传输。与许多其他形式的以太网不同，该标准允许全双工连接；连接两端的设备可以通过双绞线同时进行传输和接收。

在接下来的例子中，我们可以看到用于 LIN 和 CAN 总线互联的控制器。

示例 9.3　中央车身控制器

中央车身控制器 [Tex11C] 用于管理车身组件中的各种设备，如车灯、车锁、车窗等。它包含一个执行管理、通信和电源管理功能的 CPU。处理器与 CAN 总线和 LIN 总线收发器相连接。远程车锁、车灯或雨刷等设备被连接到 LIN 总线。处理器根据需要在 CAN 总线和 LIN 总线之间发送命令和数据，CAN 总线是核心总线，而 LIN 总线是以设备为中心的。

9.5　防危性和安全性

汽车和飞机对嵌入式系统的防危和安全设计都提出了挑战。大量车辆内部的复杂性使其容易遭受各种各样的威胁，因此存在潜在危险。

车辆遭受的威胁可能来自多个方面：

- **维护**。维护人员必须查看汽车内部，包括计算机。他们可能恶意修改其中的组件。即使维护人员没有恶意，但如果他们所使用的计算机已经被入侵，那么这些计算机也可能成为被攻击的通道和门户。
- **组件供应商**。组件在发货时可能存在后门或者有其他问题，它们可能来自有问题的供应商，或者成为临时员工未经授权修改的受害者。
- **乘客**。现代车辆为乘客提供网络连接。这些网络很容易成为攻击者进入汽车核心系统的途径。
- **路人**。无线客运网络可能将其范围扩大到汽车之外，从而使得其他人可以对车辆进行攻击。无线门锁提供了另一种攻击车辆的途径。一些汽车提供的远程信息服务，因其允许远程访问汽车的操作，成为攻击的另一种途径。

这些威胁模型不是假想的，而是真实存在的。下面这个例子是汽车黑客的实验，再后面的例子描述了针对飞机的黑客攻击事件。

示例 9.4　汽车黑客实验

研究人员非常关注汽车攻击技术 [Kos10，Che11]。为了证明所发现漏洞的严重性，他们仅关注能够控制整辆汽车内部系统的技术。该团队证实了可以通过多种方法来访问汽车内部组件，例如：使用传统黑客技术感染机械维护人员使用的诊断计算机；使用特别编码的 CD 修改 CD 播放机的代码，然后使用这部 CD 播放机感染其他车载设备；向汽车远程信息系统发送信号以对它进行控制。

计算机安全研究人员通过攻击一名记者驾驶的切基诺（一款车型）演示了汽车网络的缺陷 [Gre15]。他们通过汽车远程信息处理系统进入汽车内的计算机系统，随后破坏娱乐系统并修改软件。计算机并不检查软件更新的正确性，接着娱乐系统向汽车 CAN 总线发送信息并控制其他部件，如关闭发动机或禁用刹车等。

示例 9.5　飞机黑客

一名计算机安全研究员因涉嫌在飞行期间入侵波音 737 而被捕 [Pag15]。证人证词表明他入侵了飞行中的飞机娱乐系统，然后修改了推力管理计算机的代码⊖。

并非所有问题都是由恶意行为引起的。软件错误也会导致严重的安全问题，例如交通事故等。接下来的例子就描述了涉及软件问题的飞机失事事故。

示例 9.6　涉及软件的飞机失事事故

曾有一架空客 A400M 的坠毁被怀疑是由于软件错误造成的 [Pag15B，Chi15]。电子控

⊖　推力管理计算机是一种飞机机载计算机，它根据飞机的各种飞行阶段和飞行状态，计算出飞机各个发动机的推力，自动进行优化调整，以保证发动机在最佳状态下工作，并降低噪声和油耗。——译者注

制单元中的软件使得 A400M 上的三个发动机在飞行期间关闭，由此导致飞机坠毁。

下一个示例描述了关于汽车软件问题的法律诉讼事件。

示例 9.7 涉及设计错误的汽车失事

俄克拉何马州的一家法院裁定，丰田在一起意外加速案件中负有责任 [Dun13]。该案的专家证实：失事丰田汽车的电子节气门控制系统源代码不合理，根据软件指标还预测到了更多的错误，同时，汽车的故障安全功能不足且有缺陷。Koopman [Koo14] 详细总结了该案例。他在总结中提到，电子节气门控制系统代码中有 67 个函数的循环复杂度超过了 50，其中节气门角度函数的循环复杂度为 146，而循环复杂度超过 50 的函数被认为是"无法测试的"。

在另一个案例中，汽车制造商承认自己所制造的汽车存在**缺陷**（defeat），汽车安装的一款软件会使空气污染控制失效。

示例 9.8 大众柴油汽车缺陷

2015 年，大众汽车承认在其柴油机上安装的软件存在缺陷 [Tho15]。软件故障是在测试车辆排放量时发现的，在测试状态下，软件启用了所有排放控制功能。但当汽车不在测试状态时，各种排放控制就会被禁用。由于排放控制系统失效，汽车的排放量可能会增加 40 倍。

自动驾驶引入了新的安全问题。示例 9.9 描述了一起行人与汽车的致命碰撞事故，该车辆是由尚处在开发阶段的自动驾驶系统所控制的。

示例 9.9 开发阶段的自动驾驶汽车与行人碰撞事故

美国国家运输安全委员会（NTSB）[Nat19] 报告了 2018 年 3 月 18 日晚在亚利桑那州坦佩市发生的一起交通事故。事故发生时，一辆测试车辆正在运行自主研发的自动驾驶系统。该车辆横穿北米尔大道，在人行横道线外与一名行人发生碰撞，并致其受伤。国家运输安全委员会就可能造成事故的原因声明如下：

> 国家运输安全委员会认为，亚利桑那州坦佩市发生的这起交通事故的可能原因是，驾驶员在驾驶过程中因使用手机而精力分散，未能监控驾驶环境和自动驾驶系统的运行。导致这起事故的首要因素是优步先进技术集团（Uber Advanced Technologies Group）的问题，包括：安全风险评估程序不足，对车辆驾驶员监管不力，以及缺乏足够的机制来解决驾驶员的自动化自满[○]。这都是其安全文化不足的结果。导致事故的其他因素有：交通事故中的行人是在人行横道线以外的位置横穿北米尔大道的，以及亚利桑那州交通部对自动车辆测试的监管不足。

在事故车辆上运行的自动驾驶系统尚处于开发阶段，它被设计为仅在指定和预先绘制的路线上以自动模式运行。自动驾驶系统的传感器包括：1 个单一交通指示灯探测和测距系统，8 个双测距雷达和 11 个摄像头。

报告称，自动驾驶系统首次探测到行人是在事故发生前 5.6 秒，但其判定结果首先是一

○ 自动化自满是指过度依赖自动化系统，而未能察觉系统即将发生的事故。——译者注

辆汽车，然后是一个未知物体和一个骑自行车的人。自动驾驶系统一直在跟踪行人，直到事故发生。然而，它没能正确地预测行人的路径，也没能相应地降低车辆的速度。在碰撞前1.2秒，自动驾驶系统判断碰撞即将发生，而这个时间已经低于自动驾驶系统的制动系统避免碰撞的响应时间。车辆的设计依赖于驾驶员对车辆的控制。

美国国家运输安全委员会的报告提出了以下几项建议。

对于美国国家公路交通安全管理局：

要求正在或打算在公共道路上测试尚处于开发阶段的自动驾驶系统的实体（个人或组织、机构），向其所在机构提交安全自我评估报告。（H-19-47）

根据安全建议 H-19-47 的要求，建立持续评估安全自我评估报告的流程，并确定该计划是否包括适当的保障措施，以针对在公共道路上测试尚处于开发阶段的自动驾驶系统，包括充分监测车辆驾驶员在车辆行驶过程中的参与情况（如适用）。（H-19-48）

对于亚利桑那州：

要求开发人员对安装了自动驾驶系统的车辆提交一份测试申请。申请中至少要有一份详细说明的计划，用以管理驾驶员疏忽相关的碰撞风险，并在自动驾驶系统测试参数范围内建立预防碰撞或减轻碰撞严重程度的对策。（H-19-49）

根据安全建议 H-19-49，建立一个专家工作组，评估装有自动驾驶系统的车辆测试申请，以授予测试许可证。（H-19-50）

对于美国机动车管理协会：

向各州通报亚利桑那州坦佩市发生车祸的情况，并建议他们：（1）要求开发人员对安装了自动驾驶系统的车辆提交一份测试申请。申请中至少要有一份详细说明的计划，用以管理和驾驶员疏忽相关的碰撞风险，并在自动驾驶系统测试参数范围内建立预防碰撞或减轻碰撞严重程度的对策；（2）建立一个专家工作组，在授予测试许可证之前对申请进行评估。（H-19-51）

对于优步先进技术集团：

建立自动驾驶系统测试安全管理体系，该体系至少包括安全政策、安全风险管理、安全保证和安全促进。（H-19-52）

9.6　总结

汽车和飞机依赖于嵌入式软件，其中体现了高级嵌入式计算系统的几个重要概念。它们被组织为网络控制系统，并具有多个处理器，这些处理器相互通信以协调实时操作。它们也是安全关键系统，要求提供最高级的设计质量保障。

我们学到了什么

- 汽车和飞机使用网络控制系统。
- 车载计算平台使用大量异构处理器协同工作，这些处理器还组成了一个异构网以进行通信。
- 车辆的复杂性又为车辆的安全性和防危性设计提出了更高的要求。
- 发动机控制器以高速率执行数学控制函数，从而对发动机进行操作。

扩展阅读

Kopetz [Kop97] 对分布式嵌入式系统设计进行了全面介绍。Robert Bosch GmbH[Bos07]

编著的书详细讨论了汽车电子设备。数字航空手册 [Spi07] 描述了几种飞机的航空电子设备系统。

问题

Q9-1 列举汽车联邦网络中的网络组件。

Q9-2 为坐在汽车座位上并系好安全带的乘客绘制 UML 顺序图。顺序图应包含乘客、座位的乘客传感器、安全带紧固传感器、安全带控制器和安全带紧固指示器（当乘客已就座但安全带没有系紧时，指示器应发出警报）。

Q9-3 绘制通过远程信息处理单元攻击汽车的 UML 顺序图。攻击首先修改远程信息处理单元上的软件，然后修改制动单元上的软件。顺序图应包含远程信息处理单元、制动单元和攻击者。

上机练习

L9-1 构建一个能在嵌入式网络上监控信息的实验装置。

L9-2 构建 CAN 总线监控系统。

嵌入式多处理器

本章要点

- 在嵌入式计算系统中为什么需要网络和多处理器。
- 嵌入式多处理器体系结构。
- 并行与分布式计算的系统设计。
- 设计示例：视频加速器。

10.1 引言

许多嵌入式系统需要多个 CPU。为了构建这样的系统，我们需要使用网络来连接处理器、内存和设备。因此对系统进行编程时要充分利用多处理器中固有的并行性，并考虑由网络引起的通信延时。本章将介绍并行和分布式嵌入式计算系统中的一些基本概念。10.2 节介绍在嵌入式系统中使用多处理器的实例。10.3 节探讨多处理器的类别。10.4 节讨论共享内存多处理器和片上多处理器系统（MPSoC）。10.5 节将视频加速器的设计作为专用处理元件的示例。

10.2 为什么需要多处理器

单 CPU 的编程已经足够困难，为什么要添加更多的处理器让其更加困难？通常来说，**多处理器**（multiprocessor）是具有耦合在一起的两个或多个处理器的计算机系统。用于科学研究或商业目的的多处理器的体系结构通常很有规律：几个相同的处理器访问统一的存储器空间。术语**处理元件**（Processing Element，PE）用来表示任何负责计算的单元，无论它是否是可编程的。术语**网络**（network）或**互连网络**（interconnection network）用来描述处理元件之间的连接关系。

嵌入式系统设计人员必须对多处理器的性质有更为全面的了解。长远来看，嵌入式计算系统是完全建立在多处理器体系结构之上的。为什么没有适用于所有类型的嵌入式计算应用的多处理器体系结构？为什么需要嵌入式处理器？无论是对于多处理器设计还是对于嵌入式系统设计，其关键因素都是实时性能、功耗和成本。

使用嵌入式多处理器的首要原因在于，它们能够提供显著的性价比——相对于单处理器系统而言，多处理器系统每多花一分钱，其所实现的性能更高、功能更多。根本原因在于处理器元件的购买价格与性能关系不是线性函数 [Wol08]。随着时钟频率的增加，微处理器的成本将大大增加。这是 VLSI（超大规模集成电路）制造和市场经济的正常结果。在 VLSI 的制程中，对不同时钟频率的需求通常呈现正态分布，因此高频芯片的数量很少，它们在市场中自然价格较高。

由于高频处理器的成本非常高昂，因此将应用程序拆分到多个较小的处理器上执行成为一个相对便宜的方法。即便加上组装这些部件的成本，整个系统的价格仍然便宜许多。当然，在多个处理器之间拆分应用程序需要更高的工程造价和交付周期，这必须在项目中加以考虑。

除了降低成本，使用多个处理器还可以提高实时性能。当把这些时间敏感的进程另外分配到一组处理器上时，通常能够满足时限并且更容易对交互做出应答。如第 6 章所述，考虑到在单个 CPU 上调度多个进程在大多数现实的调度模型中都会产生开销，将时间敏感的进程放置在具有很少或者没有分时共享的 PE 上可以减少调度开销。如图 10.1 所示，由于为处理器以非线性速率支付开销，所以通过隔离时间敏感进程可以节省大量开销，否则可能需要一个性能非常高的 CPU 来提供与分布式系统相同的响应能力。

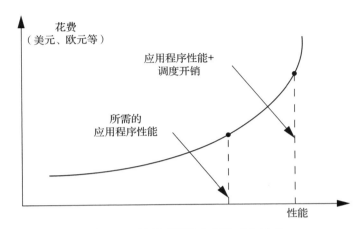

图 10.1   调度开销的非线性变化速率

我们还需要使用多处理器将一些处理元件放置在被控制的物理系统附近。例如，在汽车中将控制元件放置在发动机、制动器等主要部件旁边。对于模拟器件和机械部件的设计，通常都要求关键的控制功能在靠近传感器和制动器的位置运行。

许多因性能问题而使用多处理器的技术也能用于低功耗嵌入式计算。几个以低时钟频率运行的处理器所消耗的功率要低于单个大型处理器消耗的功率：性能与电源电压成正比，功率与电压的平方成正比。

Austin 等人的研究 [Aus04] 表明，通用计算平台不能满足电池供电嵌入式计算的严格能耗预算。图 10.2 比较了台式机处理器和可用电池电量的功耗性能。电池只能提供约 75mW 的功率，而台式机处理器需要接近 1000 倍的功率才能运行。这个巨大的差异不能通过调整处理器体系结构或软件来解决，而多处理器则提供了一种突破这种功率障碍并构建更高效的嵌入式计算平台的方法。

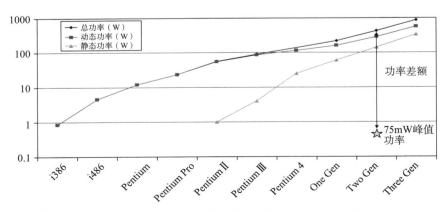

图 10.2   台式机处理器的功耗趋势 [Aus04]（2004 IEEE 计算机协会）

10.3　多处理器的种类

在通用计算领域，多处理器有着悠久而丰富的历史。嵌入式多处理器已经广泛应用了几十年，它的应用范围之广也令人印象深刻——多处理器既可以应用于性能相对较低的系统，也可以应用于在低能量情况下实现非常高水平的实时性能。

图 10.3 所示为两种主流的多处理器体系结构：

- **共享内存**系统具有一个处理器池（P1、P2 等），能够对一个共同的存储器集（M1、M2 等）进行读写访问。
- **消息传递**系统具有一个处理器池，池中的处理器彼此之间能够传递消息。每个处理器都拥有自己的本地内存。

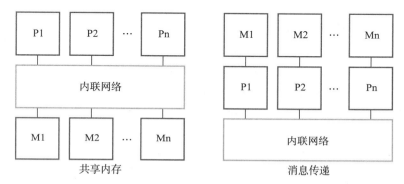

图 10.3　两种主流的多处理器体系结构

共享内存和消息传递这两种体系结构的机器都使用内联网络连接，但是网络的细节差异很大。这两种体系结构在功能上是等效的，即可以将一种体系结构类型的程序转换为另一种体系结构类型的等价程序。因此可以在考虑各种因素（性能、成本等）的基础上选择其中一种体系结构。

共享内存与消息传递的区别并不能代表多处理器的全部技术内容。处理器元件和存储器的物理组织在确定系统的特性方面扮演了重要的角色。第 4 章已经介绍了将处理器、存储器和 I/O 设备融合在一体的单片微控制器。多处理器片上系统（Multiprocessor System-on-Chip，MPSoC）[Wol08B] 就是具有多个处理器元件的片上系统。这与**分布式系统**（distributed system）正好相反，分布式系统是由物理上分离的处理器元件组成的多处理器系统。一般而言，用于 MPSoC 的网络是高速的，能够在处理器元件之间提供低延时的通信。分布式系统所使用网络的延时要远高于芯片内部的网络，但是许多嵌入式系统确实会要求使用物理上相距很远的多个芯片。MPSoC 和分布式系统之间的延时差异会影响彼此间的编程技术。

共享内存系统在单芯片嵌入式多处理器中非常常见。在 10.6 节中我们将展示如何将共享内存体系结构的多处理器应用于低成本系统中。它们也可以被应用于高成本、高性能的系统中。共享内存系统能够提供相对快速的共享内存访问。

接下来的例子描述了用于智能手机的异构多核嵌入式处理器 Apple A15。

示例 10.1　Apple A15

Apple A15［Fru21］是一款用于智能手机的 SoC。CPU 集群包括 2 个高性能核心和 4 个高能效比核心。这款芯片的两种变体提供的图形处理器略有不同：一种是四核，另一种是五核。加速器包括视频编码和解码、图像信号处理器、显示引擎和神经网络引擎。

10.4 MPSoC 和共享内存多处理器

共享内存处理器适用于需要处理大量数据的应用。信号处理系统流数据适用于共享内存处理。大多数 MPSoc 都是共享内存系统。

共享内存允许处理器以不同的模式进行通信。如果通信模式非常固定，而且不同步骤的处理在不同的单元中执行，那么联网的多处理器可能是最适用的。如果步骤之间的通信模式存在多种变化，那么共享内存可以提供这种灵活性。如果一个处理元件用于多个不同的步骤，那么共享内存也满足通信中所需要的这种灵活性。

10.4.1 异构共享内存多处理器

许多高性能嵌入式平台使用的是异构多处理器技术。不同的处理元件执行不同的功能。PE 是具有不同指令集的可编程处理器，或者是不可编程（或者编程接口很少）的专用加速器。在这两种情况下，使用不同类型 PE 的原因是为了提升效率。具有不同指令集的处理器可以更快地执行不同的任务，并且使用更少的能量。加速器可以为专用范围的功能提供更快、更低功率的操作。

下一个例子将研究 TI TMS320DM816x DaVinci 数字媒体处理器。

示例 10.2 TI TMS320DM816x DaVinci

DaVinci 816x [Tex11，Tex11B] 是为高性能视频应用而设计的，它包含一个 CPU、一个 DSP 和几个专有单元，如下图所示。

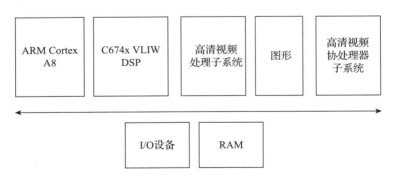

816x 拥有两个可编程的主处理器。ARM Cortex A8 包含 Neon 多媒体指令，它是一个有序双发射处理器。C674x 是一个长指令字的 DSP，它具有 6 个算术逻辑单元和 64 个通用寄存器。

高清视频协处理器子系统（HDVICP2）提供图像和视频加速。它原本就支持多种标准，如 H.264（用于 BluRay）、MPEG-4、MPEG-2 和 JPEG。它包含一些主要用于图像和视频操作的专用硬件，包括变换和量化、运动预测以及熵编码。它还具有自己的 DMA 引擎，可以以高达 1080P/I 的分辨率、60 帧 / 秒的速度工作。高清视频处理子系统还提供额外的视频处理能力，它可以同时处理三个高清视频流和一个标清视频流，可以执行诸如扫描速率转换、色度键和视频安全等相关操作。图形单元设计用于处理高达 30M 三角形 / 秒的 3D 图形操作。

10.4.2 加速器

嵌入式多处理器的一个重要处理元件就是**加速器**（accelerator）。加速器可以为存在**计算核心**（computational kernel）的应用程序提供大幅度的性能提升，其中计算核心是指程序中（反复执行从而）花费大量运行时间的小规模代码片段。加速器还可以为实现低延时 I/O 功能的加速提供关键支持。

加速系统的设计是一种**硬件/软件协同设计**（hardware/software co-design）的方法，即同时设计硬件和软件以满足系统目标的方法。因此，在给定计算平台的前提下，通过加入加速器，就可以自定义嵌入式平台，以更好地满足应用程序的需求。

如图 10.4 所示，CPU 加速器被接入 CPU 总线。CPU 通常被称为**主机**（host）。CPU 通过加速器中的数据和控制寄存器与加速器进行通信。这些寄存器允许 CPU 监视加速器的操作并向加速器发出命令。

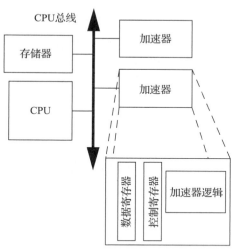

图 10.4　系统中的 CPU 加速器

CPU 和加速器还可以经由共享内存进行通信。如果加速器需要对大量数据进行操作，那么通常有效的方式是将数据存储在内存中，并且直接让加速器进行读写，而不是让 CPU 将数据在内存和加速器的寄存器之间传送。CPU 和加速器使用同步机制来确保不会破坏彼此的数据。

加速器不是协处理器。协处理器被连接到 CPU 的内部，并进行指令处理。加速器通过编程模型接口与 CPU 进行交互，而不是执行指令。虽然它通常不执行输入或输出，但其接口在功能上等同于 I/O 设备。

设计加速器的首要步骤是确定是否真的需要加速器：我们必须确保想要加速的函数在加速器上的运行速度会比在 CPU 上作为软件执行的速度快。如果系统的 CPU 是一个小型的微控制器，那么加速器的性能会比较优越，但是与高性能 CPU 相比，加速器就不一定具有优势了。此外，还必须确保加速功能可以加速整个系统。如果其他某些操作实际上具有瓶颈，或者将数据移入或移出加速器的速度太慢，那么加入加速器可能对系统来说收益不大。

在对系统进行分析之后，就需要设计该系统的加速器了。为了确定对加速器的需求，必须很好地理解对加速的算法，这通常是以高级语言程序的形式来表示的。我们必须将算法描述翻译为硬件设计，这本身就是一项相当艰巨的任务。此外，还必须对加速器核与 CPU 总线之间的接口进行设计。该接口包括多个总线握手逻辑。例如，必须明确 CPU 上的应用软件如何与加速器进行通信，并提供所需的寄存器；可能还需要实现共享内存的同步操作，以及添加地址生成逻辑以从系统内存中读取和写入大量数据。

最后，我们需要设计 CPU 端与加速器的连接接口。应用软件必须与加速器进行交互，向加速器提供数据并告知加速器要执行的操作。我们必须以某种方式实现加速器与应用程序其他部分的同步，以使加速器知道何时获取所需的数据，同时使 CPU 知道何时能够接收到预期的结果。

现场可编程门阵列（Field-Programmable Gate Array，FPGA）为定制加速器提供了一个有用的平台。FPGA 具有可编程逻辑门和可编程互连的结构，可以进行配置以实现特定的功能。大多数 FPGA 还提供板载存储器，可为自定义内存系统配置不同的接口。一些 FPGA 提供板载 CPU 以运行与 FPGA 体系结构通信的软件。小型 CPU 也可以直接在 FPGA 体系结构中实现，这些处理器的指令集可以根据所需的功能进行定制。

接下来的例子描述具有板载多处理器和 FPGA 体系结构的 MPSoC 系统。

示例 10.3   Xilinx Zynq UltraScale+ MPSoC

Xilinx Zynq UltraScale+ 系列（http://www.xilinx.com）集结了多处理器、FPGA 体系结构、存储器和其他系统组件。该系列芯片包括四核 ARM Cortex-A53 和双核 ARM Cortex-R5，以及 Mali 图形单元，并提供各种动态、静态存储器接口。I/O 设备包括 PCIe、SATA、USB、CAN、SPI 和 GPIO。该系列芯片还提供几个安全单元，以及组合逻辑块阵列和块 RAM。

10.4.3   加速器性能分析

本节将主要探讨**加速**（speedup）问题：拥有加速器的系统比没有加速器的系统运行速度快多少？我们当然也会关心诸如功耗和制造成本等其他指标。但是，如果加速器不能提供足够有效的加速，那么成本和功率问题将毫无意义。

加速系统的性能分析是到目前为止我们遇到的最为复杂的任务。第 6 章已经讨论过，具有多个进程的 CPU 的性能分析比单个程序的性能分析要复杂。当存在多个处理单元时，性能分析任务将变得更加困难。

加速因子部分取决于系统是**单线程**（single-threaded）还是**多线程**（multithreaded）。这两者的区别是，在单线程模式中，在加速器运行时 CPU 处于空闲态；而在多线程模式中，CPU 可以与加速器并行工作。另一个等价描述是**阻塞**（blocking）与**非阻塞**（nonblocking）。二者的区别是，在阻塞模式下，CPU 的调度程序会阻塞其他操作，并等待加速器调用完成；而在非阻塞模式下，CPU 允许其他进程与加速器并行运行。上述情况如图 10.5 所示，数据依赖性允许 P2 和 P3 在 CPU 上独立运行，但 P2 依赖于由加速器实现的 A1 进程的结果。在单线程的情况下，CPU 阻塞以等待加速器返回计算结果，因此 P2 或 P3 在 CPU 上运行的次序是无关紧要的。在多线程的情况下，CPU 在加速器运行时继续执行有用的工作，因此 CPU 可以在启动加速器之后立即启动 P3，进而提前完成任务。

加速器的性能分析是首要任务。如图 10.6 所示，加速器的执行时间不仅取决于执行加速器功能所需的时间，还取决于将数据导入加速器并取出所需的时间。

因为加速器不能访问 CPU 寄存器，所以数据可能驻留在主存储器中。

简单的加速器可能读取全部的输入数据，执行所需的计算，然后输出全部的结果。在本例中，总执行时间可以被描述为：

$$t_{accel} = t_{in} + t_x + t_{out} \qquad (10.1)$$

其中，t_x 是假定所有数据都已经准备好时加速器的执行时间，t_{in} 和 t_{out} 分别是读取和写入所需变量的时间。t_{in} 和 t_{out} 的值必须反映总线传输所需的时间，这包括两个因素：

- 将任何寄存器或缓存值刷新到主存储器所需的时间（如果主存储器中需要这些值以与加速器进行通信）。
- 在 CPU 和加速器之间的控制权转移所需的时间。

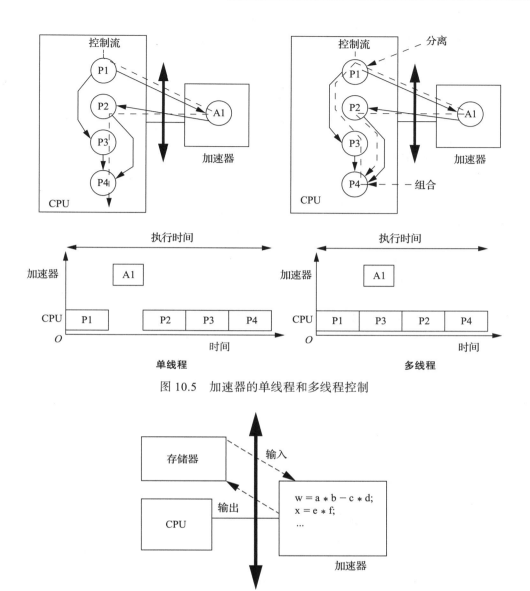

图 10.5　加速器的单线程和多线程控制

图 10.6　加速器执行时间的构成

　　将数据传入和传出加速器可能需要使加速器成为总线主控。由于 CPU 可能延时总线主控的请求，因此必须基于 CPU 的特性来确定最差情况下总线主控获取所需要的时间。

　　更加复杂的加速器可以尝试将输入和输出时间与计算时间重叠。例如，加速器可以读取几个变量，并在读取后续其他值的同时开始用这些值进行计算。在这种情况下，t_{in} 和 t_{out} 项表示非重叠读 / 写的时间，而不是完整的输入 / 输出时间。将 I/O 和计算重叠的典型示例是流数据应用，比如数字滤波。如图 10.7 所示，加速器可以接收一个或多个数据流，并输出一个数据流。典型的数据流非常大，无法立即获取，需要多次读取与存储。系统关于延时的需求通常导致需要在运行的过程中一边接收新数据一边产生输出，而不是存储所有数据后再进行计算；此外，存储很长的数据流也是不切实际的。在这种情况下，t_{in} 和 t_{out} 项是由开始计算之前读取的数据量和最后一次计算及最后一次数据输出之间的时间长度来确定的。

现在我们最感兴趣的是通过用加速器来替换软件所实现的加速效果。总加速比 S 可以写作 [Hen94]：

$$S = n\,(t_{CPU} - t_{accel}) = n\,[t_{CPU} - (t_{in} + t_x + t_{out})] \tag{10.2}$$

其中，t_{CPU} 是完全使用软件的等价实现在 CPU 中的执行时间，n 是函数的执行次数。我们可以使用第 5 章中的技术测定 t_{CPU} 的数值。显然，函数执行的次数越多，加速器提供的加速也越大。

最终，相对于加速器本身的速度，我们更关心整个系统的加速比，即整个应用程序执行完成的速度变快了多少。在单线程系统中，评估加速器的加速对总系统的加速是很简单的：系统的执行时间减少 S，原因如图 10.8 所示，单线程控制使得程序只有单一的执行路径，因此可以通过测量其长度来确定新的执行速度。

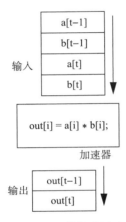

图 10.7　加速器的数据流读入和读出

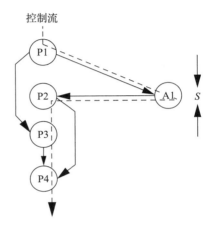

图 10.8　评估单线程实现中的系统加速

在多线程环境中评估系统的加速需要更加精细。如图 10.9 所示，此时执行路径有多条。系统的总执行时间取决于**最长路径**（longest path）：从执行的最开始直至结束。在这种情况下，系统的执行时间取决于 P3 及 P2 加 A1 哪个更长：如果 P2 加 A1 占用的时间更长，那么 P3 不影响系统总执行时间；如果 P3 花费的时间更长，那么 P2 加 A1 不影响系统总执行时间。为了确定系统的总执行时间，必须使用其执行时间标记图中的每个节点。在简单的情况下，我们可以枚举出执行的路径，测量每条路径的长度，并选择最长的路径作为系统的总执行时间。此外，我们还可以使用高效的图算法来计算最长路径。

分析表明，选择合适的功能并将其移至加速器中，对于改进程序性能至关重要。显然，如果用于加速的

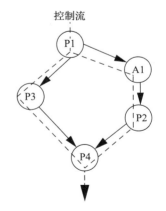

图 10.9　评估多线程实现中的系统加速

功能在系统执行时间中所占比例不大，那么在考虑执行次数的情况下，系统的加速不会很明显。从式（10.2）可以看出，如果数据进出加速器会产生很多开销，那么加速同样不明显。

10.4.4　调度和分配

设计分布式嵌入式系统时，我们必须解决**调度**（scheduling）和**分配**（allocation）的设计问题：

- 必须及时对操作进行调度，包括网络上的通信和处理单元上的计算。显然，在 PE 中的调度操作和 PE 之间的通信是互联的。如果一个 PE 太晚完成计算，则可能影响网络上的另一个通信，因为它尝试将结果发送给需要的 PE。这对于需要计算结果的 PE 和其通信受到影响的其他 PE 都是不利的。
- 必须将计算分配给不同的处理单元。分配给 PE 的计算决定了需要哪些通信，举例来说，如果在一个 PE 上计算的值是另一个 PE 所需要的，那么这个值就必须通过网络传输。

示例 10.4 阐述了在嵌入式系统中的调度和分配。

示例 10.4　分布式嵌入式系统中的进程调度与分配

我们可以将系统描述为任务图，图中的一个节点表示一个进程，不同的进程最终可能在不同的处理单元运行。下面是一个任务图。

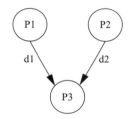

图中每条边上都有一个标记，用于表示数据传输，我们在后面会用到这些信息。我们希望这些任务在如下平台上执行。

该平台包含两个处理单元以及连接两个 PE 的一条总线。为了决定在何处分配以及何时调度进程，我们需要知道每个进程在每个 PE 上的运行速度。下表是每个进程的速度。

	M1	M2
P1	5	5
P2	5	6
P3	—	5

符号"—"表示该进程不能在该类型的处理单元上运行。在实际的运行中，由于一些原因，有的进程不能在某些 PE 执行。如果使用 ASIC 来实现特殊功能，那么它能且仅能实现一个进程。微控制器等类型的小型 CPU 可能没有足够的内存用于加载进程代码或数据，也可能是由于运行速度太慢以至于变得没有意义。由于许多原因，同一进程在不同的 CPU 上

运行的速度也不同，即使当 CPU 以相同的时钟频率运行时，指令集的差异也会导致进程更适合运行在特定的 CPU 上。

如果两个进程被分配给同一个 PE，则它们可以使用 PE 的内部存储器进行通信，而且不会占用网络通信时间。任务图中的每条边对应一个必须通过网络传输的数据通信。由于所有 PE 都以相同的速率通信，因此 PE 之间的所有数据通信的传输速率都是相同的。我们需要知道每个通信占据多长时间。在这个例子中，d1 是需要 2 个时间单位的短消息，而 d2 是需要 4 个时间单位的长通信。

在第一次分配方案的尝试中，我们将 P1 和 P2 分配给 M1，将 P3 分配给 M2。这种分配表面上看是一个好方案，因为 P1 和 P2 都被放置在运行它们最快的处理器上。下图给出了在所有处理单元和网络上发生的调度情况。

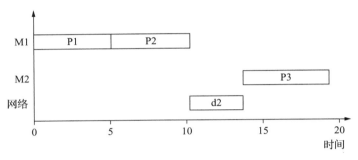

该调度的长度为 19。d1 消息在 P1 内部的进程之间发送，因此不出现在总线上。

接下来尝试另一种分配方案：将 P1 分配给 M1，将 P2 和 P3 分配给 M2。这使得 P2 的运行速度变慢。以下是一种新的调度情况。

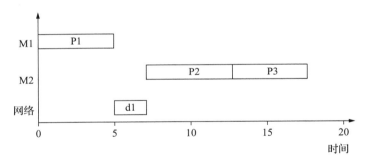

此次调度的长度是 18，和上一个分配方案相比，调度少 1 个时间单位。因为通过在总线上发送较短的消息节省下来的时间，比 P2 的计算时间增加要多。如果不考虑通信，在分析总执行时间时，我们可能会对将哪些进程放在相同的处理单元上这一问题做出错误选择。

10.4.5 系统集成

加速系统的设计通常需要集成几种不同类型的组件。串行总线通常用于模块到模块的通信，特别是对于初始化和配置这样的任务。

I^2C 总线 [Phi92] 是一种常见的总线，通常用于连接系统中的微控制器和其他模块。它甚至已经被用作 MPEG-2 视频芯片 [van97] 的命令接口；高速视频数据使用单独的总线，配置信息通过 I^2C 总线接口传输到片上控制器。

I^2C 是低成本、易于实现和中等速度（标准总线速度最高为 100kb/s，扩展总线速度最高为 400kb/s）的总线。它只使用两根线：**串行数据线**（Serial Data Line，SDL）用于传输数据，**串行时钟线**（Serial Clock Line，SCL）用于指示数据线上是否存在有效数据。图 10.10 展示了典型的 I^2C 总线系统的结构，网络中的每个节点都被连接到 SCL 和 SDL。一些节点可以作为总线主控，而且总线可以有多个主控，其他节点作为只响应来自主设备请求的从设备。

总线的基本电气接口如图 10.11 所示。总线没有定义高电平或低电平的电压值，这使得双极或 MOS 电路都可以连接到该总线。两种总线信号都使用集电极开路/开漏电路。上拉电阻将信号的默认状态保持为高电平，并且当要发送 0 时，在每个总线设备中使用晶体管来下拉信号。开路集电极/开漏信号允许多个器件同时写入总线，而不会造成电气损坏。

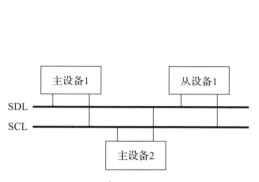

图 10.10　I^2C 总线系统的结构

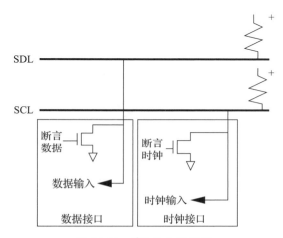

图 10.11　I^2C 的电气接口

开路集电极/开漏电路允许从设备在向从设备读取期间延长时钟信号。主设备负责生成 SCL 时钟，但是如果需要，从设备可以延长时钟的低电平周期（但不能延长高电平周期）。

I^2C 总线是多主设备总线，多个不同设备中的任意一个都可以在不同时间充当主设备。因此，在 SCL 上没有全局主设备来产生时钟信号。相反，主设备在发送数据时会同时驱动 SCL 和 SDL。在总线空闲时，SCL 和 SDL 都保持高电平。当两个设备尝试将 SCL 和 SDL 驱动至不同的值时，开路集电极/开漏电路可防止错误，但每个主设备在发送时必须侦听总线，以确保其不会干扰设备接收另一个消息——如果设备接收到的值与它试图传输的值不同，那么它就知道自己正在干扰另一个消息。

每个 I^2C 设备都有一个地址。设备的地址由系统设计者确定，并且通常作为 I^2C 驱动程序的一部分。当然，设定地址时必须保证系统中的两个设备不具有相同的地址。在标准 I^2C 定义中，设备地址是 7 位（扩展 I^2C 允许 10 位地址）。地址 0000000 用于发出**全局呼叫**（general call）或总线广播信号，这可以被用来同时向所有设备发出信号。地址 11110XX 保留用于扩展的 10 位寻址方案，此外，还有其他几个保留地址。

总线事务（bus transaction）是以字节为单位的**传输**（transmission），一个地址后跟一个或多个数据字节。I^2C 鼓励使用数据推送的编程风格。当主设备想向一个从设备写入时，就发送从设备的地址，后面跟着数据。因为从设备不能发起传输，所以主设备必须发送一个带有从设备地址的读请求，并使从设备发送数据。因此，地址传输包括 7 位地址和 1 位数据方向：0 表示主设备向从设备写入，1 表示从设备向主设备写入。（这解释了总线上为什么只有

7 位地址。）地址传输的格式如图 10.12 所示。

总线事务由"开始"信号启动，并由"停止"信号完成：

- 通过将 SCL 保持为高电平并在 SDL 上发送 1 到 0 转换来发出"开始"信号。
- 通过将 SCL 置为高电平并在 SDL 上发送 0 到 1 转换来发出"停止"信号。

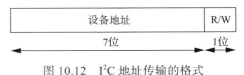

图 10.12　I²C 地址传输的格式

但"开始"和"停止"必须匹配。主设备可以先写后读（或者先读后写），在数据传输之后发送"开始"信号，然后传输另一个地址，接着发送其他数据；反之也可以，先读后写。在总线事务中，主设备动作的基本状态转换图如图 10.13 所示。

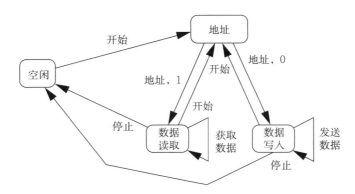

图 10.13　I²C 总线主设备的状态转换图

一些典型的完整总线事务的格式如图 10.14 所示。在第一个示例中，主设备向寻址的从设备写入两个字节。在第二个示例中，主设备请求向从设备读取数据。在第三个示例中，主设备向从设备写入一个字节，然后发送另一个"开始"信号向从设备发起读操作请求。

图 10.14　I²C 总线的典型总线传输

图 10.15 展示了如何在总线上传输数据字节，包括"开始"和"结束"事件。当 SDL 位于低电平而 SCL 保持高电平时，传输开始。在此"开始"信号之后，时钟线被拉低以启动数据传输。对于每个数据位，时钟线由低电平变为高电平，而此时数据线的 0 或 1 值就是数据的值。在每个 8 位传输结束时，发送"确认"信号，无论传输的是地址还是数据，都需要发送"确认"。对于"确认"信号，发送端不下拉 SDL，如果接收端正确接收到该字节，则由接收端将 SDL 置为 0。确认后，SDL 从低电平变成高电平，同时 SCL 变为高电平，表

示传输"结束"。

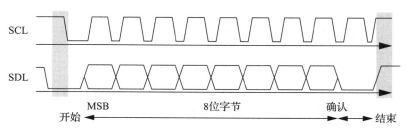

图 10.15　I^2C 总线一个字节的传输

　　总线能够对每个消息进行仲裁。发送时，设备也会监听总线。如果设备尝试发送逻辑 1 但是监听到逻辑 0，则立即停止发送并将优先级交给其他设备——设备应能及时停止发送，以保证不影响其他设备发送有效位。在许多情况下，仲裁将在传输地址期间完成，当然仲裁也可以延伸到数据传输。如果两个设备试图向同一地址发送相同的数据，那么它们当然不会相互干扰，并且都能成功发送消息。这种形式的仲裁类似于 CAN 总线仲裁。

　　微控制器的 I^2C 接口有多种实现方法，软件和硬件可以承担不同比例的功能 [Phi89]。如图 10.16 所示，典型的系统具有一位硬件接口，而向应用程序提供字节级的服务；I^2C 设备负责生成时钟和数据。应用程序的代码调用驱动例程来发送地址和数据字节等，然后生成 SCL 和 SDL 并确认信息等。微控制器的某个定时器通常用于控制总线上的位长度。中断可用于识别是否有数据到来。但是，在主设备模式下使用时，如果 CPU 没有执行其他任务，那么轮询 I/O 是可以接受的，因为是主设备发起了自身的数据传输。

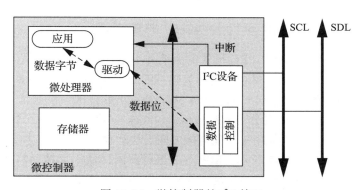

图 10.16　微控制器的 I^2C 接口

10.4.6　调试

　　在将完整的加速器集成到平台之前，最好单独调试加速器和系统的其他部分之间的基本接口。

　　硬件／软件协同仿真在加速器设计中非常有用。由于协同仿真器能够在硬件仿真的基础上相对有效地运行软件，所以它能够在相对逼真的模拟环境中测试加速器。如果不运行 CPU 的加速器驱动程序，就很难运行加速器核心和主机 CPU 之间的接口。在制作加速器之前，在仿真器中完成这一过程更好，这样就不必反复修改加速器的硬件原型。

10.5   设计示例：视频加速器

本节将设计一个视频加速器，主要是一个运动估计加速器。数字视频依然是一个计算密集型的任务，所以特别适合使用加速器。运动估计引擎常用在实时搜索引擎中，我们也可以在个人计算机上安装一个以试验视频处理技术。

10.5.1   视频压缩

在研究视频加速器之前，让我们先看看视频压缩算法，以理解运动估计引擎所扮演的角色。

图 10.17 展示了 MPEG-2 视频压缩方式的框图 [Has97]。MPEG-2 是美国高清广播电视（US HDTV）的基础。这种压缩方式在反馈回路中使用了几个算法组件。在 JPEG 中大量使用的离散余弦变换（Discrete Cosine Transform，DCT）在 MPEG-2 中也起着重要作用。正如在静态图像压缩中那样，对像素进行 DCT 量化属于有损压缩，然后使用无损的可变长编码进一步减少表示块所需要的比特数。

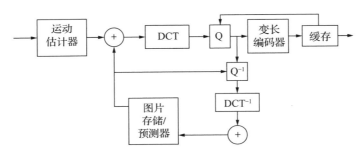

图 10.17   MPEG-2 压缩算法框图

然而，在许多应用中仅使用 JPEG 形式的压缩并不足以降低视频带宽。MPEG 使用运动趋势，根据一个视频帧对另一个视频帧进行编码。因此，在 MPEG 中不是独立发送每一帧，而是使用一种称为**块运动估计**（block motion estimation）的技术，根据其中一些帧来生成另外一些帧。在编码阶段，帧被划分为**宏块**（macroblock）。我们找出一个帧中的宏块与另一个帧中的宏块的相关性，接着使用描述帧与帧之间宏块运动的向量对该帧进行编码，而不需要传输所有的像素。如图 10.17 所示，MPEG-2 编码器同样使用反馈回路来提升图像质量。这种编码方式是有损的，并且有许多情况会导致结果并不完美：一个宏块的对象可能会在两帧之间移动，或者搜索算法可能找不到宏块，等等。编码器使用编码信息来重新创建有损的编码图像，将其与原始帧进行比较，然后生成一个供接收器修复较小误差的误差信号。解码器必须将最近解码的几帧保存在内存中，从而可以获取相应宏块的像素值。这种存储节省了大量的传输和存储带宽。

块运动估计的原理如图 10.18 所示。其目标是得到一个二维的相关性，从而找到两帧之间最匹配的区域。我们将当前帧分为 16×16 个宏块，对于帧中的每个宏块，找出在前一帧与其最匹配的区域。对前一帧进行全局搜索代价太大，因此我们通常将搜索限制在以宏块为中心并且略大于宏块的给定区域，并在搜索区域中尝试通过宏块的平移找到匹配区域。我们使用下面的方式对相似性进行计算：

$$\sum_{1 \leqslant i,\, j \leqslant n} \left| M(i,j) - S(i - o_x, j - o_y) \right| \tag{10.3}$$

其中 $M(i, j)$ 是宏块在像素 (i, j) 处的光强，$S(i, j)$ 是搜索区域的光强，n 是宏块的边长大小，$<o_x, o_y>$ 是宏块和搜索区域之间的偏移量。光强由一个 8 位的黑白像素亮度数据表示，因为在运动估计中没有用到色彩信息。我们从搜索区域中选择该计算结果最小的宏块位置。选中位置的偏移量描述了从搜索区域中心到宏块中心的向量，称为**运动向量**（motion vector）。

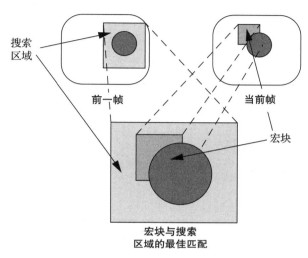

图 10.18　块运动估计

10.5.2　算法和需求

为简单起见，我们构建一个全局搜索引擎，它将对宏块和搜索区域的每一个可能的点进行比较。这项操作的开销很大，研究者已经提出了对搜索区域进行稀疏搜索的不同方法。虽然在实践中会使用更加高级的算法，但是在这里我们选择全动态搜索，主要关注于加速器的设计以及加速器与系统其他部分的关系等基本问题。

使用 C 语言是描述算法的一种很好的方法，算法的一些基本参数如图 10.19 所示。被搜索的图像通常包括一些特征，如圆形，在这种情况下，圆形的部分区域位于搜索区域之外。以下是一段用于单独搜索的 C 代码，它假定搜索区域不超出帧的边界。

```
bestx = 0; besty = 0; /*initialize best location--none yet */
bestsad = MAXSAD; /*best sum-of--difference thus far */
for (ox = -SEARCHSIZE; ox < SEARCHSIZE; ox++) {
    /*x search ordinate */
    for (oy = -SEARCHSIZE; oy < SEARCHSIZE; oy++) {
        /*y search ordinate */
        int result = 0;
        for (i = 0; i <MBSIZE; i++) {
            for (j = 0; j <MBSIZE; j++) {
                result = result + iabs(mb[i][j] -
                    search[i -ox + XCENTER][j - oy + YCENTER]);
            }
        }
        if (result <= bestsad) { /* found better match */
            bestsad = result;
            bestx = ox; besty = oy;
        }
    }
}
```

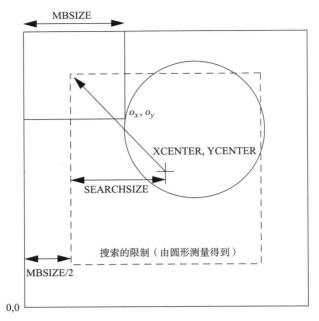

图 10.19　块运动搜索参数

对每个像素进行的算术运算是很简单的，但需要处理大量的像素。如果 MBSIZE 为 16，SEARCHSIZE 为 8，并且每个维度上的搜索距离为 8+1+8，那么要找到单个宏块的运动向量，必须执行 73 984 次差分运算：

$$n_{ops} = (16 \times 16) \times (17 \times 17) = 73\ 984 \tag{10.4}$$

这需要观察两倍的像素，一个来自搜索区域，一个来自宏块。我们现在可以看出非全局搜索算法的优势。为了处理视频，我们必须在每帧的每个宏块上执行这种运算。邻接的块具有重叠的搜索区域，所以我们要避免重新加载已有的像素。

通用影像传输格式（Common Intermediate Format，CIF）是一种相对低分辨率的标准视频格式，它的帧大小为 352×288，具有 22×18 个宏块。如果我们要对视频进行编码，就必须对大多数帧的每个宏块执行运动估计（有一些帧在发送时不使用运动补偿）。

我们将构建一个系统，其中包含一个 FPGA，通过 PCIe 总线连接到个人计算机。在加速器和 CPU 之间显然需要像 PCIe 这样的高带宽连接。我们可以使用加速器来执行视频处理以及其他任务。系统需求如下表所示。

名称	块运动估计器
目标	在 PC 系统上进行宏块的运动估计
输入	宏块和搜索区域
输出	运动向量
功能	使用全局搜索计算运动向量
性能	尽可能快
制造成本	100 美元
功率	由 PC 电源供电
物理尺寸和重量	封装为 PC 的 PCIe 卡

10.5.3 规格说明

由于算法简单，所以本系统的规格说明也相对简单。图 10.20 定义了三个用于描述系统基本数据类型的类：Motion-vector、Macroblock 和 Search-area。这些定义非常简单，我们仅需要定义两个类来描述它：Motion-estimator 和 PC。这些类如图 10.21 所示。假设 PC 的内存可供加速器访问。加速器提供行为 compute-mv() 来执行块运动估计算法。图 10.22 展示了 compute-mv() 操作的时序图。在初始化行为之后，加速器从 PC 读取搜索区域和宏块，然后计算运动向量，并将其返回给 PC。

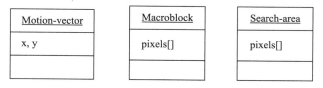

图 10.20   在视频加速器中描述基本数据类型的类

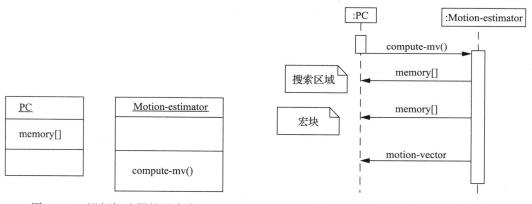

图 10.21   视频加速器的基本类

图 10.22   视频加速器的时序图

10.5.4 系统体系结构

加速器将在一块 FPGA 上实现，这块 FPGA 位于连接到 PC 的 PCIe 插槽的卡上。当然，这样的板卡可以直接购买，也可以从头开始设计。如果从头开始设计，必须首先确定这块板卡是仅用于视频加速，还是可以更加通用以支持其他应用程序。

由于算法需要大量数据，所以在加速器的体系结构设计方面需要一些考量。宏块共有 $16 \times 16 = 256$ 个像素，搜索面积有 $(8 + 8 + 1 + 8 + 8)^2 = 1089$ 个像素。FPGA 可能没有足够的内存来容纳 1089 个 8 比特的值，因此我们需要在 FPGA 之外的加速器电路板上使用一个外部存储来存储这些像素。

运动估计器的体系结构有多种，其中一种如图 10.23 所示。该设计具有两个内存，一个用于宏块，另一个用于搜索内存。它具有 16 个处理单元（PE），用于计算像素差；比较器将这些差值求和，然后找出运动向量的最佳值。这种体系结构通过改变地址生成和控制方式，可以实现除了全局搜索以外的算法。连接处理单元的网络也可以被简化，这取决于想执行多少运动估计算法。

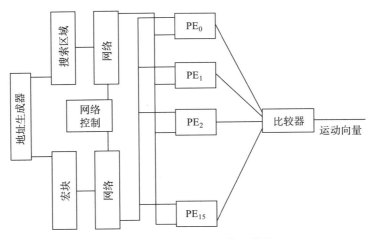

图 10.23 一种运动估计加速器体系结构 [Dut96]

图 10.24 展示了如何在内存和处理单元之间进行像素调度，从而在该体系结构上高效地对全局搜索进行计算。该调度每个时钟周期从宏块内存取出一个像素，（在稳态下）从搜索区域内存取出两个像素。如调度所示，像素按照规律分配给处理单元。调度将同时计算宏块和搜索区域之间的 16 个相关度。每个相关度的计算都在处理单元之间进行分配；比较器负责收集结果，找出最佳匹配值，然后记下相应的运动向量。

t	M	S	S_9	PE_0	PE_1	PE_2
0	$M(0,0)$	$S(0,0)$		$\|M(0,0)-S(0,0)\|$		
1	$M(0,1)$	$S(0,1)$		$\|M(0,1)-S(0,1)\|$	$\|M(0,0)-S(0,1)\|$	
2	$M(0,2)$	$S(0,2)$		$\|M(0,2)-S(0,2)\|$	$\|M(0,1)-S(0,2)\|$	$\|M(0,0)-S(0,2)\|$
3	$M(0,3)$	$S(0,3)$		$\|M(0,3)-S(0,3)\|$	$\|M(0,2)-S(0,3)\|$	$\|M(0,1)-S(0,3)\|$
4	$M(0,4)$	$S(0,4)$		$\|M(0,4)-S(0,4)\|$	$\|M(0,3)-S(0,4)\|$	$\|M(0,2)-S(0,4)\|$
5	$M(0,5)$	$S(0,5)$		$\|M(0,5)-S(0,5)\|$	$\|M(0,4)-S(0,5)\|$	$\|M(0,3)-S(0,5)\|$
6	$M(0,6)$	$S(0,6)$		$\|M(0,6)-S(0,6)\|$	$\|M(0,5)-S(0,6)\|$	$\|M(0,4)-S(0,6)\|$
7	$M(0,7)$	$S(0,7)$		$\|M(0,7)-S(0,7)\|$	$\|M(0,6)-S(0,7)\|$	$\|M(0,5)-S(0,7)\|$
8	$M(0,8)$	$S(0,8)$		$\|M(0,8)-S(0,8)\|$	$\|M(0,7)-S(0,8)\|$	$\|M(0,6)-S(0,8)\|$
9	$M(0,9)$	$S(0,9)$		$\|M(0,9)-S(0,9)\|$	$\|M(0,8)-S(0,9)\|$	$\|M(0,7)-S(0,9)\|$
10	$M(0,10)$	$S(0,10)$		$\|M(0,10)-S(0,10)\|$	$\|M(0,9)-S(0,10)\|$	$\|M(0,8)-S(0,10)\|$
11	$M(0,11)$	$S(0,11)$		$\|M(0,11)-S(0,11)\|$	$\|M(0,10)-S(0,11)\|$	$\|M(0,9)-S(0,11)\|$
12	$M(0,12)$	$S(0,12)$		$\|M(0,12)-S(0,12)\|$	$\|M(0,11)-S(0,12)\|$	$\|M(0,10)-S(0,12)\|$
13	$M(0,13)$	$S(0,13)$		$\|M(0,13)-S(0,13)\|$	$\|M(0,12)-S(0,13)\|$	$\|M(0,11)-S(0,13)\|$
14	$M(0,14)$	$S(0,14)$		$\|M(0,14)-S(0,14)\|$	$\|M(0,13)-S(0,14)\|$	$\|M(0,12)-S(0,14)\|$
15	$M(0,15)$	$S(0,15)$		$\|M(0,15)-S(0,15)\|$	$\|M(0,14)-S(0,15)\|$	$\|M(0,13)-S(0,15)\|$
16	$M(1,0)$	$S(1,0)$	$S(0,16)$	$\|M(1,0)-S(1,0)\|$	$\|M(0,15)-S(0,16)\|$	$\|M(0,14)-S(0,16)\|$
17	$M(1,1)$	$S(1,1)$	$S(0,17)$	$\|M(1,1)-S(1,1)\|$	$\|M(1,0)-S(1,1)\|$	$\|M(0,15)-S(0,17)\|$

图 10.24 一种全局搜索像素获取调度 [Yan89]

基于对加速运动估计高效体系结构的理解，我们可以利用 UML 图来得到一个更加具体的体系结构定义，如图 10.25 所示。该系统包含两个像素内存：一个单端口内存和一个双端口内存。总线接口模块负责与 PCIe 总线以及系统其他部分之间进行通信。估计引擎从 *M* 和 *S* 内存读取像素，从总线接口获取命令，然后将运动向量返回给总线接口。

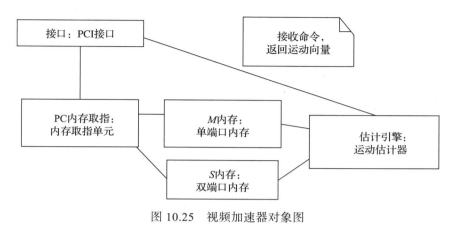

图 10.25　视频加速器对象图

10.5.5　组件设计

如果使用标准的 FPGA 加速器电路板来实现加速器，必须首先确保它能提供 *M* 和 *S* 所需的合适内存。一旦我们验证了加速器电路板具有所需的结构，就可以专心考虑 FPGA 的逻辑设计。对于 FPGA 设计而言，大部分的内容都是对逻辑的设计。因为加速器的逻辑十分有规律，所以我们可以通过适当布置 FPGA 的逻辑来提升 FPGA 的时钟频率，从而减少布线长度。

如果在自己的加速器电路上进行设计，就必须设计正确的视频加速器以及 PCIe 总线的接口。我们可以用诸如 VHDL 或者 Verilog 等硬件描述语言创建并运行视频加速器体系结构，同时对它的操作进行仿真。因为没有对 PCIe 总线的仿真模型，所以对于 PCIe 接口的设计需要一些不同的技术。在完成视频加速器逻辑之前，我们需要验证基本的 PCIe 接口操作。

主机将像 I/O 设备那样处理加速器。加速器板卡有自己的驱动，负责与板卡的通信。因为大多数数据传输都通过 DMA 由板卡直接完成，所以驱动程序相对简单一些。

10.5.6　系统测试

测试视频算法需要大量的数据。幸运的是，这些数据所代表的图片和视频资源是非常丰富的。因为我们仅仅设计了一个运动估计加速器，并不是完整的视频压缩器，所以最简单的测试数据是使用图片而不是视频。你可以使用标准的视频工具从数字视频中提取一些帧，然后将它们存储为 JPEG 格式。在这个过程中，有许多开源的 JPEG 编码和解码器可用。这些程序可以被修改为对 JPEG 图片进行读取，并以加速器所需的格式输出像素。一个小窍门是，将运动向量结果写回成图片以进行视觉验证。如果你想大胆尝试对视频的运动估计，同样有开源的 MPEG 编码和解码器可用。

10.6　总结

多处理器提供了绝对的性能和效率，但这也确实使得系统的复杂度上升到一个新的层次。对多处理器进行编程既需要新的编程模型，也需要新的开发方法。多处理器通常是异构的，应用程序的不同部分需要映射到相应的处理单元上以发挥功效。通过诸如新指令的增加，可编程处理单元可能会专用于某一功能。加速器是一种设计用于执行特殊任务的处理单元。向系统安装加速器时，我们必须确保该系统与系统的其他部分之间能够以所需的速率发送和接收数据。

我们学到了什么

- 多处理器有助于提升实时性能并减少能耗。
- 共享内存和消息传递是多处理器结构的不同组织形式。
- MPSoC 是具有低延时通信的单芯片多处理器，而分布式系统在物理体积上更大，并且具有较高的通信延时。
- 共享内存多处理器结构经常用于单芯片信号处理以及控制系统。
- 对加速系统进行性能分析具有挑战性。我们必须考虑一个算法的多种实现方式的性能（CPU，加速器），以及各种配置的通信成本。
- 为了设计一个系统，我们必须对行为进行划分，对操作进行适时的调度，并为每个操作分配处理单元。

扩展阅读

Kopetz [Kop97] 提供了对分布式嵌入式系统的全面介绍。Staunstrup 和 Wolf 的文献 [Sta97B] 综述了硬件 / 软件的协同设计，包括本章描述的加速系统技术。Gupta 和 De Micheli[Gup93] 以及 Ernst 等人 [Ern93] 描述了早期的加速系统协同合成技术。Callahan 等人 [Cal00] 描述了一种连接到 CPU 的片上可配置协处理器。

问题

Q10-1 按照下列 OSI 层级解释 I^2C 总线的实现细节。

　　a. 物理层

　　b. 数据链路层

　　c. 网络层

　　d. 传输层

Q10-2 假如你正在设计一款基于 Intel Atom 主机的嵌入式系统。为其添加一个加速器来实现函数 $z = ax + by + c$ 有意义吗？请做出解释。

Q10-3 假如你正在设计一款以不支持浮点运算的处理器作为主机的嵌入式系统。为其添加一个加速器来实现浮点函数 $S = A \sin(2\pi f + \Phi)$ 有意义吗？请做出解释。

Q10-4 假如你正在设计一款以支持浮点的高性能处理器作为主机的嵌入式系统。为其添加一个加速器来实现浮点函数 $S = A \sin(2\pi f + \Phi)$ 有意义吗？请做出解释。

Q10-5 假如你正在设计一个以下面的函数为主要功能的加速系统：

```
for(i = 0; i <M; i++)
    for(j = 0; j <N; j++)
        f[i][j] = (pix[i][j −1] + pix[i − 1][j] + pix[i][j] +
        pix[i + 1][j] +
        pix[i][j + 1])/(5*MAXVAL);
```

假设加速器内存在整个计算过程中都存有 pix 和 f 数组——pix 在操作开始前被读入加速器，在所有计算完成后将结果写入 f。

  a. 假设加速器在所有数据传输过程中处于非活动状态，画出主机、加速器和总线的系统调度图。所有数据在加速器启动前被发送至加速器，并在计算完成后被从加速器读取。

  b. 假设加速器具有足够的内存来容纳两个 pix 和 f 数组，并且主机可以在执行一组计算时为另一组计算传输数据，画出主机、加速器和总线的系统调度图。

Q10-6　找出下图中最长的路径，节点表示计算时间，边表示通信时间。

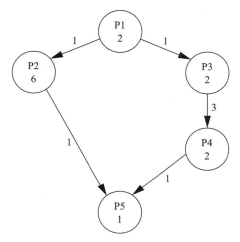

Q10-7　为算法编写伪代码，以找出系统执行图中的最长路径。最长路径由一个指定入口点到一个出口点来界定。图中的每个节点都标有一个数字，表示由该节点所代表进程的执行时间。

上机练习

L10-1　确定 FPGA 中有多少逻辑必须专用于 PCIe 总线接口，还剩多少可以用于加速器核心。

L10-2　开发加速器调试方案，考虑怎样能够轻松地向加速器输入数据并观察其行为。你需要对系统进行全面的验证，从基本的通信开始，并通过算法进行验证。

L10-3　为加速器开发一个通用的流媒体接口。这一接口允许加速器从主机内存读取流数据，也允许加速器将数据写回内存。接口应该同时包含一个可以填充和清空流数据缓冲区的主机端机制。

术　语　表

A

A/D converter（A/D 转换器）。

absolute address（绝对地址）　内存中一个精确位置的地址（2.5 节）。

AC0~AC3　C55x 中的 4 个可用累加器（2.5 节）。

accumulator（累加器）　在算术运算中用作源和目的的寄存器，如累加和（2.5 节）。

ack　acknowledge 的简写，在信号交换协议中使用的信号（4.3 节）。

ACPI　advanced configuration and power interface（高级配置和电源接口）的缩写，电源管理接口的产业标准（4.9 节）。

act　参见 activity diagram（活动图）。

activation record（活动记录）　描述当前活跃过程调用所需信息的数据结构（2.3 节）。

active class（活动类）　可以建立自己的控制线程的 UML 类（6.4 节）。

active RFID（有源射频识别）　对其自身或者响应请求而发送的 RFID 标签（8.2 节）。

activity diagram（活动图）　使用对象和数据流符号的组合来描述一个块（7.4 节）。

ADAS　参见 advanced driver-assistance system（高级驾驶辅助系统）。

ADC　参见 analog/digital converter（模拟 / 数字转换器）（4.2 节）。

advanced driver-assistance system（高级驾驶辅助系统）　一种用于辅助驾驶员驾驶的系统设计，同时要求驾驶员参与（9.2 节）。

analog/digital converter（模拟 / 数字转换器）　将模拟信号转换为数字形式的设备。

application layer（应用层）　OSI 模型中的最终用户接口（8.4 节）。

ASIC　application-specific integrated circuit（专用集成电路）的缩写。

aspect ratio（长宽比）　内存中的可寻址单元数量与每个请求所读取的位数之比（4.8 节）。

assembler（汇编器）　为符号描述的指令创建目标代码的程序（5.4 节）。

atomic operation（原子操作）　不能被中断的操作（6.5 节）。

attestation（证明）　一种旨在证明发件人的完整性的安全操作（4.10 节）。

attribute（属性）　数据库中字段的另一个名称（8.5 节）。

auto-indexing（自动变址）　在使用之前或之后自动递增或递减一个值（2.3 节）。

availability（有效性）　随着时间的推移，系统正确操作的概率（7.6 节）。

B

bank（组）　内存系统或高速缓存内的一块内存（4.4 节）。

base-plus-offset addressing（基址加偏移量寻址）　将基址与偏移量相加来计算地址，偏移量通常保存在寄存器中（2.3 节）。

basis paths（基本路径）　覆盖可能执行路径的执行路径集合（5.10 节）。

Bayer pattern（Bayer 模式）　滤色器中的颜色排列，即在 2×2 方阵中安排两个绿色、一个红色和一个蓝色（5.12 节）。

Bayer pattern interpolation（Bayer 模式插值）　参见 demosaicing（去马赛克）。

BDD　参见 block definition diagram（块定义图）。

best-case execution time（最好情况执行时间）
任何可能输入的最短执行时间（5.6 节）。

best-effort routing（尽力服务路由） 不保证能够
完成的互联网路由方法（8.4 节）。

big-endian（大端） 一种数据格式，其中低位字
节存储在字的最高位（2.2 节）。

black-box testing（黑盒测试） 在不知道实现的
情况下测试程序（5.10）。

block definition diagram（块定义图） 定义系统
中块类型的图。

block motion estimation（块运动估计） 通过分
析帧中块的运动来估计另一帧的视频压缩算法
（10.5 节）。

block repeat（块重复） 在 C55x 中，一组连续执
行多次的指令（2.5 节）。

bluetooth（蓝牙） 通常用于物联网应用的无线网
络（8.4 节）。

bluetooth low energy（低功耗蓝牙） 为低功耗
操作设计的一种蓝牙的变形（8.4 节）。

boot-block flash（引导块闪存） 一种能够保护自
身部分内容的闪存（4.4 节）。

bottom-up design（自底向上的设计） 使用低级
别抽象信息修改高级别抽象设计（1.3 节）。

branch table（分支表） 使用一个值来索引表中
分支目标的多路分支机制。

branch target（分支目标） 分支的目的地址
（2.3 节）。

branch testing（分支测试） 为条件语句生成一
组测试的技术（5.10 节）。

breakpoint（断点） 系统执行的停止位置（4.5 节）。

bridge（桥） 在两个总线之间充当接口的逻辑单
元（4.3 节）。

bundle（束） 逻辑相关信号的集合。

burst transfer（突发传输） 一种总线传输，用
于传输一些各自没有单独地址的连续位置
（4.3 节）。

bus（总线） 一般来说是一种共享连接。CPU 使
用总线将其与外部设备及存储器相连（4.3 节）。

bus bandwidth（总线带宽） 单位时间在总线上
传输的位数（4.8 节）。

bus grant（总线授予） 将总线所有权授予某个设
备（4.3 节）。

bus master（总线主控） 总线的当前所有者
（4.3 节）。

bus request（总线请求） 获得总线所有权的请
求（4.3 节）。

busy-wait I/O（忙等 I/O） 通过执行测试设备状态
的指令来为某个 I/O 设备提供服务（3.2 节）。

C

cache（高速缓存） 保存某些主存单元的副本以
便快速访问的小容量存储器（3.5 节）。

cache hit（高速缓存命中） 内存引用当前存在于
高速缓存中的单元（3.5 节）。

cache miss（高速缓存失效） 内存引用的位置当
前不在高速缓存中（3.5 节）。

cache miss penalty（高速缓存失效损失） 由于
高速缓存未命中而给内存引用带来的额外时间
开销（3.6 节）。

CAN bus（CAN 总线） 用于网络嵌入式系统的
串行总线，最初为汽车而设计（9.4 节）。

capability maturity model（能力成熟度模型） 卡
内基·梅隆大学软件研究所开发的一种方法，
用于评估软件开发过程的质量（7.6 节）。

capacity miss（容量失效） 由于程序的工作集
对于高速缓存而言过大所引起的高速缓存失效
（3.5 节）。

CAS 参见 column address select（列地址选择）。

CDFG 参见 control/data flow graph（控制 / 数据
流图）。

central processing unit（中央处理单元） 计算机
系统的一部分，负责执行从内存中获得的指令
（2.2 节）。

certification（认证） 判定一个系统安全的法定程
序（9.2 节）。

changing（变化） 在逻辑时序分析中，其值在特
定时刻产生变化的信号（4.3 节）。

channel（通道） 存储系统中独立的数据传输路
径（4.4 节）。

chrominance(色度) 与颜色相关的信号（5.13 节）。

circular buffer（循环缓冲区） 用于保存数据流窗
口的数组（5.2 节）。

circular buffer start address register（循环缓冲
区起始地址寄存器） 在 C55x 中，用于定义循
环缓冲区起始地址的寄存器（5.2 节）。

CICS complex instruction set computer（复杂指令集计算机）的缩写，通常使用许多不同长度的指令格式，并在一些指令中提供复杂操作的计算机（2.2 节）。

class（类） 面向对象语言中的一种类型描述（1.3 节）。

class diagram（类图） 定义类并显示它们之间的派生关系的 UML 图（1.3 节）。

clear-box testing（白盒测试） 基于程序结构进行程序测试的测试方法（5.10 节）。

CMM 参见 capability maturity model（能力成熟度模型）。

CMOS complementary metal-oxide-semiconductor（互补金属氧化物半导体）的缩写，现在主要的 VLSI 技术。

code motion（代码移动） 在不影响程序行为的前提下在程序中移动操作的技术（5.7 节）。

code signing（代码签名） 将签名证书与代码的数字签名相结合以创建可验证代码模块的行为（5.11 节）。

co-kernel（专用内核） 用于实时进程的专用内核（6.8 节）。

cold miss（冷失效） 参见 compulsory miss（强制性失效）。

collaboration diagram（协作图） 不使用时间轴而显示类之间联系的 UML 图（1.3 节），参见 sequence diagram（顺序图）。

color filter array（滤色阵列） 图像传感器上的色彩滤光阵列，一个像素具有一个（5.13 节）。

color space（色彩空间） 一系列色彩的数学描述（5.13 节）。

color space conversion（色彩空间转换） 将颜色从一种表示转换成另一种，比如从 RGB 到 YCrCb（5.13 节）。

color temperature（色温） 光源颜色的度量（5.13 节）。

column address select（列地址选择） 一种 DRAM 信号，表明内存地址的列部分已经就绪（4.4 节）。

compare-and-swap（比较和交换） 交换寄存器和内存地址并执行比较的指令。操作以原子方式执行（6.5 节）。

component bandwidth（组件带宽） 单位时间组件所传输的位数（4.7 节）。

compulsory miss（强制性失效） 当单元第一次被使用时，高速缓存未命中（3.5 节）。

computational kernel（计算内核） 算法中的一小部分，它执行了较多的功能（10.4 节）。

computing platform（计算平台） 用于嵌入式计算的硬件系统（4.1 节）。

concurrent engineering（并行工程） 同时设计几个不同的系统组件（7.2 节）。

conflict graph（冲突图） 显示实体间不兼容情况的图，用于寄存器分配（5.5 节）。

conflict miss（冲突失效） 因使用中的两个位置映射到相同的高速缓存位置而引起的缓存未命中（3.5 节）。

control/data flow graph（控制/数据流图） 对程序中的数据和控制操作进行建模的图（5.3 节）。

controllability（可控性） 测试期间在系统中设置状态值的能力（5.10 节）。

co-processor（协处理器） 添加到中央处理器的可选单元，负责执行中央处理器的某些指令说明（3.4 节）。

Cortex 用于计算密集型应用的 ARM 处理器系列（2.3 节）。

counter（计数器） 计数异步外部事件的设备（4.5 节）。

CPSR current program status register（当前程序状态寄存器）的缩写，ARM 处理器中记录当前程序状态的寄存器（2.3 节）。

CPU 参见 central processing unit（中央处理单元）。

CRC card（CRC 卡） 用于捕获设计信息的技术（7.3 节）。

critical instant（临界时刻） RMA 中，最坏情况下进程活动的组合（6.5 节）。

critical section（临界区） 必须互不干扰执行的代码段（6.5 节）。

critical timing race（临界时序竞争） 如果两个操作执行的结果取决于它们的完成次序，则这两个操作处于临界时序竞争（6.5 节）。

cross compiler（交叉编译器） 在一种体系结构

上运行，但为其他体系结构生成代码的编译器（4.5 节）。

cryptographic hash function（密码哈希函数）　用于创建消息摘要的函数，该摘要以缩短的形式表示消息（4.10 节）。

cryptography（密码学）　对安全通信的数学和计算研究（4.10 节）

cycle-accurate simulator（周期精确模拟器）　精确到时钟周期级别的 CPU 模拟器（5.6 节）。

cyclomatic complexity（循环复杂度）　程序控制复杂性的度量（5.10 节）。

D

DAC　参见 digital/analog converter（数字 / 模拟转换器）（4.2 节）。

data dependency（数据相关性）　在基于数据计算和赋值的程序中，对语句执行顺序的约束（2.2 节）。

data flow graph（数据流图）　仅为数据操作进行建模而不涉及条件的一种图（5.3 节）。

data flow testing（数据流测试）　一种通过检查程序数据流表示而生成测试的方法（5.10 节）。

data link layer（数据链路层）　在 OSI 模型中，负责可靠性数据传输的层（8.4 节）。

database（数据库）　结构化的数据集合（8.5 节）。

DaVinci　面向媒体的异构多处理器（10.4 节）。

DCT　参见 discrete cosine transform（离散余弦变换）。

DCT block（DCT 块）　JPEG 中的一个二维离散余弦变换系数块（5.13 节）。

dead code elimination（死代码消除）　删除从不被执行的代码（5.5 节）。

deadline（时限）　进程必须执行完成的时间点（6.3 节）。

decision node（决策节点）　CDFG 中为条件进行建模的节点（5.3 节）。

def-use analysis（定义 – 使用分析）　分析程序中变量的读取和写入之间的关系（5.10 节）。

delayed branch（延时分支）　一种分支指令，它根据分支是否会被执行来决定执行一条还是多条指令（3.6 节）。

demosaicing（去马赛克）　对颜色进行插值而不是通过色彩滤光阵列获取像素的过程（5.13 节）。

dense instruction set（密集指令集）　设计用于提供紧凑代码的指令集（5.9 节）。

dependability（可靠性）　系统可以无缺陷运行的时间长度（7.6 节）。

dequeue（出队）　从队列中移去（5.2 节）。

design flow（设计流程）　用于实现系统的一系列步骤（7.2 节）。

design methodology（设计方法学）　一种通过抽象层次完成系统设计的方法（7.2 节）。

design process（设计过程）　参见 design methodology（设计方法学）。

detailed resource modeling profile（详细资源建模配置文件）　软件和硬件资源建模的 MARTE 配置文件（7.4 节）。

digital signal processor（数字信号处理器）　一种微处理器，其体系结构为进行数字信号处理应用而进行了专门优化（2.1 节，2.5 节）。

digital signature（数字签名）　若消息来自特定发送方的身份验证（4.10 节）。

digital/analog converter（数字 / 模拟转换器）　参见 digital-to-analog converter（数模转换器）。

digital-to-analog converter（数模转换器）　将数字值转换为模拟信号值的电路（4.5 节）。

DIMM　dual inline memory module（双列直插存储器模块）的缩写，在两侧都包含 RAM 芯片的小型印制电路板（4.4 节）。

direct memory access（直接内存寻址）　访问由设备执行的总线传输，而不需要在 CPU 上执行指令（4.3 节）。

direct-mapped cache（直接映射缓存）　具有单个集合的缓存（3.5 节）。

discrete cosine transform（离散余弦变换）　从像素域到空间频域的图像处理变换（5.13 节）。

distributed embedded system（分布式嵌入式系统）　一种围绕网络构建的互联网服务，或者处理元素之间的通信是明确的（10.3 节）。

DMA controller（DMA 控制器）　设计用于执行 DMA 传输的逻辑单元（4.3 节）。

DMA　参见 direct memory access（直接内存访问）。

DNS　参见 domain name server（域名服务器）。

domain architecture（域体系结构）　汽车网络体

系结构，操作在其中进行功能组织（9.3 节）。

domain name service（域名服务） 将名称转换为互联网地址的互联网服务（8.4 节）。

domain-specific modeling language（特定领域建模语言） 在给定的设计领域中捕获系统的功能和非功能特征的设计语言（7.4 节）。

DOS FAT file system（DOS FAT 文件系统） 与 MS-DOS 文件系统兼容的文件系统。

DOS 一种基于磁盘的操作系统，即 MS-DOS 的简称。

downsampling（降采样） 降低信号采样率的一种滤波操作。

DPOF digital print order format 的缩写，表示数字打印顺序格式，用于生成控制图像打印信息的标准（5.13 节）。

DRAM 参见 dynamic random access memory（动态随机存取存储器）。

DRM 参见 detailed resource modeling profile（详细资源建模配置）。

DSML 参见 domain-specific modeling language（特定领域建模语言）。

DSP 参见 digital signal processor（数字信号处理器）。

dual-kernel（双内核） 一种使用两个内核的操作系统体系结构，一个用于实时操作，另一个用于非实时计算（6.9 节）。

DVFS 参见 dynamic voltage and frequency scaling（动态电压和频率调整）。

dynamic power management（动态电源管理） 一种监控 CPU 活动的电源管理技术（3.7 节）。

dynamic random access memory（动态随机存取存储器） 取决于存储电量的存储器（4.4 节）。

dynamic voltage and frequency scaling（动态电压和频率调整） 一种电源管理技术，其电源电压和时钟频率可根据所需的处理速度进行调整（3.7 节）。

dynamically linked library（动态链接库） 在程序开始执行时链接到程序中的代码库（5.4 节）。

E

earliest deadline first（最早截止时限优先） 一种可变优先级调度方案（6.5 节）。

EDF 参见 earliest deadline first（最早截止时限优先）。

EDO RAM 扩展数据输出 RAM，一种对数据定时提供更宽松约束的内存（4.4 节）。

EEPROM electrically erasable programmable read-only memory 的缩写，即电可擦可编程只读存储器（2.4 节）。

effective address（有效地址） 可用于获取内存位置的目标程序。

effective address calculation（有效地址计算） 计算有效地址的过程。

embedded computer system（嵌入式计算机系统） 用于实现除通用计算机以外的功能的计算机（1.2 节）。

energy（能量） 做功的能力。

enq enquiry（询问）的缩写，握手协议中使用的信号（4.3 节）。

enqueue（入队） 向队列中添加某物（5.2 节）。

entropy coding（熵编码） 一种无损数据压缩形式，如霍夫曼编码。

entry point（入口点） 汇编语言模块中可被其他程序模块引用的标签（5.4 节）。

error injection（错误注入） 将错误引入某个程序中，通过打包测试来找出这些错误，以此来评估测试覆盖率（5.10 节）。

evaluation board（评估板） 为模拟典型平台而设计的印制电路板（4.6 节）。

exception（异常） CPU 在执行过程中被识别的任何异常情况（3.3 节）。

executable binary（可执行二进制文件） 准备执行的目标程序（5.4 节）。

execute packet（执行包） 在 C64x 中一起执行的一组指令（2.6 节）。

EXIF exchangeable image file format 的缩写，可交换的图像文件格式，一种结合了图像、音频和其他信息的文件格式（5.13 节）。

external reference（外部引用） 在汇编语言程序中对另一个模块入口点的引用（5.4 节）。

F

fast return（快速返回） C55x 语言中的过程返回，它使用寄存器而不是堆栈来存储某些值（2.5 节）。

federated architecture（联邦体系结构） 一种

用于网络化嵌入式系统的体系结构，它由多个网络构成，每个网络对应一个操作子系统（9.3 节）。

fetch packet（提取指令包） 在 C64x 中被同时提取的一组指令集（2.6 节）。

field（列） 数据库中表的列（8.5 节）。

field-programmable gate array（现场可编程门阵列） 一种可由用户编程的集成电路，可提供多层逻辑。

file register（文件寄存器） 在 PIC 体系结构中，通用寄存器文件中的一个位置（2.4 节）。

fingerprinting（指纹识别） 通过分析软件的二进制代码来识别软件（7.6 节）。

finite impulse response filter（有限脉冲响应滤波器） 一种输出不依赖于前一输出的数字滤波器（5.2 节）。

FIR filter（FIR 滤波器） 参见 finite impulse response filter（有限脉冲响应滤波器）。

first-level cache（一级高速缓存） 离 CPU 最近的缓存（3.5 节）。

flash file system（闪存文件系统） 专门为闪存存储而设计的文件系统（4.7 节）。

flash memory（闪存） 一种可电擦除的可编程只读存储器（4.4 节）。

FlexRay 一种为实时系统设计的网络（9.4 节）。

four-cycle handshake（四次握手） 一种握手协议，共四个步骤（4.3 节）。

FPGA 参见 field-programmable gate array（现场可编程门阵列）。

FPM DRAM 参见 fast page mode dram（快速页模式 DRAM）。

frame pointer（帧指针） 指向过程堆栈帧的结尾（5.5 节）。

function（函数） 在编程语言中，一种可以向调用者返回值的过程（2.3 节）。

function requirements（功能需求） 描述系统逻辑行为的需求（7.3 节）。

G

generic quantitative analysis modeling（通用定量分析建模） 总结可调度性和性能分析的模板（7.4 节）。

glue logic（胶合逻辑） 接口逻辑或其他没有特定结构的逻辑。

glueless interface（无胶接口） 组件之间不需要胶合逻辑的接口。

GPIO（通用输入 / 输出） 此术语描述的是未特别标注的输入或输出（4.5 节）。

GQAM 参见 generic quantitative analysis modeling（通用定量分析建模）。

H

HAL 参见 hardware abstraction layer（硬件抽象层）。

handshake（握手） 一种用于确认数据到达的协议（4.3 节）。

hardware abstraction layer（硬件抽象层） 为硬件平台的基本元素提供驱动和支持的简易软件（4.2 节）。

hardware platform（硬件平台） 在更大的系统中用作组件的硬件系统（4.2 节）。

hardware/software co-design（硬件 / 软件协同设计） 同时设计硬件和软件组件以满足系统要求（10.4 节）。

Harvard architecture（哈佛体系结构） 为指令和数据提供独立存储器的计算机体系结构（2.2 节）。

heterogeneous multiprocessor（异构多处理器） 具有几种不同类型处理元件的多处理器。

high-level applications modeling profile（高级应用程序建模） 用于归纳系统定量和定性特征的模板。

histogram（直方图） 在信号处理中，在不同范围内的给定区间内的样本数量（5.13 节）。

hit rate（命中率） 存储器访问被缓存命中的概率（3.5 节）。

HLAM 参见 high-level applications modeling profile（高级应用程序建模）。

host system（主机系统） 可链接到其他系统的系统（4.6 节）。

HRM MARTE 中的硬件资源建模（7.4 节）。

Huffman coding（霍夫曼编码） 一种数据压缩方法（3.9 节）。

I

I/O 输入 / 输出（3.2 节）。

I²C bus I²C 总线，用于分布式嵌入式系统的串行总线（10.4 节）。

ibd   参见 internal block diagram（内部框图）。

IEEE 1394   一种用于外设的高速串行网络，也称为火线（fireware）。

IIR filter   参见 infinite impulse response filter（无限脉冲响应滤波器）。

immediate operand（直接操作数）   内嵌在指令中而不是从其他位置获取的操作数（2.3 节）。

induction variable elimination（归纳变量消除）   一种循环优化技术，它消除了对从循环控制变量派生的变量的引用（5.7 节）。

infinite impulse response filter（无限脉冲响应滤波器）   输出依赖于先前输出值的一种数字滤波器。

initiation time（启动时间）   进程准备开始执行的时间（6.3 节）。

instruction set（指令集）   由 CPU 执行的所有操作（2.1 节）。

instruction-level simulator（指令级仿真器）   一种 CPU 仿真器，它精确到编程模型的级别，但不精确到时间（5.6 节）。

intellectual property（知识产权）   一种无形财产的所有权，如软件或硬件设计权（4.6 节）。

internal block diagram（内部框图）   显示模块之间联系的框图（7.4 节）。

Internet   基于 Internet 协议的全球性网络（8.4 节）。

Internet appliance（互联网设备）   互联网的信息系统。

Internet protocol（互联网协议）   基于数据包的协议（8.4 节）。

Internet-enabled embedded system（支持 Internet 的嵌入式系统）   所有包含 internet 接口的嵌入式系统。

Internet of Things（物联网）   设备网络，软实时联网嵌入式系统（8.3 节）。

interpreter（翻译程序）   通过在执行时分析给定程序的高级描述来执行该程序的程序。

interprocess communication（进程间通信）   进程间通信的机制（6.6 节）。

interrupt（中断）   一种允许设备向 CPU 请求服务的机制（3.2 节）。

interrupt handler（中断处理程序）   在中断时调用的程序，为中断设备提供服务（3.2 节）。

interrupt latency（中断延时）   从中断断言到再次服务的时间（6.7 节）。

interrupt priority（中断优先级）   用于确定几个中断中哪个优先处理的优先权限（3.2 节）。

interrupt service handler（中断服务处理程序）   执行响应设备中断所需的最小操作的软件（6.7 节）。

interrupt service routine（中断服务例程）   处理中断请求的软件（6.7 节）。

interrupt vector（中断向量）   用来选择程序的哪一段应该用来处理中断请求的信息（3.2 节）。

IP   参见 internet protocol（互联网协议），也参见 intellectual property（知识产权）。

ISH   参见 interrupt service handler（中断服务处理程序）。

ISO 9000   进程质量监管的一系列国际标准（7.6 节）。

ISR   参见 interrupt service routine（中断服务例程）。

J

Jazelle   一组 ARM 指令集扩展，用于直接执行 Java 字节码（2.3 节）。

JFIF   JPEG 文件交换格式，一种表示 JPEG 数据的数据格式（5.13 节）。

JIT compiler（JIT 编译器）   一种即时编译器，在执行过程中按需编译程序段。

JPEG   一种广泛使用的图像压缩标准；联合摄影专家组。

L

L1 cache（L1 高速缓存）   参见 first-level cache（一级高速缓存）。

L2 cache（L2 高速缓存）   参见 second-level cache（二级高速缓存）。

label（标记）   汇编语言中内存位置的符号名称（2.2 节）。

layer diagram（层图）   表示软件组件之间关系的图。每一层级可以调用它下面的所有层级（4.2 节）。

lightweight process（轻量级进程）   与其他进程共享内存空间的进程。

LIN（本地互连网络） 一个为汽车电子设备设计的局域网（9.4 节）。

line replaceable unit（线路可更换单元） 在航空电子设备中，一种与功能单元（如飞行仪表）相对应的电子单元。

linker(链接器) 将多个目标程序单元组合在一起，解决它们之间的引用问题的程序（5.4 节）。

Linux UNIX 的知名开源版本（6.8 节）。

little-endian（小端） 一种数据格式，其中低阶字节存储在字的最低位（2.2 节）。

load map（加载映射） 描述对象模块应该放在内存中的什么位置的映射文件（5.4 节）。

loader（加载器） 将给定程序加载到内存中以供执行的程序（5.4 节）。

load-store architecture（加载存储体系结构） 一种体系结构，其中只有加载和存储操作可以用来访问数据和 ALU，其他指令不能直接访问内存（2.3 节）。

logic analyzer（逻辑分析仪） 捕获多个通道的数字信号以生成执行时序图的机器（4.6 节）。

longest path（最长路径） 通过加权图的路径，给出了最大的总权重。

loop nest（循环嵌套） 一组相互嵌套的循环（5.7 节）。

loop unrolling（循环展开） 重写循环，以便在修改后循环的一次迭代中包含循环体的多个实例（5.5 节）。

LRU 参见 line replaceable unit（线路可更换单元）。

luminance(亮度) 与亮度相关的信号（5.13 节）。

M

MARTE 一种基于 UML 的设计语言，用于实时嵌入式计算系统的基于模型的设计（7.4 节）。

masking（屏蔽） 使低优先级的中断被执行以服务高优先级的中断（3.2 节）。

memory controller（存储控制器） 一种逻辑单元，设计成 DRAM 和其他逻辑之间的接口（4.4 节）。

memory management unit（存储管理单元） 负责将逻辑地址转换为物理地址的单元（3.5 节）。

memory mapping（内存映射） 将逻辑地址转换为物理地址（3.5 节）。

memory-mapped I/O（内存映射 I/O） 通过读写与设备寄存器相对应的内存位置来执行 I/O（3.2 节）。

message delay（消息延时） 在网络上无干扰地发送消息所需的延时。

message digest（消息摘要） 对消息应用加密哈希函数的结果（4.10 节）。

message passing（消息传递） 一种进程间通信的方式（6.6 节）。

methodology（方法论） 总体设计过程（1.2 节）。

microcontroller（微控制器） 一种微处理器，包括存储器和 I/O 设备，通常包括定时器，在单个芯片上（1.2 节）。

miss rate（未命中率） 一次内存访问缓存失败的概率（3.5 节）。

MMU 参见 memory management unit（存储管理单元）。

model-based design（基于模型的设计） 一种同时考虑嵌入式计算系统和物理设备的设计方法（7.4 节）。

most media-oriented systems transport（面向媒体的系统传输） 为汽车电子设计的局域网（9.4 节）。

motion vector（运动向量） 描述图像中两个单元之间位移的向量（10.5 节）。

MP3 音频压缩标准（4.9 节）。

MPCore ARM 多处理器。

multihop network（多跳网络） 在这种网络中，消息从源到目的时可能要经过中间 PE。

multiprocessor（多处理器） 包括一个以上处理元件的计算机系统（10.2 节）。

multirate（多速率） 具有不同时限的多速率操作，导致这些操作以不同的速率执行（1.2 节，6.3 节）。

N

NEON 用于 SIMD 操作的一组 ARM 指令集扩展（2.3 节）。

network 用于组件之间通信的系统（8.4 节）。

network availability delay（网络可用延时） 在等待网络可用时产生的延时。

network layer（网络层） 在 OSI 模型中，提供端到端网络服务的层（8.4 节）。

NFP 参见 nonfunctional requirements（非功能性需求）。

NMI 参见 nonmaskable interrupt（不可屏蔽中断）。

nonblocking communication（非阻塞通信） 允许发送方在发送消息后继续执行的进程间通信（6.6 节）。

non-functional properties modeling module（非功能性建模模块） 用于系统非功能属性的 MARTE 模块（7.4 节）。

nonfunctional requirements（非功能性需求） 非描述系统逻辑行为的需求，如尺寸、重量和功耗等（1.3 节，7.3 节）。

nonmaskable interrupt（不可屏蔽中断） 必须始终被处理的中断，独立于其他系统活动（3.2 节）。

normal form（范式） 一种有助于确保非冗余的规则，以改善数据库中的数据管理（8.5 节）。

O

object（对象） 一种程序单元，既包括内部数据，也包括提供数据接口的方法（1.3 节）。

object code（对象代码） 二进制形式的程序（5.4 节）。

object oriented（面向对象） 设计中在不同抽象层次上对对象和类的所有使用（1.3 节）。

observability（可观察性） 在测试期间确定部分系统状态的能力。

operating system（操作系统） 负责调度 CPU 和控制对设备的访问的程序（6.1 节）。

origin（源） 汇编语言模块的起始地址。

OSI model（OSI 模型） 网络中抽象层次的模型（8.4 节）。

overhead（开销） 在操作系统中，操作系统切换上下文所需的 CPU 时间（6.3 节）。

P

p() 一般指接收信号量的过程（6.5 节）。

packet 在 VLIW 体系结构中，指构成执行单元的一组指令（2.2 节）；在网络中，指传输单位（8.4 节）。

page fault（页错误） 对当前不在物理内存中的内存页的引用（3.5 节）。

paged addressing（按页寻址） 将内存划分为大小相等的页面（3.5 节）。

PAM 参见 performance analysis modeling profile（性能分析建模配置文件）。

par 参见 parametric diagram（参数图）。

parametric diagram（参数图） 用于非功能性的、参数化需求的 SysML 图（7.4 节）。

partitioning（划分） 将功能描述划分为可以并行执行的过程或可以单独实现的模块。

passive RFID（无源 RFID） 只能根据请求进行传输的 RFID 标签，或者没有内部电池电源的 RFID 标签（8.2 节）。

PC 在计算机体系结构中，指程序计数器；个人计算机。

PC sampling（PC 采样） 在 PC 执行过程中，通过周期性采样来生成程序跟踪。

PCIe PCI express 的缩写，一种用于 PC 和其他应用程序的高性能总线。

PC-relative addressing（PC 相对寻址） 为当前 PC 增加一个值的寻址模式（2.3 节）。

PE 参见 processing element（处理元件）。

peek（读取） 任意内存位置的高级语言例程（3.2 节）。

performance analysis modeling profile（性能分析建模配置文件） 当前最佳和软实时系统的 MARTE 概要。

performance（性能） 操作发生的速度（1.3 节）。

period（周期） 在实时调度中执行的周期间隔（6.3 节）。

physical layer（物理层） 在 OSI 模型中，定义电气和机械特性的层（8.4 节）。

pineline（流水线） 一种逻辑结构，允许同时对多个值执行相同类型的多个操作，且在任何时候，每个值都执行操作的不同部分（3.6 节）。

pixel（像素） 图像中的一个样本（5.13 节）。

platform（平台） 硬件和相关的软件被设计用来作为许多不同系统实现的基础。

PLC 参见 program location counter（程序定位计数器）。

poke 一个写入任意位置的高级语言例程（3.2 节）。

polling（轮询） 测试一个或多个设备以确定它们是否准备就绪（3.2 节）。

POSIX UNIX 的标准化版本（6.8 节）。

post-indexing（后变址）　一种寻址模式，取数据后在基址上添加偏移量（2.3 节）。

power（功率）　单位时间所需能量（3.7 节）。

power management policy（电源管理策略）　一种进行电源管理决策的方案。

power state machine（电源状态机）　电源管理下组件行为的有限状态机模型（3.7 节）。

power-down mode（节电模式）　CPU 的一种降低功耗的模式（3.7 节）。

preemptive multitasking（抢占式多任务）　一种共享 CPU 的方案，在这种方案中操作系统可以中断进程的执行（6.4 节）。

presentation layer（表示层）　在 OSI 模型中，负责数据格式的层（8.4 节）。

primary key（主键）　数据库中记录的唯一标识符（8.5 节）。

priority inheritance（优先级继承）　一种用于防止优先级反转的算法，在这种算法中，进程暂时占有共享资源的优先级（6.5 节）。

priority inversion（优先级反转）　低优先级进程阻止高优先级进程执行的现象（6.5 节）。

priority-driven scheduling（优先级驱动调度）　任何使用进程优先级来决定运行进程的调度技术（6.5 节）。

procedure（过程）　一种编程语言结构，允许在程序的多个点上调用某段代码（2.3 节）。一般来说，它是子例程（subroutine）的同义词，参见 function（函数）。

procedure call stack（过程调用堆栈）　记录当前活动进程的堆栈（2.3 节）。

procedure linkage（过程链接）　传递参数和调用所需的其他操作的约定过程（2.3 节）。

process（进程）　一个程序的整个执行过程（6.2 节）。

processing element（处理元件）　在系统协调下执行计算的组件（10.2 节）。

producer/consumer（生产者/消费者）　一组函数或进程，其中一方写入数据供另一方读取（5.2 节）。

profilling（分析）　对程序不同部分的相对执行时间进行计数的过程（5.6 节）。

program counter（程序计数器）　保存当前执行指令地址的寄存器的通用名称（2.2 节）。

program location counter（程序定位计数器）　汇编程序用来给汇编程序中的指令和数据分配内存地址的变量（5.4 节）。

programming model（编程模型）　对程序员可见的 CPU 寄存器（2.2 节）。

pseudo-op　不生成代码或数据的汇编语言语句（2.2 节，5.4 节）。

public-key cryptography（公钥密码学）　一种加密方法，它依赖于一个对其他人部分可用的密钥（4.10 节）。

Q

quality assurance（质量保证）　确保系统按照高质量标准设计和建造的过程（7.6 节）。

quantization（量化）　将连续样本值赋给离散值。

quantization matrix（量化矩阵）　在 JPEG 中，用于指导量化的一组值（5.13 节）。

query（查询）　从数据库中获取数据的请求（8.5 节）。

queue（队列）　一种数据结构，提供对数据的先进先出访问（5.2 节）。

R

race condition（竞争条件）　一组进程的结果取决于它们的执行顺序（6.5 节）。

race-to-dark（尽快断电）　一种在具有高泄漏电流的系统中使用的电源管理策略，其中因处理器随时可能关闭，程序必须以最快的速度运行（3.7 节）。

RAM　参见 random-access memory（随机存取存储器）。

random testing（随机测试）　使用随机生成的输入测试程序（5.10 节）。

random-access memory（随机存取存储器）　一种可以按任意顺序寻址的存储器（4.4 节）。

RAS　参见 row address select（行地址选择）。

raster scan（or order）display（光栅扫描或顺序显示器）　按行和列写入像素的显示器。

rate（速率）　周期的倒数（6.3 节）。

rate-monotonic scheduling（单调速率调度）　固定优先级的调度方案（6.5 节）。

rdbms　参见 relational database management system（关系数据库管理系统）。

reactive system（交互式系统） 为了对外部事件做出反应而设计的系统（5.2 节）。

read-only memory（只读存储器） 具有固定内容的存储器（4.4 节）。

real time（实时） 系统必须在一定时间内执行操作（1.2 节）。

real-time operating system（实时操作系统） 为满足实时约束而设计的操作系统（6.1 节）。

record（记录） 数据库表中的一行（8.5 节）。

reentrancy（可重入性） 使用相同的内存映像多次执行程序而没有错误的能力（5.4 节）。

refresh（刷新） 恢复保存在 DRAM 中的值（4.4 节）。

register allocation（寄存器分配） 将变量分配给寄存器（5.5 节）。

register（寄存器） 通常指保持某种状态的电子元件。在计算机编程中是指 CPU 内部的存储，是编程模型的一部分（2.2 节）。

register-indirect addressing（寄存器间接寻址） 从第一个内存位置获取包含操作数的内存位置的地址（2.3 节）。

regression testing（回归测试） 通过应用先前使用的测试来测试硬件或软件（5.10 节）。

relational database management system（关系数据库管理系统） 在关系模型上组织的数据库（8.5 节）。

relative address（相对地址） 相对于其他位置测量的地址，例如某个对象模块的起始位置（5.4 节）。

reliability（可靠性） 使系统能够确定地执行其预定的功能。

repeat（重复） 在指令集中，一种允许另一条指令或一组指令被重复以创建低开销循环的指令（2.5 节）。

replay attack（重放攻击） 一种攻击形式，指在设备操作不正常的情况下，将设备的无故障输出记录下来并重放。

req 参见 requirement diagram（需求图）。

requirement（需求） 对系统所需特性的描述（7.3 节）。

requirement diagram（需求图） 用于描述功能性需求的 SysML 图（7.4 节）。

reservation table（预留表） 调度指令的一种硬件技术（5.5 节）。

response time（响应时间） 进程的初始请求和完成之间的时间间隔（6.3 节）。

RFID radio frequency identification（射频识别）的缩写（8.2 节）。

RISC reduced instruction set computer（精简指令集计算机）的缩写（2.2 节）。

RMA rate-monotonic analysis（单调速率分析）的缩写，也称为 rate-monotonic scheduling（单调速率调度）。

rollover（翻转） 同时按下两个键时读取多个键。

ROM 参见 read-only memory（只读存储器）。

root-of-trust（可信根） 一种可信任的环境，用于执行某些预先验证的代码（3.8 节）。

row address select（行地址选择） 一种 DRAM 信号，表示正在显示的地址中的行（4.4 节）。

RTOS 参见 real-time operating system（实时操作系统）。

S

SAE International driving automation levels（国际自动机工程师学会自动驾驶分级） 国际自动机工程师学会定义的自动驾驶级别（9.2 节）。

safety（防危性） 以不造成任何伤害的方式释放能量（1.2 节）。

saturation arithmetic（饱和算术） 在上溢 / 下溢时提供最大值 / 最小值结果的算术系统。

scheduling（调度） 决定操作发生的时间（1.5 节）。

scheduling overhead（调度开销） 做出调度决策所需的执行时间（6.2 节，6.3 节）。

scheduling policy（调度策略） 一种制定调度决策的方法（6.3 节）。

schema（模式） 数据库的数据组织设计（8.5 节）。

schemaless database（无模式数据库） 没有模式的数据库（8.5 节）。

SDE 参见 software development environment（软件开发环境）。

SDRAM 参见 synchronous DRAM（同步 DRAM）。

second-level cache（二级高速缓存） 在主存之前、一级高速缓存之后的高速缓存（3.5 节）。

secret-key cryptography（密钥密码学） 一种依赖于一般未知的密钥的加密方法（4.10 节）。

security（安全性）　系统防止恶意攻击的能力（1.2 节）。

segmented addressing（分段寻址）　将内存划分为大的且大小不同的段（3.5 节）。

semaphore（信号量）　协调进程间通信的一种机制（6.5 节）。

sequence diagram（顺序图）　一种 UML 图，使用时间轴显示一个时间段内对象之间如何通信（1.3 节）。参见 collaboration diagram（协作图）。

session layer（会话层）　在 OSI 模型中，该层负责应用程序间的对话控制（8.4 节）。

set-associative cache（组相联高速缓存）　具有多组的高速缓存（3.5 节）。

set-top box（机顶盒）　用于有线或卫星电视接收的系统。

shared memory（共享内存）　允许多个进程访问同一内存单元的通信方式（6.6 节）。

shared resource（共享资源）　可以由多个进程使用的资源，如输入 / 输出设备或内存单元（6.5 节）。

sharpening（锐化）　在图像处理中，产生看起来更清晰的边界的滤波过程（5.13 节）。

signal　一种 UNIX 进程间通信的方法（6.6 节）；一种 UML 通信类型（6.6 节）。

SIMM　Single inline memory module（单列直插内存模块）的缩写，在一侧包含 RAM 芯片的小型印制电路板（4.4 节）。

single-assignment form（单赋值形式）　对每个变量最多进行一次写操作的程序（5.3 节）。

single-hop network（单跳网络）　信息可以从一个PE 传递到另一个 PE，而不经过第三个 PE 的网络。

slow return（低速返回）　在 C55x 中，使用堆栈来恢复地址和循环内容的过程返回；相比之下，快速返回使用寄存器（2.5 节）。

smart card（智能卡）　一种便携式身份识别卡（3.8 节）。

smart home（智能家居）　提供各种服务的物联网应用家居（8.6 节）。

software development environment（软件开发环境）　开发软件的一组工具，通常包括编辑器、编译器、链接器和调试器（4.6 节）。

software interrupt（软中断）　参见 trap（陷阱）。

software pipelining（软件流水线）　在循环中调度指令的技术。

software platform（软件平台）　用作更大系统中组件的软件（4.3 节）。

spatial frequency（空间频率）　调制视觉强度的频率表示（5.13 节）。

special function register（特殊功能寄存器）　在 PIC 体系结构中，用于输入 / 输出和其他特殊操作的寄存器（2.4 节）。

specification（规格说明）　对系统需求的完整描述（7.3 节）。

speedup（加速）　设计修改前后的系统性能比率（10.4 节）。

spill（溢出）　将寄存器值写入主存，以便该寄存器可以用于其他目的（5.5 节）。

spiral model（螺旋模型）　一种设计方法，指通过规格说明、设计和测试等工具在越来越详细的抽象层次上设计迭代。

SRAM　参见 static random-access memory（静态随机存取存储器）。

SRM　MARTE 中的软件资源建模（7.4 节）。

stack point（堆栈指针）　指向过程调用堆栈的顶部（5.5 节）。

spiral model（螺旋模型）　通常指随着时间的推移状态不断变化的一种机器，可以在软件中实现（1.3 节，5.2 节）。

state mode（状态模式）　一种逻辑分析仪模式，提供较低的时序分辨率以换取较长的时间跨度（4.5 节）。

static power management（静态电源管理）　一种不考虑当前 CPU 行为的电源管理技术（3.7 节）。

static random-access memory（静态随机存取存储器）　一种消耗能量以持续维持其存储值的 RAM（2.4 节）。

static scheduling（静态调度）　进程优先级固定的调度策略（6.5 节）。

streaming data（流数据）　周期性接收的一系列数据值，用于数字信号处理等。

strength reduction（强度削减）　用另一个成本更低的等价操作替换一个操作（5.7 节）。

structured query language（结构化查询语言）

用于为数据库系统设计查询的语言（8.5 节）。

subroutine（子例程）　汇编 / 机器语言版本中的过程（2.3 节）。

successive refinement（连续细化）　一种设计方法，其中设计要多次经过抽象层次，在每个细化阶段增加细节（7.2 节）。

superscalar（超标量）　一种执行方法，可以使用动态化的调度指令同时执行几个不同的指令（2.2 节）。

supervisor mode（特权模式）　具有无限权限的CPU 执行模式（3.3 节）。参见 user mode（用户模式）。

symbol table（符号表）　通常指将程序中的符号与其含义联系起来的表格，在汇编程序中指由标签指定位置的表（5.4 节）。

synchronous DRAM（同步 DRAM）　使用同一时钟的存储器（4.4 节）。

SysML　用于广谱系统工程的基于 UML 的设计语言（7.4 节）。

system-on-silicon（片上系统）　包括计算、内存和 I/O 的单片系统。

T

tag（标签）　缓存块的一部分，提供缓存条目来自的地址位（3.5 节）。

target system（目标系统）　在主机的帮助下调试的系统（4.6 节）。

task graph（任务图）　显示进程和它们之间的数据依赖关系的图（6.2 节）。

TCP　参见 transmission control protocol（传输控制协议）。

testbench（测试台）　用于测试设计的装置，可以在软件中实现并用于测试其他软件（4.6 节）。

testbench program（测试台程序）　运行在主机上的程序，用于连接运行在嵌入式处理器上的调试器（4.6 节）。

thread　参见 lightweight process（轻量级进程）。

thumbnail（缩略图）　图像的小版本（5.13 节）。

TIFF　tagged image file format（标签图像文件格式）的缩写，一种图像文件格式（5.13 节）。

time modeling module（时间建模模块）　用于计时和顺序时间的 MARTE 模块。

time（时间）　参见 time modeling module（时间建模模块）。

模模块）。

timer（计时器）　从时钟输入测量时间的设备。

timewheel（时间轮）　一种按时间排序的队列，用于管理随时间推移的事件处理（8.5 节）。

timing mode（时序模式）　一种提供更高定时分辨率的逻辑分析仪模式（4.6 节）。

TLB　参见 translation lookaside buffer（旁路转换缓冲）。

top-down design（自顶向下的设计）　从较高的抽象层次设计到较低的抽象层次（1.3 节）。

trace（跟踪）　程序执行路径的记录（5.6 节）。

trace-driven analysis（跟踪 – 驱动分析）　分析对程序执行的跟踪（5.6 节）。

translation lookaside buffer（旁路转换缓冲）　用于加速虚拟地址到物理地址转换的高速缓存（3.5 节）。

transmission control protocol（传输控制协议）　建立在 IP 上的面向连接的协议（8.4 节）。

transport layer（传输层）　在 OSI 模型中，负责连接的层（8.4 节）。

trap（陷阱）　导致 CPU 执行预定处理程序的指令（3.3 节）。

trusted execution environment（可信执行环境）　执行环境允许基于其保护的额外特权（3.8 节）。

TrustZone　一组用于安全操作的 ARM 指令集扩展（2.3 节）。

tuple（元组）　数据库中"记录"的替代名称（8.5 节）。

U

UART　universal asynchronous receiver/transmitter（通用异步收发器）的缩写，一种串行 I/O 设备。

UML　参见 unified modeling language（统一建模语言）。

unified cache（统一高速缓存）　保存指令和数据的缓存（3.5 节）。

unified modeling language（统一建模语言）　一种广泛使用的图形化语言，可用于在许多抽象层次上描述设计（1.3 节）。

upsampling（上采样）　一种滤波操作，可以增加信号的采样率。

usage scenario（使用场景）　描述一个系统将如何被使用（7.3 节）。

USB　universal serial bus（通用串行总线）的缩写，一种用于 PC 和其他系统的高性能串行总线。

use case（用例）　外部参与者对系统操作的描述（1.3 节）。

user mode（用户模式）　一种具有有限特权的 CPU 执行模式（3.3 节）。参见 supervisor mode（特权模式）。

utilization（利用率）　一般来说，我们可以有效利用资源的时间百分比或分数，这个术语最常用于描述进程占用 CPU 率（6.3 节）。

V

v()　释放信号量的过程的传统名称（6.5 节）。

very long instruction word（超长指令字）　一种计算机体系结构风格，其中多条指令被静态调度。相对于超标量（2.2 节）。

virtual addressing（虚拟寻址）　将地址从逻辑位置转换为物理位置（3.5 节）。

VLIW　参见 very long instruction word（超长指令字）。

VLSI　very large-scale integration（超大规模集成）的缩写，一般指所有现代集成电路制造工艺。

von Neumann architecture（冯·诺依曼体系结构）　将指令和数据存储在同一存储器中的计算机体系结构（2.2 节）。

W

wait state（等状态）　总线事务中等待存储器或设备响应的状态（4.3 节），与"忙状态"相对。

watchdog timer（看门狗定时器）　当系统不能定期重置定时器时重置系统的定时器（4.6 节）。

waterfall model（瀑布模型）　一种从较高的抽象层次到较低的抽象层次的设计方法（7.2 节）。

way（路）　缓存中的组（3.5 节）。

white-box testing（白盒测试）　参见 clear-box testing（白盒测试）。

word（字）　计算机中内存访问的基本单位（2.2 节）。

working set（工作集）　在程序执行的选定时间间隔内所使用的内存位置的集合（3.5 节）。

worst-case execution time（最坏情况执行时间）　任何可能的输入集合的最长执行时间（5.6 节）。

write-back（回写）　仅当一行从缓存中删除时才写入主存（3.5 节）。

write-through（透写）　每次写数据到缓存时都写到主存（3.5 节）。

Z

ZigBee　一种常用于物联网应用的无线网络（8.4 节）。

zig-zag pattern（之字形模式）　在 JPEG 中，从矩阵中读取 DCT 系数的顺序。"之"形图案从左上角开始，沿对角线向右下角移动（5.13 节）。

zone architecture（区域体系结构）　一种汽车网络体系结构，其中汽车不同区域的网关执行各种不同功能的操作（9.3 节）。

参 考 文 献

[ACM18] Association for Computing Machinery, "Fathers of the deep learning revolution receive ACM A. M. Turing Award," 2018, 2018 Turing Award (acm.org)

[ACP13] Hewlett-Packard Corporation, Intel Corporation, Microsoft Corporation, Phoenix Technologies Ltd., and Toshiba Corporation, *Advanced Configuration and Power Interface Specification*, Revision 5.0 Errata A, November 13, 2013.

[Ado92] Adobe Developers Association, TIFF, Revision 6.0, June 3, 1992. Available at http:// partners.adobe.com/public/developer/tiff/index.html.

[Aho06] Alfred V. Aho, Monica S. Lam, Ravi Sethi, and Jeffrey D. Ullman*, Compilers: Principles, Techniques, and Tools*, second edition. Reading, MA: Addison-Wesley, 2006.

[Aki96] Olu Akiwumu-Assani and Marnix Vlot, "Multimedia terminal architecture," *Philips Journal of Research* 50(1/2) (1996): 169−184.

[Ald73] Robin Alder, Mark Baker, and Howard D. Marshall, "The logic analyzer: A new instrument for observing logic signals," *Hewlett-Packard Journal* 25(2) October (1973): 2−16.

[ARM00] ARM Limited, *Integrator/LM-XCV400+ Logic Module*, ARM DUI 0130A, February 2000. Available at www.arm.com.

[ARM02] ARM Limited, *ARM PrimeCell Vectored Interrupt Controller (PL192) Technical Reference Manual*, ARM DDI 0273A, 2002. Available at www.arm.com.

[ARM08] ARM Limited, ARM11 MPCore Processor Technical Reference Manual, revision r2p0, 2008. Available at www.arm.com.

[ARM09] ARM Limited, ARM Security Technology: Building a Secure System using TrustZone Technology, 2009. Available at www.arm.com.

[ARM11] ARM Limited, Cortex-R5 Processor Technical Reference Manual, revision r1p2, 2011. Available at www.arm.com.

[ARM13] ARM Limited, Global Platform based Trusted Execution Environment and Trust-Zone® Ready, Rob Coombs/ATC-314, October 31, 2013.

[ARM13B] ARM Limited, Arm Architecture Reference Manual, Armv8, for Armv8-A architecture profile, ARM DDI 0487G.a ID011921, 2013-2021.

[ARM16] ARM Limited, *Memory Protection Unit (MPU)*, Version 1.0, 8 July 2016.

[ARM17] ARM Limited, ARMv8-A Power management, version 1.0, ARM 100960_0100_en, 2017.

[ARM21] Arm Limited, *Arm Architecture Reference Manual, ARMv8, for Armv8-A architecture profile*, ARM DDI 0487G.a (ID011921), 2021.

[ARM96] ARM Limited, ARM Architecture Reference Manual, ARMv7-A and ARMv7-R edition, ARM DDI 0406C.d, 1996-1998, 200, 2004-2012, 2014, 2018.

[ARM99A] ARM Limited, *AMBA(TM) Specification (Rev 2.0)*, 1999. Available at www.arm. com.

[ARM99B] ARM Limited, *ARM7TDMI-S Technical Reference Manual*, 1999. Available at www.arm.com.

[Asa98] Mutsuhiko Asada and Pong Mang Yan, "Strengthening software quality assurance," *Hewlett-Packard Journal* 49(2) May (1998): 89−97.

[Aud93] N. Audsley, A. Burns, M. Richardson, K. Tindell, and A. J. Wellings, "Applying new scheduling theory to priority pre-emptive scheduling," *Software Engineering Journal*, Volume 8, Issue 5, September 1993, pp. 284−292.

[Aus04] Todd Austin, David Blaauw, Scott Mahlke, Trevor Mudge, Chaitali Chakrabarti, and Wayne Wolf, "Mobile supercomputers," *IEEE Computer* 37(5) May (2004): 81−83.

[Ban93] Uptal Banerjee, *Loop Transformations for Restructuring Compilers: The Foundations*. Boston: Kluwer Academic Publishers, 1993.

[Ban94] Uptal Banerjee, *Loop Parallelization*. Boston: Kluwer Academic Publishers, 1994.

[Ban95] Amir Ban, "Flash file system," U. S. Patent 5,404,485, April 4, 1995.

[Bar07] Richard Barry, "The Free RTOS Project" http://www.freertos.org.

[Bay76] Bryce E. Bayer, "Color imaging array," U. S. Patent 3,971,065, July 20, 1976.

[Bea11] http://beagleboard.org. February 14, 2012.

[Bea13] Ray Beaulieu, Douglas Shors, Jason Smith, Stefan Treatman-Clark, Bryan Weeks, and Louis Wingers, "The SIMON and SPECK families of lightweight block ciphers," National Security Agency, 9800 Savage Road, Fort Meade MD 20755, USA, June 19, 2013.

[Bei84] Boris Beizer, *Software System Testing and Quality Assurance*. New York: Van Nostrand Reinhold, 1984.

[Bei90] Boris Beizer, *Software Testing Techniques*, second edition. New York: Van Nostrand Reinhold, 1990.

[Ben00] L. Benini, A. Bogliolo, and G. De Micheli, "A survey of design techniques for system-level dynamic power management," *IEEE Transactions on VLSI Systems* 8(3) June (2000): 299−316.

[Bod95] Nanette J. Boden, Danny Cohen, Robert E. Felderman, Alan E. Kulawik, Charles L. Seitz, Jakov N. Seizovic, and Wen-King Su, "Myrinet—a gigabit-per-second local-area network," *IEEE Micro* February (1995): 29−36.

[Boe84] Barry W. Boehm, "Verifying and validating software requirements and design specifications," *IEEE Software* 1(1) January (1984): 75−88.

[Boe87] Barry W. Boehm, "A spiral model of software development and enhancement," in *Software Engineering Project Management*, 1987, pp. 128−142. Reprinted in Richard H. Thayer and Merlin Dorfman, eds., *System and Software Requirements Engineering*, Los Alamitos, CA: IEEE Computer Society Press, 1990.

[Boe92] Robert A. Boeller, Samuel A. Stodder, John F. Meyer, and Victor T. Escobedo, "A large-format thermal inkjet drafting plotter," *Hewlett-Packard Journal* 43(6) December (1992): 6−15.

[Boo91] Grady Booch, *Object-Oriented Design*. Redwood City, CA: Benjamin/Cummings, 1991.

[Boo99] Grady Booch, James Rumbaugh, and Ivar Jacobson, *The Unified Modeling Language User Guide*. Reading, MA: Addison-Wesley, 1999.

[Bos07] Robert Bosch GMBH, *Automotive Electrics Automotive Electronics*, fifth edition. Cambridge, MA: Bentley Publishers, 2007.

[Bra94] K. Brandenburg, G. Stoll, F. Dehery, J. D. Johnston, D. Kerkhof, and E. F. Schroder, "ISO-MPEG-1 audio: A generic standard for coding of high-quality digital audio," *Journal of the Audio Engineering Society* 42(10) October (1994): 780−792.

[Cai03] L. Cai and D. Gajski, "Transaction level modeling: an overview," First IEEE/ACM/IFIP International Conference on Hardware/ Software Codesign and Systems Synthesis (IEEE Cat. No.03TH8721), 2003, pp. 19−24, https://doi.org/10.1109/CODESS.2003.1275250.

[Cal00] Timothy J. Callahan, John R. Hauser, and John Wawrzynek, "The Garp architecture and C compiler," *IEEE Computer* 33(4) April (2000): 62−69.

[Car20] William Carter, editor, *OCP Terminology Guidelines for Inclusion and Openness*, Revision B, December 20, 2020, Open Compute Project.

[Cat98] Francky Catthoor, Sven Wuytack, Eddy De Greef, Florin Balasa, Lode Nachtergaele, and Arnout Vandecappelle, *Custom Memory Management Methodology: Exploration of Memory Organization for Embedded Multimedia System Design*. Norwell, MA: Kluwer Academic Publishers, 1998.

[CCI92] CCITT, *Terminal Equipment and Protocols for Telematic Services, Information Technology—Digital Compression and Coding of Continuous-Tone Still Images—Requirements and Guidelines*, Recommendation T.81, September 1992.

[Cha15] Kenneth Chang, "LightSail, a private spacecraft, goes unexpectedly quiet," New York Times, June 5, 2015, http://www.nytimes.com/2015/06/06/science/space/lightsail-solar-sail-bill-nye-glitch.html?_r=0, accessed August 24, 2015.

[Cha92] [Cha92] Anantha P. Chandrakasan, Samuel Sheng, and Robert W. Brodersen, "Low-power CMOS digital design," *IEEE Journal of Solid-State Circuits* 27(4) April (1992): 473−484.

[Che07] Brian Chess and Jacob West, *Secure Programming With Static Analysis*, Upper Saddle River NJ: Addison-Wesley, 2007.

[Che11] Stephen Checkoway, Damon McCoy, Brian Kantor, Danny Anderson, Hovav Shacham, Stefan Savage, Karl Koscher, Alexei Czeskis, Franziska Roesner, Tadayoshi Kohno. USENIX Security, August 10−12, 2011.

[Chi15] Richard Chirgwin, "Airbus warns of software bug in A400M transport planes," *The Register*, 20 May 2015, http://www.theregister.co.uk/2015/05/20/airbus_warns_of_a400m_software_bug/.

[Chi94] M. Chiodo, P. Giusto, H. Hsieh, A. Jurecska, L. Lavagno, and A. Sangiovanni-Vicentelli, "Hardware/software co-design of embedded systems," *IEEE Micro* 14(4) August (1994): 26−36.

[Cho85] Tsun S. Chow, *Tutorial: Software Quality Assurance: A Practical Approach*. Silver Spring, MD: IEEE Computer Society Press, 1985.

[CIP10] Camera and Imaging Products Association Standardization Committee, Design rule for Camera File system: DCF Version 2.0 (Edition 2010), April 26, 2010.

[Cod70] E. F. Codd, "A relational model of data for large shared data banks," *Communications of the ACM*, 13(6), June 1970, pp. 377−387.

[Coe14] David Coelho, private communication, August 2, 2014.

[Coh81] Danny Cohen, "On holy wars and a plea for peace," *Computer* 14(10) October (1981): 48−54.

[Cok11] Coker, George & Guttman, Joshua & Loscocco, Peter & Herzog, Amy & Millen, Jonathan & O'Hanlon, Brian & Ramsdell, John & Segall, Ariel & Sheehy, Justin & Sniffen, Brian. (2011). Principles of remote attestation. Int. J. Inf. Sec. 10. 63−81. https://doi.org/10.1007/s10207-011-0124-7.

[Col97] Robert R. Collins, "In-circuit emulation," *Dr. Dobb's Journal*, September (1997): 111−113.

[Cop04] M. Coppola, S. Curaba, M. D. Grammatikakis, G. Maruccia and F. Papariello, "OCCN: a network-on-chip modeling and simulation framework," Proceedings Design, Automation and Test in Europe Conference and Exhibition, 2004, pp. 174−179 Vol.3, https://doi.org/10.1109/DATE.2004.1269226.

[Cra97] Timothy Cramer, Richard Friedman, Terrence Miller, David Seberger, Robert Wilson, and Mario Wolczko, "Compiling Java just in time," *IEEE Micro*, 17(3) May/June (1997): 36−43.

[Cup01] Vinodh Cuppu, Bruce Jacob, Brian Davis, and Trevor Mudge, "High performance DRAMs in workstation environments," *IEEE Transactions on Computers* 50(11) November (2001): 1133−1153.

[Cus91] Michael A. Cusumano, *Japan's Software Factories*. New York: Oxford University Press, 1991. Available at http://drdobbs.com.

[Cyp20] Cypress Semiconductor Corporation, *PSoC 6 MCU: CY8C62x8, CY8C62xA Datasheet*, revised October 9, 2020.

[Dac05] Dacfey Dzung, Martin Naedele, Thomas P. von Hoff, and Mario Crevatin, "Security for industrial communication systems," *Proceedings of the IEEE* 93(6) June (2005): 1152−1177.

[Dah00] Tom Dahlin, "Reach out and touch: Designing a resistive touch screen," *Circuit Cellar*, 114, January (2000): 20−25.

[Dav90] Alan M. Davis, *Software Requirements: Analysis and Specification*. Englewood Cliffs, NJ: Prentice Hall, 1990.

[DiG90] Joseph Di Giacomo, *Digital Bus Handbook.* New York: McGraw-Hill, 1990.

[Dom05] Jean-Dominique Decotignie, "Ethernet-based real-time and industrial communications," *Proceedings of the IEEE* 93(6) June (2005): 1102−1117.

[Dou98] Bruce Powel Douglass, *Real-Time UML: Developing Efficient Objects for Embedded Systems.* Reading, MA: Addison-Wesley Longman, 1998.

[Dou99] Bruce Powel Douglass, *Doing Hard Time: Developing Real-Time Systems with UML, Objects, Frameworks, and Patterns.* Reading, MA: Addison-Wesley Longman, 1999.

[DPO00] DPOF committee, DPOF Version 1.10, July 17, 2000. Available at http://panasonic. jp/dc/dpof_110/.

[Dun13] Michael Dunn, "Toyota's killer firmware, bad designs and its consequences," *EDN Network*, October 28, 2013, http://www.edn.com/design/automotive/4423428/Toyota-s-killer-firmware–Bad-design-and-its-consequences.

[Dut96] Santanu Dutta and Wayne Wolf, "A flexible parallel architecture adapted to block-matching motion–estimation algorithms," *IEEE Transactions on Circuits and Systems for Video Technology* 6(1) February (1996): 74−86.

[Dwo15] Morris J. Dworkin, "SHA-3 Standard: Permutation-Based Hash and Extendable-Output Functions," Federal Information Processing Standards (NIST FIPS) − 202, August 4, 2015.

[Ear97] Richard W. Earnshaw, Lee D. Smith, and Kevin Welton, "Challenges in cross–development," *IEEE Micro*, July/August (1997): 28−36.

[ECM13] ECMA International, *The JSON Data Interchange Format*, Standard ECMA-404, 1st edition, October 2013.

[End75] Albert Endres, "An analysis of errors and their causes in system programs," *IEEE Transactions on Software Engineering* June (1975): 140−149.

[Ern93] Rolf Ernst, Joerg Henkel, and Thomas Benner, "Hardware-software cosynthesis for microcontrollers," *IEEE Design and Test of Computers* 10(4) December (1993): 64−75.

[FAA98] Federal Aviation Administration, *Aeronautical Information Manual.* Washington, DC: Government Printing Office, 1998.

[Fag76] M. E. Fagan, "Design and code inspections to reduce errors in program development," *IBM Systems Journal* 15(3) (1976): 219−248.

[Fal10] Nicholas Falliere, "Stuxnet introduces the first known rootkit for industrial control systems," Symantec Official Blog, August 6, 2010, http://www.symantec.com/connect/blogs/stuxnet-introduces-first-known-rootkit-scada-devices.

[Fal11] Nicholas Falliere, Liam O Murchu, and Eric Chien, *W32.Stuxnet Dossier*, version 1.4 February 2011, available at http://www.symantec.com.

[Far08] Shahin Farahani, *Zigbee Wireless Network and Transceivers*, Burlington MA: Newnes, 2008.

[Fel05] Max Felser, "Real-time ethernet—industry perspective," *Proceedings of the IEEE* 93(6) June (2005): 1118−1129.

[Fra19] Dustin Franklin, "Jetson Nano Brings AI Computing to Everyone," https://developer. nvidia.com/blog/jetson-nano-ai-computing/, March 18, 2019.

[Fra88] Phyllis G. Frankl and Elaine J. Weyuker, "An applicable family of data flow testing criteria," *IEEE Transactions on Software Engineering* 14(10) October (1988): 1483−1498.

[Fre11] Freescale Semiconductor, *MPC5602D Microcontroller Reference Manual*, document number MPC5602DRM, rev. 4, 5 May 2011. Available at http://www.freescale.com.

[Fre11B] Freescale Semiconductor, *MPC5676R Product Brief*, document number MPC5676RPB, rev. 2, October 2011. Available at http://www.freescale.com.

[Fru21] Andrei Frumusanu, "The Apple A15 SoC Performance Review: Faster & More Efficient," Anandtech, October 4, 2021, available at https://www.anandtech.com.

[Fur96] Steve Furber, *ARM System Architecture.* Harlow, England: Addison-Wesley, 1996.

[Gal92] Bill Gallmeister, "Understanding POSIX.4 and POSIX.4a," in *Proceedings of the Embedded Systems Conference*, 1992, https://www.embedded.com/understanding-posix-4-and-posix-4a/#:~:text=POSIX.4%20%28Realtime%20Extensions%20for%20Portable%20Operating%20Systems%2C%20Draft,6%2C%201992%29%20is%20the%20%E2%80%9Cthreads%20extension%E2%80%9D%20to%201003.1.

[Gal95] Bill O. Gallmeister, *Posix.4: Programming for the Real World*. Sebastopol, CA: O'Reilly and Associates, 1995.

[Gar] Dr. Sanjay Garg, "Fundamentals of Aircraft Turbine Engine Control," NASA Glenn Research Center, undated, https://www.grc.nasa.gov/WWW/cdtb/aboutus/Fundamentals_of_Engine_Control.pdf.

[Gar81] John R. Garman, "The 'bug' heard 'round the world," *Software Engineering Notes* 6(5) October (1981): 3−10.

[Gho97] Somnath Ghosh, Margaret Martonosi, and Sharad Malik, "Cache miss equations: An analytical representation of cache misses." In *Proceedings of the 11th ACM International Conference in Supercomputing*. ACM Press: New York 1997.

[Gra03] Mark G. Graff and Kenneth R. van Wyk, *Secure Coding: Principles & Practices*, Sebastopol CA: O'Reilly & Associates, 2003.

[Gre15] Andy Greenberg, "Hackers remotely kill a Jeep on the highway—with me in it," wired.com, July 21, 2015. Accessed August 24, 2015.

[GS114] GS1, *EPC Tag Data Standard, version 1.9, Ratified, Nov-2014*.

[Gup93] Rajesh K. Gupta and Giovanni De Micheli, "Hardware-software cosynthesis for digital systems," *IEEE Design and Test of Computers* 10(3) September (1993): 29−40.

[Hal11] Christopher Hallinan, *Embedded Linux Primer: A Practical Real-World Approach*, second edition. Boston: Prentice Hall, 2011.

[Ham92] Eric Hamilton, *JPEG File Interchange Format*, version 1.02, September 1, 1992.

[Har03] Michael Gonzáles Harbour, "Real-Time POSIX: An Overview," November 2003.

[Har87] D. Harel, "Statecharts: A visual formalism for complex systems," *Science of Computer Programming* 8 (1987): 231−274.

[Has97] Barry G. Haskell, Atul Puri, and Arun N. Netravali, *Digital Video: An Introduction to MPEG-2*. Springer: New York, 1997.

[Hat88] Derek J. Hatley and Imtiaz A. Pirbhai, *Strategies for Real-Time System Specification*. New York: Dorset House, 1988.

[Hel04] Albert Helfrick, *Principles of Avionics*, third edition. Avionics Communications Inc., 2004.

[Hen06] John L. Hennessy and David A. Patterson, *Computer Architecture: A Quantitative Approach*, fourth edition. San Francisco: Morgan Kaufmann, 2006.

[Hen94] J. Henkel, R. Ernst, U. Holtmann, and T. Benner, "Adaptation of partitioning and high-level synthesis in hardware/software co-synthesis." In *Proceedings, ICCAD-94*. Los Alamitos, CA: IEEE Computer Society Press, 1994, pp. 96−100.

[Hey13] Robin Heydon, *Bluetooth Low Energy: The Developer's Handbook*, Upper Saddle River NJ: Prentice Hall, 2013.

[Hor96] Joseph R. Horgan and Aditya P. Mathur, "Software testing and reliability," Chapter 13. In *Handbook of Software Reliability Engineering*, ed. Michael R. Lyu, 531−566. Los Alamitos, CA: IEEE Computer Society Press/McGraw-Hill, 1996.

[How82] W. E. Howden, "Weak mutation testing and the completeness of test cases," *IEEE Transactions on Software Engineering* SE-8(4) July (1982) 371−379.

[Hsu94] T. Richard Hsueh, Thomas F. Houghton, Joseph F. Maranzano, and Gerald P. Pasternack, "Software production: From art/craft to engineering," *AT&T Technical Journal* January/February (1994): 59−68.

[Huf52] David A. Huffman, "A method for the construction of minimum-redundancy codes," *Proceedings of the IRE* (40) September (1952): 1098−1101.

[IEE06] IEEE Computer Society, *IEEE Standard for Information technology—Telecommunications and information exchange between systems—Local and metropolitan area networks—Specific requirements, Part 15.4: Wireless Medium Access Control (MAC) and Physical Layer (PHY) Specifications for Low-Rate Wireless Personal Area Networks (WPANs)*, IEEE Std 802.15.4-2006, New York: IEEE, 8 September 2006.

[IEE12] "IEEE Standard for Standard SystemC Language Reference Manual," in IEEE Std 1666-2011 (Revision of IEEE Std 1666-2005), pp. 1−638, 9 Jan. 2012, https://doi.org/10.1109/IEEESTD.2012.6134619.

[IEE97] IEEE Computer Society, *Information technology—Telecommunications and infor-*

mation exchange between systems—Local and metropolitan area networks—Specific requirements, Part 111: Wireless LAN Medium Access Control and Physical Layer (PHY) specifications, IEEE Std 802.11-1997, New York: IEEE, 26 June 1997.

[Inf08] Infineon, *XC2200 Derivatives: 16/32-Bit Single-Chip Microcontroller with 32-Bit Performance, Volume 1 (of 2): System Units*, User's Manual, V2.1, August 2008.

[Inf12] Infineon, *Infineon SC 2000 Family 16/32-bit μC, Scalable and Highly Integrated 12/ 32-bit Microcontrollers for Automotive Applications*, February 2012.

[Int03] Intel, *Intel Advanced+ Boot Block Flash Memory (C3)*, 290645-017, October 2003.

[Int82] Intel, *Microprocessor and Peripheral Handbook*. Intel, Santa Clara, CA 1982.

[Int89] Intel, *80960KB Hardware Designer's Reference Manual*. 1989. ISBN 1-55512-100-4.

[Int91] Intel, *i960 KA/KB Microprocessor Programmer's Reference Manual*. 1991. ISBN 1-55512-137-3.

[Int96] Intel, Microsoft, and Toshiba, *Advanced Configuration and Power Interface Specification*, 1996. Available at http://www.teleport.com/~acpi.

[Int99] Intel, *Intel StrongARM SA-1100 Microprocessor Technical Reference Manual,* March 1999. Available at http://www.intel.com.

[ISO10] ISO/IEC, *ISO/EC 18033-3:2010: Information technology − Security techniques − Encryption algorithms − Part 3: Block ciphers*, ISO/IEC, December 15, 2010.

[ISO13] International Standards Organization, *ISO/IEC TS 17961:2013, Information technology − Programming languages, their environments and system software interfaces − C secure coding rules*, November 15, 2015. Available at http://www.iso.org.

[ISO18A] International Standards Organization, *ISO 26262-1:2018, Road vehicles – Functional safety – Part 1: Vocabulary*, 2018. Available at http://www.iso.org.

[ISO18B] International Standards Organization, *ISO 26262-2:2018, Road vehicles – Functional safety – Part 2: Management of functional safety*, 2018. Available at http://www.iso.org.

[ISO18C] International Standards Organization, *ISO 26262-9:2018, Road vehicles – Functional safety – Part 9: Automotive Safety Integrity Level (ASIL)-oriented and safety-oriented analyses*, 2011. Available at http://www.iso.org.

[ISO94] International Standards Organization, ISO/IEC 10918-1, *Information Technology— Digital Compression and Coding of Continuous-Tone Still Images*, 1994. Available at http:// www.iso.org.

[Jac03] Bruce Jacob, "A case for studying DRAM issues at the system level," *IEEE Micro* 23(4) July-August (2003): 44−56.

[Jag95] Dave Jaggar, ed., *Advanced RISC Machines Architectural Reference Manual*. London: Prentice Hall, 1995.

[Jen95] Michael G. Jenner, *Software Quality Management and ISO 9001: How to Make Them Work for You*. New York: John Wiley and Sons, 1995.

[Jon78] T. C. Jones, "Measuring programming quality and productivity," *IBM Systems Journal* 17(1) (1978): 39−63.

[Kar03] G. Karsai, J. Sztipanovits, A. Ledeczi and T. Bapty, "Model-integrated development of embedded software," in Proceedings of the IEEE, vol. 91, no. 1, pp. 145−164, Jan. 2003, https://doi.org/10.1109/JPROC.2002.805824.

[Kar06] Holger Karl and Andreas Willig, *Protocols and Architectures for Wireless Sensor Networks*. New York: John Wiley and Sons, 2006.

[Kas79] J. M. Kasson, "The ROLM Computerized Branch Exchange: An advanced digital PBX," *IEEE Computer* June (1979): 24−31.

[Kem98] T. M. Kemp, R. K. Montoye, J. D. Harper, J. D. Palmer, and D. J. Auerbach, "A decompression core for PowerPC," *IBM Journal of Research and Development* 42(6) November (1998): 807−812.

[Ker88] Brian W. Kernighan and Dennis M. Ritchie, *The C Programming Language*, second edition. New York: Prentice Hall, 1988.

[Kla19] Jochen Klaus-Wagenbrenner, "Zonal EE Architecture: Towards a Fully Automotive Ethernet-Based Vehicle Infrastructure," Visteon, September 24, 2019.

[Klo15] Irene Klotz, "Pluto probe glitch traced to software timing flaw," discovery.com, July 6,

2015, http://news.discovery.com/space/pluto-probe-glitch-traced-to-software-timing-flaw-150607.htm, accessed August 24, 2015.

[Kog81] Peter M. Kogge, *The Architecture of Pipelined Computers*. New York: McGraw-Hill, 1981.

[Koh78] Loren M. Kohnfelder, *Towards a Practical Public-key Cryptosystem*, Bachelor of Science thesis, Massachusetts Institute of Technology, May 1978.

[Koo10] Philip Koopman, *Better Embedded System Software*. Pittsburgh: Drumnadrochit Press, 2010.

[Koo14] Prof. Phil Koopman, "A case study of Toyota unintended acceleration and software safety," presentation slides, September 18, 2014, http://users.ece.cmu.edu/~koopman/pubs/koopman14_toyota_ua_slides.pdf.

[Kop03] Hermann Kopetz and Gunther Bauer, "The time-triggered architecture," *Proceedings of the IEEE*, 91(1), January 2003, pp. 112—126.

[Kop97] Hermann Kopetz, *Real-Time Systems: Design Principles for Distributed Embedded Applications*. Boston: Kluwer Academic Publishers, 1997.

[Kos10] Karl Koscher, Alexei Czeskis, Franziska Roesner, Shwetak Patel, Tadayoshi Kohno, Stephen Checkoway, Damon McCoy, Brian Kantor, Danny Anderson, Hovav Shacham, Stefan Savage. IEEE Symposium on Security and Privacy, Oakland, CA, May 16—19, 2010.

[Lev86] Nancy G. Leveson, "Software safety: Why, what, and how," *Computing Surveys* 18(2) June (1986): 125—163.

[Lev93] Nancy G. Leveson and Clark S. Turner, "An investigation of the Therac-25 accidents," *IEEE Computer* July (1993): 18—41.

[Lev94] Nancy G. Leveson, Mats Per Erik Heimdahl, Holly Hildreth, and Jon Damon Reese, "Requirements specification for process-control systems," *IEEE Transactions on Software Engineering* 20(9) September (1994): 684—707.

[Li97A] Yanbing Li and Wayne Wolf, "Scheduling and allocation of multirate real-time embedded systems." In *Proceedings, ED&TC '97*. Los Alamitos, CA: IEEE Computer Society Press, 1997, pp. 134—139.

[Li97B] Yanbing Li and Wayne Wolf, "A task-level hierarchical memory model for system synthesis of multiprocessors." In *Proceedings, 34th Design Automation Conference*. ACM Press: New York 1997, pp. 153—156.

[Li97C] Yanbing Li, Miodrag Potkonjak, and Wayne Wolf, "Real-time operating systems for embedded computing." In *Proceedings, ICCD '97*. Los Alamitos, CA: IEEE Computer Society Press, 1997.

[Li97D] Yau-Tsun Steven Li and Sharad Malik, "Performance analysis of embedded software using implicit path enumeration," *IEEE Transactions on CAD/ICAS* 16(12) December (1997): 1477—1487.

[Li98] Yanbing Li and Joerg Henkel, "A framework for estimating and minimizing energy dissipation of embedded HW/SW systems." In *Proceedings, DAC '98*. New York: ACM Press, 1998, pp. 188—193.

[Li99] Yanbing Li and Wayne Wolf, "A task-level hierarchical memory model for system synthesis of multiprocessors," *IEEE Transactions on CAD* 18(10) October (1999): 1405—1417.

[Lin04] Chang Hong Lin, Tiehan Lv, Wayne Wolf, and I. Burak Ozer, "A peer-to-peer architecture for distributed real-time gesture recognition." In *Proceedings, International Conference on Multimedia and Exhibition*, IEEE, Piscataway NJ, 2004, vol. 1, pp. 27—30.

[Liu00] Jane W. S. Liu, *Real-Time Systems*. Prentice Hall, Upper Saddle River NJ, 2000.

[Liu12] Yuan Liu, Dean K. Frederick, Jonathan A. DeCastro, Jonathan S. Litt and William W. Chan, *User's Guide for the Commercial Modular Aero-Propulsion System Simulation (C-MAPSS)*, Version 2, NASA/TM–2012-217432, March 2012.

[Liu17] S. Liu, J. Tang, Z. Zhang and J. Gaudiot, "Computer Architectures for Autonomous Driving," in Computer, vol. 50, no. 8, pp. 18—25, 2017, https://doi.org/10.1109/MC.2017.3001256.

[Liu73] C. L. Liu and James W. Layland, "Scheduling algorithms for multiprogramming in a hard—real-time environment," *Journal of the ACM* 20(1) January (1973): 46—61.

[Los97] Pete Loshin, *TCP/IP Clearly Explained*, second edition. New York: Academic Press, 1997.

[Lu82] David Jun Lu, "Watchdog processors and structural integrity checking," *IEEE Transactions on Computers,* C-31(7), July 1982, pp. 681–685.

[Lyu96] Michael R. Lyu, ed., *Handbook of Software Reliability Engineering*. Los Alamitos, CA: IEEE Computer Society Press/McGraw-Hill, 1996.

[Mad97] J. Madsen, J. Grode, P. V. Knudsen, M. E. Peterson, and A. Haxthausen, "LYCOS: The Lungby Co-Synthesis System," *Design Automation for Embedded Systems* 2(2) March (1997): 165–195.

[Mah88] Aamer Mahmood and E. J. McCluskey, "Concurrent error detection using watchdog processors—a survey," *IEEE Transactions on Computers*, 37(2), February 1988, pp. 160–174.

[Mal96] Sharad Malik, Wayne Wolf, Andrew Wolfe, Yao-Tsun Steven Li, and Ti-Yen Yen, "Performance analysis of embedded systems." In *Hardware-Software Co-Design*, eds. G. De Micheli and M. Sami. Boston: Kluwer Academic Publishers, 1996.

[Man99] William H. Mangione-Smith, "Technical challenges for designing personal digital assistants," *Design Automation for Embedded Systems* 4(1) January (1999): 23–40.

[Mar78] John Marley, "Evolving microprocessors which better meet the needs of automotive electronics," *Proceedings of the IEEE* 66(2) February (1978): 142–150.

[McC76] T. J. McCabe, "A complexity measure," *IEEE Transactions on Software Engineering* 2 (1976): 308–320.

[McD13] Geoff McDonald, Liam O Murchu, Stephen Doherty, and Eric Chien, *Stuxnet 0.5: The Missing Link*, version 1.0, February 25, 2013, available at www.symantec.com.

[McD98] Charles E. McDowell, Bruce R. Montague, Michael R. Allen, Elizabeth A. Baldwin, and Marcelo E. Montoreano, "Javacam: Trimming Java down to size," *IEEE Internet Computing* May/June (1998): 53–59.

[Meb92] Alfred Holt Mebane IV, James R. Schmedake, Iue-Shuenn Chen, and Anne P. Kadonaga, "Electronic and firmware design of the HP DesignJet Drafting Plotter," *Hewlett-Packard Journal* 43(6) December (1992): 16–23.

[Met97] Hufeza Metha, Robert Michael Owens, Mary Jane Irwin, Rita Chen, and Debashree Ghosh, "Techniques for low energy software." In *Proceedings, 1997 International Symposium on Low Power Electronics and Design*. New York: ACM Press, 1997, pp. 72–75.

[Mic00] Micron Technology, Inc., "512 Mb Synchronous SDRAM," available at http://www.micron.com/-products/dram/sdram.

[Mic00] Microsoft Corporation, Microsoft Extensible Firmware Initiative FAT32 File System Specification, version 1.03, December 6, 2000.

[Mic07] Microchip Technology Inc., *PICmicro*^{TM} *Mid-Range MCU Family Reference Manual*, December 1997. Available at http://www.microchip.com.

[Mic09] Microchip Technology Inc., *PIC16F882/883/884/886/887 Data Sheet*, 2009. Available at http://www.microchip.com.

[Mic17] Microsoft, *Introduction to Code Signing*, August 15, 2017, available at https://docs.microsoft.com.

[Mic97B] Microchip Technology Inc., *PWM, A Software Solution for the PIC16CXXX*, 1997. Available at http://www.microchip.com.

[Mil01] Brent A. Miller and Chatschik Bisdikian, *Bluetooth Revealed*, Upper Saddle River NJ: Prentice Hall PTR, 2001.

[Min95] Mindshare, Inc., Tom Shanley and Don Anderson, *PCI System Architecture*, third edition. Reading, MA: Addison-Wesley, 1995.

[MIS08] The Motor Industry Software Reliability Association, *MISRA C++: 2008, Guidelines for the use of the C++ language in critical systems,* Warwickshire UK: MIRA Limited, June 2008.

[MIS13] The Motor Industry Software Reliability Association, *MISRA C: 2012, Guidelines for the use of the C language in critical systems,* Warwickshire UK: MIRA Limited, March 2013.

[Mor07] Michael J. Morgan, "Boeing B-777," Chapter 9. In *Digital Avionics Handbook, second edition: Avionics Development and Implementation,* ed. Cary R. Spitzer. Boca Raton, FL: CRC Press, 2007.

[Muc97] Steven S. Muchnick, *Advanced Compiler Design and Implementation*. San Francisco:

Morgan Kaufmann, 1997.

[Mye79] G. Myers, *The Art of Software Testing*. New York: John Wiley and Sons, 1979.

[Nak05] Junichi Nakamura, ed., *Image sensors and Signal Processing for Digital Still Cameras*. CRC Press, Danvers MA, 2005.

[NAS21A] NASA/JPL, "Mars Helicopter Flight Delayed to No Earlier than April 14," Status Update, April 10, 2021, Mars Helicopter Flight Delayed to No Earlier than April 14 - NASA Mars.

[NAS21B] NASA/JPL, "Work Progresses Toward Ingenuity's First Flight on Mars," Status Update, April 12, 2021, Work Progresses Toward Ingenuity's First Flight on Mars - NASA Mars.

[Nat19] National Transportation Safety Board, *Collision Between Vehicle Controlled by Developmental Driving System and Pedestrian, Tempe, Arizona, March 18, 2018*, Accident Report, NTSB/HAR-19/03, PB2019-101402, Notation 59392, November 19, 2019.

[NIS15] Information Technology Laboratory, National Institute of Standards and Technology, *Secure Hash Standard (SHS)*, FIPS PUB 180-4, August 2015.

[NXP11] NXP Semiconductor, "Using the LPC13xx low power modes and wake-up times on the LPCXpresso," Application note AN10973, rev. 2, January 6, 2011.

[NXP12] NXP Semiconductor, "LPC1311/13/42/43, 32-bit ARM Cortex-Me microcontroller; up to 32 kB flash and 8 kB SRAM; USB device," Product data sheet, rev. 6, June 6, 2012.

[Obe99] James Oberg, "Why the Mars probe went off course," *IEEE Spectrum* December (1999): 34−39.

[OMG17] OMG, *OMG Systems Modeling Language ^{TM}*, version 1.5, formal/2017-05-01, May 2017.

[OMG19] OMG, *UML Profile for MARTE: Modeling and Analysis of Real-Time Embedded Systems*, Version 1.2, formal/19-04-01, April 2019.

[Ope18] The Open Group Base Specifications Issue 7, 2018 edition, IEEE Std. 1003.1-2017 (Revision of IEEE Std. 1003.1-2008), 2018.

[Owe15] Jeffrey J. Owens, "The design of innovation that drives tomorrow," keynote presentation, 52nd Design Automation Conference, June 9, 2015.

[Pag15] Pierluigi Paganini, "FBI: researcher hacked plane in-flight, causing it to 'climb'," Security Affairs, May 16, 2015, http://securityaffairs.co/wordpress/36872/cyber-crime/researcher-hacked-flight.html.

[Pag15B] Pierluigi Paganini, "Airbus—be aware a software bug in A400M can crash the plane," Security Affairs, May 20, 2015, http://securityaffairs.co/wordpress/36972/security/airbus-software-bug-a400m.html.

[Pan99] Preeti Ranjan Panda, Nikil Dutt, and Alexandru Nicolau, *Memory Issues in Embedded Systems-on-Chip: Optimizations and Exploration*. Norwell, MA: Kluwer Academic Publishers, 1999.

[Pat98] David A. Patterson and John L. Hennessy, *Computer Organization and Design: The Hardware/Software Interface*, second edition. San Francisco: Morgan Kaufmann, 1998.

[Phi89] "Using the 8XC751 microcontroller as an I²C bus master," Philips Application Note AN422, September 1989, revised June 1993. In *Application Notes and Development Tools for 80C51 Microcontrollers*, Philips Semiconductors, 1995.

[Phi92] "The I²C bus and how to use it (including specification)," January 1992. In *Application Notes and Development Tools for 80C51 Microcontrollers*, Philips Semiconductors, 1995.

[Phi96] Philips Semiconductors, *I²S bus specification*, February 1986, revised June 5, 1996.

[Pil05] Dan Pilone with Neil Pitman, *UML 2.0 In A Nutshell*. Sebastopol, CA: O'Reilly Media, 2005.

[Pre97] Roger S. Pressman, *Software Engineering: A Practitioner's Approach*. New York: McGraw-Hill, 1997.

[Qua07] Gang Quan and Xiaobo Sharon Hu, "Static DVFS scheduling," Chapter 10 in Joerg Henkel and Sri Parameswaran, eds., *Designing Embedded Processors: A Low Power Perspective*, Berlin: Springer, 2007.

[Qua15] Qualcomm, *QCA4004*, San Diego: Qualcomm, 2015.

[Rat96] Kamlesh Rath and James W. Wendorf, "Set-top box control software: A key component in digital video," *Philips Journal of Research* 50(1/2) (1996): 185−199.

[Rho97] David L. Rhodes and Wayne Wolf, "Allocation and data arrival design of hard real-time systems." In *Proceedings, ICCD '97*. Los Alamitos, CA: IEEE Computer Society Press, 1997.

[Rol15] Rolls-Royce, *The Jet Engine*, fifth edition, Wiley, 2015.

[RTC11] Radio Technical Commission for Aeronautics, DO-178C Software Considerations in Airborne Systems and Equipment Certification, Committee: SC-205, 12/13/2011.

[Rum91] James Rumbaugh, Michael Blaha, William Premerlani, Frederick Eddy, and William Lorensen, *Object-Oriented Modeling and Design*. Englewood Cliffs, NJ: Prentice Hall, 1991.

[SAE18] SAE International, *Surface Vehicle Recommended Practice, (R) Taxonomy and Definitions for Terms Related to Driving Automation Systems for On-Road Motor Vehicles*, J3016, revised June 2018.

[Sar16] Roberto Saracco, "Guess what requires 150 million lines of code...," *IEEE Future Directions*, January 13, 2016, Guess what requires 150 million lines of code.... − IEEE Future Directions.

[Sas91] Steven J. Sasson and Robert G. Hills, "Electronic still camera utilizing image compression and digital storage," U. S. Patent 5,016,107, May 14, 1991.

[Sch94] Charles H. Schmauch, *ISO 9000 for Software Developers*. Milwaukee: ASQC Quality Press, 1994.

[Sch96] Bruce Schneier, *Applied Cryptography: Protocols, Algorithms, and Source Code in C*, second edition, New York: John Wiley & Sons, 1996.

[Sea14] Robert C. Seacord, *The CERT C Coding Standard: 98 Rules for Developing Safe, Reliable, and Secure Systems,* second edition, Upper Saddle River NJ: Pearson, 2014.

[Seg21] Simon Segars, "Armv9: The Future of Specialized Compute," March 30, 2021, Armv9: The Future of Specialized Compute - Arm Blueprint

[Seg97] Simon Segars, "ARM7TDMI power consumption," *IEEE Micro* July/August (1997): 12−19.

[SEI99] Software Engineering Institute, "Capability Maturity Model (SW-CMM) for Software," 1999. Available at www.sei.cmu.edu/cmm/cmm.html.

[Sel94] Bran Selic, Garth Gullekson, and Paul T. Ward, *Real-Time Object-Oriented Modeling*. New York: John Wiley and Sons, 1994.

[Ser18] Dimitrios Serpanos and Marilyn Wolf, *Internet-of-Things (IoT) Systems*, Kluwer, 2018.

[Sha89] Alan C. Shaw, "Reasoning about time in higher-level language software," *IEEE Transactions on Software Engineering* 15 July (1989): 875−889.

[Shl92] Sally Shlaer and Stephen J. Mellor, *Object Lifecycles: Modeling the World in States*. New York: Yourdon Press Computing Series, 1992.

[Sie98] Daniel P. Siewiorek and Robert S. Swarz, *Reliable Computer Systems: Design and evaluation*, third edition, A. K. Peters/CRC Press, 1998.

[Slo04] Andrew N. Sloss, Dominic Symes, and Chris Wright, *ARM System Developer's Guide: Designing and Optimizing System Software*. San Francisco: Morgan Kaufman, 2004.

[Spa99] Peter Spasov, *Microcontroller Technology: The 68HC11*, third edition. Upper Saddle River, NJ: Prentice Hall, 1999.

[Spi07] Cary R. Spitzer, ed., *Digital Avionics Handbook, second edition: Avionics Development and Implementation*. Boca Raton, FL: CRC Press, 2007.

[Sri94] Amitabh Srivastava and Alan Eustace, "ATOM: A system for building customized program analysis tools," Digital Equipment Corp., WRL Research Report 94/2, March 1994. Available at www.research.digital.com.

[Sta97A] William Stallings, *Data and Computer Communication*, fifth edition. Upper Saddle River, NJ: Prentice Hall, 1997.

[Sta97B] J. Staunstrup and W. Wolf, eds., *Hardware/Software Co-Design: Principles and Practice*. Boston: Kluwer Academic Publishers, 1997.

[Sto95] Thomas M. Stout and Theodore J. Williams, "Pioneering work in the field of computer process control," *IEEE Annals of the History of Computing* 17(1) (1995): 6−18.

[Str97] Bjarne Stroustrup, *The C++ Programming Language*, third edition. Reading, MA:

Addison-Wesley Professional, 1997.

[Tay06] Jim Taylor, *DVD Demystified*, third edition. New York: McGraw Hill, 2006.

[Tex00] Texas Instruments, *TMS320VC5510/5510A Fixed-Point Digital Signal Processors Data Manual*, document SPRS076N, June 2000, revised July 2006.

[Tex00B] Texas Instruments, *TMS320C55x DSP Functional Overview*, SPRU312, June 2000.

[Tex01] Texas Instruments, *TMS320C55x DSP Programmer's Guide*, Preliminary Draft, document SPRU376A, August 2001.

[Tex02] Texas Instruments, *TMS320C55x DSP Mnemonic Instruction Set Reference Guide*, document SPRU374G, October 2002.

[Tex04] Texas Instruments, *TMS320C55x DSP CPU Reference Guide*, document SPRU371F, February 2004.

[Tex04B] Texas Instruments, *TMS320VC5510 DSP Instruction Cache Reference Guide*, SPRU576D, June 2004.

[Tex10] Texas Instruments, *TMS320C64x+ DSP CPU and Instruction Set Reference Guide*, SPRU732J, July 2010.

[Tex11] Texas Instruments, *TMS320DM816x DaVinci Digital Media Processors Technical Reference Manual*, SPRUGX8, March 1, 2011.

[Tex11B] Texas Instruments, *TMS320DM816x DaVinci Digital Media Processors*, SPRS614, March 1, 2011.

[Tex11C] Texas Instruments, *Automotive Central Body Controller*, http://focus.ti.com/docs/solution/folders/print/490.html [3/30/2011 9:20:04 PM], March 30, 2011.

[Tex14] Texas Instruments, *TM4C Microcontrollers*, 2014, SPMT285d.

[Tex19] Texas Instruments, *AFE7422 Dual-channel, RF-sampling AFE with 14-bit, 9-GSPS DACs and 14-bit, 3-GSPS ADCs*, SLAES9A, October 2018, revised January 2019.

[Tex20A] Texas Instruments, *ADC12xJ1600-Q1 Quad/Dual/Single Channel, 1.6 -GSPS, 12-bit, Analog-to-Digital Converter (ADC) with JESD204C Interface*, SBAS960A, February 2020, revised August 2020.

[Tex20B] Texas Instruments, *DACx1001 20-Bit, 18-Bit, and 16-bit, Low-Noise, Ultra-Low Harmonic Distortion, Fast-Settling, High-Voltage Output, Digital-to-Analog Converters (DACs)*, SLASEL0B, October 2019, revised June 2020.

[Tex21] Texas Instruments, ADS126x 32-bit, Precision, 38-kSPS, Analog-to-Digital Converter (ADC) with Programmable Gain Amplifier (PGA) and Voltage Reference, SBAS6611C, February 2015, revised May 2021.

[Tha90] Richard H. Thayer and Merlin Dorfman, eds., *System and Software Requirements Engineering*. Los Alamitos, CA: IEEE Computer Society Press, 1990.

[Tho15] Mark Thompson and Ivana Kottasova, "Volkswagen scandal widens," CNN Money, September 22, 2015, http://money.cnn.com/2015/09/22/news/vw-recall-diesel/index.html.

[Tiw94] Vivek Tiwari, Sharad Malik, and Andrew Wolfe, "Power analysis of embedded software: A first step toward software power minimization," *IEEE Transactions on VLSI Systems* 2(4) December (1994): 437−445.

[Toy] Toyota Motor Sales, "Engine Controls Part #2 − ECU Process and Output Functions," date unknown, downloaded from facultyfiles.deanza.edu/gems/waltonjohn/Toyotaignition.pdf.

[Tru98] T. E. Truman, T. Pering, R. Doering, and R. W. Brodersen, "The InfoPad multimedia terminal: A portable device for wireless information access," *IEEE Transactions on Computers* 47(10) October (1998): 1073−1087.

[Ugo86] Michel Ugon, "Single-chip microprocessor with on-board modifiable memory," U. S. Patent 4,382,279, May 3, 1986.

[van97] Albert van der Werf, Font Brüls, Richard Kleinhorst, Erwin Waterlander, Matt Verstraeler, and Thomas Friedrich, "I.McIC: A single-chip MPEG2 video encoder for storage," In *ISSCC '97 Digest of Technical Papers*. Castine, ME: John W. Wuorinen, 1997, pp. 254−255.

[Vem20] Arun T. Vemuri, "Processing the advantages of zone architecture in automotive," Texas Instruments, December 11, 2020, https://e2e.ti.com.

[Vos89] L. D. Vos and M. Stegherr, "Parameterizable VLSI architectures for the full-search block-matching algorithm," *IEEE Transactions on Circuits and Systems* 36(10) October (1989): 1309−1316.

[Wal07] Randy Walter and Chris Watkins, "Genesis Platform," Chapter 12. In *Digital Avionics Handbook, second edition: Avionics Development and Implementation*, ed. Cary R. Spitzer. Boca Raton, FL: CRC Press, 2007.

[Wal97] Dave Walsh, "Reducing system cost with software modems," *IEEE Micro* July/August (1997): 37−55.

[Wat17] Dr. Conal Watterson, *Controller Area Network (CAN) Implementation Guide*, Application Note AN-1123, Analog Devices, 2017.

[Wat96] Arthur H. Watson and Thomas J. McCabe, *Structured Testing: A Testing Methodology Using the Cyclomatic Complexity Metric*, NIST Special Publication 500-235, September 1996.

[Wei91] Mark Weiser, "The computer for the 21st century," *Scientific American*, 265(3), September 1991, pp. 94−104. Reprinted in *ACM SIGMOBILE Mobile Computing and Communications Review — Special Issue Dedicated to Mark Weiser*, 3(3), July 1999, pp. 3−11.

[Whi80] L. J. White and E. I. Cohen, "A domain strategy for program testing," *IEEE Transactions on Software Engineering* 14(6) June (1980): 868−874.

[Wol08] Wayne Wolf, *Modern VLSI Design: IP-Based System Design*, fourth edition. Upper Saddle River, NJ: Prentice Hall, 2008.

[Wol08B] Wayne Wolf, Ahmed A. Jerraya, and Grant Martin, "Multiprocessor System-on-Chip (MPSoC) Technology," *IEEE Transactions on Computer-Aided Design of Integrated Circuits and Systems* 27(10) October (2008): 1701−1713.

[Wol15] Marilyn Wolf, Mihaela van der Schaar, Honggab Kim, and Jie Xu, "Caring analytics for adults with special needs," *IEEE Design & Test*.

[Wol18] M. Wolf and D. Serpanos, "Safety and Security in Cyber-Physical Systems and Internet-of-Things Systems," in *Proceedings of the IEEE*, vol. 106, no. 1, pp. 9−20, Jan. 2018. https://doi.org/10.1109/JPROC.2017.2781198.

[Wol92] Wayne Wolf, "Expert opinion: In search of simpler software integration," *IEEE Spectrum*, 29(1) January (1992): 31.

[Wol96] Wayne Wolf, Andrew Wolfe, Steve Chinatti, Ravi Koshy, Gary Slater, and Spencer Sun, "Lessons from the design of a PC-based private branch exchange," *Design Automation for Embedded Systems* 1(4) (1996): 297−314.

[Wol97] Wayne Wolf, "Hardware/software co-design for multimedia." In *Advanced Signal Processing: Algorithms, Architectures, and Implementations VII*, Society of Photo-Optical Instrumentation Engineers, Bellingham WA, 1997.

[Wu11] Xin Wu, Prabhuram Gopalan, and Greg Lara, *Xilinx 28 nm Next Generation FPGA Overview*, WP312 (v1.1), March 26, 2011.

[Xil11] Xilinx, *ZYNQ-7000 EPP Product Brief*, 2011.

[Yaf12] YAFFS, http://yaffs.net, accessed February 14, 2012.

[Yag08] Karim Yaghmour, Jon Masters, Gilad Ben-Yossef, and Philippe Gerum, *Building Embedded Linux Systems*, second edition. Sebastopol, CA: O'Reilly, 2008.

[Yan89] Kun-Min Yang, Ming-Ting Sun, and Lancelot Wu, "A family of VLSI designs for the motion compensation block-matching algorithm," *IEEE Transactions on Circuits and Systems* 36(10) October (1989): 1317−1325.

[Yen98] Ti-Yen Yen and Wayne Wolf, "Performance analysis of distributed embedded systems," *IEEE Transactions on Parallel and Distributed Systems* 9(11) November (1998): 1125−1136.

[Zax12] David Zax, "Many cars have a hundred million lines of code," *MIT Technology Review*, December 3, 2012.

推荐阅读

嵌入式软件设计（第2版）

作者：康一梅（北京航空航天大学）　书号：978-7-111-70457-7　定价：69.00元

嵌入式软件是我国软件领域"十四五"需要重点发展的关键软件之一，在5G通信、自动驾驶、航空航天等领域有广泛应用。同时，嵌入式软件的开发需要更专业的软件设计，以满足实时性、稳定性、可靠性、扩展性、复用性等方面的要求。本书基于作者多年来从事嵌入式软件设计课程教学与工程研发的经验，力求系统展现当前主流嵌入式软件的分析建模和软件设计方法，培养读者的嵌入式软件设计能力。

嵌入式软件自动化测试

作者：黄松 洪宇 郑长友 朱卫星（陆军工程大学）　书号：978-7-111-71128-5　定价：69.00元

本书由浅入深地解析嵌入式软件自动化测试的特点、方法、流程和工具，通过理论打底、实践巩固、竞赛提升的递进式学习，使读者突破嵌入式软件自动化测试的能力瓶颈。

全书通过简化来自工业界的实践案例，使用Python语言进行测试脚本编写，使读者在实践中掌握自动化测试的基本原理，理解嵌入式软件测试仿真环境，打通读者嵌入式软件测试的软硬件知识鸿沟。